日経BP

ひと目でわかる

Windows Server 2022

天野 司 [著]

まえがき

2021年11月、Windows Serverシリーズの新しいバージョンとなるWindows Server 2022が新たに登場しました。Windows Serverシリーズは、2003年以降、2〜3年に1度のペースで大きなバージョンアップを繰り返してきましたが、今回のバージョンもWindows Server 2019からほぼ3年ということで、これまでのバージョンアップの流れを踏襲しています。

クライアント向けOSに目を向けると、2015年に登場したWindows 10は、登場時「Windowsの最後のバージョン」と言われていました。類推してWindows ServerについてもWindows Server 2019以降は新たなバージョンが登場するかどうか、疑っていた方も多いのではないでしょうか。特にWindows Server 2019からは「半期チャネル」という半年ごとの新たなリリースチャネルが加わっていただけになおさらです。しかし結果として、Windows 10はWindows 11となり、Windows Server 2019は2022となって生まれ変わりました。

そのWindows Server 2022ですが、外見だけでは生まれ変わったと言えるほど2019との違いがあるようには見えません。Windows Server 2022の大きな改善点は「セキュリティ強化」という、外見には影響を与えづらい分野であるだけになおさらです。

しかし実際に操作を行ってみると、細かな違いはやはり存在するものです。ひとつひとつの操作を初心者にもわかりやすく細かく解説する本書のコンセプトを考えると、わずかであってもこの違いは決して無視できるものではありません。初心者のうちは、解説書と違う画面が出てくるだけで戸惑ってしまいがちであるからです。

これを踏まえて本書では、たとえWindows Server 2022の操作が2019と同じであっても、必ずひとつひとつの手順を確認し、わずかでも相違点があれば説明や手順を見直ししています。操作画面はすべてWindows Server 2022の画面を取得しなおしていますし、参考用としてWindows Server 2019の画面を掲載している場合でも、前著『ひと目でわかるWindows Server 2019』からの画面を流用することはせず、最新のWindows Server 2019の画面を新たに取得しなおしています。このため、少なくとも本書の範囲内であれば、Windows Server 2022を設定するのに戸惑うことはないでしょう。

Windows Server 2022とほぼ同じ操作性であるWindows Server 2016は、あと4年ほどでサポート期限を迎えます。それよりもさらに新しいWindows Server 2019であっても、いつかはサポート期限を迎え、新たなバージョンへと移行しなければなりません。それら旧バージョンの操作に習熟している方でも、あるいは今回の2022で初めてWindows Serverに触れる方であっても、Windows Server 2022の設定を行う際に少しでも本書がお役に立てば、著者として幸いです。

2022年1月
天野 司

はじめに

本書は "知りたい機能がすばやく探せるビジュアルリファレンス" というコンセプトのもとに、Windows Server 2022の優れた機能を体系的にまとめあげ、設定および操作の方法をわかりやすく解説しました。

本書の表記

本書では、次のように表記しています。

■リボン、ウィンドウ、アイコン、メニュー、コマンド、ツールバー、ダイアログボックスの名称やボタン上の表示、各種ボックス内の選択項目の表示を、原則として［　］で囲んで表記しています。

■画面上の ✔、✔、▼、▲ のボタンは、すべて▲、▼と表記しています。

■本書でのボタン名の表記は、画面上にボタン名が表示される場合はそのボタン名を、表示されない場合はポップアップヒントに表示される名前を使用しています。

■手順説明の中で、「［○○］メニューの［××］をクリックする」とある場合は、［○○］をクリックしてコマンド一覧を表示し、［××］をクリックしてコマンドを実行します。

■手順説明の中で、「［○○］タブの［△△］の［××］をクリックする」とある場合は、［○○］をクリックしてタブを表示し、［△△］グループの［××］をクリックしてコマンドを実行します。

トピック内の要素とその内容については、次の表を参照してください。

要素	内容
ヒント	他の操作方法や知っておくと便利な情報など、さらに使いこなすための関連情報を紹介します。
注　意	操作上の注意点を説明します。
参　照	関連する機能や情報の参照先を示します。 ※その他、特定の手順に関連し、ヒントの参照を促す「ヒント参照」もあります。

本書編集時の環境

使用したソフトウェアと表記

本書の編集にあたり、次のソフトウェアを使用しました。

Windows Server 2022 Standard（Updated Dec 2021）............ **Windows Server 2022**
Windows 11 Pro（Consumer Edition Updated Jan 2022）....... **Windows 11**
Microsoft Edge.. **Edge**
Internet Information Services 10.0.................................. **IIS 10.0、IIS**

　本書に掲載した画面は、デスクトップ領域を1024×768ピクセルに設定しています。ただし画面が折り返されて見づらくなる場合（PowerShellコマンドなど）は、画面解像度を適宜変更している場合があります。またWindows Updateによる更新は、掲載画面を取得した期間（2021年12月〜2022年1月）において適用できる最新の更新を常に適用した状態としました。ご使用のコンピューターやソフトウェアのパッケージの種類、セットアップの方法、Windows Updateの適用状況、ディスプレイの解像度などの状態によっては、画面の表示が本書と異なる場合があります。あらかじめご了承ください。

Webサイトによる情報提供

本書に掲載されているWebサイトについて

　本書に掲載されているWebサイトに関する情報は、本書の編集時点で確認済みのものです。Webサイトは、内容やアドレスの変更が頻繁に行われるため、本書の発行後、内容の変更、追加、削除やアドレスの移動、閉鎖などが行われる場合があります。あらかじめご了承ください。

訂正情報の掲載について

　本書の内容については細心の注意を払っておりますが、発行後に判明した訂正情報については本書のWebページに掲載いたします。URLは次のとおりです。

https://nkbp.jp/S80150

第3章 Windows Server 2022の管理画面 69

第4章 ユーザーの登録と管理 91

第5章 サーバーのディスク管理 123

第6章 ハードウェアの管理　181

第7章

アクセス許可とファイル共有の運用　201

第8章

ネットワークでのファイルやプリンターの共有　249

第9章　ネットワーク経由のサーバー管理　289

第10章　インターネットサービスの設定　335

第11章

Hyper-Vとコンテナー機能を使う　377

Windows Server 2022の基礎知識

第 **1** 章

コンピューター上でアプリケーションが効率的に動作するために用意された基本ソフトのことを、「オペレーティングシステム(OS)」と呼びます。Windows 10やWindows 11などは、いずれもマイクロソフト社が開発したWindowsファミリーと呼ばれるOSです。

本書で紹介するWindows Server 2022もそうしたWindowsファミリーのOSの1つです。上で紹介したWindows 10/11とは違い、「サーバー用」という特殊な用途向けに作られている点が特徴です。

この章では、Windows Server 2022の用途や機能、位置付けを紹介しつつ、これからWindows Server 2022について学んでいくための基礎知識を説明します。

1 Windows Server 2022の概要

ここではまず、Windows Server 2022の位置付け、特長、および以前のバージョンとの違いや強化された機能について説明します。また Windows Server 2022で用意されたエディションの違いについて説明します。

Windows Server 2022とは

Windowsと一口に言っても、Windows 10やWindows 11、そしてWindows Server 2022と、実際にはさまざまな種類が存在します。これらWindowsファミリーのOSは、たとえば家庭用とビジネス用、ノートPCやデスクトップPCなどのPC用、タブレットPCなど携帯機器用といった具合に、用途や機能によっていくつかの製品群に分類することができます。そうした分け方の1つに、「クライアントOS」と「サーバー OS」という分類があります。

「クライアントOS」とは、私たちが日常、パソコンを使って表計算やワープロソフトなどを使ってデータを作る、Webブラウザーを使ってWebページを閲覧するなど、事務的作業を行うのに適した機能を提供します。

これに対して「サーバー OS」とは、ユーザーが直接コンピューターを操作するのではなく、ネットワークに接続された他のコンピューターに対し、データや機能を提供するのが主な用途です。たとえば他のパソコンが必要とするファイルを提供することや、印刷要求を受けてデータを印刷するといった機能を提供します。

本書で紹介するWindows Server 2022は、こうした「サーバー OS」に分類されるOSです。これまでWindowsファミリーでは、Windows Server 2019がサーバー OSの最新バージョンとして使われてきましたが、Windows Server 2022は、このWindows Server 2019の後継OSとして位置付けられる製品です。

一般にサーバー OSは、クライアントOSと比較するとより高い信頼性、安定性、機能が求められます。サーバーは複数のクライアントコンピューターから同時に利用されることが多いため、多くの要求をより短時間で効率的に処理する能力が求められますし、多くのユーザーのデータを保管するため、より大容量のディスク領域を管理できる性能が求められます。ネットワークからの攻撃を受ける頻度も多くなるため、クライアントOSと比べてより高いセキュリティ機能も必要です。

さらにサーバー OSでは、できる限りコンピューターを止めずに、長期にわたって動作を続けられる「可用性」も求められます。サーバー OSが停止すると、それを利用するクライアントコンピューターに影響が及びますし、Webページを公開するサーバーなどでは、停止している間、ページの公開が行えなくなるといった問題が発生するためです。ソフトウェアであれば、機能の追加や修正、設定の変更などを行っている間、ハードウェアであればディスクやメモリの増設を行う場合であっても、できる限りコンピューターを再起動することなしに動作することが必要です。

これらさまざまなサーバー OSの特徴により、サーバー OSを管理するにはクライアントOSの管理方法とは異なる手法や異なる知識が必要となります。

本書では、Windows Server 2022の管理を通して、単に機能を使うだけでなく、それらサーバー OSに固有の知識についても解説することを目的としています。

Windows Server 2022の特徴

　Windows Server 2022は、WindowsサーバーOSシリーズ中にあって、Windows Server 2016や2019の後継にあたるOSです。Windows Serverでは、2003年に登場したWindows Server 2003以降、2008、2012、2016、2019と、おおよそ3〜4年ごとに大きなバージョンアップが行われてきました。またWindows Server 2012までは、登場後2年ほどで「R2」と呼ばれる、小改良的なやや小さめのバージョンアップが行われてきました。

　今回のWindows Server 2022は、ソフトの名称よりはやや早めの2021年9月にリリースされています。前バージョンのWindows Server 2019は2018年11月に登場していますから、リリース間隔としてはおおよそ4年弱、順番から言えば大規模なバージョンアップが行われるはずのバージョンアップです。

　ただこれから説明しますが、Windows Server 2019から2022へのバージョンアップにおける機能追加は、実はそれほど多いわけではありません。主要な機能については2019を踏襲しており、それらの機能だけを使う場合には、変更点を意識させられることもそう多くはありません。

　もっとも、クライアントOSと違ってサーバーOSの真価は、見栄えの良いユーザーインターフェイスや目を引くような新機能などではなく、セキュリティや安定性、管理のしやすさといった、一見すると地味と思える部分にあります。Windows Server 2022ではそうした点について機能強化が行われていますので、いわば基礎体力が強化された新バージョンと言えるでしょう。

セキュリティ機能

　組織の重要なデータを保持し、場合によっては不特定多数のユーザーからアクセスされることもあるサーバーにとって、データやOSを保護するセキュリティ機能はきわめて重要です。Windows Server 2022におけるセキュリティ機能は、これまでのWindows Serverにおけるセキュリティ機能を複数の領域にわたって統合し、高度な脅威に対する多層的な防御を実現します。ハードウェアに近い下位階層から上位のアプリケーションに至るまでをカバーした、これまでのセキュリティ機能の集大成ともいえる機能です。

　マイクロソフト社では、Windows 10/11において、セキュアコアPC（Secured-Core PC）と呼ばれるセキュリティ機能を強化してきました。このセキュアコアPCではDRTM（Dynamic Root of Trust for Measurement）によるOSブート（起動時）のセキュリティ保護やダイレクトメモリアクセス（DMA）保護機能を用いたドライバーのメモリアクセス分離など、従来のウイルス対策機能では検出が難しかった攻撃に対しての保護を強化しています。

　Windows Server 2022においてもこれらセキュリティ機能は取り入れられており、それらを取り入れたサーバーを「セキュアコアサーバー（Secured-Core Server）」と呼んでいます。セキュアコアサーバーでは、TPM 2.0（Trusted Platform Module 2.0）による起動時パスワードやBitLockerドライブ暗号化パスワードの保護、仮想化ベースのセキュリティ保護を用いたメモリ保護、攻撃者がシステムを悪用するのによく用いる経路を積極的に防御する「予防的防御機能」など、最新のハードウェアを用いたセキュリティ機能を積極的に利用することで、サーバーが持つ重要なデータを保護します。

　またネットワークセキュリティ機能では、IIS（Internet Information Services）において最新のセキュリティプロトコルであるTLS（Transport Layer Security）1.3が新たにサポートされました。このほか、DNSサービスのセキュリティを強化するSecure DNS、ファイル共有を行う際に使用するSMB（Server Message Block）プロトコルにおいてはAES-256暗号化もサポートされています。また従来のTCPの代わりにQUICプロトコルを用いてSMB通信を行う「SMB over QUIC」を新たにサポートしました。このSMB over QUICは、TLS 1.3と組み合わせて使用することでクラウド上のサーバーとモバイルユーザーとの間でより信頼性の高いファイル共有を行うことが可能となり、VPN（Virtual Private Network）を使用しなくても、会社と在宅勤務者などとの間でより安全なファイル共有が可能となりました。

　これら新機能と、従来から備わる「Windows Defender」や「Windows Defender Advanced Threat

Protection（ATP）」などとを組み合わせた多層的なセキュリティ機能により、Windows Server 2022ではより安全にサーバーを運用することが可能となっています。

ハイブリッドクラウドプラットフォーム

　自分の組織内や、あるいは外部のデータセンターなどに自組織専用のサーバーハードウェアを用意し、この上でサーバー機能を提供するのが「オンプレミスサーバー」と呼ばれる運用方法です。一方、自組織ではハードウェアを用意せず、仮想化技術などを用いて他のサービスプロバイダーから提供される、ネットワーク上のサーバー機能を利用するのが「クラウドサーバー」と呼ばれるサーバー運用方法です。高額な初期投資を必要とせず、また負荷に応じて容易に規模を増減できるなどのメリットを持つクラウドサーバーですが、仮想化技術の進歩などにより、この方式によるサーバー運用は近年ますます増加しています。

　ただ、大量のデータ送信が必要となるファイルサーバーや高速な応答性が必要とされる場合など、オンプレミスサーバーが有利となる場合もいまだ少なくありません。そのため、サーバーの用途に応じてオンプレミスサーバーとクラウドサーバーの優位な点を組み合わせて利用する「ハイブリッドクラウド」としての利用が最も合理的といえるでしょう。ハイブリットクラウドを利用するための機能はWindows Server 2019でも重視されていましたが、Windows Server 2022でも同様にハイブリッドクラウドへの対応が強化されています。

　Windows Server 2019で初めて導入されたサーバー管理ツール「Windows管理センター（Windows Admin Center）」は、Windows Server 2022においてももちろん利用できます。オンプレミスのサーバーを管理できるのはもちろんのこと、Webベースというメリットを生かしてAzure上で動作するWindows Server 2022についても、オンプレミスと同様の操作性で管理できます。主にオンプレミスサーバーを管理するための従来の管理ツールである「サーバーマネージャー」の機能のほとんどを網羅するのはもちろんのこと、オンプレミスとクラウド間での相互のバックアップやレプリケーション（複製）などを容易に行うことができ、ハイブリッドクラウドを運営する際の使い勝手に優れています。

　Azureの新しいサービス「Azure Arc」にも対応します。Azure Arcとは、Azure上で動作するサーバーや他のクラウドサービスで動作するサーバー、オンプレミスサーバーなどを統一的に管理できる新たなサービスで、Windows ServerだけでなくLinuxサーバーやAzureの各種サービスなども管理することができます。またオンプレミスのサーバーをAzure Arcの管理下に組み込むことで、Azure上のサーバーを管理するのと同じ管理方法で、オンプレミスサーバーの管理を行うことができるようになります。

　Windows Serverの新たなエディションとなるWindows Server 2022 Datacenter: Azure Editionでは、Azureの新たな管理機能の一環として「ホットパッチ」機能をサポートします。これはWindows Serverに更新ファイルを適用するための新たな機能で、これまで更新を行った際に必要となることが多かったサーバーの再起動を行うことなく、更新ファイルの適用が可能となる機能です。

仮想化機能「Hyper-V」

　CPUが持つ仮想化機能を利用して、1台のホストコンピューターの中にあたかも複数の独立したコンピューターがあるかのような環境を作り出すのがWindows Serverにおける仮想化機能「Hyper-V」です。Windows Server 2008で初めて登場したHyper-V機能ですが、Windows Serverの新バージョンが出るたびに機能追加が行われており、過去Windows Server 2016においては、仮想マシン内のWindows ServerでHyper-Vを動作させ、その中でさらに仮想マシンを利用する「入れ子になった仮想マシン（Nested Hyper-V）」が利用できるようになりました。この機能は、Hyper-V機能のテスト用や、クラウドサービスでWindows Server環境を他者に貸し出す場合などに便利な機能です。Windows Server 2022においては、これまでインテル社製のプロセッサでしか利用できなかったこの「入れ子になった仮想マシン」機能が、AMD社製のプロセッサを用いた環境でも利用できるようになり、ハードウェアの選択肢が広がりました。

　またプロセッサのサポートという点では、インテル社製の第3世代Xeonスケーラブルプロセッサを利用した場合に、最大48TB（テラバイト）までのメモリ、2048個までの論理コアに対応するようになりました、

コンテナー機能

　Hyper-Vが1台のコンピューター内に複数の仮想的なコンピューターを動作させるのに対し、コンテナー機能は、1台のコンピューター内に複数の仮想的なWindows OSを動作させる「OSレベルの仮想化」機能です。Windows Server 2016から取り入れられたWindows Serverでのコンテナー機能ですが、Windows Server 2022においては、アプリケーションを含むコンテナーを容易に展開・管理できる「Kubernetes」システムをサポートするようになりました。Linuxサーバーでのコンテナー機能ではすでに使われていた機能ですが、Windows Serverにおいても利用可能となり、コンテナーの管理をより容易に行うことができるようになっています。

　またWindows Server 2022におけるWindows Serverコンテナーでは、従来に比べてコンテナーのサイズが40%削減され、起動が高速化されています。

記憶域の管理

　組織内のファイルサーバーとして使われることの多いWindows Serverでは、記憶域（ストレージ）機能は、メインと呼ぶべき大切な機能です。これまでもさまざまな機能が搭載されてきましたが、Windows Server 2022においては「記憶域バスキャッシュ」と呼ばれる機能が、新たに追加されています。

　これはデータの記憶領域は大容量を安価に実現しやすいHDDで構成し、高速アクセス可能なSSDを「キャッシュ領域」として組み合わせることで、高速かつ安価な大容量のストレージを実現する機能です。Windows Server 2019でもこれとよく似た機能として「記憶域スペースダイレクト」と呼ばれる機能がありましたが、上位エディションであるDatacenterエディションでしか使用できず、複数のサーバーが必要となるなど小規模な組織で利用するにはハードルが高い機能でした。

　これに対して「記憶域バスキャッシュ」機能は、Standardエディションでも利用でき、1台のサーバーだけでも実現可能な機能となっているため、より利用範囲が広がっています。SSDとHDDを組み合わせて使用する機能としては、Windows Server 2019以前にも「記憶域階層」と呼ばれる機能がありました。これはSSDとHDDをどちらもデータの記憶領域として使用し、アクセス頻度が高いデータはより高速なアクセスが可能なSSDに配置することでアクセス速度を向上させる機能です。「記憶域バスキャッシュ」におけるSSDはあくまで一時的な記憶領域である「キャッシュ」として使用するのに対して、「記憶域階層」は、SSDとHDDいずれもデータを記憶する記憶域として使用し、これらを1つの仮想ディスクとして使用するのが相違点です。

　他のバージョンのWindows Serverからデータを移行する場合に使用できるツール「記憶域移行サービス」も機能強化されました。新旧サーバー間でローカルユーザーとグループを移行するなどの従来からの機能のほか、Azure上のサーバーとオンプレミスサーバーとの間で相互にデータを移行する機能や、Sambaを使用したファイルサーバー機能を提供するLinuxサーバーから記憶域を移行することもできます。

2 Windows Server 2022の エディション

　これまでの Windows Server 同様、Windows Server 2022には、そのサーバーで管理する組織の規模や使用する機能、サーバーを実行するコンピューターの性能などによっていくつかの製品種類が設けられています。これを「エディション」と呼んでいますが、この節では Windows Server 2022が提供するエディションについて紹介します。

Windows Server 2022のエディション

　Windows Server 2022には、利用できる機能や性能の違いによっていくつかのエディションがあります。このエディションは「SKU（Stock Keeping Unit）」と呼ばれることもありますが、エディションの違いによって、利用可能な機能が異なるほか、同じ機能であっても同時に利用できる機能の数や、利用できる人数が異なります。それに応じて、Windows Server 2022の価格も異なってくるため、導入する場合には用途や使用する機能によって最適なエディションを選択する必要が生じます。

　オンプレミスサーバー向けの Windows Server 2022では、使用できるエディションは Windows Server 2019と同様ですが、今回新たにマイクロソフト社のクラウドサービス「Azure」でのみ使用できる Windows Server 2022 Datacenter: Azure Edition が加わっています。

Windows Server 2022のエディション

エディション	説明
Windows Server 2022 Datacenter	Windows Server 2022の全機能を実行可能で、無制限の仮想環境を使用できる。高度に仮想化されたデータセンターおよびクラウド環境向けのエディション
Windows Server 2022 Standard	大規模クラウドプラットフォーム向けの一部の機能を制限した、物理環境向けまたは最小限の仮想化が行われた環境向けのエディション
Windows Server 2022 Essentials	ユーザー数が25名以内でかつデバイスが50個以内の小規模環境向けのエディション。ソフトウェア単体のパッケージは存在せず、サーバーハードウェアとのセットでのみ販売される。
Windows Server 2022 Datacenter: Azure Edition	マイクロソフト社のクラウドサービスである「Azure」上でのみ利用できる Windows Server 2022のエディション。機能的にはほぼ Datacenter と同じであるが、一部異なる機能もある。

　Standard/Datacenter/Datacenter: Azure Edition の3つのエディションでは、基本的な機能は共通して使用できますが、大規模システム向けの機能については、Datacenter エディションでのみ利用可能となっています。

DatacenterエディションとStandardエディションの違い

エディション	Datacenter または Datacenter: Azure Edition	Standard
用途	高度に仮想化されたプライベートクラウドやハイブリッドクラウド環境	仮想化されていないか、低密度に仮想化された環境
Windows Serverの主要機能	○	○
ハイブリッドクラウド統合	○	○
Azure拡張ネットワーク機能	Azure Editionのみ	―
OSのホットパッチ機能	Azure Editionのみ	

エディション	Datacenter または Datacenter: Azure Edition	Standard
Windows Server 2022仮想マシンおよび Hyper-Vコンテナーの数	無制限	2
Windows Serverコンテナーの数	無制限	無制限
ソフトウェアによるネットワーク制御	○	―
SMB over QUIC	Azure Editionのみ	―
記憶域スペースダイレクト	○	―
シールドされた仮想マシン	○	―
ホストガーディアンHyper-Vサポート	○	―

　Datacenterエディションでのみ使うことのできる新機能は、主として、サーバーを構築した上で、仮想マシンを自組織以外の他の組織に対して提供する「クラウドサーバー」のホスト用や大規模なインフラストラクチャを構築する際の機能に集中しています。またDatacenter: Azure Editionのみの機能は、主にAzure独自の機能からくる違いによるところが多いのですが、OSの更新を適用しても再起動する必要がない「ホットパッチ」機能は、広く公開するWebサーバーなど、短時間でもOSを停止させたくない用途などには有用でしょう。

　社内での利用がメインで、Hyper-Vによる仮想サーバー機能を利用しない場合や、利用したとしても、少数の仮想サーバーで十分な場合では、Standardエディションの機能のみでも十分です。ただ最近の高性能なプロセッサを搭載したハードウェアでは2つを超える仮想マシンを稼動させても性能的には余裕があります。Standardエディションのライセンスを複数購入するか、専用の機能を使わない場合でもDatacenterエディションを購入するべきかは、運用したい仮想サーバーの数と、ライセンス費用との比較で決定することが必要となります。

　Windows Server 2022では、稼動させるCPUコア数に対して必要なライセンス数が決定される、Windows Server 2016から導入されたライセンスのカウント方法が採用されています。これについては後ほど詳しく説明しますが、使用するコンピューターの性能によって同じOSであってもライセンス価格が変化することに注意してください。

　なお本書においてはWindows Server 2022 Standardを使用することを前提として説明を行っています。

サービスチャネルの変更について

　これまで Windows Server は、2003 から始まり 2019 まで、多少の前後はあるにしてもほぼ 3～4 年ごとに新バージョンがリリースされてきました。しかしこのリリーススケジュールは、前バージョンにあたる Windows Server 2019 において大きく変更となり、さらに Windows Server 2022 でもまた変更されています。

　Windows Server 2019 では、それまでと同様の OS 名の年号までもが変化するバージョンアップに加えて、半年ごとにその時々における最新の機能を搭載した機能追加的なバージョンアップがリリースされるようになりました。OS の名称までもが変更となるバージョンアップは「LTSC（Long-Term Servicing Channel）」と呼ばれ、半年ごとにリリースされるバージョンアップは「SAC（Semi-Annual Channel）」と呼ばれています。

　デスクトップエクスペリエンス（GUI）が付属するフルパッケージであり、バージョンアップの際には新たなライセンス購入が必要であった LTSC に対し、SAC ではデスクトップエクスペリエンスを装備せず、純粋に新機能のみを搭載した OS であり、またバージョンアップの際にライセンスの再購入が不要、といった差もあります。

これに対して Windows Server 2022 では、半期チャネル版のリリースは廃止され、LTSC 版のみになりました。ちょうど Windows Server 2016 以前と同様のリリーススケジュールとなったわけです。

Windows Server の半期チャネル版のリリースは 2020 年 9 月にリリースされた「Windows Server 20H2」が最後となります。半期チャネル版の Windows Server は 18 か月間サポートされる方針なので、2022 年 4 月までサポートされる予定です（本書執筆時点）。現在このバージョンを使用している場合は、LTSC 版の Windows Server 2019 に戻すか、Windows Server 2022 に移行する必要があります。LTSC 版の Windows Server のサポートはリリース後 10 年間とされており、2019 の場合は 2029 年 1 月まで、2022 の場合は 2031 年 10 月までサポートされる予定です。

なお半期チャネルでの Windows Server のリリースについては、完全になくなったわけではありません。クラウドサービスである「Azure」において提供されるサービスである「Azure Stack HCI」においては、1 年ごとのリリースが提供される予定です。ただしオンプレミスサーバー用としては提供されることはありません。

本書においては、基本的に GUI（デスクトップエクスペリエンス）を用いたオンプレミスサーバーとしての運用を基本としていますので、Azure Stack HCI において提供される Windows Server については触れません。

クラウドサーバーとは

本書では、企業内や組織内、あるいは家庭内のネットワーク内に、サーバー専用のコンピューターを用意してその上でサーバー専用 OS である Windows Server 2022 を動作させる方法について解説しています。このように、サーバーのハードウェア自体を自分の組織が自前で用意し、かつ自組織の建物内に設置して運用するといった利用方法のことを「オンプレミスサーバー」と呼びます。「構内サーバー」と呼ばれることもあるこの運用方式は、「サーバー」と言えば誰しもが思い浮かべる従来型のサーバー運用方式です。

サーバーのハードウェアは自前で用意しますが、設置場所だけを外部のデータセンターなどに預けて運用する方式もあります。自家発電装置や高い耐震性を備えたデータセンターは、異常気象や地震などの大規模災害時の際に影響を受け難くなるため、自社建屋内にサーバーを配置するよりも安全に運用できる可能性があります。このようにサーバーの置き場所やネットワークだけを借りてサーバーを運用するのが「ハウジング」サービスですが、こうした運用方法も「（ハウジング型）オンプレミスサーバー」と言えます。

一方で近年注目を集めているのが、インターネット（クラウド）上に配置された高性能なサーバー能力の一部を借り受け、この上でサーバー機能を運用するのが「クラウドサーバー」と呼ばれる運用方法です。マイクロソフト社が提供する「Microsoft Azure」やアマゾン社が提供する「Amazon Web Services（AWS）」等が代表的なもので、利用者はサーバーのハードウェアを用意する必要は一切なく、利用者は申込をするだけで、金額に応じた計算機能力やネットワーク帯域、そしてサーバー OS を含めた動作環境を借り受けることができます。

こうしたクラウドサーバーのサービスは、申し込めば誰でもすぐに利用することができ、ハードウェアなどの初期投資を必要としません。また必要に応じていつでも計算機能力を増減できるため、利用者数やデータ量などの負荷に応じた「スケーラビリティ」を持っています。誰でも利用できることから、こうしたサーバー運用のことを「パブリッククラウドサーバー」と呼びます。

　パブリッククラウドの場合、インターネット上から誰でも接続できる場所にサーバーが配置されるため、データ漏洩などの危険性が常に伴います。企業内専用で利用する場合、これは大きなリスクとなります。そこで、クラウドサーバーと同様、計算機能力を借りはするが、ネットワークは特定の組織だけと専用の接続とする運用方法もあります。コンピューター自体はクラウド上に配置されていますが、接続先が特定の企業や組織だけに限られるため、実質的には自社専用のサーバーと考えることができるこうした運用方法が「プライベートクラウドサーバー」と呼ばれる運用方法です。仮想化技術を用いて、サーバーの実行環境を仮想コンピューターとして貸し出す、あるいは借り受けることを「ホスティング」と呼ぶため、こうした運用のことを「ホスティング型のプライベートクラウド」と呼ぶこともあります。

　大企業などでは、サーバーのハードウェアを自社で用意し、これを自社内専用のクラウドサーバーとして使用する場合もあります。形式的にはハウジング型のオンプレミスサーバーとよく似ていますが、こうした運用が「オンプレミス型のプライベートクラウド」と呼ばれる方法です。オンプレミスサーバーとの違いは、従来型のようにサーバーをそのままネットワークサーバーとして利用するのではなく、仮想化技術を用いてサーバー内にいくつものサーバー実行環境を構築し、組織内の複数の部門であたかもクラウドサーバーを利用しているかのように利用する点です。インターネットを利用するのではなく、社内に独自のクラウドネットワークを構築して、その中でクラウドサーバーの提供者と利用者が存在するような運用方法です。

　オンプレミス型のプライベートクラウドでは、パブリッククラウドなどと同様、必要に応じて個々のサーバーに割り当てる資源をいつでも容易に増減できます。また個々のサーバーを運用する部門にとっては、ハードウェアの保守などを行う必要が無く、少ない初期投資でサーバーを構築できるといったクラウドサーバーならではのメリットを得ることができるのが特徴です。

3 ネットワーク内でのサーバーの役割

Windows Server 2022は、クライアントOSが動作するパソコンに対してネットワーク経由でさまざまな機能を提供する「サーバー」を実現するためのOSです。ここでは、そもそもそうしたサーバーは、どのような機能や役割を持ち、どのように使われるのかについて解説します。

サーバーの役割は資源共有と管理

コンピューター同士をネットワークで接続すると、複数のコンピューター間でデータ通信やファイルの転送などのさまざまな作業が可能になります。こうした機能を活用することで、離れた場所で共同作業を行える、情報を1か所に集約できる、作業の負荷を複数のコンピューターで分散できる、といったさまざまなメリットが生まれます。

ネットワークで複数のコンピューターを接続した場合、機能や資源を提供する側と、提供された機能や資源を利用する側のコンピューターを用意すると、ネットワークはより効率的に利用できるようになります。ここで、資源を提供する側のコンピューターのことを「サーバー」、その資源や機能を利用する側を「クライアント」と呼びます。

たとえば、あるコンピューターのハードディスク上のフォルダーを、ネットワークで接続された他の複数のコンピューターで利用できるようにした場合を考えてみましょう。ここでは、フォルダーを格納したハードディスクを持つコンピューターが、ディスク領域やデータという資源を提供する「サーバー」となります。また、そのフォルダーを利用するすべてのコンピューターは「クライアント」となるわけです。

同様に、他のコンピューターに接続されたプリンターを使って自分のコンピューターから文書を印刷する場合、プリンターが接続されているコンピューターがサーバーであり、印刷を要求する側がクライアントとなります。

サーバー専用機の導入でクライアントの負荷を低減する

サーバーとクライアントという区別は、実は単に機能面から見た区別に過ぎません。1つのコンピューターが自分のフォルダーを公開してサーバーになるのと同時に、他のコンピューターで公開されたフォルダーを参照してクライアントとなることもあります。このようにサーバーとクライアントの関係は、常に固定的なものである必要はないのです。

ただし他のコンピューターの機能を利用するだけのクライアントに比べると、サーバーにはより大きな負荷がかかるのが普通です。サーバーは複数のクライアントからの要求を引き受け、処理や管理を行わなければならないからです。このためサーバーはクライアントと比較するとより高い性能のコンピューターを使用する必要があります。

そこで出てきたのが、クライアントとサーバーをひとつのコンピューターに兼用させるのではなく、ネットワークの中で特に性能の高いコンピューターにサーバーの機能を集中させて利用するのが「サーバー専用機」という考え方です。サーバー専用機を導入すれば、他のコンピューターはクライアント機能だけで済むため負荷が低くなるほか、サーバーが提供するデータや資源を1つのコンピューターに集中させることができるため、ネットワークの管理の手間も軽減できます。サーバー専用機のコストはかかりますが、クライアント用PCのコストや管理費用を抑えることが可能となるため、全体としてはコストを抑えることが可能となるわけです。

本書で紹介するWindows Server 2022は、こうした「サーバー専用機」を構築するためのOSです。

ディスクやプリンターなどの機器を共有

　サーバーが提供する機能の中で最も基本的なものは、すでに挙げたフォルダーやプリンターの共有、それにユーザーの管理です。

　フォルダーやプリンターの共有は、サーバーコンピューター上のディスクの中の特定のフォルダーや、サーバーに接続されたプリンターを、ネットワーク上の他のコンピューターから利用できるようにする機能です。

　クライアントは、サーバーのディスクの内容を読み書きする必要が生じたとき、ネットワークを経由して、サーバーのコンピューターにその要求を伝えます。クライアントからの要求を受け取ったサーバーは、その要求に応じて実際にディスクを読み書きし、結果をクライアントに戻します。クライアント側では、あたかも自分のディスクを直接読み書きするようにして、サーバー上のディスクを読み書きできます。これにより、サーバーとなるコンピューターに容量の大きなディスクを接続しておけば、個々のクライアントではそれほど大きなディスク容量を用意する必要がなくなるというメリットがあります。

　複数のクライアントが、同じサーバー上の同じフォルダーにアクセスすることもできます。たとえばAというクライアントがサーバー上のフォルダーにファイルを置き、それをBというクライアントが読み出す、といった操作も可能です。このようにすると、AとBという2つのクライアントの間で同じファイルを「共有」することができます。企業など、1つのファイルを多くの人が必要とする場合に便利です。プリンターの共有についての考え方もこれと同じです。印刷する必要があるとき、クライアントはサーバーに対して、プリンターを使用したいという要求と印刷したい内容を送り出します。それを受け取ったサーバーは、自分のコンピューターに接続されたプリンターに対して印刷内容を送り出します。このようにすることで、クライアント側では、あたかも自分のコンピューターにプリンターが接続されているのと同じ感覚でサーバーのプリンターに出力できます。高価なプリンターを個々のクライアントに用意する必要はなく、サーバー側にだけ接続されていればよいのです。

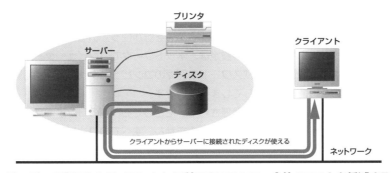

サーバーの資源をクライアントから利用することで、全体のコストを低減する

クライアントにサーバーの処理能力を提供

　サーバーが提供する「資源」は、ディスク容量やプリンターといった機器だけにとどまりません。サーバーが持つ計算能力や処理能力そのものをクライアントに提供するといった使い方もあります。

　一般に、サーバー専用機はクライアント用のPCに比べて高い処理能力を持つ場合がほとんどです。複雑な処理や高度な計算を実行する場合、クライアントコンピューターのCPUを使用して実行するよりも、サーバー専用機のCPUを使って処理を実行してその実行結果だけをクライアントで受け取るようにすれば、処理を短時間で終了させることも可能となります。

　サーバーの処理能力をクライアントで利用するには、通常、そうした操作に対応したソフトウェアが必要となりま

す。アプリケーションそのものがサーバー/クライアント方式の構成になっていて、サーバーコンピューター上でサーバーソフト、クライアントコンピューター上でクライアント専用ソフトを使うという構成になっているわけです。ただしこの方法は、その機能に対応する限られたアプリケーションでしか利用できません。

　Windows Server 2022の場合、より汎用的なアプリケーションで利用できるよう「RemoteApp」と呼ばれる機能が用意されています。これはWindowsサーバーに備わっている「リモートデスクトップサービス」の機能を応用したものです。

　通常のリモートデスクトップサービスは、クライアントコンピューターからサーバーにサインインして、サーバーのデスクトップ画面をクライアントコンピューター上で操作する機能です。一方、RemoteAppは、サーバーコンピューターのデスクトップ画面ではなく、サーバーコンピューター上で動作する特定のアプリケーション画面のみをクライアントコンピューターに表示する機能です。クライアントコンピューターから見ると、アプリケーションのウィンドウは他のアプリケーションと同様、1つのウィンドウで表示されるのですが、そのアプリケーションは実はサーバー上で実行されている、というのがRemoteAppの原理です。

　こうした処理能力の提供やアプリケーション動作の提供も、最近ではサーバーの重要な機能として使われています。

ネットワーク内で統一したユーザーの管理

　サーバーのもう1つの基本的な機能として、「ユーザー管理」が挙げられます。ビジネスでは極秘の情報を扱うことも多いものですが、たとえばオフィスに置いてあるコンピューターが誰にでも自由に使える状態にあるとき、その中に仕事に関する極秘情報を入れておくのは大変に危険です。

　多くのデータを保持するサーバーでは、クライアントと比較してもより厳しいセキュリティが求められます。このため、コンピューターを使う前にユーザー名とパスワードを入力する「ログオン（サインイン）」操作が必須となっています。クライアントOSの場合、Windows XP以降はログオン操作を行わなくてもコンピューターを利用できる設定もありますが、ネットワーク上でコンピューターを使用する場合、こうした設定は好ましいものではありません。ログオン操作により、Windowsは常に、今そのコンピューターを誰が使っているのかを認識しながら動作するようになります。ただこうしたユーザーやパスワードの設定は、ネットワークでコンピューターが複数接続されている場合には、扱いが難しくなります。ユーザー名やパスワードを個々のコンピューターで管理する通常の方法では、コンピューターの数だけユーザーの管理情報が存在してしまうからです。

　あるコンピューターでユーザーのパスワードが登録されていたとしても、別のコンピューターでそのユーザーが登録されていなければ、そのコンピューターを使うことはできません。すべてのコンピューターで同じユーザー名を登録しておけば、どのコンピューターでも使うことが可能にはなりますが、コンピューターの台数が多い場合の管理は非常に面倒ですし、パスワードを変更したりする作業も大変です。

　こうした問題を解決するのが「サーバーによるユーザー管理」です。ユーザー名とパスワードを個々のコンピューターで管理するのではなく、ユーザー設定はサーバー上で行い、クライアントコンピューターはその設定を参照する、という仕組みをとれば、サーバーをアクセスできるコンピューターすべてを、そのユーザー設定で使えるようになるわけです。結果として、ネットワーク内でユーザー名が重複したり、同じユーザーでもコンピューターによってパスワードが違っていたり、登録漏れにより特定のコンピューターが使えなくなる、といったこともなくなります。

　サーバー上でネットワーク内のファイル共有を行う場合にも、すべてのコンピューターが同じユーザー情報を共有すること、一層便利に使えるようになります。Windowsでは、ファイルごとに、そのファイルが誰のものかを示す「所有者情報」を持っていますが、このユーザー名をクライアントコンピューター上で正しく表示するには、クライアントとサーバーとが同じユーザー情報を持っている必要があります。サーバーが持つユーザー情報をすべてのコンピューターで共有しておくことで、どのコンピューターから見ても、ファイルの所有者がわかるようになります。このようなファイルの所有者を識別する機能は、サーバーの機能として非常に重要です。

4 利用するハードウェアを用意する

　一般にサーバーOSをインストールするコンピューターは、クライアントコンピューターに比べて高い性能が要求されます。また、サーバー機能を提供するためにはネットワーク機器は必須です。ここでは、サーバーとして利用するコンピューターや必要な機器について説明します。

コンピューターを選ぶには

　Windows Server 2022を動作させるには、あらかじめ定められた動作条件を満足するコンピューターを選ぶ必要があります。Windows Server 2022には、搭載するCPUやメモリ容量、ハードディスク容量など、動作に必要となる最低限度の性能が定められており、最低でもこれらの条件を満足していなければ、Windows Server 2022は使用できません。

　ただ注意しないといけないのは、ここで言う条件とはあくまでWindows Server 2022が最低限動作するのに必要となる条件という点です。マイクロソフト社では、これらを「最小システム要件」として定義しており、それらは次のようになっています。

Windows Server 2022の最小システム要件

項目	要件
プロセッサ (CPU)	1.4GHzの64ビットプロセッサ ・NX、DEPビットをサポート ・CMPXCHG16b、LAHF/SAHF、PrefetchW命令をサポート ・SLAT (Second Level Address Translation) をサポート
メモリ	512MB以上 ECC (エラー訂正機能) またはこれに類似の機能をサポート
ハードディスク	32GB以上 デスクトップエクスペリエンス (GUI) 使用の場合はさらに4GB ・パラレルATA (ATA/PATA/IDE/EIDE) はサポートしない
ネットワーク	PCI-Express接続で1Gbps以上 PXE (ブート前実行環境) をサポート
その他必要なもの	セキュアブートをサポートするUEFI2.3.1cベースのシステム TPM (Trusted Platform Module) 2.0 DVD-ROMドライブ/SVGA (1024×768) 以上のディスプレイ/ キーボード/マウス/インターネットアクセス可能な環境

　Windows Server 2022が必要とするシステム要件は、基本的にはWindows Server 2019以前と変更はありません。プロセッサ (CPU) として必要となるのは、動作周波数1.4GHz以上の64ビットプロセッサで、かつ、高度な仮想化機能を備えたものが必要です。CPUのブランドは規定されていませんが、対象としてはインテル社のサーバー向けプロセッサであるインテル社のXeonシリーズAMD社でいえばサーバー向けのEPYCシリーズなどが対応します。Windows Server 2022の機能のひとつである「入れ子になった仮想マシン」は、2019まではインテル社製のプロセッサに限られていましたが、2022からはAMD社製のプロセッサにも対応しました。

　仮想化機能では「SLAT (Second Level Address Translation)」機能のサポートが求められています。64ビット対応CPUであっても、やや古い世代 (インテル社のCore 2プロセッサなど) では、この機能をサポートしないので注意してください。この条件はWindows Server 2016のHyper-Vで初めて求められたもので、Windows

Server 2012 R2までのHyper-Vでは必要とされていませんでした。Windows Server 2012 R2以前のWindows Serverをアップグレードしようとする場合には注意してください。

その他必要なものとして記述したうち、「セキュアブート」および「TPM（Trusted Platform Module）2.0」は、Windows Server 2022をセキュアコアサーバーとして運用するためには必須要件となります。TPM 2.0はWindowsで使用する暗号キーなどのセキュリティ上必要となるデータを保存する際に使用するハードウェアです。Windows 11などでも必須とされていることからもわかるように、今後必要とされる機能ですから、新規にサーバーハードウェアを導入する場合には対応しているかどうかを必ず確認するようにしてください。ただし、そうしたセキュリティ機能が実現できなくてもよいのであれば、なくても動作はします。

「最小システム要件」はあくまでWindows Server 2022の最低動作条件に過ぎません。実際にサーバーの機能実用的に利用するには、この要件よりも高い性能が求められます。最近のCPUでは、1つのプロセッサの中に複数のプロセッサコア機能を収めた「マルチコア」CPUが普通です。Windows Server 2022では、このマルチコアCPUを前提としたライセンス形態となっていますから、ハードウェアを選択する場合にも、このライセンス条件を考慮するのがよいでしょう。

Windows Server 2022では、Hyper-Vを使用することで、1つのサーバーコンピューター内に複数の仮想マシンを動作させることが可能です。Standardエディションの場合、最小ライセンスで2台までの仮想マシンを使用できますが、この場合、ホストOSが必要とするディスクやメモリ要件のほか、仮想マシンの動作に必要な要件も考慮しなければいけません。

目安としては、「ホストOS＋仮想マシン2台分」で、合計3台分に相当する程度の「CPUコア数＋メモリ＋ハードディスク容量」は確保しておきたいところです。たとえば、仮想マシンそれぞれに2コアのCPU、4GBのメモリと100GBのハードディスクを割り当てる場合には、CPUコアは最低でも6コア以上、メモリは6GB以上、ハードディスクは300GBが必要となります。もちろんこれらに対してもある程度の余裕を見る必要はあります。

そこで本書においては、表のようなハードウェア用件を推奨します。

本書が推奨するWindows Server 2022 Standardエディションのシステム要件

項目	要件
プロセッサ（CPU）	1.6GHz/8コア以上の64ビットプロセッサ その他の要件は最小システム要件に準じる
メモリ	16GB以上
ハードディスク	500GB以上
ネットワーク	PCI-Express接続で1Gbpsのもの、2ポート以上
必要デバイス	セキュアブートをサポートしているUEFI2.3.1cベースのシステム TPM（Trusted Platform Module）2.0 その他は最小システム要件に準じる

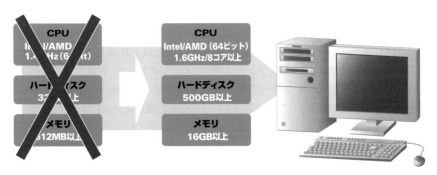

最小システム要件は、あくまでOSが単体で動作する最低限度の仕様。実際には少し余裕が必要

Windows Server 2022のライセンスの数え方

Windows Serverで必要となるライセンス数は、Windows Server 2016とそれ以前では大きく変更されました。具体的には、コンピューターに搭載されたプロセッサの数を基準としていた2012以前に対して、2016以降は、プロセッサに搭載されたコアの数を基準として必要なライセンス数を算定する方式です。ただし1つのプロセッサに搭載されるコアの数によっては、プロセッサ自体の数が必要ライセンス数に影響する場合もあるので注意してください。

Windows Server 2022で必要とされるライセンス数は、プロセッサのコア数1つあたり1ライセンスです。ただし、1つのプロセッサに搭載されるコアが8個未満の場合には、そのプロセッサには8個のコアが搭載されているものとして数えます。またコンピューター全体でのコア数が16個に満たない場合にはそのコンピューターのコア数は16個として数えます。つまり、どのようなコンピューターであっても、最低16コア分のライセンスは必要となります。

使用するWindows ServerがWindows Server 2022 Standardエディションである場合は、Hyper-Vによる仮想マシンの数にも制限があることに注意してください。Standardエディションでは、コンピューターのコア数分のライセンス（本書ではこれを「1セット分のライセンス」と呼びます）がある場合、Hyper-Vを用いて2つまでのWindows Server仮想マシンを使用することができます。

2つを超える仮想マシンを使用する場合、仮想マシンが2つ増えるごとに1セット分のライセンスを追加で購入する必要があります。つまり3〜4つの仮想マシンを使用する場合には、必要となるライセンス数は2セットです。追加するライセンス数は16コアではなく、コンピューターに搭載されたコア数である点には注意してください。仮にコア数が32コアのコンピューターで4つの仮想マシンを動作させる場合には、必要となるライセンス数は64コア分となります。

なおここで言うHyper-V仮想マシンの数には、Windows Server以外のOSを使用する仮想マシンを含みません。たとえばHyper-V仮想マシン内でWindows 11によるクライアントOSを動作させる場合や、Linuxによるサーバーを運用する場合には、これをカウントする必要はありません。一方、Windows Server 2022のコンテナー機能で利用できる「Hyper-Vコンテナー」を使用する場合、これはWindows Serverを動作させるためライセンス数のカウントに含めます。

コンピューターに搭載されるプロセッサの数、プロセッサ当たりのコア数との関係は次に示すとおりです。

Windows Server 2022におけるプロセッサ数とコア数のカウント方法

プロセッサ数	1プロセッサあたりのコア数									
	2	4	6	8	10	12	14	16	18	20
1	16				16				18	20
2	16				20	24	28	32	36	40
3	24				30	36	42	48	54	60
4	32				40	48	56	64	72	80

※この図には、StandardエディションでのHyper-V仮想マシン数制限による追加分を含みません。

Windows Server 2022のライセンスの販売単位は16コア分または2コア分です。Windows Server 2022での最小構成は16コアとなるため、最低でも「16コアパック×1個」が必要となります。必要なコアライセンスの数が16の倍数の場合は16コアパックをその数だけ、また端数が出る場合には「端数のコア数÷2」

の数だけ2コアパックが必要です。

　Windows Server 2022のStandardまたはDatacenterエディションを利用する場合には、そのサーバーを利用するユーザーの数またはコンピューターの台数に応じて「クライアントアクセスライセンス（CAL）」と呼ばれるライセンスも別途必要となります。CALが無い状態でWindows Serverを利用した場合にはライセンス違反となりますので、この点についても注意が必要です。

周辺機器を選ぶには

　Windows Server 2022を実際に使用するには、CPUやメモリ、ハードディスクなどのほか、ディスプレイやキーボード、マウスなどの入出力機器、インストールメディアを読み込むためのDVD-ROM装置、ネットワークに接続するためのインターフェイスネットワークインターフェイスボードなどが必要となります。

ヒューマンインターフェイスデバイス（HID）

　ディスプレイやキーボード、マウスなどのように操作する人が直接見たり操作したりするデバイスのことを、「ヒューマンインターフェイスデバイス（HID）」と呼びます。クライアントPCの場合、長時間にわたり人間が操作する機会が多いため、見やすい/操作しやすいデバイスを選ぶことは重要です。しかしサーバーの場合、管理者以外の人はあまり操作せず、また実際に運用に入ってしまえば管理者が行う作業もそれほど長時間にはなりません。むしろ、サーバー機を直接人間が操作する時間は極力減らすほうが、セキュリティ面でも安全です。特にWindows Server 2022の場合、管理機能の強化により、ネットワーク経由での管理も行いやすくなっているほか、Server Coreインストールで使われるWindows PowerShellのように、主にコマンドベースで操作し、高精細なグラフィック表示を必要としない管理方法も取り入れられています。

　以上のことから考えると、ネットワークのサーバーとして使うようなハードウェアでは、HIDデバイスには特殊なデバイスはあまり採用する必要はありません。Windows Server 2022の最小システム要件でも、推奨要件でも、グラフィックに関してはXGA（1024×768）となっているのはこのためです。

ネットワークインターフェイスカード（NIC）

　ネットワークを構築するためには、ネットワークインターフェイスカード（NIC）に代表されるさまざまなネットワーク機器も必要になります。NICとは、コンピューターにネットワーク機能を付加する拡張カードのことです。最近のビジネス向けコンピューターではほとんどの機種で、メインボード上にNICを標準装備する「オンボードNIC」を採用しています。通常の使用であれば、このオンボードNICを使用するだけで十分です。

　Hyper-Vを使用して仮想OS上でサーバーを運用する場合や、「iSCSI（Internet Small Computer System Interface）」と呼ばれるネットワーク経由でのディスク接続を行う場合、2つ以上のネットワークに接続する場合などには、2ポート以上のネットワークインターフェイスを用いるほうがよい場合もあります。

　オンボードNICだけではネットワークのポートが不足する場合、増設スロットに別売のNICを搭載する必要が生じます。こうしたボードは非常に多くの種類が発売されていますが、製品を選択する場合には、まず、そのボードが自分の使っているコンピューターに正しく適合するものかどうかを調べてください。大手メーカー製のコンピューターであれば、純正のオプションとしてネットワークインターフェイスボードが用意されていますから、それらを使用するのが安全です。

　コンピューターで使われるネットワークには、いくつもの種類があります。一般的なのは1秒間に1ギガビットのデータを転送できる「ギガビットEthernet」のひとつで「1000BASE-T」と呼ばれる規格です。現在ではほとんど

のコンピューターがこれを使用しています。また高性能を必要とするサーバーでは10Gbit/秒の転送速度を持つ、より高速なネットワークインターフェイスを搭載しているものもあります。

　一方、周辺機器やADSLルーターなど、高速な接続を必要としない機器では「100BASE-TX」と呼ばれる、1秒間に100メガビットのデータを転送する一世代前の規格もまだ広く使われています。

　サーバー機の場合、特にネットワークの入出力が多くなる傾向にあるため、最低でもギガビットEthernet以上に対応した機器を選択してください。ネットワーク内に100BASE-TXにしか対応していない機器がある場合でも、相互接続が可能ですので問題はありません。

　注意したいのは、NICに対する「ドライバー」です。Windows Server 2022のパッケージには、主要なNICのドライバーが収録されていますが、特に後付けのNICの場合、別途ドライバーを用意する必要がある場合があります。

　通常の場合、NIC本体（またはコンピューター本体）に、ドライバーディスクが付属していますが、Windows Server 2022で使用する場合には、Windows Server 2022対応が明記されたドライバーが必要となります。

ハブ

　1000BASE-Tや100BASE-TXのネットワークでは、ネットワークインターフェイスボードのほか、個々のコンピューターからの線（ケーブル）を1か所にまとめて接続するための「集線装置」と呼ばれる機器も必要になります。この集線装置は、一般に「ハブ」または「スイッチ」「スイッチングハブ」などと呼ばれています。

　ハブには、コンピューターを接続するための口（「ポート」と呼びます）がいくつか用意されています。製品によって、すべてのポートが同じ通信速度に対応するものや、一部のポートだけが高速な通信に対応し、その他のポートは低速な通信にしか対応しないものなど、種類があります。

　ネットワークの中に10GBASEや1000BASE-T、100BASE-TXなど、複数の通信速度のネットワークインターフェイスが混在している場合には、それらの中で最も高速なNICに対応したハブを選択します。一般的にはサーバー側のNICが最も高速ですから、特定のポートだけが高速通信に対応するハブを使う場合には、その高速のポートをサーバー用として割り当ててください。すべてのポートが同じ通信速度に対応する場合には、どのポートにどの機器を割り当ててもかまいません。

　多くのハブは、接続された機器の通信速度に応じて接続されたポートのランプの色や点滅状態が変化するようになっているため、この表示で通信速度を確認します。

　サーバーだけが高速な通信に対応し、他のコンピューターが低速な通信速度にしか対応しない場合であっても、他のコンピューターが複数存在する場合には高速通信の効果は現れます。

IPアドレスとは

　本書で使用するネットワークでは、TCP/IP という通信プロトコルを利用してコンピューター間の通信を行います。TCP/IP とは、TCP（Translation Control Protocol）と IP（Internet Protocol）の2つのプロトコルを合わせた総称です。これを利用するネットワークでは、ネットワーク上に接続された機器を識別するために、「IP アドレス」という数値を各機器に設定します。

　Windows Server 2022 はもちろん TCP/IP を使用できますが、利用可能なプロトコルには2つのバージョンがあり、それぞれ IPv4（IP バージョン 4）と IPv6（IP バージョン 6）と呼ばれています。標準の状態でセットアップされた Windows Server 2022 では、どちらのバージョンも利用できる状態になっているため、Windows Server 2022 は、IPv4 で動作するネットワークと IPv6 で動作するネットワーク、いずれに接続さ

れても動作します。

　TCP/IP ネットワーク上で通信を行うには、接続された機器に IP アドレスを識別子として付けます。IP アドレスは、IPv4 の場合は 0 〜 255 までの数字を 4 つ、ドット（.）でつなげた形式で表示します。また IPv6 の場合は「fe80:0:0:0:0:0:0a14:1e28」のように、最大 4 桁の 8 個の 16 進数をコロン（:）でつなげて表記します。ただし「:0:」が連続する部分は 1 か所に限り省略できます。このため、この例では「fe80::a14:1e28」のように表記されます。

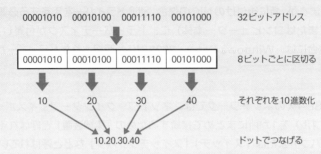

IPv4のアドレスは、32ビットを8ビットごとに区切って10進数で表記する

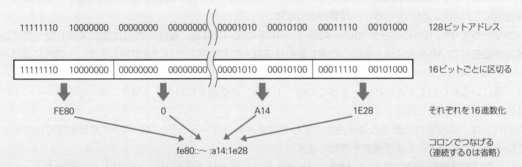

IPv6では、128ビットのアドレスを16ビットごとに16進数8つのブロックで表現する

　Windows Server 2022 は IPv4 と IPv6 の両方を利用できますから、1 つのポートには IPv4 形式のアドレスと IPv6 形式のアドレス、それぞれ最低 1 つが割り当てられます（使い方に応じて、1 つのポートに複数の IP アドレスを割り当てることもできます）。IPv4 アドレスと IPv6 アドレスとの間には特に決まった関係はなく、それぞれ独立して割り当てることができます。

　IP アドレスはネットワークの中で機器を特定するための唯一の情報です。互いに直接通信を行うネットワーク内では、IP アドレスは重複してはいけません。このため、既存のネットワークに新しく機器を接続する場合、使用する IP アドレスがそのネットワーク内ですでに使われていないかどうかを確認する必要があります。

　NIC のポートには、この IP アドレスのほかにもうひとつ「ネットマスク」（またはサブネットマスク）と呼ばれる情報も必要です。

　ネットマスクとは IP アドレスの値の中で、そのコンピューターがどのネットワークに接続されているかを示す「ネットワークアドレス」と呼ばれる値を決定するために使われます。「ルーター」や「ゲートウェイ」と呼ばれる、ネットワークを互いに接続するための専用の装置を挟まない、同じネットワーク上の機器同士は、すべての機器が共通のネットマスクを持っていなければ正しく通信できません。

ネットマスクは、IPv4においては通常のIPアドレスと同じフォーマットで表記します。IPv6ではアドレスの上位何ビットをネットワークアドレスとするかを示す数字（「プレフィックス」と呼びます）を使って、「IPv6アドレス/プレフィックス」のように表記します。たとえば、先ほどのIPv6アドレスは、仮にプレフィックスを64とすると「fe80::a14:1e28/64」のように示されます。

IPアドレス指定の際の注意

前述のとおりWindows Server 2022では、IPv4、IPv6どちらのアドレスも並行して使用できます。ネットワーク内にIPv4とIPv6が利用できる機器が混在している場合、それらの機器とはIPv4かIPv6、いずれか「利用可能なアドレス」を使って接続されます（通常はIPv6が優先されます）。

このような仕組みのため、たとえばアクセスの制限を行うためにファイアウォールなどで特定のIPv4アドレスからの接続を禁止したはずなのに（IPv6が使えるため）通信できてしまう、といったこともあります。またIPv4かIPv6いずれか一方しか使えない機器があると、あるコンピューターからは通信できるが、他のコンピューターからは通信できない、といった問題も生じる可能性が出てきます。

こうした問題を避けるためには「IPv4かIPv6、いずれか一方しか使用しない」と決めてしまって、もう一方の使用を禁止する、といった対策が有効です。

プライベートIPアドレスとは

IPアドレスは、ネットワークの中で特定の機器を識別するための大切な情報です。正常に通信を行うためには、接続されているネットワーク内でIPアドレスの重複があってはいけません。このためIPアドレスは通常、ネットワークの管理者によって「割り当て制」となっていることが普通です。全世界のコンピューターが接続されるインターネットも例外ではなく、IPアドレスは割り当て制となっています。

ですが、本書で構成するネットワークのように限られた範囲、たとえば会社の中などでしか使わないネットワークでは、あえてインターネットで使われるIPアドレスを割り当てるのは意味がありません。

そのような場合によく使われるのが、「プライベートIPアドレス」と呼ばれるIPアドレスです。これは、インターネットの中では使われないということを前提としたアドレスで、逆に言えば、インターネットに直接接続しない限られた範囲内でのネットワークであれば自由に使用してもよいアドレスとなります。インターネット上には決して存在しないIPアドレスなので、社内ネットワークなどでこのIPアドレスを使ってもインターネット上のIPアドレスと重複することはなく、他に迷惑をかける可能性がないからです。

プライベートIPアドレスとして使用できるのは、次の表に示す範囲です。社内ネットワークなど閉じた世界で使う場合には、基本的にはこの範囲からIPアドレスを選んでください。

なお、表からもわかるように「プライベートIPアドレス」はIPv4だけで使われるアドレスです。IPv6で使用する場合には、「ユニークローカルユニキャストアドレス」と呼ばれるアドレスを使います。名称は異なりますが、IPv4におけるプライベートIPアドレスと同様、インターネット上で使われない（接続しない）機器で使用できるIPアドレスであり、その範囲は右の表に示すとおりです。

プライベートIPアドレスの範囲

IPアドレス	ネットマスク
10.0.0.0 ～ 10.255.255.255	255.0.0.0
172.16.0.0 ～ 172.31.255.255	255.255.0.0
192.168.0.0 ～ 192.168.255.255	255.255.255.0

ユニークローカルユニキャストアドレスの範囲

開始	FC00:0000:0000:0000:0000:0000:0000:0000
終了	FDFF:FFFF:FFFF:FFFF:FFFF:FFFF:FFFF:FFFF

5 本書で作るネットワークについて

本書では、以降の章でWindows Server 2022の設定方法を説明します。その際の説明に用いるサンプル用のネットワーク構成について、ここで説明します。

本書で使用するネットワーク環境

本書で構築するネットワークには、3台のコンピューターを接続します。そのうち2台がネットワークのサーバーとして使用するコンピューターで、これにはもちろんWindows Server 2022をインストールします。Hyper-Vを含めた全機能を使用するためDatacenterまたはStandardのいずれかのエディションが必要ですが、ネットワークの規模を考えてStandardエディションを使用します。またHyper-Vを使用して仮想サーバーを1台作成します。Standardエディションでは、1ライセンスあたり2つまでの仮想のサーバー使用権があります。

残る1台は、一般ユーザーが使用するコンピューターです。いずれもデスクトップ型のコンピューターで、OSとしてはWindows 11 Proエディションを使用します。

プリンターはネットワーク接続タイプのものが1台用意されています。この種のプリンターは通常、プリントサーバー機能を搭載しているためWindows Serverで管理する必要は必ずしもありませんが、今回はあえて、Windows Server 2022から管理し、他のコンピューターからこのプリンターを利用できるようにします。

また、ネットワーク上にはルーターが接続されています。このルーターは企業の基幹システムにも接続されており、作成するネットワーク内の各コンピューターは、このルーターを経由して企業内の基幹情報システムやインターネットにアクセスします。これらを図にすると、次のようになります。

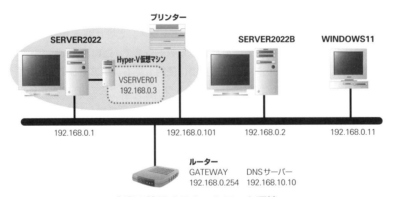

本書で使用するネットワーク環境

これらネットワーク上の各機器は、TCP/IPで通信します。IPのバージョンはIPv4を使用します。各機器のIPアドレスはそれぞれの機器に手動で設定することとしますが、自動でIPを割り当てる「DHCP」についても、本書で解説します。

なお本書では、設定するIPアドレスとして、先ほどのコラムで説明した「プライベートIPアドレス」を使用します。

本書で使用するサーバー機能

　まず、Windows Server 2022の機能のうち、最も基本的なサーバーの機能である「ファイルサーバー機能」と「プリンターサーバー機能」を利用できるようにします。

　ネットワーク全体の管理としてActive Directoryが利用できるのはWindows Server 2022の大きなメリットですが、本書ではActive Directoryについては実際には使用しません（セットアップまでは解説します）。Active Directoryを使用した場合、クライアントPC側の操作にも変更が加わるほか、さまざまな動作が変化するため、本書の目的である「初期の導入作業」の範囲には収まりきらないためです。

　Hyper-Vについては、機能をインストールして仮想OSをセットアップするところまでを解説します。仮想OSは、ホストOSと同じくWindows Server 2022を使います。なおゲストOSとして動作するWindows Server 2022自体は通常のWindows Server 2022とまったく同じですから、他の章の設定を参照すればセットアップは簡単に行えます。コンテナー機能については、Windows ServerコンテナーとHyper-Vコンテナーの2つの機能のうち、Windows Serverコンテナーについての使い方を説明します。

　インターネットやイントラネットでホスト名とIPアドレスを対応付けるDNS（名前空間管理システム）を使用します。このDNSは、単にインターネット上のドメイン名を登録、参照するばかりでなく、Active Directoryを稼動させるためにも必要です。ただしインストールの初期では、DNSサーバーについてはすでに動作しているものを使用することとします。実際にWindows Server 2022にDNSサーバーをセットアップし動作させる方法は、応用として紹介します。

　Windows Server 2022では、IIS（Internet Information Services）10により、Webページを公開したりFTP（File Transfer Protocol）サーバーによってインターネット上にファイルを公開したりすることができます。本書の第10章では、このIIS 10を実際に使用して、ネットワーク内の他のマシンからWebページを参照する、FTPでファイルを転送するなどの環境を構築します。

　IISを用いてデータを公開する方法は、社内ネットワークに対して情報を公開する手段としても非常に有効です。こうした使い方を「イントラネット」と呼びます。

6　ネットワーク構成のための　チェックリスト

　Windows Server 2022 でのネットワーク設計に限ったことではありませんが、ネットワークを構築しようとする場合には、初めに必要な情報を集めて一覧にしておくと便利です。ここまでに挙げたネットワークを例にして、チェックリストを作成してみましょう。

　各リストのかっこ内には、本書で使用するネットワークの情報を例として示します。企業で使用する目的でネットワークを構築する場合は、管理者に相談のうえ、指示に従ってください。

チェックリスト　※( )内は本書で例として使用する値	チェックリスト作成のためのヒント
1. ネットワークの名称 ＿＿＿＿＿＿＿＿＿＿（MYNETWORK）	これから構築するネットワークの呼び名を決めます。企業で利用するネットワークであれば「営業部第一課ネットワーク」などのような名前を付けます。この名前は、各機器をセットアップする際に入力するわけではないので、自由に決めてください。
2. ネットワークに接続される機器の台数 ＿＿＿＿＿＿＿＿＿台　（6台）	ネットワークに接続され、IPアドレスを必要とする機器の台数を指定します。この情報は、IPアドレスやケーブルの本数、ハブのポート数を決定するのに使います。例では6台としていますが、これはコンピューター3台に加えて、仮想サーバー1台、ネットワーク接続のプリンター1台、ルーターを1台置くことを前提としているためです。
3. Hyper-Vによって構築する仮想サーバーの数 ＿＿＿＿＿＿＿＿＿つ　（1つ）	Datacenterエディションと Standardエディションでは、Hyper-Vにより仮想サーバーを構築できます。仮想サーバーには通常のサーバーと同じくIPアドレスを指定しますから、ここで構築する仮想サーバーの数を決めておきましょう。なお Datacenterエディションでは仮想サーバーの数に制限はありませんが、Standardエディションでは1ライセンスあたり、2つまでしか Windows Server の仮想OSを使用できません。
4. DHCPを使用するか □する　　□しない　　（しない）	DHCPとは、ネットワークに接続された機器に、IPアドレスを自動的に割り当てるサーバーの機能です。コンピューターを新しくネットワークに接続して起動した際に、DHCP機能を持つサーバー（DHCPサーバー）から、他の機器と重ならないIPアドレスが割り当てられます。DHCPを使用する場合、接続するネットワーク上で、DHCPサーバーが動作していなければなりません。
5. DHCPサーバーを作成するか □する　　□しない　　（しない） **作成する場合** DHCPサーバーのIPアドレス ＿＿＿＿＿＿＿＿＿	ネットワーク上にDHCPサーバーを作成し、IPアドレスを割り当ててもらう場合は「する」を選びます。「しない」を選択する場合、IPアドレスを各機器に手動で設定する必要があります。ただし、1つのネットワーク上に複数のDHCPサーバーが同時にあると管理が面倒になることが多いので、既存のDHCPサーバーがある場合は、できるだけそれを使うようにするか、新たにDHCPサーバーを作成せず手動でIPアドレスを設定します。

6. Active Directoryを使用するか

□する　　□しない　　　　（しない）

Active Directoryは、Windowsネットワーク上で、ユーザーIDやパスワード、アクセス権などを一括管理するためのネットワーク管理システムです。ある程度の規模のネットワークになれば必須とも言える機能ですが、本書で解説する範囲では、Active Directoryは使用しません。

7. ワークグループ名

_____　　（WORKGROUP）

Windowsをネットワークに参加させる際、Active Directoryを使用する場合には参加する「ドメイン名」、使用しない場合には「ワークグループ名」を設定する必要があります。通常は既定のWORKGROUPのままで問題ありませんが、ネットワーク管理者からの指示がある場合はそれに従ってください。

8. DNSサーバーを作成するか

□する　　□しない　　　　（しない）

インターネット上のホスト名とIPアドレスとを関連付けるサービスがDNSサーバーです。接続されるネットワークにすでにDNSサーバーが存在しており、それが利用できる場合には新たにサーバーを作成する必要はありません。Active Directoryをセットアップするには直接書き換え可能なDDNSサーバーという仕組みを使うサーバーが必要となりますから、DNSサーバーを作成します。Active Directoryを使用しない場合には、DNSサーバーは必須ではありません。

9. DNSサーバーのアドレス

_____　（192.168.10.10）

接続するネットワークにすでにDNSサーバーが存在する場合、またはDNSサーバーを作成する予定の場合には、サーバーとなるPCのIPアドレスを設定します。Active Directoryを使用しない場合で、インターネットに直接アクセスする必要がない場合には、DNSサーバーのアドレスは設定しなくても問題ありません。

10. 完全なインターネットドメイン名

_____　（mynetwork.
　　　　　　　　　　　　　　mycompany.co.jp）

Active Directoryを使用する場合、コンピューターには完全なインターネットドメイン名（FQDNと呼ばれます）も設定する必要があります。今回はActive Directoryを使用しないので、ここは空欄でもかまいません。

11. 各機器の情報（仮想OS含む）

ホスト名	IPアドレス	OS名または機種名
(1) （SERVER2022	192.168.0.1	Windows Server 2022）
(2) （SERVER2022B	192.168.0.2	Windows Server 2022）
(3) （VSERVER01	192.168.0.3	Windows Server 2022（仮想OS1））
(4) （WINDOWS11	192.168.0.11	Windows 11 Pro）
(5) （PRINTER	192.168.0.101	Brother DCP-J952N）
(6) （GATEWAY	192.168.0.254	ブロードバンドルーター）

ネットワークに接続される機器ごとに、コンピューター名やインストールするOSの種類などを順に記入します。パソコン以外の機器であっても、IPアドレスを使用するものについてはすべて書き出しておくと便利です。なおDHCPを使ってIPアドレスを自動取得する機器については、IPアドレスの項目は空欄のままです。
Hyper-Vで仮想サーバーを構築する場合、仮想サーバーにもホスト名やIPアドレスを割り当てますから、ここでは仮想OSの分も忘れずに記述しておきます。

12. ネットマスク

_____　（255.255.255.0）

TCP/IPが正常に通信を行うためには、IPアドレスのほかに「ネットマスク」と呼ばれる情報が必要になります。ネットマスクの値は、同じネットワークに接続される機器同士ではすべて共通です。

13. デフォルトゲートウェイのIPアドレス

_____（192.168.0.254）

ネットワークが、ルーターやゲートウェイを介して企業の基幹ネットワークなど他のネットワークに接続されている場合、そのゲートウェイのIPアドレスを指定します。IPアドレスは、企業のネットワーク管理者の指示に従ってください。作成するネットワークが他のネットワークと接続しない場合は、このアドレスを指定する必要はありません。

Windows Server 2022 のセットアップ

第 **2** 章

この章では、Windows Server 2022のセットアップ手順について解説します。Windows Serverのセットアップはバージョンを重ねるごとに自動化が進み、最初に最低限必要となるわずかな項目を入力するだけで、後は自動的にセットアップが行われるようになっています。

新規インストールとインプレースアップグレード

Windows Server 2022 をセットアップする際には、現在の OS をいったん消去したあとまっさらな状態で OS をセットアップする「新規インストール」のほか、2 世代以内、すなわち Windows Server 2016 か Windows Server 2019 からであれば、OS の設定やインストール済みのアプリケーションを残した状態でインストールする「インプレースアップグレード」を行うこともできます。

この「インプレースアップグレード」を行うには、Windows Server 2022 のセットアッププログラムを、アップグレード元の OS 上で起動した上で、インストールの途中で表示される選択肢から「ファイル、設定、アプリを保持する」を選択します（新規インストールの場合は「何もしない」を選択します）。ただしこれが選択できるかどうかには一定の条件が必要となります。

最初の条件は、現在使用している OS のバージョンです。Windows Server 2022 に対してインプレースアップグレードを行える現在の OS は表に示すとおりで、この表にない Windows Server についてはすべて新規インストールとなります。

インプレースアップグレード可能な組み合わせ（OSのバージョン）

アップグレード元OS	アップグレード先OS
Windows Server 2019 Standard	Windows Server 2022 Standard
Windows Server 2019 Standard	Windows Server 2022 Datacenter
Windows Server 2019 Datacenter	Windows Server 2022 Datacenter
Windows Server 2016 Standard	Windows Server 2022 Standard
Windows Server 2016 Standard	Windows Server 2022 Datacenter
Windows Server 2016 Datacenter	Windows Server 2022 Datacenter

簡単に言えば、Windows Server 2022 にアップグレードできるのは、アップグレード元の OS が Windows Server 2016 以降であり、エディションを変更しないか、より上位のエディションに変更する場合に限られます。Standard エディションから Datacenter エディションへの変更はできますが、Datacenter エディションから Standard エディションへと変更することはできません。

2 番目の条件は、サーバーのセットアップオプションです。Windows Server 2022 ではセットアップ時のオプションとして、GUI を使わない「通常インストール」と、GUI を使用する「デスクトップエクスペリエンス」の 2 つのセットアップ方法があります。Windows Server 2019 や 2016 でもこれと同様で、これらのサーバーではデスクトップエクスペリエンスあり / なしのいずれかで運用されているはずです。インプレースアップグレードを行う場合には、このデスクトップエクスペリエンスあり / なしを変更してのアップグレードはできません。

インプレースアップグレード可能な組み合わせ（デスクトップエクスペリエンスあり/なし）

アップグレード先OS Windows Server 2022 アップグレード元OS Windows Server 2016/2019	デスクトップエクスペリエンスなし	デスクトップエクスペリエンスあり
デスクトップエクスペリエンスなし	○	×
デスクトップエクスペリエンスあり	×	○

　Windows Server 2016/2019/2022 はいずれも、セットアップ後にデスクトップエクスペリエンスの有無を変更することはできません。このため、アップグレードを機にデスクトップエクスペリエンスの有無を切り替えたい場合には、インプレースアップグレードではなく、新規インストールを行う必要があります。

　インプレースアップグレードがサポートされているエディションの組み合わせであっても、使用しているハードウェアが Windows Server 2022 に適合していない場合には、Windows Server 2022 は使用することができません。Windows Server 2022 ではセキュアコアサーバー機能の搭載により、必要とされるハードウェアの動作要件が変更となっているため、実際に運用しているサーバーをアップグレードする場合、ハードウェアやアプリケーションすべてにわたって 2022 での動作検証がとれているかどうかを確認しましょう。

インプレースアップグレードのメリット

　インプレースアップグレードでは、現在稼動中のサーバーの構成情報、使用する役割などの設定情報などをできる限り変更しないまま、OS のみを新しいバージョンへとアップグレードすることができます。この機能を使えば既存のユーザー、設定、グループ、アクセス許可などは新たに設定しなくてもそのまま残るため、サーバー機能が利用できなくなる時間（ダウンタイム）を最小限に抑えた状態で、サーバー OS のバージョンアップが行えます。

　データや設定を新しいサーバーに移行する必要がないため、設定の移行に伴う人為的ミス、特に設定抜けや間違い等の発生を防ぐこともできます。現状のサーバー性能に不満がないのであれば、ハードウェアの追加なしに新しい OS 環境に移行できることもメリットといえるでしょう。

　サーバーにアプリケーションをインストールしている場合、それらの設定はアップグレードしても変更されません。このため、アプリケーションの再インストールや設定変更を行う必要がない点もメリットです。ただしこれは、インストール済みのアプリケーションが Windows Server 2022 にも対応しており、問題なく動作することが前提となります。

インプレースアップグレードのデメリット

　インプレースアップグレードにはデメリットもあります。

　第一に、インプレースアップグレードは現在稼動しているサーバーをそのまま更新するため、現在動作しているサーバー環境はなくなってしまいます。このため正常にアップグレードできなかった場合や、アップグレードできた場合でもサーバーの機能やアプリケーション問題が生じた場合に、これまでのサーバーに戻すことが簡単にはできません。アップグレード後すぐに問題が判明した場合であれば、バックアップから復元するなどの対応をすれば被害は最小限にとどめることできます。しかしその場合でも、バックアップの復元が完了するまでの間は、サーバー機能を一切使用できなくなります。

　不幸にしてバックアップをとっていない場合や、バックアップをとってから時間が経ったあと問題が発覚したような場合には、被害はさらに大きくなります。仮に元の状態に復元できたとしても、バックアップを行った以降のファイル変更や OS の設定変更などが失われるためです。

　第二に、インプレースアップグレードはどのような場合でも必ず成功するとは限りません。もちろんインプレースアップグレードは Windows Server 2022 の機能としてサポートされてはいます。Windows Server 2016 でインプレースアップグレードを行おうとすると表示されていた「インプレースアップグレードはお勧めしません」という警告も表示されなくなりました。ですが、どのような場合であって必ず正常なアップグレードが行えるという保証は残念ながらありません。

　これらの事情を考えると、現在のサーバーはできる限りそのまま動作させておき、別途、新しいサーバー

ハードウェアを準備し、現在のサーバーと並行した状態で新しいサーバーの動作をテストするといった慎重さが必要となります。

もちろん問題が一切発生しなければ、OS の再設定が必要ないインプレースアップグレードは非常に便利です。しかしながら、重要なサーバーであればあるほど、万が一の問題が発生した場合のリスクは考慮しておくべきです。

新規インストールのメリット

新規インストールとは、以前の OS 設定を引き継ぐことなく、まっさらの状態から OS をセットアップすることを言います。OS を完全に初期状態でセットアップするわけですから、ユーザー ID や各種設定情報の登録、アプリケーションのインストールなども、初めからやりなおす必要があります（アプリケーションによっては、移行ツールなどを用意している場合もあります）。

新規インストールを行う場合、既存のサーバーの OS を消去した上で、そのハードウェアに対して Windows Server 2022 をインストールする方法と、別のコンピューターを新たに用意してそこに Windows Server 2022 をインストールする方法とがありますが、ここでは既存のサーバーは消去せずに残しておくことを強くお勧めします。現在のサーバーの環境を残しておけば、Windows Server 2022 上でドライバーやアプリケーションが正常に動作するかどうか、十分に時間をかけて検証することもできますし、万が一問題が発生する場合でも、原因究明に十分な時間をかけることも可能です。

仮に新しいコンピューターを別途用意できない場合であっても、旧バージョンの OS を格納したハードディスクは保存しておき、新しい OS 用には新規にハードディスクを用意する、といった方法をとるのが安全です。

なお本書で説明するセットアップ手順については、新規インストールの場合のみとします。

本書で解説するセットアップの手順について

Windows Server 2022 のセットアップを行うためには、Windows Server 2022 セットアッププログラムを起動しなければなりません。インプレースアップグレードの場合、アップグレード元の OS が稼働している中からセットアッププログラムを起動すればよいのですが、新規インストールの場合には、OS がインストールされていない環境でもセットアッププログラムが起動できることが必要となります。この方法には、次のようなものがあります。

- ・DVD-ROM ブート機能を用いて、Windows Server 2022 の DVD-ROM でセットアッププログラムを起動する
- ・USB ブート機能を用いて、USB フラッシュメモリから Windows Server 2022 のセットアッププログラムを起動する
- ・ネットワークインストールサーバーと PXE 対応 NIC（ネットワークインターフェイスカード）を使って、他の PC から Windows Server 2022 のインストールイメージを取得する

Windows Server 2022 のパッケージを店頭などで購入した場合、セットアッププログラムは DVD-ROM で提供されます。ただ最近では、ソフトウェアを購入する場合にインターネット上からライセンスのみを購入し、ソフトウェア本体はインターネット上のサイトからユーザーがダウンロードするといった購入方法が主流です。

ライセンスだけを購入した場合でも、別途注文すればインストール用の DVD メディアを購入することはで

きます。ただインターネット接続が当たり前になった昨今では、あえてインストールメディアを購入せずとも、プログラムをインターネットからいつでも入手できる方がはるかに手軽です。このため、インストールのために DVD メディアを使用する機会は以前に比べると大幅に減っています。

　これを踏まえて本書では、オンラインからダウンロードしたファイルからインストール用の USB フラッシュメモリを作成し、そこからインストールする方法について解説します。Windows Server 2022 のダウンロードファイルは、ISO ファイルと呼ばれる、DVD-R に書き込むことでそのままセットアップ用の DVD を作成できる形式ですが、最近のサーバーでは DVD ドライブが搭載されていない場合も多く、むしろ USB フラッシュメモリからインストールする方法の方が手軽になっているからです。

　さらに別のインストール方法として、ネットワークからセットアッププログラムを読み込んで Windows Server 2022 をセットアップする方法についても解説します。「PXE（Preboot eXecution Environment）ブート」と呼ばれる仕組みを使うもので、サーバーに搭載されたネットワークボードが自動的にネットワーク内の他のコンピューターからセットアッププログラムを取得し、OS をインストールすることができます。ネットワーク内に別途 PXE ブート用のサーバーを用意しておけば、他のハードウェアを用意する必要がないほか、Windows 11 など、他の OS も同じ仕組みで簡単にインストールできますから、すでに構築されたネットワークがある場合には非常に手軽なインストール方法と言えるでしょう。

　なお PXE ブート用のサーバーを構築する方法については第 12 章で解説します。

セットアップ用メディア作成について

　ネットワークからダウンロードされた Windows Server 2022 のインストールイメージ（ISO ファイル）は、DVD-R に書き込むことでインストール用 DVD を作成するか、USB フラッシュメモリ（本書ではこれ以降「USB メモリ」と記載します）に書き込んでインストール用 USB メモリを作成すれば、インストールに使用できます。Windows 11 や Windows 10 の場合は、マイクロソフト社が提供している「メディア作成ツール」と呼ばれるソフトウェアを使用すれば、ネットワークからデータをダウンロードしてインストール用 USB メモリを作成することができるようになっています。しかし Windows Server には、こうしたツールは提供されていません。手動による操作でもインストール用 USB は作成できないわけではないのですが、詳しい知識が必要とされるため、あまり現実的ではありません。

　ただ「Rufus」と呼ばれるオンラインソフトを使用すれば、ネットワークからダウンロードした ISO ファイルを元にして、Windows Server をインストールできる USB メモリを作成できます。これを使えば、難しい操作なしにセットアップ用の USB メモリを準備できます。本書では、この「Rufus」を使用した方法について解説します。

　作業に必要となるのは、Windows Server 2022 用のインストールイメージ（ISO ファイル）と、USB メモリ、それにこの「Rufus」のみです。

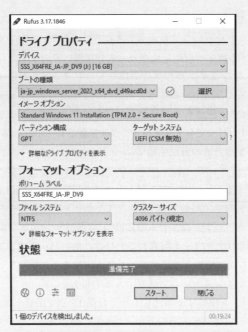

Rufusの画面。Windows Server 2022のディスクからセットアップ用のUSBメモリを作成できる

　使用する USB メモリは、セットアップに必要なファイルをすべて記録できる容量さえ確保されていれば、ごく一般的な市販の製品でかまいません。USB メモリは製品によってセキュリティを重視した暗号化記録が可能なものもありますが、セットアップ用として使う場合にはそういった特殊な機能は必要ありません。ただし、Windows Server 2022 のセットアップファイルは 5GB 以上もあるので、容量は最低でも 6GB 以上のものを選ぶ必要があります。

　なお冒頭で説明したとおり、Windows Server 2022 のセットアップイメージを DVD-R に書き込めば、インストール用の DVD メディアを作成することもできます。しかし Windows Server 2022 の ISO ファイルは 5GB を超えるサイズであり、通常の一層タイプの DVD-R では容量が不足して書き込めません。より高価な二層タイプの DVD-R メディアが必要となるうえ、専用の書き込みソフトが必要となるなど手間もかかります。USB メモリを用いたインストールであればインストール先のサーバー側に DVD-ROM ドライブを必要としないため、より少ない手順でインストールが行えます。

1 セットアップ用のUSBメモリを作成するには

　セットアップ用のUSBメモリを作成するために、インターネットのサイトから「Rufus」をダウンロードします。Rufusは、通常Windows 11やWindows 10などのクライアントOSで実行しますが、Windows Serverなどのサーバー OS上でも実行は可能です。6GB以上の容量を持つUSBメモリと、Windows Server 2022のセットアップディスクのISOファイルが必要となるので、あらかじめ用意しておいてください。

Rufusを使ってセットアップ用のUSBフラッシュメモリを作成する

① Webブラウザーでhttp://rufus.ie/ja/を開く。やや下方にあるダウンロードリンクから、Rufus 3.17をクリックしてファイルをダウンロードする。
- バージョン番号は本書の執筆時とは異なる場合がある。
- この手順はWindows 11上で実行している。

② ダウンロードされたファイルは実行可能なEXEファイルとなっている。ダウンロードフォルダからrufus-3.17.exeをダブルクリックして起動する。

③ Rufusの実行には管理者権限が必要となるため、確認画面が表示される。[はい]を選択する。

④ 最新バージョンの確認を行うかどうかが問い合わせる。ここでは[いいえ]を選択する。
- 本書において、Rufusは一度しか使わないので新バージョンの確認は必要ない。ただし[はい]を選んでもかまわない。
- この画面は、最初のRufusを最初に起動したときに限り表示される。

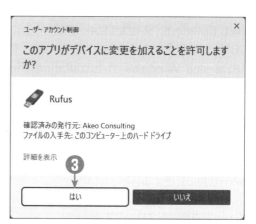

❺

Rufusが起動する。［ブートの種類］欄の右側にある ［選択］ボタンをクリックして、Windows Server 2022のISOファイルを指定する。ファイルが指定 されると、パーティション構成やターゲットシステ ムなどの項目が自動的に適切なものに変更される。

❻

［デバイス］欄の表示が、USBメモリのドライブを 示しているかどうかを確認する。もし目的とする USBメモリを指していない場合には、そのドライブ を指し示すよう変更する。

- Rufusはコンピューターに接続されたUSBメモ リを自動的に検出する。そのため、この表示は通 常、正しいドライブを指しているが、USBメモリ が複数装着されている場合には、別のドライブを 指している場合もある。
- ブート用のUSBメモリを作成する際、USBメモ リはいったんフォーマットされる。誤ったドライ ブを指定すると、そのUSBメモリの内容は消去さ れてしまうので、十分に確認すること。

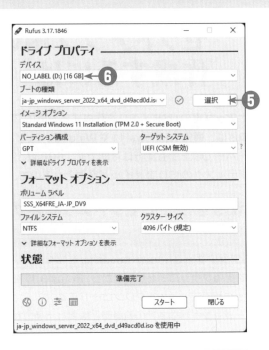

❼

インストール対象となるサーバー機が「TPM 2.0」 を搭載していないか、または「セキュアブート」に 対応していない場合には、［イメージオプション］欄 を［Extended Windows 11 Installation（no TPM/no Secure Boot）］に変更する。

- この欄は通常、［Standard Windows 11 Installation（TPM 2.0 + Secure Boot）］となっ ている。TPM 2.0を搭載しており、セキュアブー トに対応するサーバー機を使用する場合には、こ の内容は特に変更する必要はない。

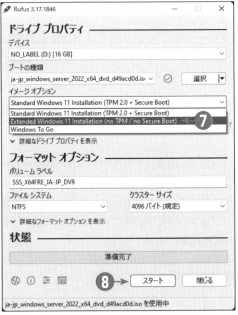

❽

［スタート］ボタンをクリックする。

❾

ファイルが消去される旨の確認が表示されるので、 ［はい］を選択する。

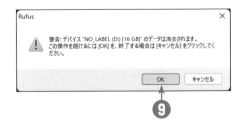

⑩

USBメモリがフォーマットされたあと、ISOイメージからインストールに必要なファイルがコピーされる。

⑪

書き込みが終わると作業は終了となる。タスクトレイの「ハードウェアの安全な取り外し」からUSBメモリを選択したのち、PCから取り外す。

●USBメモリの書き込み速度にもよるが、完了まで5 ～ 10分程度かかる。

●この操作ではUSBメモリに対する書き込みを行ったため、取り外す際には必ず「安全な取り外し」の手順を実行すること。

2 USBブートで セットアッププログラムを起動するには

　Windows Server 2022を新しいサーバー機にセットアップするには、Windows Server 2022のセットアッププログラムを起動する必要があります。前節で説明したUSBメモリからコンピューターを起動する場合、UEFIにてUSBメモリからブートする設定をしなければなりませんが、この設定はコンピューターのメーカーや機種などによって異なります。そのため、ここで説明する手順はあくまで特定の機種についてのものであることに注意してください。なお、ここでは同時に、セキュアコアサーバーを実現するためのTPM 2.0とセキュアブートの設定も行います。

USBブートでセットアッププログラムを起動する

❶ 前節で作成したブート用のUSBメモリをコンピューターに取り付けたあとに、コンピューターの電源をオンにする。
  - USBメモリが取り付けられていないとUSBからのブートを指定できない場合があるため、電源をオンにするより前にUSBメモリを取り付けておく。すでに電源が入っている場合は、いったん電源をオフにするか、USBメモリを取り付けたあとにコンピューターを再起動する。

❷ 起動画面が表示されている間にキーボードから[F2]キーを入力して、UEFI BIOS画面を表示する。
  - UEFI BIOS画面を表示するキーは機種によって異なるが、多くの機種で[F2]キーが使われている。

❸ [BOOT]または[BOOT Sequence]など、システムを起動する順を設定する項目を選択すると、システムをどのデバイスから起動するかを選択する画面が表示される。
  - 画面の構成や操作方法は使用しているサーバーの機種によって異なる。

❹ 起動順で[USBメモリ]または使用しているUSBメモリの型名が表示されている場合は、その表示が先頭になるよう設定を変更する。
  - ここまで設定すれば、USBメモリからの起動設定自体は終了する。これ以降は、TPM 2.0やセキュアブートなど、セキュアコアサーバーを実現するための設定になる。

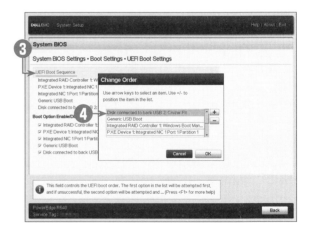

⑤ [TPM] や [Secure Boot] と書かれた項目をメニューから探す。見つかった場合には、いずれも有効にする。

● 画面表示が「On/Off」ではなく「Enabled/Disabled」などのこともある。詳細については、使用しているコンピューターの取り扱い説明書などを参照する。

⑥ 以上の設定が完了したら、UEFI BIOS画面を終了する。

● 機種によっては、設定した内容を保存するかどうかが問い合わせられる。その場合は [Yes] や [保存する] などを選択する。

⑦ コンピューターが起動すると、USBメモリから Windows Server 2022のセットアッププログラムが読み込まれる。「Loading files...」というメッセージが表示され、ファイル読み込みに応じて棒グラフが横に伸びる。

⑧ Windows Serverのセットアップ画面が表示されれば、USBメモリからのブートは正常に行われている。

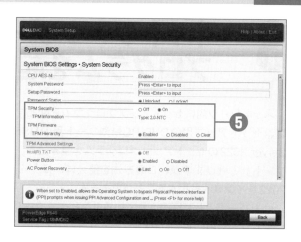

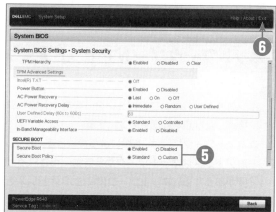

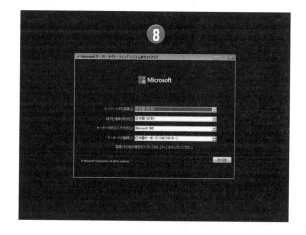

3 ネットワークブートでセットアップ プログラムを起動するには

　ネットワーク内にセットアッププログラムを配布するための「ブートサーバー」が用意されている環境であれば、セットアップ用のDVD-ROMやブート用のUSBメモリがない状態でも、ネットワークから直接Windows Server 2022のセットアッププログラムを読み込み、起動することができます。こうした仕組みのことを「PXEブート」と呼びますが、この方法を使えば、ほとんど準備をすることなく新しいサーバーにWindows Server 2022をインストールすることができます。

　サーバー用として販売されているコンピューターは、そのほとんどが「PXEブート」に対応していますから、ネットワーク内にすでにPXEブートサーバーとして使用できるサーバーがある場合にはこの方法を利用するのが最も手軽です。Windows Serverは、PXEブートサーバーとして動作させることも容易に行えますから、ネットワーク内にすでにWindows Serverが存在する場合にはネットワークブートを試してみるとよいでしょう。

ネットワークブートでセットアッププログラムを起動する

❶

インストールしたいコンピューターをネットワークに接続した状態で電源をオンにする。

● ネットワーク接続は、有線による接続とすること。IPアドレスはネットワークから自動配布される必要があるため、ネットワーク内にはIPアドレスを配布するための「DHCPサーバー」が存在することが必要。

❷

しばらく待つとPXEブート用のメニューが画面に表示される。この画面が表示されたら Enter キーを押す。

● この画面はサーバーの機種によって異なるが、基本的な操作は大きく変わらない。

● この画面は本書の執筆環境において実行した画面であるため、表示されているIPアドレスなどは、本書で解説するネットワーク構成例とは異なる。

● サーバー用として販売されるコンピューターは、通常、標準でネットワークブートが有効になっている。ネットワークブートが自動的に起動しない場合は、UEFI BIOSで禁止している可能性があるため、前節で説明した手順と同様、UEFI BIOS画面から「Network Boot」を有効にする（操作は機種によって異なる）。

❸

PXEサーバーからプログラムが自動的にダウンロードされる。しばらく待つと右のような画面になるので、［次へ］をクリックする。

●この画面は、PXEサーバーとしてWindows Server 2022で「Windows展開サービス」を使用したときだけ表示される。PXEサーバーがWindows Server以外のOSである場合や、Windows Serverであっても2022以外の場合は表示されない。

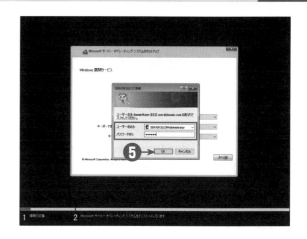

4 使用する言語やキーボードの種類を指定する。通常、自動認識により正しい設定が選択された状態であるため、そのまま［次へ］をクリックする。

●Windows Serverであっても2019以前のWindows展開サービスの場合は、最初にこの画面が表示される。

5 PXEサーバーにアクセスするためのユーザー名とパスワードを入力して［OK］をクリックする。

●PXEサーバーにアクセスするためのユーザー名とパスワードは、PXEサーバーの管理者が別途設定する。PXEサーバーが「Windows展開サービス」の場合は、「PXEサーバーのコンピューター名¥PXEサーバー管理者のユーザー名」と、そのユーザー名のパスワードを入力する。画面の例では、PXEサーバーは「SERVER2022」、PXEサーバー管理者のユーザー名は「Administrator」を入力している。

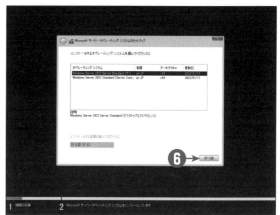

●Windows Serverを使ったPXEサーバーの構築方法は、第12章で説明する。この章では、第12章の説明どおりにPXEサーバーを設定していることを前提とした手順を紹介している。

6 PXEサーバーが提供するOSの一覧が表示される。ここでは［Windows Server 2022 Standard（デスクトップエクスペリエンス）］を選択して［次へ］をクリックする。

●PXEサーバーでは複数のOSのインストーラーを配布することができる。Windows 10やWindows 11もネットワークから配布可能であるため、ネットワーク内で多数のクライアントOSをセットアップする必要がある場合などにも便利。

7 インストール先ディスクの選択画面が表示される。これ以降は、次節の手順**8**に移行する。

●この画面は、Windows Server 2022をDVD-ROMやUSBメモリからセットアップする際の途中の画面と同じ。PXEブートの場合は、DVD-ROMやUSBメモリからのセットアップ手順に途中から合流する。

4 Windows Server 2022の セットアップを行うには

　USBメモリやネットワークからセットアッププログラムを起動できたら、引き続き基本設定情報を入力することでWindows Server 2022のセットアップを継続します。この手順では、言語やキーボードの種類などのほか、プロダクトキーや、Windows Server 2022をどのハードディスクにインストールするのか、などを指定します。
　なお前節で説明したネットワークブートによりセットアッププログラムを起動した場合には、言語やキーボードの種類、インストールするWindows Server 2022のエディションなどはすでに選択済みになっています。そのため、この節で説明するセットアップの手順は、USBメモリからセットアップする手順の途中である、手順❽から行ってください。

Windows Server 2022のセットアップを行う

❶
USBメモリからセットアップする場合の最初の画面では、インストール時の言語やキーボードの種類を選択する。日本語版のメディアで日本語配列のキーボードを使用している場合には、通常は何も変更する必要はないので、そのまま［次へ］をクリックする。

❷
［今すぐインストール］を選択する。

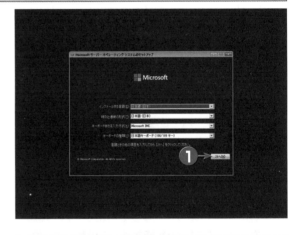

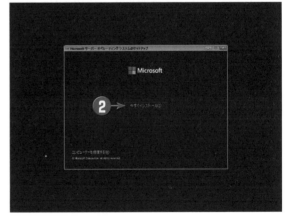

ヒント

キーボードの種類

「106/109キーボード」とは、キートップにかな文字が印字された、日本語対応のキーボードのことです。「106」や「109」といった数字は、キーの個数を示しており、⊞キーなどが追加されているものが109キーボード、追加されていないものが106キーボードです。これらのキーボードが接続されている場合は、106/109キーボードを選択してください。半角/全角キーや変換キー、無変換キーが存在しない英語配列のキーボードの場合は、101/104キーボードを選択します。

❸

しばらく待つと、Windows Server 2022のプロダクトキー入力画面になるので、ここでプロダクトキーを入力する。プロダクトキーとは、Windows Server 2022のメディアケースや、オンライン購入した場合には確認メール中に記載されている「英数字5桁×5つ」の合計25桁の文字列のことを言う。

●ボリュームライセンス契約でWindows Server 2022を購入している場合など、購入方法によってはこの画面が表示されない場合もある。この場合は、そのまま次の手順に進む。

●プロダクトキーの形式は「XXXXX-XXXXX-XXXXX-XXXXX-XXXXX」であるが、ハイフン（-）は自動的に入力されるので、自分で入力する必要はない。また英字の場合は小文字で入力しても自動的に大文字に変換される。

●この画面ではダミーのプロダクトキーを入力している。

●この画面で［プロダクトキーがありません］をクリックして、プロダクトキー入力を行わずに次に進むこともできる。この場合は、セットアップが完了したあとでプロダクトキーを入力する必要がある。

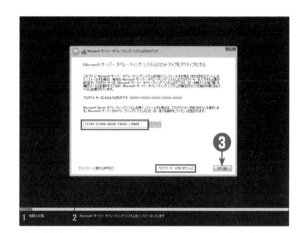

❹

セットアップするWindows Server 2022のエディションを選択する。GUIを使用する場合には、「（デスクトップエクスペリエンス）」の表示がある方を選択する。

●本書では「Windows Server 2022 Standard（デスクトップエクスペリエンス）」を選択した場合について解説する。

●セットアップ終了後にデスクトップエクスペリエンスの有無を切り替えることはできない。選択を間違えるとインストールしなおしになるので注意が必要。

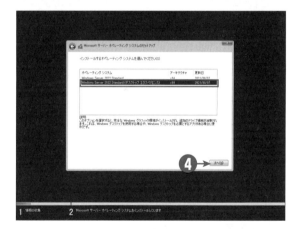

❺

手順❸でプロダクトキーを入力しない場合、キーからエディションを自動的に判断できないので、エディションの選択画面にはStandardとDatacenterの双方が表示される。ここでDatacenterエディションを選択してもWindows Server 2022のインストールは正常に終了するが、Datacenter用のプロダクトキーがなければOS起動後のライセンス認証は行えない。

●手順❸でプロダクトキーを正しく入力した場合は、そのキーからエディションを自動判定できるので、画面には「Standard」または「Datacenter」のいずれか一方しか表示されない。

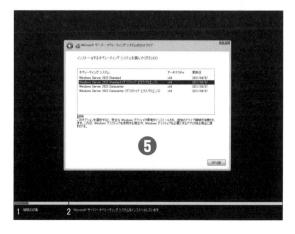

❻

Windows Server 2022を使用するにあたって適用される通知とライセンス条項が表示される。スクロールバーを操作することで画面を上下にスクロールできるので、最後まで読んで内容を確認する。ライセンス条項に同意する場合は、表示されているチェックボックスにチェックを入れて［次へ］をクリックする。同意しない場合はWindows Server 2022のセットアップは行えない。

● ここで表示される文章は、ライセンスの種類（市販版やボリュームライセンス版の違い）によって異なる。

❼

新規インストールかアップグレードかを選択する。今回は新しいハードディスクにインストールするので、［カスタム：Microsoft Serverオペレーティングシステムのみをインストールする（詳細設定）］をクリックする。

● ［アップグレード：ファイル、設定、およびアプリケーションを保持して、Microsoft Serverオペレーティングシステムをインストールする］は「インプレースアップグレード」を行う選択肢だが、この機能はアップグレード対象のWindows Serverから起動した場合だけに有効。選択肢を選ぶことはできるが、実際にはこの先の操作を進めることはできない。

● インプレースアップグレードを行いたい場合には、アップグレード元となるWindows Server 2016/2019上からWindows Server 2022のセットアッププログラムを起動する（本書ではこの手順については説明しない）。

❽

未使用のコンピューターでは、ハードディスク全体が未使用領域なので、そのまま［次へ］をクリックする。これにより、その領域にWindows Server 2022がセットアップされる。

● ネットワークブートでセットアッププログラムを起動した場合、セットアップ作業はこの手順から始まる。メディアからダウンロードする場合と違い、言語やキーボードの種類はすでに選択済みであるため。

9 以上の手順が終了すると、指定されたパーティションのフォーマットや必要なファイルのコピーなどの、インストール作業が自動的に開始される。

10 ファイルのコピーや更新が完了すると、いったん再起動が行われる。

11 ネットワークブートでセットアップしていた場合に限り、再起動後に地域と言語の選択画面が表示される。通常は、設定を変更する必要はなく、そのまま［次へ］をクリックする。USBメモリからのセットアップの場合は、この画面がスキップされて手順**14**へ進む。

● USBメモリやDVD-ROMからのセットアップでは、この手順はない。

● ネットワークブートの場合、地域と言語やプロダクトキーなどを指定する画面をスキップしているため、この手順と次の2つの手順が追加される。

ヒント

すでにパーティションが存在する場合

手順**8**で、他の用途に使用していたコンピューターを転用する場合など、すでにパーティションが存在する場合は、使用済みパーティションを選択してから［削除］をクリックして使用済みの領域をすべて解放します。ただしこの操作をすると、既存のファイルは失われます。

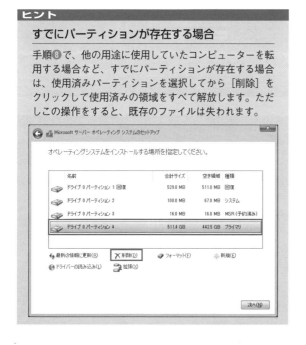

⑫
プロダクトキーを入力して［次へ］をクリックする。
- ●［後で］をクリックすると、ここでのキー入力は省略できるが、セットアップ完了後にキーを指定する必要がある。

⑬
Windows Server 2022を使用するにあたって適用されるライセンス条項が表示される。上下キーの入力かスクロールバーを使って画面をスクロールできるので、最後まで読んで内容を確認する。ここに記載されている内容に同意する場合は［承諾する］をクリックする。承諾しない場合はこの画面から先に進むことはできない。

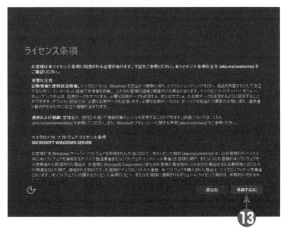

⑭
Windows Server 2022の管理者（Administrator）のパスワードを設定する。確認のため、同じパスワードを2つの欄に入力する。パスワードは、大文字/小文字/数字/記号などを組み合わせて、強度の高いパスワードを設定する。
- ●この画面でのパスワード入力は、文字数が少ないなどの単純なパスワードでも許容されてしまうが、管理者パスワードは非常に重要なパスワードなので、強度の高いパスワードを指定する（このあとのコラム「強度の高いパスワードとは」を参照）。
- ●入力欄の右端のアイコンをマウスでクリックすると、マウスボタンを押している間だけ入力した内容が表示される。

⑮
［完了］をクリックすると、入力したパスワードが設定される。

⑯
この画面が表示されたらインストールは完了となる。

強度の高いパスワードとは

　この章の4節の手順では、Windows Server 2022の管理者（Administrator）のパスワードを設定しています。ここで、管理者（Administrator）は、そのサーバーを使用する上で最も強力な権限を持っています。いわば「何でもできるユーザー」であり、仮にそのパスワードを管理者ではない他人に知られてしまうと、そのサーバーはセキュリティ上、きわめて危険な状態に置かれてしまいます。

　そのため管理者のパスワードは、他人に知られることはもちろんのこと、他人が容易に推測できるようなパスワードも避ける必要があります。本書において「強度の高いパスワード」という表現は、「他人が容易に推測できないようなパスワード」という意味で使用しています。

　では「容易に推測できない」とは、どのようなパスワードでしょうか。一般的には、英大文字や英小文字、特殊記号や数字といったさまざまな文字種を含み、8文字以上などある程度の長さを持ち、「password」や「admin」といった意味のある英単語を使わないことや、「99999」や「123456」など単純な文字を連続させない、といった条件を満たすものが、推測しづらく強度が高いパスワードと言われます。

　実は4節の手順で管理者のパスワードとして入力するパスワードも完全に自由というわけではなく、最低限の条件はあります。その条件とは、英大文字、英小文字、数字、記号という4つの文字カテゴリの中から、最低でも3種類のカテゴリの文字を含むこと、というものです。ですがパスワードの最小文字数の制限はありません。3種類の文字を含む必要があるので、実質的には最小3文字は必要となりますが、各カテゴリから1文字ずつ選んで「Aa1」という非常に単純なパスワードでも有効になってしまいます。Windows Serverで最も重要な管理者のパスワードがわずか3文字でも有効になってしまうというのは、あまりに危険と言えるでしょう。

　パスワード制限がここまで緩いのは、Windows Server 2022をActive Directoryに参加させない「スタンドアロン」で使用している場合に限られます。Active Directoryドメインに参加した状態であれば、前述の最低3種類の文字種を使用しなければならないという制限のほか、パスワードの長さについても7文字以上という制約が加わります。この長さであれば、総当たりによる試行も困難になるので、管理者の氏名や既存の英単語をそのまま使うなど、明らかに予想しやすい単語を使わない限りは推測しづらい、すなわち「強度が高い」パスワードと言えるでしょう。

　本書の第13章で解説しますが、インストール時に設定する管理者のパスワードは、たとえActive Directoryでのパスワード制約に合致しない場合であってもActive Directory環境にそのまま引き継がれます。そのため、ここで設定する管理者パスワードは、最初から強度の高いパスワードを設定しておくことが大切です。

　そのため、ここで設定するパスワードはActive Directoryドメイン参加時に適用される制限と同様、4種の文字カテゴリの中から最低3種を含み、かつ文字数は最低でも7文字程度は確保してください。また、「administrator」、「admin」や「root」といった管理者であることを示す文字列、管理者本人の姓や名、既存の英単語の綴りそのままの文字列など、容易に想像できそうな文字列は含まないようにしてください。

5 Windows Server 2022に サインインするには

　ここまでの作業を終えると、Windows Server 2022は実際に使える状態になります。これ以降、必要となるWindows Server 2022の設定操作を行うには、最初に管理者として「サインイン」しなければなりません。
　ここでは再起動後に管理者（Administrator）としてサインインする手順を説明します。

Windows Server 2022にサインインする

❶
コンピューターの電源が入っていない状態であれば、コンピューターの電源を入れる。

❷
Windows Server 2022へのサインインを促す画面が表示されるので、キーボードの Ctrl 、 Alt 、 Delete の3つのキーを同時に押す。

❸
サインイン画面が表示される。セットアップを行ったばかりで管理者以外のユーザーが登録されていない場合には、管理者である「Administrator」のみが表示される。パスワードの入力欄に前節で登録したパスワードを入力する。

❹
パスワード入力後、 Enter キーを押すか、または［→］をクリックする。

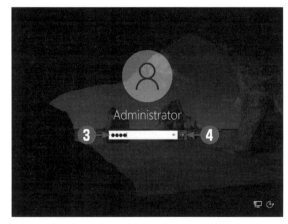

❺
Administratorとして正常にサインインすると、自動的にサーバーマネージャーの画面が表示され、Windows Server 2022が使用可能な状態になる。

❻
サーバーマネージャーの表示では、「Windows Admin Centerでのサーバー管理を試してみる」というメッセージが常に表示される。ここでは［×］をクリックし、そのままウィンドウを閉じる。

●Windows Admin Centerのセットアップについては第3章で解説する。それまでの間は、このメッセージには対応しないので、［今後、このメッセージを表示しない］にはチェックを入れずに、そのまま閉じる。

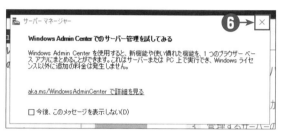

　サインインしたら別な画面が表示された場合

Windows Server 2022 をセットアップした直後、ネットワーク環境によっては、本書で説明したものと異なる画面が表示されることがあります。代表的なものが、次に示す画面です。

　これは、Windows Server 2022 のセットアップが終了したあとに、接続されているネットワークを自動的に検出して、そのネットワークをどのように扱うのかを問い合わせる画面です。具体的には、接続されているネットワークを信頼して、他のコンピューターに対して自分のコンピューター名などを検索可能にするか、あまり信頼の置けないネットワークであるため、自分のコンピューターをネットワークから隠したいのかを設定する画面です。

　Windows Server 2022 は、セットアップ後、プラグアンドプレイにより NIC（ネットワークインターフェイスカード）を検出します。さらに、そのネットワーク内で「DHCP（Dynamic Host Configuration Protocol）」と呼ばれる、ネットワークの IP アドレスを自動的に設定する機能が動作している場合には、IP アドレスを取得して、ネットワークを自動的にセットアップします。前述の問い合わせ画面は、こうした仕組みによりネットワークが利用可能になった時点で、ネットワークの種別の自動判断が行えなかった場合に表示されます。

　もし、現在接続しているネットワークが、公衆無線 LAN やホテルなど宿泊施設のネットワークサービスなど、あまり信頼の置けないネットワークである場合には、自己のコンピューターに攻撃が加えられる場合があるため、必ず［いいえ］を選択してください。

　コンピューターが家庭内や企業内の LAN に接続されている場合には［はい］を選択してもセキュリティ上の問題はあまり発生しません。ですが、ネットワーク内のサーバーは、DHCP によって IP アドレスを割り当てるよりも、アドレスを固定して運用する場合の方が安定した運用ができます。さらにこの時点ではコンピューター名もまだ仮決めのものであり、管理者が指定したかった名前はまだ設定されていません。ここでこのコンピューターがネットワーク内に表示されてしまうよりは、きちんと設定を終えてから、管理者の判断によってネットワーク上に公開する方がよいでしょう。

　そのため本書では、セットアップ直後に表示されるこのメッセージでは［いいえ］を選択しておくことをお勧めします。この設定はあとから修正できますから、この時点で［いいえ］を選んでも問題はありません。

　この画面については、第 8 章のコラム「ネットワークの場所について」でもう一度取り上げます。

本書における掲載画面について

画面設定等の一部変更について

　本書において掲載する画面は、基本的には Windows Server 2022 をインストールしたままの状態で、画面の配色や設定等はできる限り変更しない状態の画面としています。ただし本書の画面掲載はモノクロである関係上、見えづらいと考えられる場合には、一時的に配色を変更したり、壁紙の表示をオフにしたりしている場合もあります。またエクスプローラーの画面は、標準ではファイル名に拡張子を表示しない状態となっていますが、本書においてはファイルの種類説明のために拡張子を表示する状態にしたり、アイコンサイズを変更したりする場合があります。

本書における掲載画面の例。拡張子の表示設定、アイコンサイズ、背景画像などは見やすさを考慮して変更する場合がある

各種設定実行例の画面について

　本書に掲載した各種画面は、複数の異なるコンピューターから取得しています。このため、画面上に表示されるハードウェアの情報や、メモリ容量、ディスク容量などは、一部、統一されていない箇所があります。また画面に表示される日付や時刻は、実際の操作手順とは一致せず、前後している場合があります。OS の設定操作などの一部の操作画面は、説明をわかりやすくするため、実際のハードウェアではなく Hyper-V により動作する「仮想マシン」上で取得している場合があります。

　また、画面内に表示されるプロダクトキー、ユーザー名、会社名、メールアドレスその他の情報はすべて架空のものであるほか、一部は画像加工により読み取れないよう処理している場合があります。

6 「ほかのデバイス」を解消するには

ここでは、Windows Server 2022のセットアップ時に認識できなかったハードウェアのドライバー組み込みについて説明します。本書では、サーバーが安定的に運用を開始したあとのドライバーの組み込みについては第6章で説明します。一方で、セットアップの際にドライバーを組み込めなかったハードウェアが存在すると、その後のサーバーの運用開始作業自体に支障をきたす可能性もあります。たとえばNIC（ネットワークインターフェイスカード）などは、正常に動作しなければその後のネットワーク利用さえできません。

特に注意したいのが「CPUチップセット用のドライバー」です。コンピューターのプロセッサの直下に位置するCPUチップセットは、正しいドライバーが組み込まれないことで、本来は接続されているはずの各種ハードウェアが認識されなくなったり、正常に動作しなくなったりします。非常に重要なドライバーなのですが、にも関わらず、多くの場合、Windowsのセットアップ後に手動でのドライバーインストールが必要になります。

Windowsでは、認識されていながらドライバーが組み込まれていないデバイスは、デバイスマネージャーにおいて「ほかのデバイス」として分類されます。こうした「ほかのデバイス」が大量に存在する場合、多くの場合はチップセットドライバーが正しくインストールされていないことが原因です。

チップセットドライバーは通常、コンピューターに付属するドライバーディスクやメーカーのホームページなどから入手可能です。そのため、このような場合はまず、コンピューターに付属のディスクを確認してください。

なおこの節での説明は、その作業の性質上、特定のコンピューター機種に限定されたものになってしまいます。メーカーや機種が異なる場合は手順や画面が異なります。とはいえ、作業の必要性についてはどの機種でも変わりませんので、操作画面などについても参考としてください。

「ほかのデバイス」を解消する

❶ [スタート] メニューを右クリックして、[デバイスマネージャー] を選択する。

➡ デバイスマネージャーが開く。

②

ドライバーが組み込まれていないデバイスが存在する場合は、ツリーで［ほかのデバイス］の下に一覧が表示される。

●画面例では、Dell社製のサーバー専用機「PowerEdge R640」を使用している。筆者の環境では、Windows Server 2022のセットアップ直後は、200以上の「ほかのデバイス」が存在した。

③

コンピューターに付属のドライバーディスクやメーカーのホームページから、チップセット用ドライバーのインストールプログラムを入手し、起動する。

●メーカーのホームページで、より新しいドライバーが公開されている場合にはそれを使用する。

●本書の例では、メーカーのホームページから「Intel Lewisburg C62x Series Chipset Drivers」がダウンロードできたため、それを使用した。

●サーバー専用機の場合は「インテル社製のチップセット」を搭載している場合が多い。ただ、個別の機種の詳細については使用するコンピューターの説明書や仕様などを確認する。

④

これより先は、ドライバープログラムの指示に従って操作を進める。

●インテル社のチップセットドライバー組み込みプログラムでは、日本語で操作できる。

⑤
ドライバーのインストールが完了したら、インストーラーの指示に従ってコンピューターを再起動する。

● インストール途中の画面については、掲載を省略している。

● チップセットドライバーの組み込み後は、再起動が必要となる。

⑥
再起動後、手順①と同様の操作により、デバイスマネージャーを表示する。[ほかのデバイス]の表示がなくなれば、操作は完了となる。

● コンピューターの種類や接続されたハードウェアによっては、少数の[ほかのデバイス]が残ることもある。

● 付属ディスクやメーカーのホームページにそれらの機器のドライバーが含まれている場合は、引き続きここでインストールして、できるだけ[ほかのデバイス]が少なくなるようにする。

● 少なくとも、NICのドライバーは正常に認識されている状態にする必要がある。

7　IPアドレスを設定するには

Windows Server 2022のセットアップでは、IPv4やIPv6のどちらを使うか、あるいはどのIPアドレスを使うかといったネットワーク設定を指定するステップがありません。これらの情報についてはネットワーク内から自動取得する設定になっていますが、サーバー機の場合、他のクライアントコンピューターから接続されることが多いため、IPアドレスを手動で指定して固定的に運用することが一般的です。

ここではまず、コンピューターが使用するIPアドレスを設定します。

IPアドレスを設定する

❶
サーバーマネージャーで［ローカルサーバー］をクリックする。

❷
画面がローカルサーバーの設定画面に変化するので、［イーサネット］の［IPv4アドレス（DHCPによる割り当て）、IPv6（有効）］をクリックする。

●コンピューターに複数のNICが存在する場合は、［イーサネット］の代わりに［イーサネット1］［イーサネット2］などと表示されている場合もある。その場合、どれを選んでも次の画面は共通である。

●セットアップで自動的にNICが認識されなかった場合、この項目は「無効」として表示される。NICが存在するにもかかわらず「無効」となっている場合には、第6章を参考にして、NICのドライバーをインストールする。

③

コンピューターに接続されたNICのポート一覧が表示される。複数のポートが利用可能な場合、アイコンはNICのポートの数だけ表示される。アドレスを割り当てたいアイコンを右クリックして［プロパティ］を選択する。

●コンピューターに複数のポートがある場合、アイコンの名前はWindowsがポートを認識した順番で番号が割り当てられる。複数のネットワークポートがあるサーバーでは、ポートの横などに番号が印刷されているが、その数字と一致するとは限らない。

●どのアイコンがどのポートに対応しているかわからない場合、設定したいポート以外のネットワークケーブルをいったん外すと、アイコンが変化して目的とするポートが見分けやすくなる。

④

IPv4アドレスを設定するため、［インターネットプロトコルバージョン4（TCP/IPv4）］を選択して、［プロパティ］をクリックする。

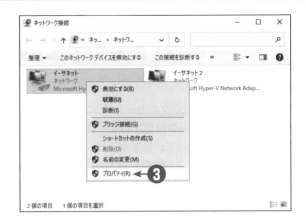

ケーブルを外した

❺
[インターネットプロトコルバージョン4（TCP/IPv4）の
プロパティ]ダイアログボックスが表示される。［次のIPア
ドレスを使う］をクリックする。

❻
このコンピューターのIPアドレスとして192.168.0.1
を入力する。

●IPv4アドレスの入力時はドット（.）を手入力する必要は
ない。1つのオクテットの値が3桁未満の場合、ドットを
入力すると自動的に次のオクテットの入力欄にカーソル
が移動するので便利。

❼
サブネットマスクを入力する。前の手順でIPアドレスを入
力すると、既定のサブネットマスク「255.255.255.0」が
自動的に表示される。本書ではこの値を使用する。

❽
デフォルトゲートウェイのアドレスを入力する。これには、
ネットワーク上にあるルーターのIPアドレスを指定する。
本書では192.168.0.254と入力する。

❾
DNSサーバーのアドレスを入力する。ここで入力するアド
レスは、ネットワークの管理者などに問い合わせること。
本書では192.168.10.10と入力する。

●DNSサーバーのアドレスは、通常のネットワークでは2
つあることが一般的である。その場合は2つ目の入力欄
にも入力する。1つしかない場合にはどちらか一方だけ
に入力しても問題ない。

❿
［OK］をクリックする。

●ネットワーク内でDHCPが動作していない環境では、こ
の設定が終了した直後に、この章のコラム「サインイン
したら別な画面が表示された場合」に示した画面が表示
される場合がある。この場合は、コラムの説明どおりに［いいえ］を選択する。

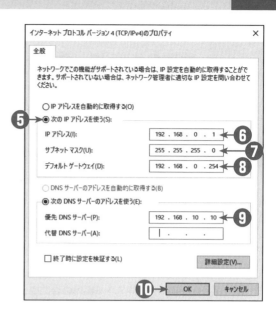

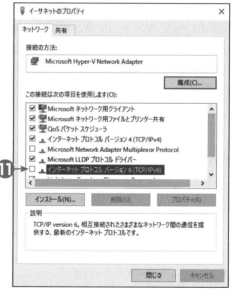

⓫
使用するネットワークでIPv6を使用していない場合や、使用していてもIPv6を禁止したい場合には、［インター
ネットプロトコルバージョン6］のチェックを外す。

●この手順で行っているIPv6の禁止は、行わなくても問題となることはほとんどない。ただしネットワークの構成
が原因でインターネットのアクセスが遅い場合や接続できない場合に、IPv6を禁止すると改善されることもある。

⓬
複数のネットワークポートがある場合には、同じ手順でそれぞれ接続するネットワークに合わせたIPアドレスを
設定するか、使わない場合にはネットワークケーブルを外しておく。

●使わないネットワークポートについてケーブルを外すのは、管理者が意識していないネットワークポートやIP
アドレスを使って外部から接続されることを防止するためである。また、節電にもなる。

複数のネットワークポートの使い分けについて

　サーバー専用のコンピューターの場合、1台のコンピューターに複数のネットワークポートが用意されている場合が少なくありません。この場合は、どのポートを何の用途に使うのかをあらかじめ決めておく必要があります。複数のネットワークポートがある場合には、主に次のような用途で使い分けます。

サーバーを用途の異なる複数系統のネットワークに接続する

　サーバーが接続されるネットワークには、クライアントとの接続用に使用するネットワークのほか、たとえばストレージ専用のネットワーク（SAN：Storage Area Network）や、インターネットアクセス専用で使用するネットワーク、バックアップ用として使用するためだけのネットワークなど、用途によって異なる複数のネットワークが存在する場合があります。

　これらのネットワークは、用途によってネットワークアドレス（第1章のコラム「IPアドレスとは」を参照）が異なるほか、接続できる機器の台数や必要となる速度が異なる場合があるため、それぞれ専用のポートを設ける必要があります。

仮想化の際にホストOS用と仮想OS用のポートを分ける

　Windows Server 2022のように仮想化機能を持つ場合には、ホストOSが使用するネットワークポートと、仮想化されたゲストOSが使用するネットワークポートとを分けておくと便利です。1つのネットワークポートが利用できる通信帯域には限りがあるため、たとえばゲストOSがソフトウェアの異常などでネットワークポートの通信帯域を占有してしまったような場合でも、ホストOS用のポートが分離して用意されていれば、ホストOS側から異常を起こしたゲストOSを停止するなどの管理が行えるからです。

複数のポートを束ねて使用して通信速度を向上させる

　使用するNICやハブによっては、複数のネットワーク接続を束ねてあたかも1個のネットワークポートとして扱うことでネットワークの通信速度を上げる「リンクアグリゲーション」と呼ばれる機能が使用できます。たとえば、2台のクライアントが同じサーバーから同じタイミングでファイルを転送する場合、ネットワークポートが1つしかなければ1台あたりの転送速度は1/2に低下してしまいます。一方、リンクアグリゲーションが使用できる場合、速度の低下はわずかです。複数のクライアントから接続される機会の多いサーバー機では、有効な機能といえるでしょう。

　このようにサーバー用コンピューターで複数のネットワークポートが存在する場合には、うまく使い分けることで大きな効果を生むこともできます。

　同じサーバーに速度が異なる複数のネットワークポートが混在している場合もあります。この場合は、大量のデータ転送が必要な用途には高速なポートを、そうでない用途には低速なポートを割り当てます。たとえばHyper-VでホストOS用とゲストOS用でポートを分ける場合では、一般的に、ハイパーバイザー機能だけが動作するホストOS用よりも実機能が動作するゲストOS用の方が通信量は多くなりがちなので、ゲストOS用に高速なポートを割り当てるのがよいでしょう。

8　基本設定情報を入力するには

　IPアドレスの設定が終わったら、タイムゾーン、日付と時刻、コンピューター名などの基本情報も併せて確認・設定します。コンピューター名の設定を変更した場合、Windows Server 2022は再起動が必要となります。このためコンピューター名の変更は、他の基本情報の設定が終わったあとに実施するとよいでしょう。

基本設定情報を入力する

❶ サーバーマネージャーで［ローカルサーバー］をクリックし、［タイムゾーン］の［(UTC+09:00) 大阪、札幌、東京］をクリックする。
●画面サイズが小さくて［タイムゾーン］が隠れている場合には、［プロパティ］欄のスクロールバーを操作して、画面右側を表示させる。

❷ ［日付と時刻］ダイアログボックスが表示される。日本語版のWindows Server 2022をセットアップした場合、タイムゾーンは日本国内での使用に合わせて［(UTC+09:00) 大阪、札幌、東京］に設定されている。日本国内で使用する場合にはこのままで問題ないが、コンピューターを国外で使用する場合など、タイムゾーンを変更したい場合には［タイムゾーンの変更］をクリックして変更する。

❸ タイムゾーンが正しい場合は、日付と時刻が正しく表示されているかどうかを確認する。正しくない場合には［日付と時刻の変更］をクリックすれば日付や時刻も変更できる。タイムゾーンを変えると日付や時刻も連動して変化するので、日付や時刻を変更する前にタイムゾーンを正しく設定しておくこと。

❹ ［OK］をクリックする。

❺
サーバーマネージャーの画面に戻り、[コンピューター名] または [ワークグループ] に表示されている名前をクリックする。

❻
[システムのプロパティ] ダイアログボックスの [コンピューター名] タブが表示されるので、[変更] をクリックする。

● 標準のセットアップでは、コンピューター名にはランダムな文字列、ワークグループ名として [WORKGROUP] が設定されている。

❼
[コンピューター名] 欄に **SERVER 2022** と入力して [OK] をクリックする。

● 今回はワークグループ名を既定の [WORKGROUP] のままで運用するため、ここは変更しない。

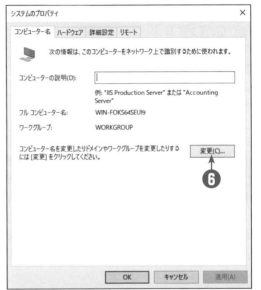

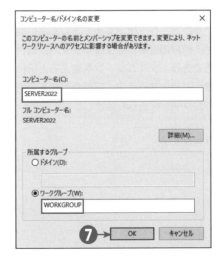

⑧
コンピューター名やワークグループ名を変更した場合は再起動が必要となる。確認メッセージが表示されるので、[OK] をクリックする。

⑨
[システムのプロパティ] 画面に戻る。[閉じる] をクリックする。

⑩
再起動が求められるので [今すぐ再起動する] をクリックして、再起動する。

⑪
再起動が終了したら、再度管理者でサインインして、サーバーマネージャーの [ローカルサーバー] を選択し、コンピューター名が「SERVER2022」に設定されていることを確認する。

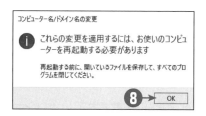

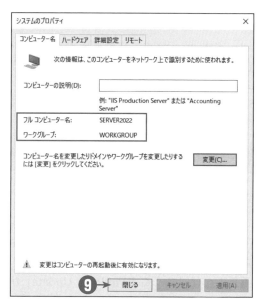

コンピューター名を付ける際の注意

Windows Server 2022ではコンピューター名として、カタカナや漢字を含む名前を付けることもできます。しかしながら、こうしたアルファベットや数字以外の文字を含むコンピューター名は避けてください。たとえ小規模なネットワークであっても、接続される機器にはプリンターをはじめとした各種機器が接続され、それらの中にはカタカナや漢字のコンピューター名を扱えない機器も少なくないからです。また組織によっては、すべての利用者が日本語を読めるとは限りません。Windows自体も過去には、英数字以外のコンピューター名でソフトの不具合が発生したこともあります。ですので、コンピューター名はアルファベットと数字だけで構成される名前にしておくのが無難です。

9 OS更新のための再起動時間を設定するには

　Windows Server 2022に搭載されているコンピューターの自動更新機能は、インターネットを通じてWindowsの修正ソフトを自動的にダウンロードして適用する機能で、「Windows Update」としてよく知られています。

　Windows UpdateがOSを自動更新する際の動作についてはこれまでさまざまに変化してきましたが、Windows Server 2016からは「更新を自動的にダウンロードし、インストールは管理者が指定する」方法になりました。Windows Server 2022もこれと同様で、インターネットに接続されている限り、更新は常にダウンロードされます。ただし更新の強制的なインストールは行いません。インストール自体は管理者の指示があって初めて行うようになっています。

OS更新の有無を確認する

❶
サーバーマネージャーから［ローカルサーバー］をクリックし、［Windows Update］の［Windows Updateを使用して更新プログラムのダウンロードのみを行う］をクリックする。

● 画面サイズが小さくて［Windows Update］が隠れている場合には、［プロパティ］欄のスクロールバーを操作して、画面右側を表示させる。

❷
Windows Updateの設定画面が表示されるので、［更新プログラムのチェック］をクリックする。更新がなかった場合は、「最新の状態です」と表示される。

❸

更新があった場合には、自動的にダウンロードおよび適用が実行される。

- Windows Server 2022では、［更新プログラムのチェック］で更新が発見された場合には必ず適用が実行される。このため適用するかどうかの選択はない。

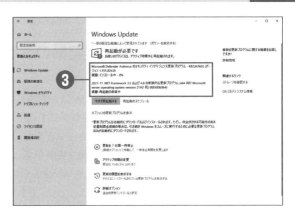

❹

再起動を必要とする更新が適用された場合は、［今すぐ再起動する］か、あらかじめ指定してあったアクティブ時間を除いた時間に再起動するか、管理者が再起動する時刻を指定するかを選択する。再起動する時刻を選択する場合は［再起動のスケジュール］の文字をクリックする。

❺

［再起動のスケジュール］画面で、［時刻をスケジュール］のスイッチをクリックして［オン］にする。

❻

時刻表示部分をクリックして都合のよい時刻を選択する。選択できたら［✓］をクリックして時刻を確定する。時刻指定欄の下に日付指定欄もあるので、間違いがないかどうかを確認する。

- 時刻は24時間制で指定する。日付欄は標準では、［今日］または［明日］が指定されている。
- ［✓］をクリックしないと時刻は確定されないので注意する。
- 再起動時刻は6日後の23:59まで設定できるが、セキュリティ面を考慮して、あまり先の日付は設定しないようにする。

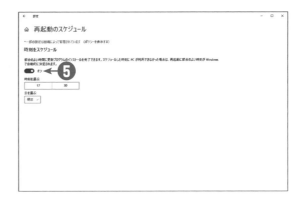

❼

指定された時刻になると、OSが自動的に再起動される。

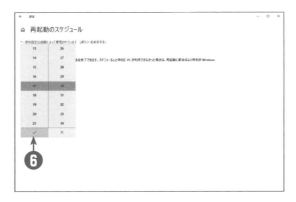

自動更新に伴う再起動のタイミングについて

　Windows Server 2022 での Windows Update によるソフトウェアの更新は、［更新プログラムのチェック］を開始すると、管理者指定の有無を問わず必ず適用されます。また管理者がサインインした時点で適用すべき更新がある場合には更新を促すメッセージが画面に表示されるため、管理者は更新の存在を強く意識させられるようになっています。しかし大規模な更新があった際には、OS の再起動は避けられません。

　クライアント向けの Windows 10 や Windows 11 とは違い、更新による再起動に伴って一時的にサーバーがアクセス不可にならないようにすることは、きわめて重要です。一瞬たりともアクセス不能になることが許されないような場合には、バックアップとなる複数のサーバーを用意して、両者のアクセス不能時間が重ならないような対策をとる必要も出てきます。このため、再起動を行う時間帯についても、柔軟な設定が求められます。

　本文でも解説したように、Windows Server 2022 では、更新に伴う再起動が発生する際の選択肢には、次の３つがあります。

・今すぐ再起動
・アクティブ時間を避けて再起動
・指定した日時に再起動

　「今すぐ再起動」の場合、管理者は、再起動するタイミングで Windows Server 2022 を操作している必要があります。このため、サーバーの利用者が少ない深夜帯や休日を選んで再起動するといった選択は取りづらい方式です。

　「アクティブ時間を避けて再起動」の選択は、一見すると便利そうな設定ですが、アクティブではない時間帯のどのタイミングで再起動されるかが決まっていないため、再起動される時刻が正確にはわからないという欠点があります。特に複数のサーバーを運用している状況で、それらの再起動時刻を重ならないようにしたい、といった場合に対応できません。

　「指定した日時に再起動」は、上記の２つの方式の欠点をカバーできる最も自由度の高い設定です。ただし再起動の日時を指定できるのは Windows Update 作業で実際に更新プログラムが適用され、再起動が要求された時点に限られていて、更新がない場合にあらかじめ再起動時刻を指定しておくことができず、かつ、再起動を必要とする更新が適用するたびに毎回時刻を指定する必要があります。

　現在のところ、マイクロソフト社は Windows Server に対する更新を月に一度のペースで公開していますが、深刻な問題に対する更新は随時公開されます。ほとんどの場合、再起動が要求されるため、管理者は更新の都度、適切な再起動時刻を選択する必要があります。

10 ライセンス認証を行うには

　Windows Server 2022には、ソフトウェアの不正使用を防ぐための「ライセンス認証」機能が組み込まれています。これは、今後このコンピューターでWindows Server 2022を使い続けるために「実行許可」を設定する仕組みです。Windows Server 2022では、サーバーがインターネットに接続された状態では、ライセンス認証はユーザーが指定しなくても自動的かつ強制的に行われます。このため、管理者はライセンス認証について意識する必要はありません。

　ここでは、Windows Serverのインストール時にプロダクトキーを指定しなかった場合のプロダクトキーの指定方法について説明します。

プロダクトキーを指定してライセンス認証を行う

❶
サーバーマネージャーから［ローカルサーバー］を
クリックし、［プロダクトID］の［ライセンス認証
されていません］をクリックする。

●画面サイズが小さくて［プロダクトID］が隠れて
いる場合には、［プロパティ］欄のスクロールバー
を操作して、画面右側を表示させる。

●すでにライセンス認証が完了している場合は、［プ
ロダクトID］の右側に「（ライセンス認証済み）」
と表示される。この表示がある場合には、以降の
手続きを行う必要はない。

❷
［設定］－［ライセンス認証］－［プロダクトキーの入
力］画面が自動的に表示される。Windows Server
2022のセットアップ時に［プロダクトキーがありま
せん］を選ぶなどして正しいプロダクトIDを入力し
ていない場合は、ここで正しいプロダクトIDを入力
して［次へ］ボタンをクリックする。

●この画面ではダミーのプロダクトキーを入力して
いる。

●プロダクトキーの入力では大文字/小文字を区別
する必要はない。

●ハイフン（-）を入力する必要はなく、自動で入力
される。

❸

[Windowsのライセンス認証] メッセージボックスが表示される。ここで [ライセンス認証] ボタンをクリックすると、インターネット経由でライセンス認証の手続きが行われる。

●インターネット経由でのライセンス認証は、インターネットにアクセス可能なコンピューターからのみ行うことができる。

❹

「Windowsはライセンス認証済みです」と表示されれば、ライセンス認証は終了となる。

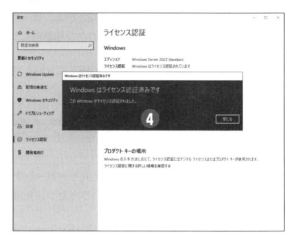

Windows Server 2022のライセンス認証について

コラム

　ライセンス認証とは、ソフトウェアの不正利用を防ぐために組み込まれた認証の仕組みで、Windows ではWindows XP から導入されました。それまでの多くのソフトウェアは、CD-ROM とプロダクトキーさえあれば何台のコンピューターにでもセットアップできてしまっていたため、ライセンスで許された数以上のソフトウェアを利用してしまう例が少なからず存在しました。そこで、こうした正しくない利用方法を防ぐために考えられたのが、ライセンス認証機能です。

　この機能が組み込まれたソフトウェアは、セットアップ後、決められた手順でマイクロソフト社のオンラインサーバーにアクセスして、ソフトウェアに対して「実行してもよい」という情報をセットする必要があります。これが「ライセンス認証」と呼ばれる操作で、これを行わないと一部の機能が制限されるほか、一定期間が経過するとソフトウェアが動作しなくなるなどの制限が加わります。

　ライセンス認証では、プロダクトキーとパソコンのハードウェアの固有情報をマイクロソフト社のサーバー

に登録します。プロダクトキーは、キーごとに、登録できるコンピューターの数が決まっており、その数を超えてライセンス認証を行うことはできません。たとえば、登録可能ハードウェアが1台とされているキーの場合、2台目のコンピューターはライセンス認証できません（プロダクトキーの種類によっては、1つのキーで複数台のコンピューターを登録できるものもあります）。

　仮に、ハードディスクをフォーマットするなどして、もう一度 Windows Server 2022 を再度セットアップしてしまった場合にはどうなるのでしょうか。Windows Server 2022 がセットアップされたハードディスクの内容を消してしまうと「実行してもよい」という許可情報も消えてしまいますから、その Windows Server 2022 を使い続けるには、再びライセンス認証を行う必要があります。しかし、この認証は特に問題なく行えます。ハードウェアに対して大きな変更を加えない限り、ハードウェアの情報は常に一定となるためです。過去にライセンス認証をしたプロダクトキーであっても、それを行ったのと同じハードウェアであれば、ライセンス認証は何度でも行えるようになっています。つまり、フォーマットと再インストールを何度行っても、ハードウェア情報さえ変わらなければよいのです。

　Windows Server 2022 は、セットアップ時にプロダクトキーを入力してあれば、セットアップ完了後、インターネット接続ができるようになった時点で自動的にライセンス認証が行われるようになっています。また、現在のコンピューターで過去に一度でもライセンス認証が完了していれば、セットアップ途中でプロダクトキーを入力していなくても、過去に使用したプロダクトキーで自動的にライセンス認証する「デジタルエンタイトルメント」と呼ばれる仕組みも搭載しています。このため管理者は、意識してライセンス認証を実行する機会はあまり多くはありません。

　問題となるのは、一度もライセンス認証が行われていないコンピューターで、セットアップ時にプロダクトキーの入力をスキップしてしまった場合です。またプロダクトキーを入力していても、インターネット接続が行えない状態であれば、マイクロソフト社のサーバーに接続することができませんから、ライセンス認証も行えません。

　この状態で運用を続けた場合、Windows Server 2022 ではセットアップ後、数時間経つと画面右下に、図のような表示がされるようになります。この表示はすべてのウィンドウの手前に表示されるため、このメッセージを消すことはできません。

　また、同じくライセンス認証が完了していない状態では、デスクトップの背景画像（壁紙）の変更や、アクティブタイトルバーの色設定などの「個人用設定」が行えないほか、[Windows の設定] 画面にも常にライセンス認証が終了していない旨の警告が表示されるようになります。

この状態でも、サーバーとして動作させることはできますが、ライセンス認証を行わない状態をさらに継続し、30 日が経過すると、管理者のサインインやライセンス認証の実行以外のほとんどの機能が動作しなくなるので注意してください。

なお、それまで使用しているコンピューターが故障してしまった場合や、性能向上を図るために別のコンピューターに Windows Server 2022 をセットアップするような場合には、前述のデジタルエンタイトルメントは使用できません。また、同じコンピューターを使い続ける場合であっても、故障や機能強化による部品交換によりコンピューターの構成が大幅に変化してしまった場合などには、再度ライセンス認証が必要となる場合もあります。

このような「再認証」では、インターネット経由によるライセンス認証はうまく行えない場合もあります。認証に必要なプロダクトキーがすでに他のコンピューターで登録されてしまっているからです。こうした場合には、電話でマイクロソフト社の担当者に事情を説明することで、ライセンス認証をやりなおすこともできるため、最悪の場合にはそうした方法もあるということは覚えておいてください。

なお Windows Server 2022 のプロダクトキーは、エディションによっても変化します。前述のように Windows Server 2022 は、セットアップ時のプロダクトキーを省略できますが、正しいプロダクトキーを入力した場合には、そのプロダクトキーに対応したエディションが自動的に選択されるようになっています（ただしこの場合でも、デスクトップエクスペリエンスの有無は選ぶ必要があります）。

また、使用するコンピューターで Windows Server 2022 が正しく動作するかどうか不安な場合には、セットアップ時にあえてプロダクトキーを入力せずに運用テストを行うという方法もあります。前述のように、ライセンス認証が行われない場合であっても、Windows Server 2022 は一定の期間、サーバーとして運用することが可能であるからです。

11 Windows Server 2022から サインアウトするには

コンピューターの利用を終了してサインイン画面に戻ることを「サインアウト」と言います。Windows Server 2022では［スタート］メニューに表示されるアカウント名をクリックすることで、サインアウト用のサブメニューが表示されます。

Windows Server 2022からサインアウトする

❶ Administratorでサインインしている状態で、［スタート］ボタンをクリックして、［スタート］メニューを表示する。

❷ ［スタート］メニューの左側に並ぶアイコンの最も上にある人物のアイコンをクリックしてサブメニューを表示し、［サインアウト］を選択する。

● Windows Server 2019などと同様に［スタート］ボタンを右クリックして［シャットダウンまたはサインアウト］を選んでも、［サインアウト］を含むサブメニューが表示される。

12 Windows Server 2022を シャットダウンするには

コンピューターに新しいハードウェアを取り付ける場合や、コンピューターを別の場所へ移動する場合など、コンピューターの電源をオフにするときにはWindows Server 2022を停止する必要があります。

Windows Server 2022が動作しているコンピューターは、一般の家電製品などのようにいきなり電源をオフにすることはできず、必ず管理者が停止操作をする必要があります。この操作のことをWindows Server 2022の「シャットダウン」と呼びます。

Windows Server 2012では、クライアントOSであるWindows 8と操作性を合わせていたため、他のWindows系のOSとは異なるシャットダウン方法を採っていましたが、Windows Server 2022では一般的なWindows系のOS同様、[スタート]メニューからシャットダウン操作が行えます。

Windows Server 2022をシャットダウンする

❶
Administratorでサインインしている状態で、[スタート]ボタンをクリックして、[スタート]メニューを表示する。

❷
[電源]をクリックする。サブメニューが表示されるので、[シャットダウン]を選択する。

● ここで[シャットダウン]ではなく[再起動]を選ぶとコンピューターを再起動できる。

● [スタート]ボタンを右クリックして[シャットダウンまたはサインアウト]を選んでも同様のサブメニューが表示される（次ページの画面）。

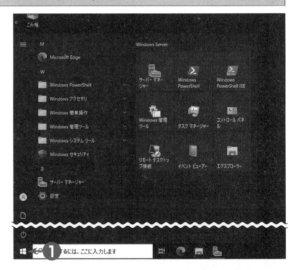

③

シャットダウンの理由を選択する。18通りの理由が
選択肢として表示されるので、シャットダウンする
理由に最も近いものを選択する。

●理由にどれを選択しても、シャットダウンの動作
自体に違いはない。

④

［続行］をクリックすると、シャットダウンが行われ
る。

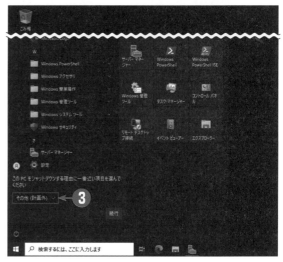

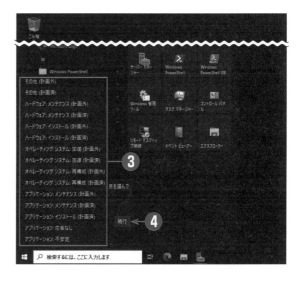

Windows Server 2022の管理画面

第 **3** 章

この章ではWindows Server 2022の管理・運用を行っていく上で必要となる、画面やツールについて解説を行います。Windows Server 2022は、画面を見てもわかるようにクライアントOSであるWindows 10との共通化が進められているために管理運用機能もWindows 10と共通となっています。そのためWindows 10の使い方を理解していればかなりの部分の管理も行えます。

ここではWindows Server 2022の管理画面の中から使用頻度のものについて、その機能や起動手順を解説します。いずれもWindows Server 2022の管理に必要となる重要な画面となるため、起動方法や操作についてしっかりと確認してください。

コラム **Windows Server 2022の管理画面の種類**

　単体のコンピューターを管理できればよいクライアント向けOSとは違い、サーバー向けOSは機能が豊富で、管理・設定機能についても多岐にわたります。初期のWindows Serverでは、それら各種の設定は、機能ごとに独立した画面を使用する必要があり、それらすべてを管理するためにはさまざまな画面の起動法要や操作方法について習熟する必要がありました。

　しかしWindows Server 2012以降においては、各種管理機能への入り口を1つに集約したポータル画面が充実してきています。このため管理画面の起動方法や操作方法の差異といった、管理者にとって本来の「管理」とは関係のない事柄について頭を悩まされることも少なくなってきました。新たに加わったWindows Admin Centerにより、ネットワーク越しにサーバーの管理を行う機能も充実しつつあります。

　Windows Serve 2022において、セットアップが完了してから、これを実際にサーバーOSとして運用を行えるようになるまでに使用する管理画面には、次のようなものがあります。

サーバーマネージャー

　Windows Server 2022をセットアップし、管理者でサインインすると最初に表示されるのが「サーバーマネージャー」の画面です。サーバーマネージャーと呼ばれる画面が導入されたのはWindows Server 2008からですが、現在のサーバーマネージャーと画面デザインや機能が同じになったのはWindows Server 2012からのことで、現在に至るまでほとんど変化していません。

　OSをセットアップしてから実行する「初期設定作業」、利用する機能を選択する「役割と機能の追加」、エラーの確認やディスク使用量の確認といった日常のメンテナンスなど、サーバーマネージャーではWindows Serverを設定・管理するのに必要なほとんどの管理画面をワンストップで起動できるよう設計されています。

　実際には、機能ごとの詳細設定のすべてをサーバーマネージャーで行うわけではなく、単に機能ごとに用意された専用の設定画面を呼び出しているに過ぎないのですが、それでもほぼすべての機能にアクセスできるだけあって、「管理者のためのポータル」として利用できる非常に便利な画面です。

　前述のようにWindows Server 2022のサーバーマネージャーは、Windows Server 2012 ～ 2019のものとほとんど違いはありません。このため、Windows Server 2012以降のサーバーを管理していた管理者にとっては違和感なく利用できるものとなっています。

サーバーマネージャーの画面

Windows Admin Center

　「Windows Admin Center」は、Windows Server 2019から標準搭載されるようにになった、Windows Serverの新しい設定・管理機能です。Webベースの管理機能であるため、Webブラウザーが使える環境であり、ネットワーク接続されていれば、どこからでもWindows Server 2022の管理が行えるよう設計されています。

　Windows Admin Centerを利用するには、管理対象となるコンピューターに本体機能をインストールする必要はありますが、管理する端末にはWebブラウザー以外の特別なソフトを必要としません。このため管理する側のコンピューターはOSを問わず利用することができます。またWindows Admin Centerをインストールしたサーバーと他のサーバーを「信頼関係」で結べば、Admin Centerをインストールしたコンピューターをゲートウェイとして、他のサーバーを管理することもできます。つまりWebブラウザーを使ってネットワーク内のすべてのサーバーを管理できるわけです。まさにインターネット時代にふさわしい管理機能と言えるでしょう。

　Windows Admin Centerでは、サーバーマネージャーが設定できるほとんどの項目を管理・設定できるほか、「コンピューターの管理」や「レジストリエディター」「タスクマネージャー」などと同等の機能も利用できます。デスクトップエクスペリエンスをインストールしていないサーバーでも、ネットワーク経由ならばWebブラウザーで管理できるようになるため、GUIベースによる管理が行えるようになります。

　なおWindows Admin Centerは、Internet Explorer 11には対応していません。Windows Server 2019以前は、Webブラウザーとして Internet Explorer以外は搭載されていなかったため、ブラウザーを追加インストールしなければ自分自身のOSを管理することができないという問題があったのですが、Windows Server 2022にはMicrosoft Edgeブラウザーが標準搭載されるようになったので、この問題も解消されています。もちろん、Windows 11やWindows 10などのクライアントOSや、LinuxやMacOSなどWindows系以外のOSからでも管理が可能です。

Windows Admin Centerの画面（Windows 11のEdgeブラウザーで表示）

Microsoft管理コンソール（MMC）

　Microsoft管理コンソール（MMC：Microsoft Management Console）は、［スタート］メニュー内の［コンピューターの管理］で使用されている、Windowsの各種詳細設定を管理するためのプログラムです。［コンピューターの管理］は、左側のペインから管理したい項目を選択すると、中央および右側ペインにその項目の詳細設定が表示されるという構成をしていますが、一方で、「イベントビューアー」や「デバイスマネージャー」のように、個々の管理対象機能だけを独立したウィンドウで表示することもできます。

　MMCでは、設定したい項目ごとに基本的な画面構成や設定内容をプログラム本体とは独立したファイルで定義していて、そのファイルを切り替えることで項目の設定が行えるようになっています。この定義ファイルのことを「スナップイン」と呼んでいますが、このような方式をとることで、MMCを使う定義機能であればどの項目でも共通した操作で設定が行えるようにしています。

　最初に説明した「サーバーマネージャー」でも、個々の具体的な機能を設定する段階では、MMCのスナップインを呼び出すようになっている項目が多く、このMMCは、[スタート]メニューから直接MMCを呼び出す機会こそありませんが、Windows Serverを管理する上では最も使用頻度の高い画面といえるでしょう。

[コンピューターの管理]の画面

[Windowsの設定]画面

　[Windowsの設定]画面はWindows Server 2016から本格的に導入され始めた設定画面で、グラフィック画面の解像度や色、壁紙設定などの個人用設定や、ネットワーク関連、Windows Updateの設定方法など、主にWindows Serverをローカルで使用する上での設定を集めた画面です。基本的にはWindows Serverに固有となるようなサーバー設定は含んでおらず、Windows 10やWindows 11などとほぼ同様の設定が行えます。クライアントOSにおける設定画面はWindows 11で画面のデザインや使い勝手が一新されていますが、Windows Server 2022の設定画面はWindows 10のものと同等のデザインが踏襲されています。

　Windows系のOSでは、こうした設定画面は長いこと「コントロールパネル」が使われており、これ自体はWindows Server 2022にも残されています。マイクロソフト以外のサードパーティ製のハードウェアの設定などは、相変わらずコントロールパネルにアイコンが追加されることが多いため、どんな場合でも[Windowsの設定]画面だけで用が済むわけではありませんが、それでも、従来はコントロールパネルでしか行えなかった設定の多くが、この[Windowsの設定]画面に移動されています。

[Windowsの設定]画面

コントロールパネル

　Windows 7 や Windows Server 2012 R2 以前の Windows でローカルコンピューターの設定を一手に引き受けていたのが、この「コントロールパネル」の画面です。ただし前述のように、設定項目の多くは新たにできた［Windows の設定］画面からも呼び出し可能となってきているため、設定変更で最初に開く、というほどではなくなってきたといえるでしょう。

　とはいえコントロールパネルは、いまもなお［スタート］メニュー内に呼び出しタイルが配置されているほど重要な画面です。［Windows の設定］画面において特に詳細な設定を行う必要がある場合には、結局コントロールパネルのアプレットが呼び出されるようになっていることを考えると、Windows Server 2022 においてもまだまだ欠かせない設定画面のひとつです。

コントロールパネルの画面

Windows PowerShell

　Windows PowerShell は Windows の設定専用として用意されたものではありませんが、Windows Server 2022 の操作を行う上で、よく使われます。

　Windows Server 2022 には、「通常インストール」と「デスクトップエクスペリエンスあり」の 2 つのインストールパターンが選べることは前章で説明しましたが、このうち「通常インストール」では、サーバーマネージャーのような GUI ベースの設定ツールは使用できません。ここで、Windows の設定に必要となるのが「Windows PowerShell」と呼ばれるスクリプト群です。

　Windows Server 2022 においては、「コマンドレット」と呼ばれる PowerShell のスクリプトファイルによって、OS のさまざまな設定が可能になっています。デスクトップエクスペリエンス（GUI）をインストールしない標準インストールでも問題なく OS の運用が可能であり、GUI はあくまで、初心者でも各種の設定を行えるという補助ツール的な位置付けです。

　本書は、初めて Windows Server 2022 に触れる方でも設定が行えることを目的としているため、より手軽に使える GUI での設定方法を中心に解説していきますが、それでも一部には PowerShell を使わなければ行えない設定があるため、そうした部分では PowerShell のコマンドレットを掲載しています。

　デスクトップエクスペリエンスありの Windows Server 2022 では、Administrator でサインインした場合、［スタート］メニューから 4 通りの Windows PowerShell が起動できます。その内訳は、Windows PowerShell と Windows PowerShell ISE について、それぞれ 64 ビット版と 32 ビット版があり、合計 4 つです。

［スタート］メニューから呼び出せるWindows PowerShellの画面

　Windows PowerShellとISE（Integrated Scripting Environment）の違いは、PowerShellが純粋にPowerShellのコマンドレットを実行するために用意された「実行環境」であるのに対し、ISE版は、PowerShellのスクリプトを開発するための「開発環境」であるという点が異なります。ISE版では、PowerShellのスクリプトを編集するためのエディター機能や、PowerShellコマンドレットを記述する際にオプションパラメーター等を入力しやすくするヘルプ機能、スクリプト実行機能、デバッグ機能などが搭載されています。

　ISE版でもコマンドレットの実行機能は搭載されていますから、通常のコマンドライン版と同様に、本書に記載されるコマンドレットを入力・実行することは可能です。このため、Windows PowerShellとWindows PowerShell ISE、どちらを使用してもかまわないのですが、本書の画面例ではWindows PowerShellを用いています。

　64ビット版と32ビット版の違いは、PowerShellの内部から他のアプリケーションやAPIを呼び出す場合に影響します。すでに説明したようにWindows Server 2022には64ビット版しか存在しないのですが、Windows Server 2022には32ビット版のアプリケーションやライブラリをインストールすることも可能です。PowerShellでは、インストールされたアプリケーションのライブラリなどを呼び出すことができる機能もありますが、32ビット版のAPIを呼び出すには、32ビット版のPowerShellが必要です。

　なおOSの設定機能だけを利用するのであれば、64ビット版でも何の問題もないため、本書では64ビット版のWindows PowerShellを利用しています。

Windows PowerShellの画面

1　サーバーマネージャーを起動するには

　サーバーマネージャーは、Windows Server 2022をローカルで管理・運用する際、最も利用頻度の高い画面です。そのため標準の状態では、管理者として登録されたユーザー（Administratorsグループ）がサインインした場合には、常にサーバーマネージャーが自動的に起動するよう設定されています。

　ただし、ユーザー操作などでいったんサーバーマネージャーの画面を閉じてしまった場合や、サーバーマネージャーを自動起動しない設定とした場合は、手動でサーバーマネージャーを起動する操作が必要となります。

　ここではその方法のいくつかについて説明します。

サーバーマネージャーを起動する

❶
[スタート]ボタンをクリックして[スタート]メニューを表示し、タイル表示の一番左上に表示されている[サーバーマネージャー]タイルをクリックする。
- [スタート]メニューの[さ]の見出し配下に表示されている[サーバーマネージャー]を選択してもよい。

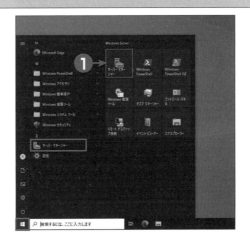

❷
サーバーマネージャーが起動する。
- サーバーマネージャーの起動と同時に表示される[Windows Admin Centerでのサーバー管理を試してみる]というメッセージボックスは、次節で使用する。ここではそのままメッセージを放置するか、[×]をクリックして閉じておく。

❸

サーバーマネージャーが起動している状態で、タスクバーに表示されている［サーバーマネージャー］アイコンを右クリックして、［タスクバーにピン留めする］を選択する。

● この操作は行わなくてもよいが、サーバーマネージャーは、Windows Server 2022を管理する上で最も頻繁に使用する画面であるため、この操作でタスクバー上にピン留めしておくと、ワンクリックでサーバーマネージャーが表示できて便利になる。

❹

サーバーマネージャーを画面右上の［×］ボタンをクリックしていったん閉じ、タスクバーにピン留めした［サーバーマネージャー］アイコンをクリックする。これにより、再びサーバーマネージャーが起動する。

● サーバーマネージャーは、同時に2画面以上開くことはできない。このため、サーバーマネージャーが起動している状態では、再度サーバーマネージャーを起動しようとしても、現在のサーバーマネージャーがトップレベルに表示されるだけで何も起こらない。

2 Windows Admin Centerを インストールするには

この章の冒頭のコラムで説明したように、Windows Admin Centerは、リモートコンピューターからWebブラウザーを使ってWindows Server 2022を管理・運用するのに適した、新たな管理機能です。Webブラウザーさえあれば、ネットワーク内のどこからでもサーバーを管理することができ、管理できる項目の数もサーバーマネージャーにひけをとりません。今後Windows Serverを管理する上での主力となる可能性を持つ機能です。

ただWebブラウザーがベースなので、デスクトップエクスペリエンス機能をインストールしたローカルサーバーを管理する場合に限っては、従来どおりの「サーバーマネージャー」を使用する方が操作レスポンスなどは優れています。このため本書における手順では、サーバーマネージャーを使用した設定をメインとして説明することとし、Windows Admin Centerについては、インストール方法と起動方法についてのみ説明します。

Windows Admin Centerをインストールする

❶ サーバーマネージャーを起動した際に表示される「Windows Admin Centerでのサーバー管理を試してみる」メッセージボックスで、「aka.ms/Windows Admin Centerで詳細を見る」のリンクをクリックする。

● このメッセージボックスを消してしまった場合には、いったんサーバーマネージャーを終了し、再度、[スタート] メニューからサーバーマネージャーを起動する。

● 「今後、このメッセージを表示しない」にチェックを入れて、メッセージボックスを表示しない設定にしてしまった場合には、Edgeブラウザーを起動して次のURLを開く。

http://aka.ms/WindowsAdminCenter

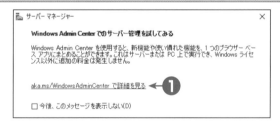

❷ Edgeブラウザーが起動して、Windows Admin Centerのページが表示される。「今すぐダウンロード」と書かれたリンクをクリックする。

❸ 「Windows Admin Center」と書かれたリンクをクリックする。

④
Windows Admin Center のダウンロードページ
が表示されるので［次へ］をクリックする。

⑤
利用者名などの情報を入力して［次へ］をクリック
する。

⑥
ダウンロードが開始される。ダウンロードが完了し
たら、ダウンロードされたファイル（msi ファイル）
をクリックして開く。

● ダウンロードが自動で開始されない場合は、画面
の表示に従って［ダウンロード］をクリックする。

⑦
使用許諾への同意が求められるので、[これらの条件
に同意します] にチェックを入れて［次へ］をクリッ
クする。

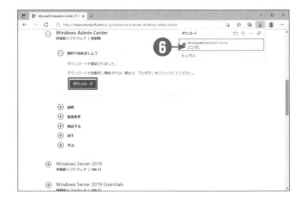

⑧
［診断データをMicrosoftに送信する］画面では［必須の診断データ］のまま［次へ］をクリックする。

⑨
［Microsoft Updateを使用して、コンピューターの安全性を確保し、最新の状態に維持する］画面では、［更新プログラムを確認するときにMicrosoft Updateを使用する（推奨）］を選択して、［次へ］をクリックする。

⑩
次に表示される画面は、説明のみなのでそのまま［次へ］をクリックする。

●この画面は表示されない場合もあるが、その場合はそのまま次の手順へ進む。

⑪
［Windows Admin Centerをインストール中］画面では、次の2つにチェックを入れた状態で［次へ］をクリックする。

・［Windows Admin Centerがこのコンピューターの信頼されているホストの設定を変更することを許可する］

・［Windows Admin Centerを自動的に更新する］

●実際にはこれらのチェックボックスには標準でチェックが入っているため、特に何も変更する必要はない。

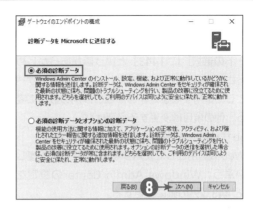

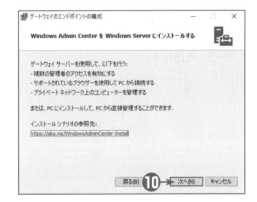

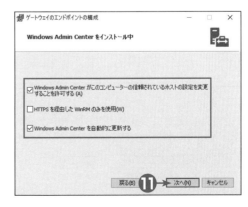

⑫

次の画面では、[Windows Admin Centerサイト
のポートの選択]に「443」という値があらかじめ
セットされている。このコンピューターをWebサー
バーとして運用する予定がある場合は別の数値に変
更する。他の項目は変更する必要はない。

● Webサーバー（IIS）は通常、80と443のポート
をWeb公開用として使用するので、これと重複し
ないよう、Windows Admin Centerの設定を
80と443以外の値に変更する。

● この場合は[HTTPポート80のトラフィックを
HTTPSにリダイレクト]のチェックを外す。

● Webサーバーとして運用する予定がないのであ
れば、ポートが443のままでもかまわない。

● 今回はWebサーバーとして運用する予定もある
ため、ポートを10443に変更する。

⑬

[インストール]をクリックすると、インストールが
実行される。

⑭

インストールが完了するまで、やや長めの時間がか
かる。

⑮

インストールが完了したら、[完了]をクリックして
インストーラーを閉じる。

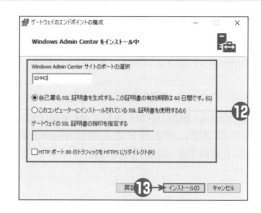

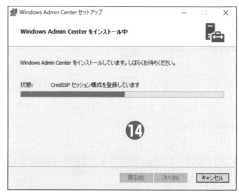

3 Windows Admin Centerを起動するには

　前節の手順でWindows Admin Centerをインストールしたことで、コンピューターはすでにWindows Admin Centerで管理可能な状態になっています。それを確認するため、ここではWindows Admin Centerの起動方法と、サーバーへのサインイン方法について説明します。

　なお、すでに説明したようにWindows Admin Centerは、ネットワークで接続された他のコンピューターから、Webブラウザー経由で操作することを前提とした管理ツールです。本書においては、他のコンピューターとしてWindows 11を、WebブラウザーとしてWindows 11に標準搭載されているEdgeを使用します。

Windows Admin Centerを起動する

❶ 他のコンピューターでEdgeブラウザーを開き、次のURLを入力する。

https://（サーバーに設定したIPアドレス）：（前節の手順⓬で指定したポート番号）/

● 本書の例の場合、URLは「https://192.168.0.1:10443/」となる。

● 前節の手順⓯の画面上に表示されたURL「https://SERVER2022:10443/」は、他のコンピューターが、このサーバーと同じネットワーク上にある場合に限り使用できる。

● Internet Explorer 11は使用できない。本書の例では、Windows 11のEdgeブラウザーを使用しているが、他のブラウザーとしてはGoogle社のChromeブラウザーなどが使用できる。

❷ Webブラウザーでセキュリティ警告が表示される。本書の手順での操作の場合、この警告は無視してかまわないので［詳細設定］をクリックする。

❸ 表示された画面で［192.168.0.1へ進む（安全ではありません）］をクリックする。

● この警告は前節の手順⓬において、SSL証明書を「自己署名SSL証明書」としたために表示される。公的機関が発行した正しい証明書であれば警告は表示されないが、本書では、その手順は解説しない。

❹

Windows Admin Centerに接続するためのユーザー IDとパスワードを求められるので、入力して [OK] をクリックする。ここでは、対象となるサーバーで有効な管理者ID（administrator）と、そのパスワードを入力する。

❺

Windows Admin Centerに接続され、初回メッセージが表示される。[新着情報を表示] をクリックして、このメッセージを消去する。

❻

Windows Admin Centerのメイン画面が表示されるが、新着情報がある場合は右側サイドバーに表示された状態になる。この内容は前の手順で閉じた初回メッセージと同じなので、そのまま [戻る] をクリックして内容を消去する。

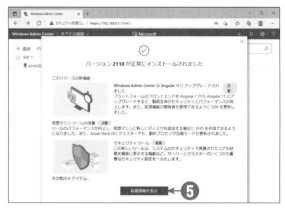

❼
サイドバーの内容がWindows Admin Centerのトップメニューに変化するが、これも［閉じる］をクリックして消去する。

❽
管理対象とするサーバーの選択画面になる。この時点で、管理対象にできるサーバーは自サーバーのみなので、サーバー名［server2022］をクリックする。

● Windows Admin Centerではインストールしたサーバーを「ゲートウェイ」として、ネットワークで接続された他のサーバーも管理できる。

● この時点で、他の管理対象サーバーは登録していないため、自サーバーであるSERVER2022のみが管理できる。

❾
Windows Admin Centerによる対象サーバー（SERVER2022）の管理画面のトップページが表示される。

● この画面から、Windows Admin Centerが持つさまざまな管理機能を用いて、サーバーの管理が行える。

● 本書ではサーバー管理に「サーバーマネージャー」を使用するため、Windows Admin Centerについては簡単な機能の紹介のみを行う。

❿
確認が終了したら、［×］をクリックしてWebブラウザーを終了する。

● セキュリティを考慮し、サインインした状態のままWebブラウザーを放置しないようにする。

⓫
対象サーバー（SERVER2022）上でサーバーマネージャーを起動し、表示された「Windows Admin Centerでのサーバー管理を試してみる」メッセージボックスの［今後、このメッセージを表示しない］にチェックを入れてメッセージボックスを閉じる。

● チェックを入れずにこのメッセージボックスを閉じてしまった場合には、いったんサーバーマネージャーを終了し、再度、［スタート］メニューからサーバーマネージャーを起動する。

● この操作により、今後サーバーマネージャーを表示しても、このメッセージボックスが表示されなくなる。

4 ［コンピューターの管理］を 起動するには

　［コンピューターの管理］画面は、ローカルユーザーの登録やハードウェアの管理など、主にローカルコンピューターの詳細な設定管理を行う場合に利用します。特に、Windows Server 2022を新たにインストールした直後には、ハードウェアの設定などを頻繁に確認する必要があるため、利用する機会の多い画面といえるでしょう。

　［コンピューターの管理］画面は、管理者がサインインすると自動的に表示される「サーバーマネージャー」とは違い、管理者が自分で起動しない限りはなかなか目にすることがないかもしれません。ですがその起動は簡単で、サーバーマネージャーの画面からワンタッチで起動することができます。

［コンピューターの管理］を起動する

❶ サーバーマネージャーの［ツール］メニューから［コンピューターの管理］を選択する。

●この方法のほか、［スタート］メニューから、［Windows管理ツール］を開き、その中にある［コンピューターの管理］を選択しても表示できる。

❷

［コンピューターの管理］画面が表示される。

❸

サーバーマネージャーと違い、［コンピューターの管理］は複数起動ができる。すでに起動されている画面と合わせて、必要に応じて複数の画面を並べて設定も行える。

●［ユーザー］と［グループ］などのように、関連する項目を同時に表示する場合などに便利。

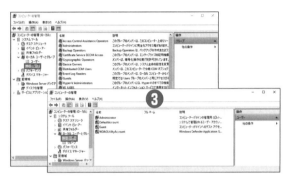

5 [Windowsの設定] 画面を起動するには

　[Windowsの設定] 画面は、画面の色設定や壁紙設定、その他アカウントの動作設定などの個人用設定や、地域と言語の設定など、現在使用しているWindows Server 2022のソフトウェア的な動作を設定する際に使用する画面です。以前のWindowsであれば「コントロールパネル」で動作していた設定が、大型のアップデートを経るごとにこの [Windowsの設定] 画面に移動されているため、将来は、コントロールパネルの機能を完全に置き換えるようになるでしょう。

　サーバーの場合、初期の設定が終わってサーバーとして安定して動作するようになると、管理者が直接コンピューターを操作する機会は減少します。このため [Windowsの設定] 画面を開く頻度も次第に減ってくるのですが、この画面には、サーバーを保守する上でする上できわめて大切な機能である「Windows Update」や、コンピューターのセキュリティを管理するWindowsセキュリティの呼び出し機能も含まれています。どれほどサーバーが安定運用されていても、セキュリティアップデートだけは欠かせません。このため、この画面も定期的に参照することが必要です。

[Windowsの設定] 画面を起動してアップデート状況を確認する

❶ [スタート] ボタンをクリックして [スタート] メニューを表示し、[スタート] ボタンの2つ上にある [設定] アイコン（歯車のマーク）をクリックする。

❷ [Windowsの設定] 画面が表示される。最下段に表示されている [更新とセキュリティ] をクリックする。

❸ Windows Updateの画面が開く。丸い緑地の [✓] マークと [最新の状態です] が表示されていれば、正常に更新が行われていると確認できる。

●「一部の設定は組織によって管理されています」の赤字表示は常に表示されるようなので、気にしなくてよい。

❹ [最新の状態です] が表示されていない場合には [更新プログラムのチェック] ボタンをクリックする。インターネットに接続されて、更新プログラムの有無が確認される。

●[最新の状態です] が表示されている場合でも [更新プログラムのチェック] ボタンをクリックしてよい。

❺ 更新があった場合には、自動的にダウンロードおよび適用が実行される。[今すぐインストール] と表示された場合は、クリックしてインストールする。

●再起動を伴う更新が適用された場合には、第2章の「9　OS更新のための再起動時間を設定するには」を参照。

Windows PowerShellを起動すると文字化けする場合

　本書の執筆時点（2022 年 1 月）で、日本語版の Windows Server 2022 ではこの章で紹介した Windows PowerShell を起動すると日本語文字が文字化けしてしまう現象が発生するようです。これは、PowerShell のウィンドウで設定されている画面表示用のフォントが日本語文字の表示に対応していないことが原因です。この現象はマイクロソフトのドキュメントにも掲載されています。

「PowerShell で CJK 文字が文字化けされる」

https://docs.microsoft.com/ja-jp/troubleshoot/windows-server/system-management-components/
powershell-console-characters-garbled-for-cjk-languages

PowerShellのウィンドウで日本語文字が文字化けしている状態

　しばらくすれば Windows Update により修正されるものと思われますが、それまでの間は次のようにすれば問題を解消できます。

❶

Windows PowerShell ウィンドウ左上のタイトルバー内のアイコンをクリックして、メニューから［プロパティ］を選択する。

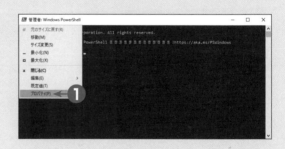

② プロパティウィンドウが開いたら［フォント］タブをクリックする。

③ ［フォント］ボックスで［Consolas］が選択されているので、この欄をスクロールして下部にある［MSゴシック］を選択する。

④ ［OK］をクリックしてプロパティウィンドウを閉じる。

⑤ Windows PowerShellのウィンドウ内の文字化けが解消して、日本語文字が正しく表示されていれば対処は完了。

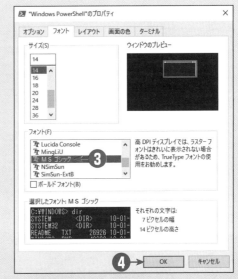

　本書において、Windows PowerShell を使用する場合にはこの設定が完了している状態で作業を開始しています。

ユーザーの登録と管理

第 **4** 章

この章ではマルチユーザーOSの基本機能とも言えるユーザーやグループの登録作業を行います。これまで使用してきたAdministratorアカウントは、Windows Server 2022の管理をするための専用のユーザーで、基本的にはOSが持つすべての機能を設定することができます。しかし「何でもできる」ユーザーは、実際にサーバーを利用するユーザーとしては望ましくありません。

この章では、管理者以外のユーザーやグループの作成を通じて、なぜ「管理者」以外のユーザーを登録することが必要なのかについても解説します。

ユーザーとグループについて

Windows Server 2022 は、1 台のコンピューターを複数のユーザーで使い分けできる「マルチユーザー」と呼ばれる機能を持つ OS です。しかし単に 1 台のコンピューターを使い分けるだけならば、スマートフォンやタブレットでも、1 台を複数の人で使うことができます。とはいえ、スマートフォンにはアドレス帳をはじめとしてたくさんの個人情報が記録されていますから、普通は他人と分け合って使うことなどしません。

マルチユーザー機能とは「同じシステムを他の人と分け合って使う」ための機能のことを言います。スマートフォンであれば、ある人が登録したアドレス帳やメールなどの個人情報を他の人が見ることができないとか、他の人の設定がほかの人の設定に影響しないとか、そのような機能があれば、同じ機械を複数の人で使い分けることができるようになります。そうした使い分け機能が備わる OS が「マルチユーザー」OS です。Windows Server 2022 は、そうしたマルチユーザー機能を持つ OS であるというわけです。

Windows Server 2022 では、コンピューターを使うにあたって最初に「サインイン」という操作が必要です。サインインとは、Windows Server 2022 に対して、これからコンピューターを使用するのが誰であるかを知らせる操作です。ユーザー名とパスワードを入力することで、コンピューターは現在使用中のユーザーを判別するとともに、その人の情報を、その人以外のユーザーから保護します。

さらに Windows Server 2022 では、サインインしたユーザーごとに OS の設定を個別に記憶します。たとえば A さんがデスクトップの壁紙の変更を行っても、次に B さんがサインインした際の壁紙には影響を与えません。A さんが秘密のファイルを作成しても「他人には見せない」という設定をしておけば、B さんがサインインしたときにそのファイルを見ることはできません。こうした機能が「マルチユーザー」機能です。

マルチユーザー機能を実現するには、その時利用するユーザーが誰であるのかを知る「ユーザー識別」機能が必要です。Windows Server 2022 の場合、ユーザー識別は「ユーザー名」で行っているため、あらかじめユーザーの登録が必要です。この章では、マルチユーザー OS を運用するうえでの第一歩として、このユーザー登録を実際に行い、さらにはグループ登録やパスワード登録などを行います。

　実際にマルチユーザーOSを運用するには、ユーザー登録を行ったうえで、さらにユーザーごとに「できること／できないこと」を定義する「アクセス許可」の設定が必要になるのですが、それらについては第7章で詳しく説明します。

ユーザー権限の管理を効率化する「グループ」設定

　マルチユーザー環境では、サインインするユーザーごとに権限の管理や秘密保持を実現します。ですがユーザーの数が増えるにつれ、こうした個々のユーザーごとの管理では管理は複雑になってきます。

　たとえば営業1部と営業2部の2つの部署があったとします。どちらの部署からもアクセス可能なサーバー上のファイルを、営業1部の人は読むことができるが、営業2部の人は読むことができないように設定するにはどうすればいいでしょうか。これは、営業1部のメンバー全員に対して、そのファイルを読むことができるという情報を設定すれば実現できます。しかし、営業1部が100人ものメンバーが所属する大きな部署の場合、1人ずつ登録するのはものすごく大変な作業です。

　このような場合、複数のユーザーをグループ化することで作業を効率化することができます。グループに対して与えられた権限は、所属するすべてのユーザーに適用されます。つまり「グループ」とは、複数のユーザーに対して一括してさまざまな設定を行える「まとめ」機能です。

　ユーザーがどのグループに所属するかは管理者が自由に設定できます。1つのグループにはユーザーを何人でも含めることができますし、また1人のユーザーは必ずしも1つのグループにしか所属しないわけではなく、複数のグループに同時に所属することも可能です。この場合、そのユーザーの権利は各グループの権利を合成したものとなり、グループ1でできることとグループ2でできること、どちらもできるようになります。

　先ほどの例では、「営業1部」と「営業2部」というグループを作成してユーザーを登録し、さらにファイルに対して「営業1部」グループからは読めるが、「営業2部」グループからは読めない、という権限を設定すればよいのです。ファイルへのアクセス許可についても、第7章の冒頭のコラム「アクセス許可の仕組み」で詳しく説明しています。

1 新しいユーザーを登録するには

　Windows Server 2022でマルチユーザー機能を使用するには、コンピューターを使う人の分だけユーザーの登録が必要になります。またユーザーの本人確認のため、ユーザー登録と同時に、そのユーザーだけが知る「パスワード」も登録します。ユーザーの登録が完了すれば、Windows Server 2022のサインイン画面から、新たに作成したユーザーでサインインすることが可能となり、このようにしてサインインを行えば、それ以降、その画面ではサインインしたユーザーの権限で使用することが可能となります。

　ここでは、こうした「マルチユーザー」機能を使用するための第一歩である「ユーザーの登録」を行ってみましょう。

新しいユーザーを登録する

❶

　[コンピューターの管理]画面を起動して、左側のペインから[ローカルユーザーとグループ]を展開し、その下にある[ユーザー]をクリックする。

　▶ 中央のペインに現在登録されているユーザーの一覧が表示される。

　● Administratorは、現在サインインしている管理者本人のユーザー名。

　● DefaultAccountは、Windows Server 2022システムが使用するユーザー。サインインできないようになっている（下向き矢印が表示されている）が、システムで使用するため削除してはいけない。

　● Guestは、コンピューターを一時的に使用するためのゲストユーザー。初期状態ではサインインできないようになっている。

　● WDAGUtilityAccountは、Windows Defender Application Guard シナリオでシステムによって管理および使用されるユーザーアカウント。初期状態ではサインインできないようになっている。

　● IISなど、特定の機能をインストールすると、自動的にいくつかのユーザー名が登録されることもある。システムの運用上必要とされるユーザーなので、削除してはならない。

　● [ローカルユーザーとグループ]を展開するには、ダブルクリックするか、アイコンの左側にある右向き三角（▷）をクリックする。

❷

　右側の[操作]ペインで[ユーザー]の[他の操作]をクリックして、メニューから[新しいユーザー]をクリックする。

　● 中央のペインでどのユーザーも表示されていない場所を右クリックして、メニューから[新しいユーザー]をクリックしてもこの操作は行える。

　● Active Directoryをセットアップした後は、ユーザーはローカルではなくドメインユーザーとして管理するようになるため、この画面に[ローカルユーザーとグループ]は表示されなくなる。

参照

[コンピューターの管理]画面の起動方法

→第3章の4

❸

[新しいユーザー] ダイアログボックスが表示される。[ユーザー名] ボックスに、ユーザーがサインイン時に使用するユーザー名を入力する。

● Windowsでは、英大文字と小文字を区別してユーザー名やグループ名を登録できるが、識別する際には大文字と小文字は区別されない。このため「Shohei」と「shohei」は、どちらも同じユーザー名として認識される。もちろん両者をともに登録することはできない。

● [フルネーム] と [説明] は、ユーザー検索時やユーザー一覧表示などで利用できる付加的な情報。設定しておくと便利だが、必須というわけではない。

❹

[パスワード] ボックスにパスワードを入力する。同じパスワードを [パスワードの確認入力] ボックスにも入力する。

● ここで入力するパスワードは、大文字/小文字/数字/記号類の中から3種類以上の文字を含む、3文字以上のパスワードにする必要がある。詳しくは第2章のコラム「強度の高いパスワードとは」を参照。

❺

[ユーザーは次回ログオン時にパスワードの変更が必要] にチェックが入っていることを確認する。

❻

[作成] をクリックする

● 複数のユーザーを登録する場合は手順❸〜❻を繰り返す。

❼

[閉じる] をクリックする。

● 複数のユーザーを連続して登録する際に便利なように、[作成] をクリックしても、ウィンドウは自動的に閉じないようになっている。

❽

新規ユーザーが登録され、ユーザーの一覧に、登録したユーザーが追加される。

● この例では、ユーザー「shohei」とユーザー「haruna」を新たに登録した。

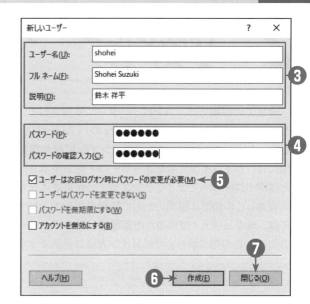

ヒント

最初のサインイン時にパスワード変更させる理由

[新しいユーザー] ダイアログボックスでは、[ユーザーは次回ログオン時にパスワードの変更が必要] というチェックボックスに標準でチェックが入っています。新規ユーザーの登録作業は管理者が行うので、そのユーザーのパスワードは管理者であれば知っているということになります。しかし、たとえ管理者であっても、他人のパスワードを知っているというのは好ましいことではありません。そこで、新規登録ユーザーが最初にサインインしたときに必ずパスワードを変更するようにすれば、管理者の知らないパスワードに変更できるというわけです。

2 作成したユーザーでサインイン するには

今までの説明では、コンピューターに登録されているユーザーは管理者（Administrator）だけであったので、サインイン画面からは Administrator のパスワードを入力するだけで管理者としてサインインすることができました。しかしコンピューターにサインイン可能な複数のユーザーを登録すると、コンピューターのサインイン画面には、サインイン可能なユーザーの一覧が表示されるようになります。ここでユーザーを選択すれば、管理者とは別のユーザーでサインインすることが可能になります。

なお、この節では説明のために管理者以外のユーザーのサインインを行っていますが、サーバーの運用においては、セキュリティ確保のため管理者以外のユーザーのサインインを許可しない場合もあります。このような場合には、この節に示したサインイン方法は使用できなくなります。

新しく作成したユーザーでサインインする

❶
管理者がサインインしている場合にはサインアウトする。

●管理者以外の人がコンピューターを操作できる状態にある場合には、管理者は必ずこまめにサインアウトするように心がける（第2章の「11　Windows Server 2022 からサインアウトするには」を参照）。

❷
キーボードから Ctrl 、 Alt 、 Delete の3つのキーを同時に押す。Administrator のパスワードの入力画面になるが、画面左下に、サインイン可能なユーザー名の一覧が表示されていることがわかる。

●ここで最初に表示されるユーザー名は、前回サインインしたユーザー名となる。また、ユーザー名の並び順も、前回サインインしたユーザーが誰かによって異なる。

●ユーザー名として表示されるのは、ユーザー作成の際に指定した「フルネーム」になる。フルネームを指定しなかった場合は、ユーザー名が表示される。

③ ユーザー名一覧から、サインインしたいユーザーを
選ぶ。

④ ユーザーのサインイン画面になるので［サインイン］
ボタンをクリックする。

⑤ ［ユーザーは次回ログオン時にパスワードの変更が
必要］にチェックを入れてユーザーを作成したため、
パスワードを変更することが必要である旨が表示さ
れる。［OK］をクリックする。

- ●［ユーザーは次回ログオン時にパスワードの変更
  が必要］にチェックを入れなかった場合は、この
  手順はスキップされ、手順**⑦**に進む。

⑥ パスワードの入力画面になるので、最初の欄には、
管理者が作成した現在のパスワードを入力する。2
番目と3番目の欄には、ユーザーが指定する新たな
パスワードを入力する。

- ●管理者が作成したパスワードは、ユーザーにあら
  かじめ何らかの方法で連絡しておく。
- ●ここで入力する新しいパスワードは、大文字/小文
  字/数字/記号類の中から3種類以上の文字を含
  む、3文字以上のパスワードにする必要がある。
- ●新たなパスワードは同じものを2回入力する必要
  がある。
- ●パスワードの有効期限が切れた場合にも、この画
  面が表示される。

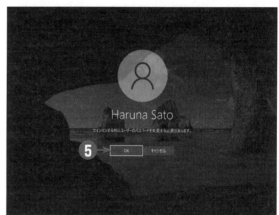

⑦ ［→］ボタンをクリックするか、キーボードから Enter
キーを入力する。

8

パスワードの変更が正常に行われると、その旨が画面上に表示される。[OK]をクリックする。

9

指定したユーザーでサインインが行われる。

● デスクトップ画面はユーザーごとに設定を変更できるので、Administratorが自分の画面設定を変更している場合でも、新たなユーザーがサインインする際の画面デザインは初期状態になる。

● いまサインインしたユーザー（haruna）は管理者ではないため、サーバーマネージャーは起動しない。

● [スタート]メニューの人型のアイコンをマウスでポイントすると、サインインしているユーザーが誰なのかわかる。

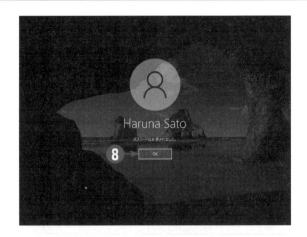

3 登録済みユーザーを管理するには

　管理者の作業は、新規ユーザーの作成だけではありません。すでに登録されているユーザーの情報の変更や、不要になったユーザーの削除など、管理作業が必要になる場合があります。ここではそうした管理作業の方法を説明します。この節の操作は再び管理者としてサインインした状態で行ってください。

ユーザー名を変更する

❶
ユーザーを新規登録する際の手順と同様に、[コンピューターの管理]画面で[ローカルユーザーとグループ]の[ユーザー]を選択する。

❷
変更したいユーザー名をクリックして選択し、右側の[操作]ペインで[<選択したユーザー名>]の[他の操作]をクリックして、メニューから[名前の変更]を選択する。

●ユーザーを選択したあと、[コンピューターの管理]画面の[操作]メニューから[名前の変更]をクリックしても同じことができる。

❸
ユーザー名が入力可能になるので、新しい名前を入力して[Enter]キーを押す。

●画面の中のほかの部分（どこでもよい）をクリックしても、入力した名前が確定される。

●入力した名前をキャンセルしたい場合は、キーボードの[Esc]キーを押す。

●ユーザー名の変更はすぐさま行われる。ユーザー名を変更した場合、対象となるユーザーは次にシステムにユーザー名を尋ねられた時点で、新しいユーザー名を入力しなければならない。多くの場合、これは対象ユーザーが次回にサインインするときである。

●ユーザーがすでにサインインしている状態でそのユーザー名の変更を行った場合でも、サインインしているユーザーはそのままコンピューターを使い続けることができる。たとえば管理者がAdministrator名義でサインインしている状態で、Administratorのユーザー名を変更してもかまわない。

●ユーザー名の変更は、登録済みのパスワードやファイルの所有権には影響を与えない。ユーザー名の変更前に作成・所有していたファイルの所有者名は、ユーザー名を変更したあとでも、変更後のユーザー名の所有者として表示される。

ユーザーの詳細情報を変更する

❶

[コンピューターの管理] 画面で変更したいユーザー名をクリックして選択し、右側の [操作] ペインで [<選択したユーザー名>] の [他の操作] をクリックして、メニューから [プロパティ] を選択する。

❷

選択したユーザーのプロパティダイアログボックスが表示されるので、情報を変更する。

● 情報を変更したいユーザーをダブルクリックするだけでも同じ操作が行える。

❸

[OK] をクリックする。

4　ユーザーのパスワードを管理するには

　ユーザーのパスワードを変更・管理するには、ユーザーがサインインする際、パスワードの変更が必要である旨を表示してユーザー自身にパスワードの変更をさせる方法と、ユーザーが介在することなく、管理者が強制的に他のユーザーのパスワードを書き換える方法の2つの方法があります。通常の場合は、前者の方法でパスワードを管理してください。

　後者の、管理者が強制的にパスワードを変更する（リセットする）手順は、ユーザーがパスワードを忘れてしまって自分自身でパスワードを変更できない場合などに使います。

　ただし管理者が強制的にパスワードを変更した場合には、「暗号化ファイルシステム（EFS）」を使ってユーザーが作成した暗号化ファイルがアクセスできなくなるなどの問題が生じます。このため、この手順はやむを得ない場合に限るなど、できる限り避けるようにしてください。

　なお、ここでの操作は、すべて［コンピューターの管理］画面で［ユーザー］を選択して行っています。

ユーザーのサインイン時に強制的にパスワードの変更をさせる

❶
前節に示した方法でユーザーのプロパティを表示し、［ユーザーは次回ログオン時にパスワードの変更が必要］にチェックを入れる。
●ユーザー登録の際にこのチェックボックスはオンになっているが、パスワードが変更されると自動的にチェックが外れるため、パスワードを変更させたい際にはその都度チェックを入れる必要がある。

❷
［OK］をクリックする。

❸
指定したユーザーがサインインしようとすると、パスワードの変更を求められる。パスワードを変更しないとサインインできない。

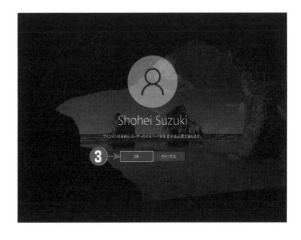

管理者がユーザーのパスワードを強制的に変更する

❶ 変更したいユーザー名をクリックして選択し、右側の［操作］ペインで［<選択したユーザー名>］の［他の操作］をクリックして、メニューから［パスワードの設定］を選択する。

❷ 警告メッセージが表示される。確認して［続行］をクリックする。

❸ ［<ユーザー名>のパスワードの設定］ダイアログボックスが表示されたら、［新しいパスワード］ボックスに新しいパスワードを入力する。確認のため、同じパスワードを［パスワードの確認入力］ボックスにも入力する。

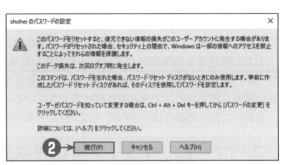

❹ ［OK］をクリックするとパスワードが変更される。

❺ メッセージが表示されたら、［OK］をクリックする。

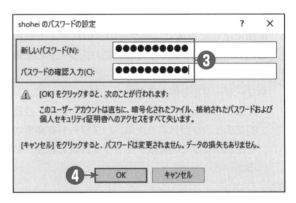

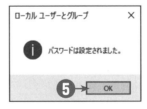

5　登録済みユーザーを無効にするには

　サーバーの運用を続けていると、特定のユーザーに対して一時的または永続的にサインインを禁止したくなることがあります。たとえば会社組織の場合であれば、ユーザーが長期休暇のため不在になったり、退職したりすることがあります。このような場合、そのユーザーが不在の間、サインインできる状態にしておくとセキュリティの面で好ましくありません。

　ユーザーの権限を停止するには、ユーザーアカウントを削除せず無効状態にする方法と、ユーザーアカウントを完全に削除する方法とがあります。長期休暇など、ユーザーが復帰することが明らかな場合にはユーザーを一時的に無効にします。問題となるのが、退職など、二度と復帰しないことがわかっている場合です。

　このような場合、ついユーザーを削除してしまいがちですが、完全に削除してしまうとそのユーザーが作成したファイルが残っていた場合に、誰が作成したものか確認できなくなってしまいます。これは管理上好ましくありません。これに対し、ユーザーを無効にする方法なら、無効になっているユーザーと同名のアカウントが作成できなくなる以外、実害はありません。通常の運用であればユーザーを無効にする方法をお勧めします。

　なおここでの操作は、すべて［コンピューターの管理］画面で［ユーザー］を選択して行っています。

登録済みユーザーを無効にする

❶
変更したいユーザー名をクリックして選択し、右側の［操作］ペインで［<選択したユーザー名>］の［他の操作］をクリックして、メニューから［プロパティ］を選択する。

▶ 選択したユーザーのプロパティダイアログボックスが表示される。

● 情報を変更したいユーザーをダブルクリックするだけでも同じ操作が行える。

❷
［アカウントを無効にする］にチェックを入れる。

❸
［OK］をクリックする。

● 手順❷の画面で［アカウントを無効にする］のチェックを外せば、該当ユーザーは再度サインインできるようになる。

④

無効になっているユーザーは、ユーザー一覧のアイコンに「↓」のマークが表示される。

ユーザーを削除する

❶

削除したいユーザー名をクリックして選択し、右側の［操作］ペインで［<選択したユーザー名>］の［他の操作］をクリックして、メニューから［削除］を選択する。

❷

確認メッセージが表示されたら［はい］をクリックする。

● 一度ユーザーを削除したあとは、たとえもう一度同じ名前でユーザーを作成しても、別のユーザーとして扱われる。このため、最初に登録したユーザーが設定した内容、作成した個人ファイルなどは、（あらかじめ許可されていない限り）あとから登録した同名のユーザーからは同じようにはアクセスできない。

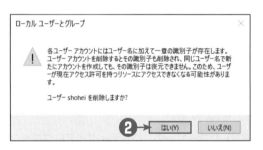

❸

ユーザー削除時、そのユーザーがサインイン中である場合にはさらに確認メッセージが表示される。ここでも［はい］をクリックする。

● ユーザーがサインインしていない場合はこのメッセージは表示されない。

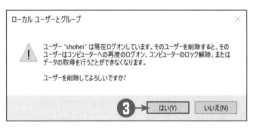

❹
ユーザーを削除すると、そのユーザーのファイルは
所有者がわからなくなる。

●ユーザー shohei が所有していたファイルの状態
をユーザー削除前/削除後で比較すると、削除後は
所有者名が表示されなくなっているのがわかる。

参照

ファイルの所有者については

→**第7章**

6 登録済みユーザーをサインインできないようにするには

　前節の手順によりユーザーを無効化した場合、そのユーザーは、無効になっている間はいないものとして扱われます。このため、そのユーザーは、サーバーコンピューターにサインインできなくなるのはもちろんのこと、サーバーが公開するファイル共有なども利用できなくなります。このため、ユーザーの無効化という操作は安易に行うことはできません。

　一方で、セキュリティを重視するサーバーでは、管理者ではない人がサーバーを直接操作するような事態は避けたいものです。Windows Serverでは、ユーザーやグループごとに利用できる権限が異なっていて一般ユーザーが行える操作は制限されてはいますが、それでも、リスクはできるだけ避けた方がよいのです。

　ここでは、サーバーコンピューターに対して、ユーザーが直接サインインする操作だけを禁止する方法を解説します。この設定を行えば、ネットワーク経由でのファイル共有などのサーバーが通常提供する機能を利用可能にしたまま、管理者ではないユーザーがサーバーを直接操作するという望ましくない動作だけを禁止することが可能になります。

登録済みユーザーがサーバーにサインインできないようにする

1 Windows Server 2022のサインイン画面を確認する。追加で登録したユーザーすべてが表示され、サインイン可能であることがわかる。

2 Windows Server 2022の［スタート］メニューから、［Windows管理ツール］－［ローカルセキュリティポリシー］を選択する。

③
［ローカルセキュリティポリシー］の画面が開く。

④
左側ペインから［セキュリティの設定］−［ローカル
ポリシー］−［ユーザー権利の割り当て］を選択し、
右側ペインから［ローカルログオンを許可］をダブ
ルクリックする。

⑤
［ローカルログオンを許可のプロパティ］画面が開く
ので、一覧に表示されている［Users］を選択して
［削除］ボタンをクリックする。一覧から［Users］
が消えたのを確認したら［OK］をクリックしてウィ
ンドウを消す。

●ここで［Administrators］グループは決して削除
してはならない。管理者がサインインできなくな
るため、今後の管理ができなくなる。

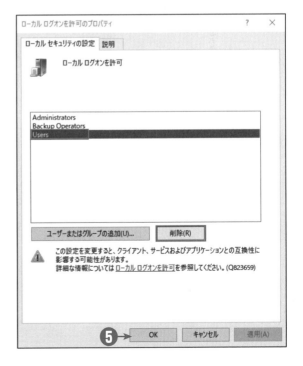

⑥
再度Windows Server 2022のサインイン画面からAdministrator以外のユーザーでサインインする。エラーメッセージが表示され、サインインできなくなったことがわかる。

⑦
[Users] グループをサインインできるように戻すため、手順❷〜❹を実行して [ローカルログオンを許可のプロパティ] 画面を表示し、[ユーザーまたはグループの追加] ボタンをクリックする。

⑧
[ユーザーまたはグループの選択] ダイアログボックスが拡張される。[オブジェクトの種類] をクリックする。

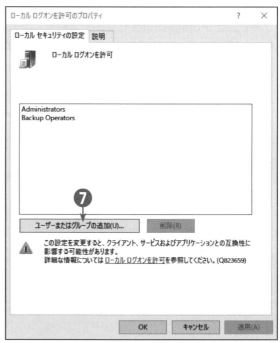

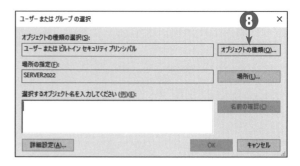

⑨

4つの項目が表示されるが、［グループ］のみに
チェックを入れ、他の項目はチェックを外して［OK］
をクリックする。

● この操作をしないと、次の手順で［Users］グルー
プが選択できなくなる。

⑩

［ユーザーまたはグループの選択］ダイアログボック
スに戻るので、［選択するオブジェクト名を入力して
ください］ボックスに**Users**と入力して［OK］を
クリックする。

● 大文字/小文字は区別されないので「users」と入
力してもかまわない。

⑪

［ローカルログオンを許可のプロパティ］画面に戻る
ので、一覧に［Users］が追加されていることを確
認したら、［OK］をクリックしてウィンドウを消す。

● ここでは確認は行わないが、以上の操作で再び
Administrator以外のユーザーもサインイン可
能になる。

● 手順⑩で追加するグループを［Users］ではなく
［sales1］などの自分で作成したグループを指定
すると、特定のグループメンバーだけにサインイ
ンを許すこともできる。

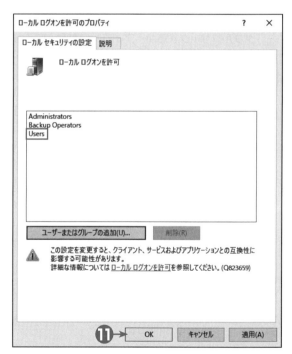

7 グループを作成するには

　登録ユーザー数が増えてくると、複数のユーザーを一括して管理する必要が発生します。たとえば特定のファイルやフォルダーにアクセスさせたい人が複数となる場合、ひとりひとりにアクセス許可を設定するのは大変な作業で間違いも多くなりがちです。この場合、アクセスを許可するユーザーをまとめてひとつの「グループ」とすれば、そのグループに対してアクセス許可を設定するだけで済み、手順が簡略化できます。

　ここでは、そうしたグループの作成方法と、グループメンバーの編集方法を解説します。なお説明のため、前節の手順によりあらかじめ数名のユーザーを登録してあります。

グループを作成する

❶

[コンピューターの管理]画面で、左側のペインから[ローカルユーザーとグループ]を展開し、その下にある[グループ]をクリックすると、中央のペインに現在登録されているグループの一覧が表示される

● [ローカルユーザーとグループ]を展開するには、ダブルクリックするか、アイコンの左側にある右向き三角をクリックする。

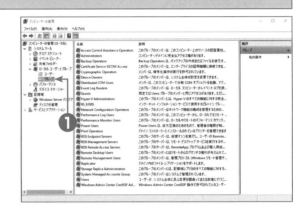

❷

右側の[操作]ペインで[グループ]の[他の操作]をクリックして、メニューから[新しいグループ]をクリックする。

● 中央のペインでどのグループも表示されていない場所を右クリックして、メニューから[新しいグループ]をクリックしても同じ操作が行える。

● Active Directoryをセットアップしたあとは、グループもローカルではなくドメイングループとして管理するようになるため、この画面に[ローカルユーザーとグループ]は表示されなくなる。

❸
[新しいグループ] ダイアログボックスが表示される。[グループ名] ボックスにグループ名を入力する。[説明]ボックスには任意のコメントを入力する。
● [説明] にはグループの内容や意味などを示すコメントを入力する。必須ではないが、入力する方がわかりやすくなる。

❹
グループを作成する際には、そのグループに所属するメンバーも指定することができる。[所属するメンバー] にユーザーを追加するには [追加] をクリックする。

❺
[ユーザーの選択] ダイアログボックスが表示される。一覧からユーザーを選択したい場合には [詳細設定] をクリックする。
● グループに追加するユーザー名がすべてわかっている場合には、[選択するオブジェクト名を入力してください] ボックスにユーザー名を手入力してもユーザーの追加が行える。
● 複数のユーザーを追加する場合は、ユーザー名をセミコロン（;）で区切って入力する。

❻
[ユーザーの選択] ダイアログボックスが拡張される。[オブジェクトの種類] をクリックする。

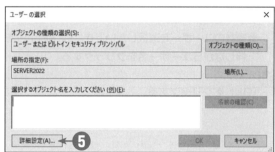

❼

3つの項目すべてにチェックが入っているが、今回はユーザーを検索するので［ユーザー］のみチェックを入れ、そのほかのチェックを外して［OK］をクリックする。

●ここで、他の項目にチェックが入った状態で次へ進むと、ユーザー名以外も検索されるため、次の手順でユーザーの選択が行いづらくなる。

❽

［ユーザーの選択］ダイアログボックスに戻るので、［検索］をクリックする。登録済みユーザーが検索されて一覧表示される。

❾

ユーザーの一覧から、メンバーにしたいユーザー名をすべて選択する。

●複数のユーザーを選択したいときには、[Ctrl]キーを押しながらユーザー名をクリックする。

❿

［OK］をクリックする。

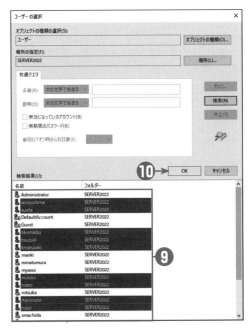

⑪
[選択するオブジェクト名を入力してください] ボックスに選択したユーザーが表示されるので、確認したら [OK] をクリックする。

●この状態で、さらにユーザー名を手動で追加することもできる。

⑫
[新しいグループ] ダイアログボックスに戻る。[所属するメンバー] に、追加したユーザーが表示されている。ここで [作成] をクリックすると、新しいグループが作成される。

●複数のグループを一度に登録できるよう、[作成] をクリックしてもウィンドウが自動的に閉じることはない。

⑬
グループをさらに追加する場合は、手順❸～⑫を繰り返す。

⑭
[閉じる] をクリックして [新しいグループ] ダイアログボックスを閉じる。

⑮
[コンピューターの管理] 画面のグループの一覧に、登録したグループが追加されている。

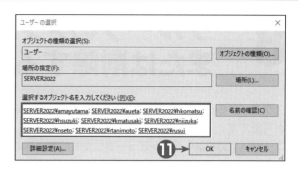

8 グループのメンバーを追加 または削除するには

グループの作成後は、グループに新しくユーザーを追加したり、グループからユーザーを削除したりすることが可能です。なお、ここで「削除」と言っているのはあくまでグループの中からユーザーを削除するだけであり、ユーザーアカウントがコンピューターから削除されてしまうわけではありません。

なお、ここでの操作は、すべて［コンピューターの管理］画面で［グループ］を選択して行っています。

グループにメンバーを追加する

❶
中央のペインからメンバーを追加したいグループをクリックして選択し、右側の［操作］ペインで［<選択したグループ名>］の［他の操作］をクリックして、メニューから［グループに追加］を選択する。
● このメニューから［プロパティ］を選択するか、情報を変更したいグループをダブルクリックするだけでも同じ画面が表示される。

❷
選択したグループのプロパティダイアログボックスが表示されるので、［追加］をクリックする。
● ここからの手順は、新しいグループを作成する際にユーザーを登録するときとまったく同じ。

❸
［ユーザーの選択］ダイアログボックスが表示されるので、前節の「グループを作成する」の手順❺～❿を実行する。

④
グループのプロパティダイアログボックスに戻る。
［所属するメンバー］に、いま追加したユーザーが表
示されている。

⑤
［OK］をクリックすると、グループにユーザーが追
加される。

グループからメンバーを削除する

❶
中央のペインからメンバーを追加したいグループを
クリックして選択し、右側の［操作］ペインで［<選
択したグループ名>］の［他の操作］をクリックし
て、メニューから［プロパティ］を選択する。
● 情報を変更したいグループをダブルクリックする
だけでも同じ操作が行える。

❷
選択したグループのプロパティダイアログボックス
が表示されるので、［所属するメンバー］で、グルー
プから削除したいユーザーを選択して、［削除］をク
リックする。
● 同時に複数のユーザーを選択したいときには、Ctrl
キーを押しながらクリックする。

❸ [所属するメンバー] から選択したユーザーが削除されたのを確認したら、[OK] をクリックする。

9 ユーザーが所属するグループを変更するには

　前節では、グループの側から見て、そのメンバーを追加したり削除したりする操作を行いました。会社組織に例えると、これは組織改変などで部門が新設されたり廃止されたりといった場合に、その部門に所属するメンバーを編集する操作などで便利です。

　一方、ユーザー側から見た際に所属するグループを変更するといった操作も可能です。これは会社組織で言えば、特定の人物が部門Aから部門Bへ異動するといった、個人レベルでの変更をイメージするとよいでしょう。

　大規模な変更であれば前節の手順、小規模な変更ならばここで説明する手順が便利です。

ユーザーが所属するグループを変更する

❶
［コンピューターの管理］画面で、左側のペインから［ローカルユーザーとグループ］を展開し、その下にある［ユーザー］をクリックすると、中央のペインに現在登録されているユーザーの一覧が表示される。

❷
変更したいユーザー名をクリックして選択し、右側の［操作］ペインで［<選択したユーザー名>］の［他の操作］をクリックする。メニューから［プロパティ］を選択する
- 情報を変更したいユーザーをダブルクリックするだけでも同じ操作が行える。

❸
ユーザーのプロパティダイアログボックスが表示されるので［所属するグループ］タブをクリックする。

④

[所属するグループ] 欄に、ユーザーが所属するグ
ループが表示される。[追加] をクリックする。

⑤

[グループの選択] ダイアログボックスが表示され
る。[詳細設定] をクリックする。

- グループ名が正確にわかっている場合は [選択す
  るオブジェクトを入力してください] 欄に、グルー
  プ名を直接入力することでも同じ操作が行える。

⑥

[グループの選択] ダイアログボックスが拡張され
る。[検索] をクリックする。

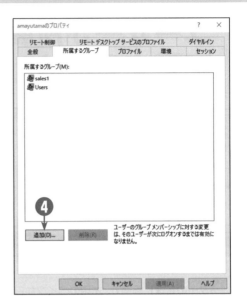

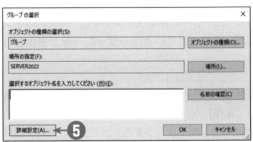

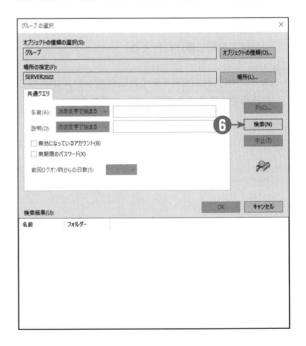

❼

利用できるグループが一覧表示されるので、ユーザーを参加させたいグループ名をクリックして選択する。

●ユーザーは同時に複数のグループに参加できる。複数グループに参加させたいときは、[Ctrl]キーを押しながらグループ名をクリックする。

❽

[OK]をクリックする。

❾

[選択するオブジェクト名を入力してください]ボックスに表示されているグループ名を確認して[OK]をクリックする。

❿

[ユーザーのプロパティ]ダイアログボックスに戻る。[所属するグループ]が更新されているので、確認したら[OK]をクリックする。

●いままで所属していたグループから抜けるには、ここでグループを選択して[削除]ボタンをクリックする。

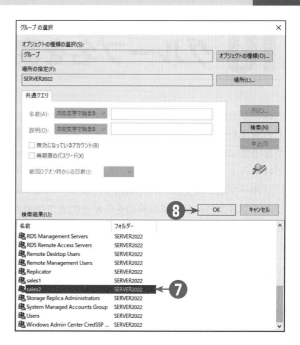

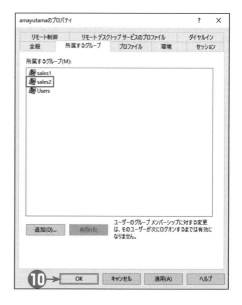

10 グループ名を変更するには

　ユーザーの登録情報の編集が必要となるのと同様、サーバーの運用を続けていると、作成したグループについても編集が必要となることがあります。実際の会社組織とWindows内のグループ定義とを連動して定義するような場合には、組織変更が発生する都度、Windowsにおけるグループ定義も編集する必要が出てきます。ここではそのようなグループの編集として、グループ名の変更について解説します。

　グループ名の変更は、Windows上で表示されるグループ名を変更する機能です。変更されるのは名前のみで、グループメンバーなどは以前のものがそのまま保持されます。また古いグループ名でアクセス可能であったファイルやフォルダーは、グループ名を変更しても、そのままアクセス可能となります。

　なお、ここでの操作は［コンピューターの管理］画面で［グループ］を選択して行っています。

グループ名を変更する

❶
名前を変更したいグループ名をクリックして選択し、もう一度グループ名をクリックする。

●2回のクリックは、ダブルクリックにならない程度に時間を空けるようにする。

●右側の［操作］ペインで［<選択したグループ名>］の［他の操作］をクリックして、メニューから［名前の変更］を選択しても同じ操作が行える。

❷
グループ名が入力可能になるので、新しいグループ名を入力して Enter キーを押す。

●画面の中のほかの部分（どこでもよい）をクリックしても、入力した名前が確定される。

●入力した名前をキャンセルしたい場合には、キーボードの Esc キーを押す。

11 グループを削除するには

グループが不要になった際には、グループを削除することが可能です。グループを削除しても、そのグループに所属していたユーザーが削除されるわけではありません。このため、ユーザーを削除する場合とは違ってグループを削除しても、そのグループのユーザーがコンピューターを使えなくなるといったことはありません。

ただ、特定のグループしかアクセスできないようアクセス許可を設定したフォルダーやファイルがあった場合には、グループを削除するとそのフォルダーには誰もアクセスできなくなります。このような場合には、管理者によりアクセス許可を変更する必要が発生するので注意してください。

グループには、ユーザーの場合と違って「一時的に無効にする」という設定がありません。使わなくなったグループについては、グループメンバーをすべて削除して所属メンバーなしにするか、グループ自体を削除します。

グループをいったん削除した場合、たとえもう一度同じ名前のグループを作成しても、それらは別のグループとして扱われます。削除前のグループのアクセス許可などは引き継がれません。

ここでの操作は［コンピューターの管理］画面で［グループ］を選択して行っています。

グループを削除する

❶
削除したいグループ名をクリックして選択し、右側の［操作］ペインで［<選択したグループ名>］の［他の操作］をクリックして、メニューから［削除］を選択する。

● あるいは、ツールバーの［削除］ボタンをクリックするだけでも同じことができる。

❷
確認メッセージが表示されたら［はい］をクリックする。

● いったんグループを削除すると、そのグループの情報はすべて消滅する。仮に、再度同名のグループを作ったとしても異なるものとして扱われることに注意。

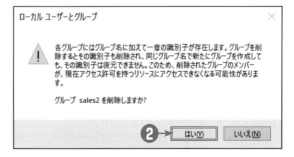

サーバーの
ディスク管理

第 5 章

この章ではファイルサーバーを構築するのに欠かせない、ハードディスクの追加方法・利用方法について説明します。Windows Server 2022では、これまでのWindowsと同等のディスク管理機能のほか、「記憶域スペース」と呼ばれる、より進んだディスク管理の仕組みも強化されています。

この章では、従来の手法によるディスク管理のほか「記憶域スペース」の使い方についても解説します。大容量かつ信頼性の高いディスクスペースの管理は、ネットワーク内でのファイルサーバーとして使われるサーバーOSにとって非常に重要な機能となります。

Windows Server 2022のディスク管理

　Windows Server 2022 のディスク管理では、Windows Server 2008 R2 以前や Windows 7 以前で使われていた昔ながらの「ディスクの管理」機能と、Windows Server 2012 から導入された「記憶域スペース」機能という 2 種類のディスク管理機能を利用できます。

　昔ながらと言っても、べつに「時代遅れ」というわけではありません。「ディスクの管理」機能では、2TB を超える大容量のハードディスクのサポート、ディスクの二重化や RAID-5 と呼ばれるパリティ付きの冗長化機能などの高信頼化機能など、サーバー向けに必要とされる多くのディスク管理機能を利用できます。実際、「ディスクの管理」機能だけでも通常のサーバー運用にはほとんど問題は発生しません。しかし、「記憶域スペース」機能では、「ディスクの管理」機能で使用できる機能はもちろんサポートしているほか、より進んだ機能も追加されており、圧倒的に柔軟かつ多機能になっています。

　従来のストレージでは、たとえば RAID を構築するには、個々のディスク装置の容量や接続インターフェイスを揃えなければならないなど、物理的な制約が数多くありました。一方、「記憶域スペース」では、さまざまな接続インターフェイスや容量、性能を持つディスクを混在させ、それらを集約して利用できるなど、物理的な制約を減少させた柔軟な運用方法が行えるのが特徴です。

　Windows Server 2016 以降の Datacenter エディションにおいては、「記憶域スペースダイレクト」と呼ばれる、より進んだ機能が利用できます。これは、ソフトウェアの設定のみでストレージをより柔軟に利用できる「ソフトウェア定義ストレージ」に対応した運用方法で、複数のコンピューターで定義された記憶域スペースを 1 つに統合した「クラスター化した記憶域スペース」を作成し、それらを仮想的なストレージ領域として使用する機能です。

　もちろん、実際に稼働する物理的な装置を運用するわけですから、ある程度はハードウェア的な制約は発生します。たとえば記憶域スペース機能は、Windows の起動ドライブとしては使用できません。「ハードウェア RAID」と呼ばれる、あらかじめ RAID 機能を搭載したインターフェイスボードや、ディスク装置には対応していない場合もあります。これらの条件では、従来どおり「ディスクの管理」機能を使う必要があります。とはいえ、条件さえ許すのであれば「記憶域スペース」機能はメリットが多く、こちらを使う方がお勧めです。

　以上のことから、Windows Server 2022 でストレージ管理を行う場合には「ディスクの管理」「記憶域スペース」の両方の機能を理解する必要があります。なお記憶域スペースについては機能が非常に多いため、本書ではその一部の機能についてのみ解説します。

ディスク管理の用語について

　ここでは、Windows Server 2022 がディスク管理を行う際の各種用語について説明します。ディスク関係は専門用語が多く、また他の OS で使う用語と意味が異なる場合もあるため、よく覚えておいてください。

●物理ディスク

　ハードディスクや SSD など、コンピューターに取り付けられる物理的なディスク装置のことを指します。単に「ディスク」と呼ぶこともありますが、記憶域スペースでは、次に説明する「仮想ディスク」という概念があることから、本書ではこれと区別する意味で「物理ディスク」と呼びます。

●仮想ディスク

　1 台、または複数の物理ディスク装置の記憶容量を組み合わせて、それらをあたかも物理的なディスク装置であ

るかのように使用する機能、またはこの機能によって実現される記憶容量のことを「仮想ディスク」と呼びます。

● **ディスク**

　物理ディスクおよび仮想ディスクの総称。記憶域スペースにおいて作成される仮想ディスクは、Windowsからは物理ディスクとまったく同じように使用できるため、両者を区別する必要がない場合には単に「ディスク」と呼びます。

● **パーティション**

　1台のディスクは、その記録領域を複数の区画に分けて使用することができます。こうした使い方をした際の個々の領域のことを「パーティション」と呼びます。

● **パーティションのスタイル**

　1台のディスクをパーティションにより分割する場合、その分割情報を管理する領域のことを「パーティションテーブル」と呼びます。パーティションテーブルは通常、物理ディスクの先頭に近い領域に配置されていて、そのデータ形式にはいくつかの種類があります。その種類のことを、Windows Server 2022 では「パーティションのスタイル」と呼んでいます。Windows Server 2022 では、パーティションのスタイルとして「マスターブートレコード（MBR）」と「GUID パーティションテーブル（GPT）」の2種類が使われます。

● **MBR 方式と GPT 方式**

　前述のとおり、Windows Server 2022 が使用するパーティションのスタイルには MBR 方式と GPT 方式の2種類があります。MBR 方式は 32 ビット版の Windows など従来の OS で主に使われていた方式ですが、64ビット版である Windows Server 2022 でも使用できます。ただし MBR 方式では利用できるディスクの最大容量が 2TB（テラバイト）までに限られるため、1台の容量が 2TB を超える大容量のディスクでは、2TB を超えた部分が使用できなくなります。

　GPT 方式ではこうした制限はありませんが、この方式で管理されるディスクは 32 ビット版の OS では使用できないほか、サードパーティ製のディスク管理ツールの一部ではサポートされていない場合もあります。とはいえ、サーバー機においては 2TB までという MBR 方式の制限は大きな問題となりますから、基本的には GPT方式を使用するようにします。MBR 方式は、USB で接続される外付けハードディスクなどのように、容量が2TB 以下で、他のコンピューターとのデータ交換を行う必要がある場合などに限って使用するとよいでしょう。

● **ベーシックディスクとダイナミックディスク**

　ディスクをパーティション分けして使用する際、MBR 方式と GPT 方式というパーティションスタイルの違いのほか、より上位の概念として「ベーシックディスク」と「ダイナミックディスク」という種類の違いもあります。MS-DOS や Windows 95/98/Me などの 16 ビット OS の頃には、ディスクを「プライマリパーティション」と「拡張パーティション」と呼ぶ最大4つのパーティションに分割する方法が使われていましたが、この分け方は Windows Server 2022 でも使うことができ、これを「ベーシックディスク」と呼んでいます。

　「ベーシックディスク」は、非常に古いディスク管理方法であるため、使用できるパーティションの種類に自由度がありません。このため、パーティションの種類を増やして、ミラーリングや RAID といった柔軟な使いかたをサポートしたのが、Windows 2000 で導入された「ダイナミックディスク」と呼ばれる方式です。

　ベーシックディスクとダイナミックディスクという種類の違いは、MBR 方式 /GPT 方式といったパーティ

ションテーブルの形式の違いとは独立した概念です。MBR方式、GPT方式それぞれに、ベーシックディスクとダイナミックディスクという使い方の違いが存在します。

　物理ディスクの（パーティションの）スタイルおよび種類がどうなっているかは、この章で解説する［ディスクの管理］画面でハードディスクのプロパティを確認すると表示できます。

●**ボリューム**

　Windows のエクスプローラーやアプリケーションでは、ディスクを扱う際「C: ドライブ」や「D: ドライブ」などという呼び方をします。ここで言う「C: ドライブ」のように、Windows のアプリケーションからディスクを取り扱う単位のことを「ボリューム」と呼びます。

　ベーシックディスクでは、「ボリューム」と「パーティション」は1対1で対応します。この場合に限れば「ボリューム＝パーティション」となるのですが、一方でダ

ハードディスクのプロパティ画面

イナミックディスクにおいては、複数のパーティションをまとめて1つのボリュームとして扱うこともあります。たとえば、複数のパーティションを集めてそれらの容量を合計して使用できる「スパンボリューム」や、複数のドライブからパーティションを1つずつ集めて使い、ディスクアクセスを複数のドライブに分散して高速化する「ストライプボリューム」、2つ以上のドライブからパーティションを1つずつ集め、書き込みの際には同じ内容をすべてのパーティションに書き込むことで信頼性を向上させる「ミラーボリューム」などの使い方があります。

ファイルシステムについて

　コンピューターが扱うファイルには、ファイルの内容そのもののほかに、作成された日時やサイズなど、さまざまな情報が付随しているものです。また、あるファイルの内容が、広大な容量を持つハードディスクの中のどの位置に記録されているかを示す情報がなければ、ファイルにアクセスすることはできません。ボリューム内の記憶領域をどのように利用し、ファイルに付随するさまざまな情報をどのように記録するのか、それらの事柄に関する「取り決め」のことを「ファイルシステム」と言います。

　Windows Server 2022 では、目的に応じてさまざまなファイルシステムを使うことができます。ファイルシステムにはそれぞれ名前が付けられており、たとえば FAT32、exFAT、CDFS、UDF、NTFS、ReFS などと名付けられていて、記録媒体や容量、あるいはユーザーのニーズによって使い分けることができます。

NTFSとは

　NTFS（NT File System）は、Windows Server シリーズでは基本となるファイルシステムです。NTFS は

その名前のとおり、Windows NT から採用された新しいファイルシステムで、Windows NT ～ Windows 11、およびすべての Windows Server シリーズで利用することができます。

NTFS の特徴は、それまで使われていた FAT ファイルシステムと違い、ファイルやフォルダーにアクセス権情報（ACL）を付加できるようになった点にあります。どのユーザーがどのファイル（フォルダー）にアクセスできるかを指定できるため、Windows Server 2022 のようなマルチユーザーシステムでの使用に向いています。

NTFS は長期間にわたって使われてきたため、いくつかのバージョンがあります。基本となるファイルごとの所有権やアクセス権の管理などのほか、ディスク使用量の監視（ディスククォータ）、ボリュームにドライブ文字を付けず、任意のフォルダーにマウントして使用する「ドライブパス」など、機能が追加されるたびにバージョンが変化してきました。このため、新しいバージョンの Windows で作成された NTFS は、そのままでは古いバージョンの Windows でアクセスできない、といったこともあります。

信頼性が高められているのも、NTFS の特徴です。NTFS には、ファイルの入出力の際、ファイルに加えられた一連の操作手順を、ファイルが保管されている場所とは別の場所に記録しておく「ロギング」機能があります。停電など、予期しない要因によってファイルの書き込みが中断されても、次に起動したときにこのログと実際のファイル情報とを見比べれば、中断された操作がどこまで正常に実行できたかがわかります。結果として、ファイルシステムの大規模な破壊を防ぐことができるというわけです。

NTFS では、ファイルを暗号化して記録する暗号化ファイルシステム（EFS）も使用できます。これにより暗号キーを知らない人にはファイルを読み出すことができず、セキュリティを高めることができます。また Windows Server 2022 では、EFS とは別のディスク暗号化機能である「BitLocker」も使用できます。機能面ではこの BitLocker の方が優れているため、暗号化が必要な場合にはこちらを利用する方がよいでしょう。

Windows Server 2022 では「ボリュームシャドウコピーサービス（VSS）」と呼ばれる仕組みも利用できます。VSS を使えば、ファイルの削除や書き換えが発生した場合に、書き換えられる前のデータを復元することや、ディスクの内容を瞬時にバックアップするスナップショット機能など、便利な機能が利用できます。

ReFS とは

ReFS（Resilient File System）は、Windows Server 2012 で新たに取り入れられたファイルシステムです。サーバー OS 向けに開発されたファイルシステムですが、Windows 10/11 でも利用できます。

ReFS の特徴は、NTFS が持つ数多くの特徴をそのまま引き継いだうえで、より信頼性を高めている点です。たとえば ReFS では、ファイル情報を保存する「メタデータ」領域に、データの正しさをチェックするためのデータ（チェックサム）を持つことで、何らかの理由によってデータが破損した際に、これを自動的に検出し、必要に応じて修正する機能が搭載されました。「整合性ストリーム」と呼ばれるデータを持たせれば、メタデータだけではなく、ユーザーのデータに対しても整合性のチェックが行えます。

書き込み時のアルゴリズムが変更され、万が一書き込み時にディスクの電源が落ちたり、I/O エラーが発生したりした場合であっても、データが失われにくくなる仕組みが取り入れられています。また記録済みデータが実際に読み出せるのかどうかをあらかじめ確認する処理が可能となり、ユーザーが気づかないうちに発生しているディスクエラーへの対処が強化されています。

NTFS に比べてより大容量のファイル、大容量のディスクへの対応が可能となり、「記憶域スペース」によって作成される仮想ディスクにも余裕を持って対応できるようになっています。

ReFS は、NTFS に次ぐ「次世代」のファイルシステムという存在ですが、一方で NTFS と比べるとサポートしていない機能もあります。たとえばユーザーごとにディスクの使用量を制限する「ディスククォータ」機

能や、MS-DOS で使われていた「8＋3形式」の短い名前のファイル名でアクセスする機能、圧縮ファイルの機能などをはじめとしたいくつかの機能は、ReFS では使用できません。いずれも大容量のディスクにおいてはあまり使用頻度が高くない機能ですが、こうした制限を踏まえて、利用するファイルシステムを選ぶ必要があります。

Windows Server 2022 では、Hyper-V で作成される仮想マシンや仮想ディスクを配置するためのボリュームのファイルシステムとしては NTFS よりも ReFS が推奨されています。これは、Hyper-V の仮想ディスクを配置する場所としては、信頼性に優れる ReFS の方がより適しているためです。

FAT ファイルシステムとは

FAT（File Allocation Table）は、MS-DOS 時代から現在まで使われている非常に汎用性の高いファイルシステムです。デジタルカメラ用のメモリカードやメモリオーディオプレーヤーなど、Windows 以外のシステムでも使われます。

FAT ファイルシステムは、フロッピーディスクやメモリカード、あるいはハードディスクなど多くの記録媒体で利用できますが、NTFS とは違い、ファイルやフォルダーごとの所有権やアクセスの管理といった機能を利用できません。また 1 つのファイルの最大容量は 4GB（ギガバイト）までに制限されます（Windows 98 以前の OS では 2GB が最大です）。これは最近のコンピューター向けとしては十分な容量とは言えません。

FAT ファイルシステムは、Windows Server 2012 以降のサーバー OS では、ハードディスクを新たにフォーマットする際のファイルシステムとしては利用できなくなっており、フロッピーディスクや USB フラッシュメモリ、メモリカードなどでのみ利用できます（すでに FAT でフォーマットされた既存のハードディスクはアクセスできます）。

exFAT ファイルシステムとは

exFAT ファイルシステムは、Windows Vista の Service Pack 1 以降で利用できる、リムーバブルメディア向けの新しいファイルシステムです。FAT ファイルシステムを改良したものですが、ファイルサイズやパーティションサイズが最大で 16EB という、非常に大容量のメディアに対応できるようになりました。さらに大容量のファイルやデータを扱う際でも、アクセス速度が低下しづらくなるよう工夫されています。

ただし従来の FAT ファイルシステムとの互換性はありません。このため exFAT でフォーマットされたメディアは、Windows Server 2008 や Windows Vista より前の Windows、Windows 以外の多くの OS、デジタルカメラなどの機器では利用することができません。このためリムーバブルメディアをフォーマットする際は、どの OS で使用するかを考えた上で、問題がないことが確認できた場合に限り exFAT にし、問題があるようならば FAT（FAT16/FAT32）を選択する必要があります。

CDFS/UDF ファイルシステムとは

CDFS（CD-ROM File System）や UDF（Universal Disk Format）は、CD-ROM や CD-R、DVD、Blu-ray（ブルーレイ）などの光ディスクで使用されるフォーマットです。容量 800MB（メガバイト）程度の CD-ROM や CD-R では CDFS が、CD-RW や DVD-ROM/R/RW、および Blu-ray などの次世代光ディスクでは UDF ファイルシステムが使われます。UDF には、メディアの種類や登場時期などによりいくつかのバージョンがあります。

Windows Server 2022 では、現在使われるこれらのファイルシステムに標準で対応しています。このためこれらのメディアに対応したドライブさえあれば、ファイルを読み込むことができます。また CD/DVD 書き込みに対応しており、データ用の CD-R や DVD-R などを作成できます。

1 新しいディスクを初期化するには

　Windows Server 2022では、コンピューターに新しいハードディスクを取り付けた場合、最初にそのディスクを「初期化」する必要があります。初期化が終了したら、その後はパーティション（ボリューム）の確保、ドライブ名やドライブパスの指定、フォーマットという手順を経て、初めてそのディスクをWindowsから利用できるようになります。

　ここではまず、コンピューターに新しいディスクを取り付けた場合に行う「初期化処理」の方法について説明します。

　なおハードディスクの取り付けは通常、コンピューターの電源をオフにした状態で行うことが必要です。コンピューターの電源を入れたままでハードディスクの取り付け／取り外しができる機器もありますが、そうした機器では「ホットスワップ対応」「ホットプラグ対応」などといった表示がなされています。ホットスワップ非対応の機器を電源が入ったままで取り付けると、ハードウェアの故障を招くため、絶対に行わないでください。またディスクを取り付けるためにコンピューターの電源を切る場合には、必ずWindows Server 2022を正しい手順でシャットダウンしてください。

新しいハードディスクを初期化する

① 電源オフの状態でコンピューターにハードディスクを取り付け、電源をオンにする。
- サーバーのハードウェアによっては、新しいディスクを取り付ける際に電源をオフにする必要がないものもある。

② Windows Server 2022に管理者（Administrator）でサインインする。

③ ［コンピューターの管理］画面を開き、左側のペインから［記憶域］－［ディスクの管理］を選択する。
- ［スタート］ボタンを右クリックして［ディスクの管理］を選んでもこの画面を呼び出せる。

❹
新品のディスクを取り付けた場合、ディスクの初期
化を行うかどうか問い合わせられる。パーティショ
ンテーブルのタイプが問い合わせられるので、
[MBR（マスターブートレコード）] か [GPT（GUID
パーティションテーブル）] かのいずれかを選択す
る。

●今回はGPTを選択している。

●取り付けたディスクが2TBを超える場合には、
GPTを選択しないと2TB以上の領域が認識され
なくなる。

●2TB以下の場合にはどちらも選択できるが、GPT
を選択した場合はそのディスクを32ビット版の
OSに接続した際にファイルが認識されなくな
る。

●複数のディスクを取り付けた場合には、初期化が
必要なドライブすべてが表示される。すべて同じ
パーティションスタイルでよいなら一度に初期化
できる。

●すでに使われたことのあるディスクの場合、初期
化済みなのでこの画面が表示されない。

❺
[OK] をクリックするとパーティションテーブルが
初期化され、ディスクの全容量が「未割り当て」と
して表示される。

●新しく取り付けたディスクにすでにボリュームが
作成済みの場合には、ボリュームを削除してから
新たに確保する。

参照

ボリュームを削除するには

→この章の**5**

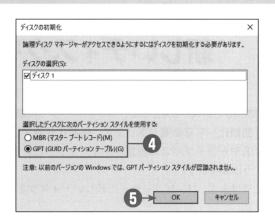

2　シンプルボリュームを作成するには

前節の手順でディスクを初期化した場合、そのディスクは「ベーシックディスク」で作成されます。Windows Server 2022では、1台のベーシックディスク上には「シンプルボリューム」のみを最大4つまで作成できるため、用途によって1台のディスクを複数のボリュームに分けて使うこともできます。ただ一般的には、1台のディスクの全容量をそのまま1つのシンプルボリュームとして使うことで十分でしょう。

なおベーシックディスクではなくダイナミックディスクでは、ミラーリングやRAIDボリュームなど、より信頼性の高いボリュームも作成できます。ただWindows Server 2022でそうした機能を使いたい場合、より拡張された機能「記憶域スペース」で作成するほうがより多くの機能を利用できます。

シンプルボリュームを作成する

❶ [ディスクの管理] 画面で、ボリュームを作成したい未使用の領域を選択して右クリックし、メニューから [新しいシンプルボリューム] を選択する。
- 未割り当ての領域は、黒いバーで表示される。
- シンプルボリューム以外を選択した場合、ディスクは自動的にダイナミックディスクに変換される。

❷ [新しいシンプルボリュームウィザード] が開始される。[次へ] をクリックする。

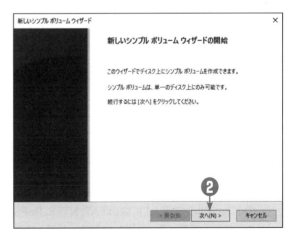

❸

作成するボリュームの容量をMB単位の数字で入力
して［次へ］をクリックする。全容量を使う場合は
そのまま［次へ］をクリックする。

● 最大容量以外の容量を指定した場合、実際に確保
されるボリュームサイズは、ハードウェア的な都
合により、指定した値に最も近い値に丸められる。
このため指定した数字と実際に確保される容量
は、完全には一致しない。

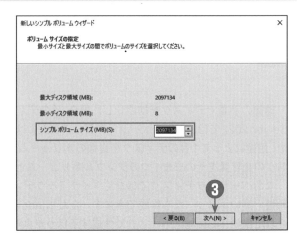

❹

［次のドライブ文字を割り当てる］をクリックして割
り当てるドライブ文字を選択し、［次へ］をクリック
する。

● ドライブ文字を割り当てずに、他のドライブ中の
フォルダーとしてこのボリュームを接続すること
もできる（ドライブパス機能）。その場合は既存の
フォルダー名を指定する。

● ドライブパスを接続するフォルダーの内容は空で
なければならない。

● ここではドライブ文字を付けることにして、［D］
を指定している。

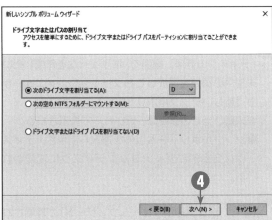

❺

［このボリュームを次の設定でフォーマットする］を
選択し、フォーマットの方法を指定する。［ファイル
システム］にはNTFSを選択し［アロケーションユ
ニットサイズ］（ファイルを割り当てる際の最小単
位）は既定値のままにする。ボリュームラベルを入
力し、［次へ］をクリックする。

● ［クイックフォーマットする］にはチェックを入れ
たままにする。

● ここでは［ボリュームラベル］を「DATA」とし
ている。

● Windows Server 2022ではハードディスク用
の［ファイルシステム］にはexFAT、NTFS、ReFS
のいずれかが選べる。ただし内蔵ハードディスク
の場合は、exFATは選択しないようにする。

● ［ファイルシステム］としてexFATやReFSを選
んだ場合、exFATやReFSは圧縮ファイル機能を
サポートしないため、［ファイルとフォルダーの圧
縮を有効にする］は選択できなくなる。

● ［ファイルとフォルダーの圧縮を有効にする］に
チェックを入れると、保存時に自動的にファイル

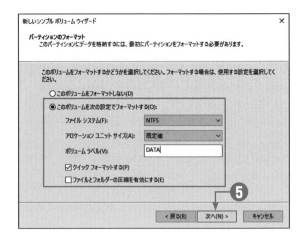

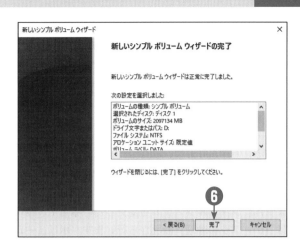

やフォルダーがデータ圧縮され、格納できるファイル容量が増加する。ただしアクセス速度が遅くなるなどの欠点もある。

⑥

選択した設定が表示されるので、確認したら［完了］をクリックすると、フォーマットが実行される。フォーマットには数秒〜数分程度の時間がかかる。

●前の画面で［クイックフォーマットする］のチェックを外すと、ディスクの検査が行われるため、フォーマットに非常に時間がかかるようになる。容量にもよるが、数時間〜数十時間くらいかかることもあるため、通常の用途であれば［クイックフォーマットする］を選ぶ。

⑦

指定した領域にボリュームが作られ、D: ドライブとなる。

●シンプルボリュームは、［ディスクの管理］画面内で紺色のバーで表示される。

3 ボリュームをフォーマットするには

　前節で説明したように、[新しいシンプルボリュームウィザード]を使うと、ボリュームを確保すると同時にフォーマットを行えます。しかしフォーマットはパーティションを確保するときだけでなく、それ以外のときにも行うことがあります。

　Windows Server 2022では、ハードディスクのファイルシステムは基本的にはNTFSかReFSを使用します。これらはフォーマット時に指定され、再フォーマットすることなしにはファイルシステムを変更することはできません。ファイルシステムを変更したい場合や、他のOSで使っていたディスクを再フォーマットしたい場合には[ディスクの管理]画面から行います。ボリュームに「D:」や「E:」などのドライブ名を割り当ててすでに使用している場合には、Windowsのエクスプローラーからフォーマットを行うこともできます。

[ディスクの管理]画面からボリュームをフォーマットする

❶
[ディスクの管理]画面で、再フォーマットしたいボリュームを選択して右クリックし、メニューから[フォーマット]を選択する。
- ●既存の領域をフォーマットすると、ボリューム内のデータはすべて消去されることに注意。

❷
ボリュームのフォーマット画面が表示される。ファイルシステムを変更したい場合は、希望するファイルシステムを選択する。
- ●ドライブの種類によって、選択肢として表示されるファイルシステムは変化する。
- ●今回はReFSにフォーマット変更するため[REFS]を選択している。

❸
[OK]をクリックする。

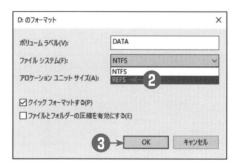

❹
確認画面が表示されたら[OK]を選択する。

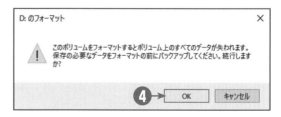

⑤

フォーマット対象ボリューム上のファイルやフォルダーを使用しているプログラムがある場合には、再度確認が表示される。ここで［はい］をクリックすると、強制的にフォーマットが開始され、データが消去される。

● ファイルを開いているプログラムがない場合には、この画面は表示されない。

● この警告が表示された場合は、ファイルを開いたままのプログラムがないか再度確認する。

● フォーマットオプションで［クイックフォーマットする］のチェックを外していると、フォーマットに非常に時間がかかる。

⑥

フォーマットが終了し、ファイルシステムが変更された。

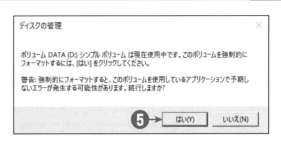

エクスプローラーからボリュームをフォーマットする

❶

エクスプローラーの画面で［PC］を開く。

❷

［デバイスとドライブ］の中からフォーマットしたいボリュームを右クリックし、メニューから［フォーマット］を選択する。

● エクスプローラーの表示形式で［グループ化］－［種類］を選んでいない場合には、ボリュームが別の場所に分類されていることもある。

❸

ボリュームのフォーマット画面が表示される。ファイルシステムを変更したい場合は、希望するファイルシステムを選択する。

● 画面では ReFS であったものを再び NTFS に戻している。

● 物理ディスクやボリュームの種類によって、選択肢として表示されるファイルシステムは変化する。

❹

［開始］をクリックする。

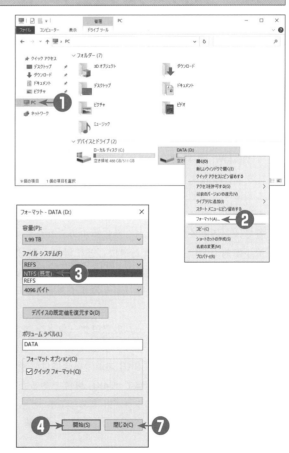

❺ 確認画面が表示されたら［OK］を選択すると、実際にフォーマットが開始され、データが消去される。

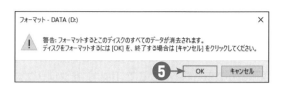

❻ 対象となるボリュームで開かれているファイルがあるときにはさらに警告が表示される。［はい］を選択すると、強制的にフォーマットが行われる。
● この警告が表示された場合は、ファイルを開いたままのプログラムがないか再度確認する。

❼ フォーマットが完了すると、それを示すメッセージが表示されるのでOKをクリックする。手順❹のボリュームのフォーマット画面も表示されたままになっているので、［閉じる］をクリックしてフォーマット画面も閉じる。

コラム　アロケーションユニットとは

　本文で紹介した3通りのフォーマット方法は画面デザインもまちまちですが、いずれもファイルシステムの指定と同時に「アロケーションユニットサイズ」も指定できるようになっています。

　「アロケーションユニット」とは、あるファイルに対してディスク容量を割り当てる際、割り当て可能な最小単位のことを言います。「クラスターサイズ」と呼ばれることもあります。

　Windowsでは、個々のファイルのサイズを1バイト単位で管理しています。しかし、膨大なサイズのハードディスクの上で、仮にファイルが使用している領域を1バイト単位で管理しようとすると、それだけで必要になる管理用の記憶領域がいっぱいになってしまいます。このためディスクなどの記憶装置では、ディスク容量をあらかじめ決められたサイズの単位に区切り、ファイルに対しては決められた単位ごとに領域を割り当てるということをします。この「あらかじめ決められたサイズ」で区切られた領域のことを「アロケーションユニット」と呼び、そのサイズを「アロケーションユニットサイズ」と呼んでいます。

フォーマット画面ではファイルシステムとアロケーションユニットサイズが指定できる

　たとえば、あるボリュームのアロケーションユニットサイズが4KB（キロバイト）だったとします。仮に記憶したいファイルのサイズが4KBを超えない場合には、アロケーションユニットが1つだけ割り当てられます。また4KBを超え、8KB未満の場合には、割り当てられるアロケーションユニットは2つになります。

　注意したいのは、割り当てが4KB単位であるため、たとえ1バイトしかない小さなファイルであっても、4KBぎりぎりのサイズのファイルであっても、どちらもディスク中では4KBの領域を占有するという点です。この例の場合、前者の1バイトのファイルは、割り当てられた4KBの領域のほとんどを無駄に占有すること

になるわけですが、このように発生する無駄な領域のことを「クラスターギャップ」と呼びます。

　こうした問題を考えると、アロケーションユニットサイズは小さくした方がよいように思えるかもしれません。ですが、アロケーションユニットサイズは小さすぎても問題です。というのは、アロケーションユニットを管理するためにもまた、ディスク容量が消費されるからです。

　たとえば同じ 1MB のファイルを記録する場合、アロケーションユニットサイズが 1KB のボリュームでは約1000 個のアロケーションユニットを消費します。一方、アロケーションユニットサイズが 10KB のボリュームに記録すれば、使われるアロケーションユニットの数は 100 個です。アロケーションユニットを管理するデータが、1 ユニットあたり 4 バイト必要だとすると、前者のボリュームではファイル以外に 4KB のデータを使うのに対して、後者のボリュームではその 1/10 で済む計算です。しかもアロケーションユニットは、数が多ければ処理が複雑になり、ディスクへのアクセス速度が低下します。

　アロケーションユニットサイズは、ボリュームのサイズと密接な関係を持っています。NTFS の場合、アロケーションユニットを 32 ビットで管理しているため、1 つのボリュームで管理できるアロケーションユニットは最大で約 42 億個しか使用できないためで、アロケーションユニットサイズと最大個数の関係から、使用できる最大ボリュームサイズやファイルサイズが決まってしまうためです。

　Windows Server の NTFS で使用できるアロケーションユニットサイズと、最大のボリュームサイズの関係は次の表のとおりです。

アロケーションユニットサイズ	最大ボリュームサイズおよびファイルサイズ
4KB（既定のサイズ）	16TB
8KB	32TB
16KB	64TB
32KB	128TB
64KB	256TB[※1]
128KB	512TB
256KB	1PB
512KB	4PB
2048KB	8PB[※2]

※1 Windows Server 2016以前のNTFSではこのサイズが最大　※2 Windows Server 2019以降2022までのNTFSではこのサイズが最大

　アロケーションユニットサイズは、クラスターギャップとして無駄になるディスク容量と、アロケーションユニットの管理用データが増えることによるアクセス速度の低下、それに最大ボリュームサイズの制限というそれぞれ背反する要素をうまくバランスさせて決める必要があるのです。

　Windows では通常、アロケーションユニットサイズは 4KB が既定のサイズとして使われ、16TB を超えるボリュームでは、ボリュームのサイズから自動的に決定されます。ただしアロケーションユニットサイズは、その特性から、大きなファイルを少数記録する場合にはユニットサイズが大きい方が有利であり、逆に小さなファイルをたくさん記録するボリュームではユニットサイズを小さくする方が有利なのです。ですから、場合によっては Windows が自動的に決定するアロケーションユニットサイズではなく、管理者が独自にこのサイズを決定する方が有利な場合もあります。ですが、アロケーションユニットサイズの最適値を決めるのは非常に難しい問題であり、通常の用途であれば「システムの既定値」のままにしておくのが適切でしょう。なお再フォーマットせずにアロケーションユニットサイズを変更することはできません。

　ファイルシステムが ReFS の場合、アロケーションユニットは 64 ビットで管理され NTFS とは異なる最大ボリュームサイズとなります。アロケーションユニットは Windows Server 2022 の場合 4KB または 64KB のいずれかが使用でき、ボリュームサイズは最大で 35PB（ペタバイト）となります。

4 ボリュームのサイズを変更するには

　ベーシックディスク上に作成されたシンプルボリュームは、ディスク内での位置の移動や他のディスクへの移動などの高度な処理はできませんが、記憶領域に空きがあれば、サイズの拡大／縮小は行えます。ここではそうしたシンプルボリュームのサイズ変更の方法について説明します。

　シンプルボリュームのサイズ拡張は、同じハードディスク上の隣り合った領域に未割り当ての領域がある場合で、ファイルシステムがNTFSかReFSの場合に限り実行できます。ただしWindows Server 2022上でここに示す手順を実行すると、隣り合っていない別の領域や他のハードディスク上の空き領域も拡張用として指定できてしまう場合があります。これはWindows Server 2022がボリュームの拡張ではなく、複数の領域を結合して1つのボリュームとして扱う「スパンボリューム」を自動的に作成するためです。このとき、ディスクはダイナミックディスクに勝手に変換されてしまうので、他のOSからはアクセスできなくなる恐れがあります。注意してください。

　シンプルボリュームのサイズ縮小は、対象ボリュームに縮小できるだけの空き領域があり、かつボリューム内のファイル配置が適切な場合に限り実行できます。空き領域があっても、移動不可能とマークされたファイルがボリュームの後半にある場合などは、縮小できないこともあります。またボリュームの縮小はファイルシステムがNTFSの場合に限り利用できます。

　ここでは説明のために、前節で確保したボリュームをいったん削除し、約2TBのディスク中に約1TBのNTFSシンプルボリュームが確保されている状態から操作を説明します。

ボリュームのサイズを拡張する

❶
[ディスクの管理] 画面で、サイズ変更したいシンプルボリュームを選択して右クリックし、メニューから [ボリュームの拡張] を選択する。

● 同じハードディスク上に隣接した未使用領域があることを確認する。

● ボリュームの拡張を行っても、記録されているデータはそのまま残る。

● 現在のアロケーションユニットサイズが拡張後のボリューム容量に対応していない場合は、拡張できない（この章のコラム「アロケーションユニットとは」を参照）。

● 再フォーマットせずにアロケーションユニットサイズを変更することはできない。

②
[ボリュームの拡張ウィザード］が表示されるので、
［次へ］をクリックする。

③
［ディスクの選択]画面が表示される。ディスクの追
加は行わず、拡張したい容量だけを指定して［次へ］
をクリックする。

- ●同じハードディスク上に隣り合った空き領域がな
  い場合でも、他のディスクに空きがあると拡張可
  能として表示されることがある。この場合、先へ
  進むと現在のディスクは自動的にダイナミック
  ディスクに変換されて「スパンボリューム」が作
  成されてしまうため、注意する。
- ●何も入力せずに［次へ］をクリックすると、今の
  コンピューター内で拡張可能な最大容量が指定さ
  れる。

④
［完了］をクリックすると、容量の拡張が行われる。

⑤
［ディスクの管理]画面で、容量の拡張が行われてい
ることを確認する。

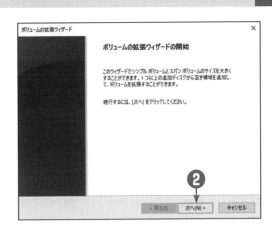

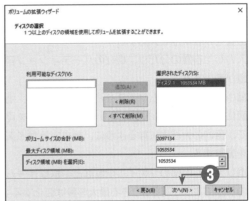

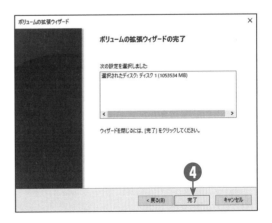

ボリュームのサイズを縮小する

❶

[ディスクの管理] 画面で、サイズ変更したいシンプルボリュームを選択して右クリックし、メニューから [ボリュームの縮小] を選択する。

● ボリュームの縮小を行っても、記録されているデータはそのまま残る。

● ファイルシステムがReFSの場合、このメニューは選択できるが、エラーが表示されて縮小はできない。

❷

[<ボリューム>の縮小] 画面が表示される。縮小する容量をMB単位で入力する。

● 入力した容量の分だけ、現在のパーティション容量が減少する。

● 縮小後のボリュームサイズを決めたい場合は、画面に表示される縮小後のボリュームサイズを見て、目的の大きさになるように、縮小するサイズを調整する。

● ボリューム内部のファイル配置など、ボリュームの状態によって、縮小できる最大容量は変化する。

● ここでは縮小後のサイズが約1TBとなるよう、縮小するサイズを指定している。

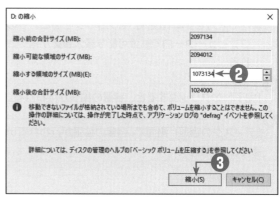

❸

[縮小] をクリックするとボリュームの縮小作業が行われる。

● ボリューム内のファイル配置状況によっては、ファイルの配置替えが行われるため、縮小作業に非常に長い時間がかかることがある。

❹

縮小された領域は「未割り当て領域」となる。

5 ボリュームを削除するには

　既存のボリュームが不要になった場合には［ディスクの管理］画面から削除が行えます。他のOSで使用していたディスクを接続して再利用するような場合には、ここで説明する手順によりボリュームを削除して、再度ボリュームを確保するとよいでしょう。

　いったん削除したボリュームは、復活させることができません。ボリューム内のデータもすべて失われてしまうので、ボリュームを削除する前に、本当に削除してよいボリュームであるかどうかをよく確認してください。

ボリュームを削除する

❶ ［ディスクの管理］画面で、削除したいボリュームを選択して右クリックし、メニューから［ボリュームの削除］を選択する。
- 本当に正しいボリュームを選択しているかどうか、よく確認すること。
- Windows Server 2022がセットアップされているボリューム（通常はC: ドライブ）は削除できない。

❷ ボリュームの削除確認画面が表示される。ここでは［はい］を選択する。

❸ 削除対象ボリュームがアクティブで使用中の可能性がある場合には、再度確認が表示される。ここで［はい］をクリックすると、実際に削除が開始され、データが消去される。
- この警告が表示された場合は、ファイルを開いたままのプログラムがないか再度確認する。

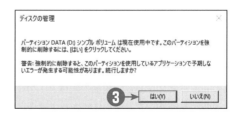

❹ 削除されたボリュームがあった領域は、未割り当て領域となる。

コラム

より進んだハードディスクの使い方

　ここまでの説明では、ハードディスクを「ベーシックディスク」として作成して「シンプルボリューム」を作成・操作してきましたが、ハードディスクを「ダイナミックディスク」として使えば、シンプルボリューム以外のより進んだボリュームが作成できます。

　ダイナミックディスクを使って作成できるボリュームの種類には、次のようなものがあります。

●スパンボリューム

　複数の領域を結合し、すべての容量を合計して使用できる大容量のボリューム。結合対象のボリュームは、複数のハードディスクに分散されていてもよいため、小さな容量のディスクを合計して大容量のディスクのように取り扱うことができます。ただし、ボリュームを構成するディスク中の1台でも故障した場合、ボリュームのデータは失われるため、危険な使い方と言えます。

●ストライプボリューム

　複数のハードディスクからそれぞれ同容量の領域を1つずつ確保し、すべての容量を合計して使用できる大容量のボリューム。スパンボリュームと同じ使い方ができますが、読み書きの際、データをすべてのドライブに均等に割り振って並列アクセスが行えるため、アクセス速度が高速になるメリットがあります。スパンボリュームと同様、ボリュームを構成するディスク中の1台でも故障した場合、ボリュームのデータは失われるため重要なデータを置いてはいけません。また、どのディスクからも同じ容量の領域を必要とするため、使用するディスクの容量が統一されていない場合には無駄な領域が生じることに注意します。

●ミラーボリューム

　複数のハードディスクからそれぞれ同容量の領域を1つずつ確保し、書き込みの際、すべての領域に同じ内容を書き込みます。同じデータを多重に記録するため、ハードディスクが故障した場合でも故障していないディスクからデータを読み出すことができる非常に信頼性の高いボリュームです。ただし容量は、1台あたりのディスクから確保した分しか使えないため、ディスクの使用効率は悪くなります。また、書き込み時の速度が低下するという欠点があります。

●RAID-5ボリューム

　「RAID」はRedundant Array of Independent（またはInexpensive）Disksの略。ミラーボリュームと同様に複数のハードディスクから同容量の領域を1つずつ確保します。書き込みの際にはストライプボリュームと同様、個々のドライブにデータを分散させて書き込みますが、この際、データ検証用の「パリティ」データもあわせて書き込みます。

　RAID-5ボリュームは、最低でも3台のディスクが必要となります。パリティの容量は、そのうちディスク1台相当が必要です。たとえば3台のディスクでRAID-5ボリュームを構成した場合、ボリュームの容量はディスク2台分相当となります。

　メンバーを構成する1台のディスクが故障しても、パリティによって壊れたデータを復元できるため信頼性も高く、複数のディスクを結合使用できるため容量効率も良くなります。ただし書き込み時はパリティの計算が必要となるため、書き込み速度は遅くなります。

ここに挙げた機能は、Windows Server ではバージョン 2000 以降で利用できていた機能です。Windows Server 2022 でも利用できますが、Windows Server 2022 では、これらのダイナミックディスクで使用可能な機能をすべて内包した、より新しいディスク管理機能である「記憶域スペース」機能が利用できます。

このため本書では、ここで挙げた機能については説明を行いません。

記憶域スペース機能とは

記憶域スペース機能は、Windows Server 2012 と Windows 8 から新たに導入された新しいディスクの管理方法です。これまでのディスク管理方式では、Windows から使用するボリュームはコンピューターに接続された「物理ディスク」と密接に関わっており、管理者はボリュームを作成する際、常に物理ディスクがどのような構成でコンピューターに接続されているかを念頭においておく必要がありました。

たとえばシンプルボリュームであれば、使用できるボリュームのサイズは物理ディスクのサイズを超えることはできません。RAID-5 ボリュームであれば 3 台以上の物理ディスクを接続したうえで、各ディスクから同じサイズの領域を確保する必要がある、といった具合で、常に物理ディスクの接続状態を意識する必要があったのです。

記憶域スペースでは、こうした物理ディスクの接続状態や領域の確保といった「ハードウェアの事情」と、サーバーを運用するうえで、いつ、どういった種類で、どの程度の容量の記憶領域が必要になるのかといった「運用上の必要性」とを切り離して考えることのできる「ソフトウェア定義ストレージ（ストレージの仮想化）」機能を提供します。

記憶域スペース機能ではまず、コンピューターに接続されている物理ディスクを一括して、1 つの「記憶域プール」を作成します。たとえば 1TB を 1 台、2TB を 2 台の計 3 台の物理ディスクがコンピューターに接続されているとき、これらを 1 つにまとめて合計 5TB の容量を持つ記憶域プールを作成します。

記憶域プールに組み込まれる物理ディスクは、SATA（Serial ATA）または SAS（Serial Attached SCSI）により接続されたハードディスクを使用します。サーバー向けのディスク装置では、ディスクを接続するボード（HA：ホストアダプター）自体が RAID 機能を持っている場合がありますが、そうしたボードで接続されるディスクの場合は、個々のディスク単体が OS からアクセスできる必要があります（BIOS などから、ディスクの個別のハードウェア名称がアクセスできないような場合は、記憶域スペースでは使用できません）。また記憶域プールには、USB2 や USB3 により接続される外付けディスクも組み込むことができます。ただし USB 接続のディスクは安定性に難があるため、サーバー用途においては、使用を避けてください。

実際に Windows がディスク領域を使用する場合には、この記憶域プールから容量を指定して、あたかも 1

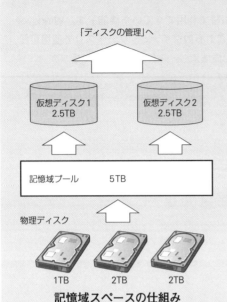

「ディスクの管理」へ

仮想ディスク1
2.5TB

仮想ディスク2
2.5TB

記憶域プール　　5TB

物理ディスク

1TB　　2TB　　2TB

記憶域スペースの仕組み

台の物理ディスクが存在するようにして扱える「仮想ディスク」を作成します。仮想ディスクへのアクセスを実際の物理ディスクへのアクセスへと変換する作業は、記憶域スペース機能が行います。

たとえば先ほど作成した5TBの記憶域スペースから2.5TB分の仮想ディスク2台を作成すると、実際には3台の物理ディスクであるにもかかわらず、Windowsの「ディスクの管理」からはあたかも2.5TB容量の2台のディスクが接続されているように見えます。あとは、通常の手順と同じように、ディスク中にボリュームを確保して、フォーマットして使用すればよいわけです。設定を変更すれば、5TBを1台や、2TBと3TBといった組み合わせも可能です。

この機能により、単体ハードディスクの容量からくる制限はなくなります。さらに記憶域スペースでは、実際に存在する物理ディスク容量による制限を回避する「プロビジョニング」と呼ばれる機能も備えています。一般的には「シンプロビジョニング（Thin Provisioning）」と呼ばれている機能ですが、記憶域スペース機能では単に「プロビジョニング」と呼んでいるため、本書の表記もこれに合わせます。

このプロビジョニング機能は、簡単に言えば、現在サーバーに取り付けられているディスク容量よりも大きな容量のディスクを、いますぐに（あたかもその容量のディスクが取り付けられたかのように）扱う機能です。もちろん、実際には存在しないディスク容量をあたかも存在するかのように扱うわけですから、いま現実に存在するよりも大容量のデータを記録できるわけではありません。記録できるデータが増え、物理的な記憶容量が足りなくなった時点で容量を拡張する必要はあります。しかしながらプロビジョニング機能では、容量が足りなくなる、あるいは足りなくなりそうな時点でハードディスクを追加してやるだけで、パーティションの再フォーマットやデータの移し変えといった作業を行うことなく、サーバーを使い続けることができます。ユーザーの需要に応じて、ディスク容量を動的かつ計画的に増設できることからプロビジョニングと呼ばれます。

前述のように、記憶域スペース機能では、物理ディスクが集められた記憶域プールから必要な容量のディスク領域を確保して仮想ディスクを作成します。プロビジョニング機能では、仮想ディスクの作成時、作成する容量よりも記憶域プールの実容量が足りない場合であっても仮想ディスクの作成が成功します。ディスク内にデータが蓄積され、それ以上、記憶域プール内のディスクに空きがなくなった時点で初めて仮想ディスクがエラーを報告するようになっており、その時点でプールにディスクを追加すれば、自動的に追加された容量が仮想ディスクによって使われるようになります。

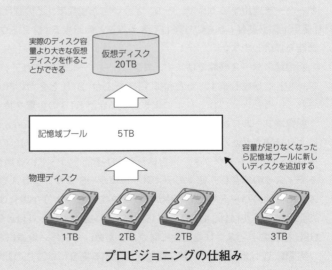

実際のディスク容量より大きな仮想ディスクを作ることができる

仮想ディスク
20TB

記憶域プール　　5TB

物理ディスク

容量が足りなくなったら記憶域プールに新しいディスクを追加する

1TB　　2TB　　2TB　　　　3TB

プロビジョニングの仕組み

　さらに仮想ディスクには「回復性」と呼ばれる機能もあります。これは、ディスクの管理における「ミラーボリューム」や「RAID-5 ボリューム」に相当する機能です。

　記憶域プールの回復性には 3 つの種類があり、それぞれ「Simple」「Mirror」「Parity」と名付けられています。

　「Simple」は、物理ディスクにエラーが発生しても、これを回復することができない「回復性なし」にあたる使い方です。従来の使い方に例えると「シンプルボリューム」または「ストライプボリューム」に相当する使い方となります。記憶域スペース機能では、記憶域プール内に複数の物理ディスクが存在する場合に「Simple」タイプの仮想ディスクを作成すると、複数のディスクを使って自動的にストライプ構成をとるようになっています。複数のディスクに分散してアクセスするためアクセス速度は上がりますが、故障に対する信頼性は下がります。

　「Mirror」は、従来でいえば「ミラーボリューム」に相当する機能で、データ書き込みの際に異なる物理ディスクに同じデータを 2 重に書き込む機能です。2 台のディスクに同じデータを書き込んでいるため、1 台のディスクが壊れても、もう 1 台のディスクの内容を参照することでデータを失うことを防げます。ただしこの機能を使うには、記憶域プール内に最低でも 2 台の物理ディスクが必要です。

　「Mirror」にはさらに「3 方向ミラー」と呼ばれる使い方もあります。通常の「Mirror」が 2 台のディスクに対して同じデータを書き込む（「双方向ミラー」と呼ばれます）のに対し、3 方向ミラーでは 3 台のディスクに対して同じデータを書き込みます。このため、2 台のディスクが同時に故障してもデータを失うことがありません。従来のディスクの管理方法にはない使い方で、信頼性は高くなりますがデータの使用効率は下がります。この機能を使うには、記憶域プールの中に最低でも 5 台の物理ディスクが含まれていることが必要です。

　「Parity」は、従来の使い方で言えば「RAID-5 ボリューム」と同様の使い方です。書き込みデータを複数の物理ディスクに分散させて書き込みますが、ディスク故障時の回復用として「パリティ」と呼ばれるデータもあわせて記録する方法で、メンバー中の 1 台のディスクが故障してもデータは失われません。この機能を使用するには、記憶域プール中に少なくとも 3 台の物理ハードディスクが必要です。

　Windows Server 2012 R2 からは、この「Parity」に「デュアルパリティ」と呼ばれる機能も加わりました。通常の「Parity」（「シングルパリティ」と呼ばれます）が、ディスク 1 台の故障に対応するのに対して、デュアルパリティでは、2 台のディスクが壊れた場合でもデータを失わないようにできます。ただしこの機能を使うには、記憶域プールの中に最低でも 7 台の物理ディスクを含むことが必要になります。

6 記憶域プールを作成するには

「記憶域スペース」機能を使うには、最初に記憶域プールの作成が必要になります。記憶域プールの作成には、最低でも1台の物理ディスクが必要です。ミラーリング機能やパリティ付き仮想ドライブ（RAID-5）を使用するには、それぞれ最低でも2台、3台の物理ドライブを1つの記憶域スペースに組み込む必要があります。ここでは最初の例として2TBのディスクを2台使って記憶域スペースを構成します。

記憶域プールを新規作成する

❶
領域未割り当てのディスクを2台、コンピューターに接続する。
- すでに領域が割り当て済みの場合は、[ディスクの管理] 画面などから確保済み領域を削除しておく。
- 領域を削除する場合には、本当に削除してよいデータかどうか、よく確認しておく。

❷
サーバーマネージャーの左ペインに表示されている [ファイルサービスと記憶域サービス] をクリックする。

❸
[記憶域プール] をクリックする。

❹
[記憶域プール] 欄の右上にある [タスク] をクリックして、メニューから [記憶域プールの新規作成] を選択する。

❺
[記憶域プールの新規作成ウィザード] が表示されるので、[次へ] をクリックする。

6

[名前] ボックスに記憶域スペースに付けたい任意の
名称を入力して、[次へ] をクリックする。

- ●名前は自由に決めてよい。今回は「Pool01」とし
  ている。
- ●[説明] は入力してもしなくても、どちらでもよ
  い。
- ●[使用する利用可能なディスクのグループ（ルート
  プール）を選択してください] に複数の項目が表示
  されている場合には、自サーバーの [Primordial]
  を選択する（通常は1つしか表示されない）。

7

記憶域プールに追加したい物理ディスクにチェック
を入れて、[次へ] をクリックする。

- ●[スロット] の左側のチェックボックスにチェック
  を入れると、すべてのディスクを一度に選択でき
  る。
- ●[割り当て] は [自動] のままでよい。

8

[選択内容の確認] 画面が表示されるので、内容を確
認したら [作成] をクリックする。

9

記憶域プールの作成が完了したら、[閉じる] をク
リックする。

- ●[このウィザードを閉じるときに仮想ディスクを
  作成します] にチェックを入れてこの画面を閉じ
  ると、次節の手順❸から開始できる。今回はチェッ
  クを入れずにこの画面を閉じている。

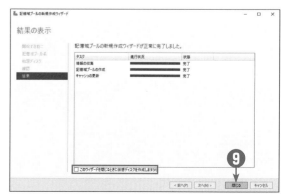

7 仮想ディスクを作成するには

　記憶域プールの作成が終わったら、次は仮想ディスクを作成します。仮想ディスクには、冗長化機能を持たない「Simple」、同じデータを複数のディスクに重複して書き込む「Mirror」、最低3台のディスクでRAID-5を構成する「Parity」の3種のレイアウトが選べます。ここでは「Simple」により、冗長性を持たない仮想ディスクを作成してみます。

仮想ディスクを作成する

❶
サーバーマネージャーの［ファイルサービスと記憶域サービス］の［記憶域プール］画面で、前節で作成した記憶域プール［Pool01］を選択した状態から、左下の［仮想ディスク］欄の右上に表示されている［タスク］をクリックし、メニューから［仮想ディスクの新規作成］を選択する。

●作成された記憶域プール［Pool01］を右クリックして［仮想ディスクの新規作成］を選んでも、同じ画面が表示される。

❷
［記憶域プールの選択］画面が表示される。今のところ記憶域プールを1つしか作成していないため、［Pool01］を選択して［OK］をクリックする。

❸

[仮想ディスクの新規作成ウィザード] が表示されるので、[次へ] をクリックする。

- [記憶域プールの新規作成ウィザード] の最終画面（前節の手順❾）で [このウィザードを閉じるときに仮想ディスクを作成します] にチェックを入れておいた場合は、この画面が自動的に表示される。

❹

[名前] 欄に仮想ディスクの名前を指定して、[次へ] をクリックする。

- 名前は自由に決めることができる。今回は「VDisk01」としている。
- [説明] 欄には入力してもしなくても、どちらでもよい。
- [この仮想ディスクにストレージ層を作成する] は、記憶域プール内に指定数のSSDが含まれているときのみ選択できる。

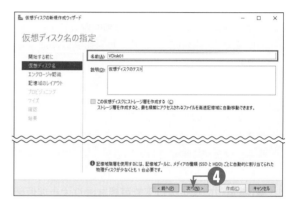

❺

[エンクロージャの回復性の指定] 画面では、そのまま [次へ] をクリックする。

- エンクロージャ認識は、システムに3台以上のハードディスクエンクロージャーが接続されている場合に限り選択できる。

❻

仮想ディスクのレイアウトを選択して、[次へ] をクリックする。

- 今回は冗長性を持たない「Simple」を指定している。
- 記憶域プールに複数のディスクがあるときに「Simple」を選択すると自動的にストライピング（RAID-0）構成となり、アクセス速度が高速になる。

参照

エンクロージャ認識とは

→この章のコラム
「『エンクロージャの回復性』とは」

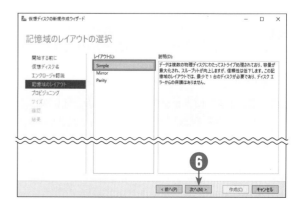

⑦

プロビジョニングの種類を選択して、[次へ] をクリックする。

● [最小限] を選択すると、シンプロビジョニングとなり、容量が不足した時点でサイズを拡張できる仮想ディスクを作成できる。この場合、記憶域プールに現在存在する物理ディスク容量よりも大きな仮想ディスクを作成できる。

● [固定] を選択すると、あとからサイズを拡張できない仮想ディスクが作成される。また、記憶域プールから指定した容量をすぐさま確保するため、現在接続されているよりも大容量の仮想ディスクは作成できない（ただしアクセス速度は高速になる）。

● 今回は [最小限] を選択している。

⑧

仮想ディスクのサイズを指定して、[次へ] をクリックする。

● 今回は実際に接続されているディスクのサイズの5倍となる20TBを指定している。

● [指定したサイズ以下で可能な限り大きな仮想ディスクを作成する] は、前の手順で [固定] を選択した場合に限り有効になる。この指定を行った場合、記憶域スペースの物理ディスク容量が足りる場合には指定したディスク容量をいますぐ確保し、足りない場合にはいま確保できる最大の容量をここで確保する。

● [最大サイズ] は、前の手順で [固定] を選択した場合に有効になる。この指定を行った場合には、現在の記憶域プールから確保できる最大の容量が確保される。

⑨

内容を確認したら [作成] をクリックする。

⑩

仮想ディスクの作成が完了したら、[閉じる] をクリックする。

● [このウィザードを閉じるときにボリュームを作成します] にチェックを入れてこの画面を閉じると、次節の手順❹から開始できる。今回はチェックを入れずにこの画面を閉じている。

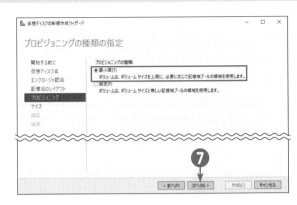

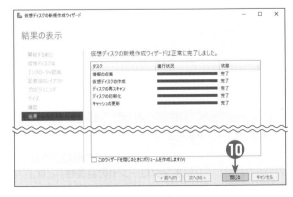

「エンクロージャの回復性」とは

　ここでは、仮想ディスクの新規作成ウィザードで、仮想ディスク名を指定した直後に表示される［エンクロージャの回復性の指定］画面について説明します。

　この画面で言う「エンクロージャ」とは、サーバーなどに外付けして使用するハードディスクを収める機器のことです。小規模なものでは3～8台程度、大規模なものだと30台以上ものハードディスクを1台の機器に収めることができ、サーバー本体との間はデータ用として1本～数本程度のケーブルにより接続されます。また動作用の電源は、サーバー本体とは独立した電源を使用することがほとんどです。1台の機器に複数のハードディスクを収める構造のため、仮にこのエンクロージャが故障した場合、収められたすべてのディスクがサーバーから見えなくなります。

　記憶域スペースにおける回復性機能では、1つの仮想ディスク中で使われているディスクのうち、1～2台程度が故障してもデータが失われない機能を実現します。たとえばRAID-5（Parity）の最小構成であれば、3台のハードディスクを用いて仮想ディスクを構成し、うち1台が故障してもデータを失わないように構成できます。

　しかしエンクロージャを使用している場合、1台の機器の故障で、一度に多くのディスクとの入出力ができなくなります。

　たとえば、次の図のような例を考えてみます。3台の物理ディスクから構成される「Parity」レイアウトの仮想ディスクをA～Dの4つ作成した状態で、それぞれの物理ディスクは、エンクロージャ1～エンクロージャ3に収められています。仮に物理ディスクを図の上段のように配置した場合は、仮想ディスクを構成する3台のディスクが1台のエンクロージャ内に収まっているものが3つもあります。このような場合、どれか1台のエンクロージャが故障すると、そのエンクロージャに収められたディスクから作られる仮想ディスクがアクセス不能になってしまいます。エンクロージャ1が故障すれば、仮想ディスクAはアクセスできませんし、エンクロージャ2が故障すれば、仮想ディスクBとCがアクセスできなくなるというわけです。

　一方、図の下段のような配置をした場合はどうでしょう。この構成であれば、3台のうち1台のエンクロージャが故障しただけであれば、アクセスできなくなる仮想ディスクは存在しません。Parityレイアウトは、メンバーを構成する物理ディスクの故障が1台までであれば、アクセス不能になることはないためです。このように、外付けのエンクロージャを使用する環境では、仮想ディスクを収めているエンクロージャが故障することを想定してディスクを配分した方がより安全に運用できます。

　［エンクロージャの回復性の指定］画面は、記憶域スペース機能において、仮想ディスクを構成する物理ディスクをここに示した例のように分散配置を行うかどうかを指定する画面です。この画面で［エンクロージャ認識を有効にする］を選択すると、記憶域スペースが物理ディスクを選定する際に、できるだけ物理ディスクが1つのエンクロージャに偏らないように選定されるようになります。

　この機能を利用するには、コンピューターに最低でも3台のエンクロージャが接続されていることが

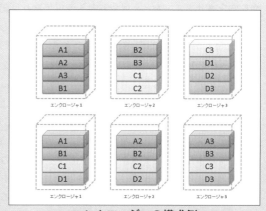

エンクロージャの構成例

必要です。さらに、ディスクがどのエンクロージャに収められているかを認識するには、コンピューターがエンクロージャの存在を正しく認識することが必要です。このエンクロージャ認識には「SAF-TE（SCSI Accessed Fault Tolerant Enclosures）」と呼ばれる（SESと呼ばれる場合もあります）機能に対応したエンクロージャとインターフェイスが必要となります。この機能を使用したい場合には、使用するエンクロージャがSAF-TEまたはSESに対応しているかどうかを確認してください。

「Simple」レイアウトの信頼性

　仮想ディスクのレイアウトのうち「Simple」レイアウトは、記憶域プールに含まれるすべての物理ハードディスクから、同容量ずつを確保してこれらを1つの仮想ディスクとして使用する機能です。入出力の際には複数のディスクにデータを分散できるため、アクセス速度は高速になりますが、プールを構成するディスクの中の1台でも故障すれば仮想ディスク全体のデータが読み出せなくなるため、信頼性という面では危険な使い方です。

　仮に5台のディスクから構成される記憶域プールにおいて、個々のディスクの故障率（一定期間で故障する確率）をPとし、どのディスクも壊れる確率がすべて同じであるとすれば、その記憶域プールから作成される仮想ディスクが壊れる確率は1-（1-P）5となり、これは故障率が十分に小さい場合であれば、ディスクを単独で使用する場合のおよそ5倍という確率になってしまいます。このように「Simple」レイアウトは、記憶域プール内のディスクの台数が多いほど信頼性が下がる性質を持っています。入出力速度が向上するというメリットがあるとはいえ、プール内のディスク台数はあまり増やしたくはありません。

　「Parity」レイアウトについても同様です。Simpleレイアウトに比べると信頼性の高い「Parity」レイアウトですが、こちらも、記憶域プール中のディスク台数が増えれば増えるほど、故障に対する信頼性は低下します。

　一方「Mirror」レイアウトの場合、同じデータを複数のディスクに重複して書き込んで、故障に対する安全性を向上させます。たとえば双方向ミラーであれば同じデータを2つのディスクに書き込むことで、仮に1台のディスクが故障してもデータが失われないようにします。また、より信頼性の高い方法として用意されている3方向ミラーであれば、同じデータを3つのディスクに書き込むことで、同時に2台のディスクが壊れても、データを失われないようにします。同じデータを重複して書き込むわけですから、ディスクの容量が同じであれば記憶できる容量は減りますが、一方で故障に対する信頼性は上がります（ただし、複製する数は限られていますから、台数が多ければ多いほど信頼性が上がるわけではありません）。

　Windows Serverの記憶域スペース機能では、同じ記憶域プールから、異なる複数の種類のレイアウトを持つ仮想ディスクを作ることができます。しかしながらプールに含むべき最適なディスクの台数は、使用するレイアウトにより変わってきます。また、プールに含むディスクドライブそのものの信頼性も、格納するデータの重要度により変化します。本書の説明では、使用するレイアウトに関わらず、記憶域プールは1つしか作成していませんが、実際の運用では、信頼性を重視するのか、速度/容量を重視するのかによって、記憶域プールも別々に作成する必要があります。

8　仮想ディスクにボリュームを作成するには

　作成された仮想ディスクは、物理ディスクと同じように使用できます。すでに説明した［ディスクの管理］画面でも認識できますから、この章の2で説明した「シンプルボリュームを作成する」の手順を使えば、仮想ディスク内にボリュームを作成し、フォーマットして使うことができます。

　ボリュームの作成機能は、サーバーマネージャーからでも行えるので、仮想ディスクを作成したあと、その流れのままでボリューム作成し、すぐに使用することも可能です。ただしサーバーマネージャーで作成できるのはシンプルボリュームのみに限られており、それ以外のタイプのボリュームは作ることができません。とはいえ、仮想ディスクはそれ自身がストライピングによる高速化や、やミラーリング、RAID-5といった高信頼性化の機能を持っているため、記憶域スペースで作成された仮想ディスクに対してシンプルボリューム以外のボリュームを作成する必要はありません。

　ここではサーバーマネージャーからのシンプルボリューム作成を試してみましょう。

仮想ディスクにボリュームを作成する

❶
サーバーマネージャーで［ファイルサービスと記憶域］の［ディスク］を選択する。接続された各種物理ドライブのほかに、前節で作成した仮想ディスク［VDisk01］が作成されている。

●プロビジョニングを設定しているため、容量は実際のディスク容量よりもはるかに多い「20TB」と表示されている。

❷
作成された［VDisk01］をクリックして選択する。

❸
左下の［ボリューム］欄の右上に表示されている［タスク］をクリックし、メニューから［ボリュームの新規作成］を選択する。

●この画面上部の［ディスク］の一覧に、記憶域プールへ割り当て済みのディスクが消えないまま残っていることがある。画面上部の［最新の情報に更新］アイコンをクリックすると、ディスク一覧が更新され、割り当て済みディスクの表示が消える。

4

[新しいボリュームウィザード] が表示されるので、
[次へ] をクリックする。

● [仮想ディスクの新規作成ウィザード] の最終画面
（前節の手順⑩）で、[このウィザードを閉じると
きにボリュームを作成します] にチェックを入れ
ておいた場合は、この画面が自動的に表示される。

5

選択されているサーバーおよびディスクが、今回作
成した仮想ディスクであることを確認して、[次へ]
をクリックする。

6

作成するボリュームのサイズを指定する。仮想ディ
スクはプロビジョニング機能により、20TBの容量
が使用可能になっている。ここでは最大サイズであ
る20TBを指定して、[次へ] をクリックする。

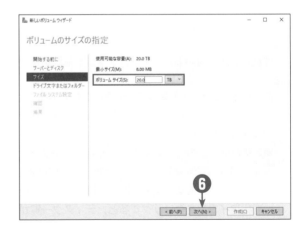

❼
作成したボリュームにドライブ文字を割り当てるか
どうかを指定する。ここでは［ドライブ文字］を選
択して［D］を指定し、［次へ］をクリックする。
- ●ドライブ文字を割り当てず、他のドライブ中の
  フォルダーとしてこのボリュームを接続すること
  もできる。
- ●この手順は、［ディスクの管理］から行うものと同
  じ。

❽
フォーマットの方法を指定する。NTFSとReFSの
いずれかから選択できる。ここでは［ReFS］を選択
して［次へ］をクリックする。
- ●ここで［NTFS］を選択した場合、［短いファイル
  名を生成する］かどうかを選択できる。過去との
  互換性を確保するためのオプションだが、すでに
  あまり使われない機能であり、アクセス速度が低
  下するなどの弊害もある。サーバー OS上であれ
  ば、通常は選択する必要はない。
- ●［短いファイル名を生成する］は、ReFSを選択し
  た場合には選択できなくなる。ReFSではそもそ
  も短いファイル名を生成する機能は存在しないた
  めである。
- ●ファイルシステムにNTFSを使用した場合に
  ［ディスクの管理］では選択できる［ファイルと
  フォルダーの圧縮を有効にする］機能も、この画
  面では選択できない。
- ●この画面からのボリューム作成では、フォーマッ
  トは常に「クイックフォーマット」になる。

❾
選択した設定が表示されるので、確認したら［作成］
をクリックする。ボリュームが作成され、その後
フォーマットが実行される。フォーマットには数秒
～数分程度の時間がかかる。

⑩ ウィザードが終了したら、[閉じる]をクリックする。指定した領域にボリュームが作られ、D:ドライブとなる。

⑪ エクスプローラーから[PC]を確認する。いま作成したボリューム（D:）が作成され、その容量は約20TBになっていることがわかる。

●ディスク容量の確保の際に端数が生じるため、ボリューム確保した容量と、エクスプローラーで表示される容量は完全に一致しないことがある。

記憶域プールの容量が足りなくなった場合の動作

　プロビジョニング機能により、仮想ディスクは、実際にコンピューターに接続されている物理ディスクの容量よりも大きな容量で作成することができます。しかしこうして大きなサイズのディスクを作成しても、実際に記録できるデータ量は記憶域プールに含まれる物理ディスクの容量に制限されてしまいます。つまり、見かけ上のディスクの空き容量が十分にある場合でも、記録されたデータが接続された物理ディスクの容量に達してしまうと、その時点でそれ以上のデータを記録することはできなくなります。そのような状況になってしまった場合、Windows Server 2022 はどういった動作をするのでしょうか。

　仮想ディスクにデータを書き込んでいくと、Windows は仮想ディスクを作成する際に指定した容量を上限として、記憶域プールから実際にデータを記録するための領域を取得していきます。しかしいくら記憶域でも、実際にメンバーとして登録されたハードディスクの容量合計よりも多くのデータを記録することはできません。

　こうした状態になった場合、Windows Server 2022 では「ディスクに十分な空き領域がない」旨のエラーを表示します。

空き領域が16.0TBもあるにもかかわらず、100GB足りないというエラーが出る

　しかし、この状態でもエクスプローラーやディスクのプロパティ画面などで空き領域を確認すると、ディスクには十分な空き領域があるように表示されます。この状態になったら、管理者は記憶域プールに所定の数の物理ディスクを追加してください。

　なお Windows Server 2016 までは、このような場合「アクションセンター」にエラー表示が行われて、何らかの問題が発生していることがわかったのですが、Windows Server 2019 以降はこうした表示は出ません。ディスク領域の不足を確実に知るには、この章の「9　記憶域プールの問題を確認するには」を参照してください。

Windows Server 2016ではアクションセンターに記憶域での問題が表示されたが、2022では表示されない

9 記憶域プールの問題を確認するには

　この章の8節や11節では、Windows Server 2022の記憶域機能において物理ディスクの容量不足や、物理ディスクの障害が発生した場合でも、通常のWindows操作画面ではその事実が画面上で明確に表示されないため、管理者が問題を把握しづらいことを説明しています。記憶域プール自体は強力で便利な機能ですが、管理が行いづらいのは問題です。

　そこでこの節では、記憶域プールで問題が発生した際の確認方法と、よりわかりやすくするためにメール通知を設定する方法について説明します。

記憶域プールの問題を確認する

① サーバーマネージャーの [ツール] メニューから [イベントビューアー] を選択する。

② イベントビューアーが起動するので、左側ペインで [アプリケーションとサービスログ] － [Microsoft] － [Windows] － [StorageSpaces-Driver] － [Operational] の順に選択する。

③ 記憶域機能で問題が発生している場合には、中央ペインに赤の［！］アイコンが表示される。イベントIDが「306」となっているのが、記憶域プールからのディスク確保を失敗したメッセージである。これを確認したら、記憶域プールの容量不足と判断して、ディスクを追加する。

● 障害の種類によって、IDが「306」以外のイベントが記録されていることもある。

④ イベントが発生したらメール通知が行われるように設定する。イベントIDが「306」のメッセージを選択し、右側ペインで［このイベントにタスクを設定］をクリックする。

● 他の種類の障害について警告したい場合は、イベントIDごとに以下の操作を行う。

⑤ ［基本タスクの作成ウィザード］が表示される。最初の画面では、必要に応じて［説明］欄に障害の種類などわかりやすい説明を追加して［次へ］をクリックする。

● ［説明］の入力は必須ではない。

⑥ 次の画面では入力する項目はないので、そのまま［次へ］をクリックする。

❼ [操作] 画面では、イベントが発生した際の動作の種類を決定する。ここでは [電子メールの送信（非推奨）] を選択して [次へ] をクリックする。

● [プログラムの開始] は、イベントが発生した際に、管理者が指定したプログラムを自動的に実行する。

● [メッセージの表示（非推奨）] は、イベントが発生した際に、管理者のデスクトップ画面にメッセージボックスを表示する。

● イベントによっては短時間に連続して大量に発生することがあるため、メールが大量送信されてしまう恐れがある。そのため、この設定は発生頻度などを慎重に検討すること。

❽ 電子メールの宛先や内容、メールサーバー情報などを入力する。内容については自由に決定してよい。宛先メールアドレスとSMTPサーバー（メールサーバー）の情報は使用するネットワークに合わせて入力する。

● 本書では、メールサーバーのセットアップ方法については解説していない。

● プロバイダーのメール送信の際に認証を必要とするサーバーでは、メールがうまく送信できない場合がある。この場合は、手順❼で [電子メールの送信] ではなく [プログラムの開始] を選択し、バッチファイルやPowerShellスクリプトなどでメール送信を行うようにする。

❾ 最終確認が行われるので、[完了] をクリックする。

● これ以降は、イベントID「306」が発生すると、設定された内容の電子メールが送信されるようになる。

10 記憶域プールに物理ディスクを追加するには

　プロビジョニング機能により、実際に存在する物理ディスクの容量よりも大きなサイズで作成された仮想ディスクにデータを蓄えていくと、やがて記憶域プールのディスク容量を使い切ってしまい、容量不足が生じます。このような状態になると、イベントビューアーにディスク容量不足のイベントが記録されるので、記憶域プールに新たにディスクを追加します。ここではこの一連の手順について解説します。

記憶域プールにディスクを追加する

❶ 記憶域スペースの仮想ディスクで、ディスクがいっぱいになった状態を発生させる。イベントビューアーで確認すると、イベントID「306」が記録されている。

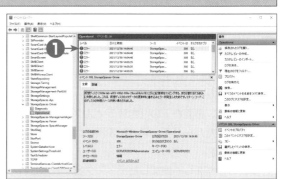

❷ サーバーマネージャーで［ファイルサービスと記憶域サービス］－［ディスク］を表示する。仮想ディスク［VDisk01］をクリックして選択すると、画面右下の［記憶域プール］欄で、「Pool01」の割り当て済み領域が100％に近くなっていることがわかる。

- ●サーバーマネージャーを起動済みの場合は、最新の状態に更新しないとディスク使用量が更新されないことがある。この場合は、画面上部の［最新の情報に更新］アイコンをクリックする。

最新の情報に更新

❸ Pool01にディスクを追加するため、いったんコンピューターをシャットダウンし、新たにハードディスクを接続したのち再度起動する。

● ホットプラグできないディスクを追加する場合には、必ず、いったんコンピューターの電源をオフにした状態でディスクを取り付ける必要がある。

● 容量不足になった仮想ディスクの構成により、追加しなければならないディスクの台数は変化する。

● 今回の例では、2TBのハードディスクを新たに2台追加している。

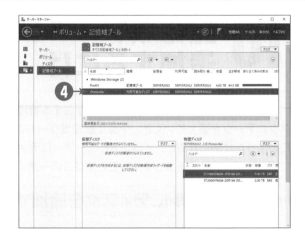

❹ サーバーマネージャーで［ファイルサービスと記憶域サービス］−［記憶域プール］を表示する。上部の［記憶域プール］欄で、［Primordial］をクリックして選択し、画面右下の［物理ディスク］欄に、新たに追加したハードディスクが表示されていることを確認する。

● この操作をして追加したディスク名が表示されない場合は、ディスクの認識が正しく行われていない。

❺ ［Pool01］にディスクを追加したいので、上部の仮想ディスク一覧から［Pool01］をクリックして選択し、次に画面右下の［物理ディスク］欄の［タスク］をクリックして、［物理ディスクの追加］を選択する。

❻ 追加するディスクにチェックを入れて、［OK］をクリックする。

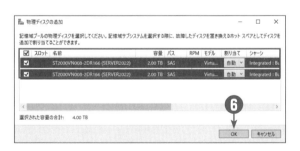

参照

仮想ディスクの追加について

→この章のコラム「記憶域プールへの
ディスク追加の制限」

⑦

仮想ディスク内の物理ディスク台数が4台に増え、記憶域プールにも十分な容量が残っていることがわかる。

● [記憶域プール] 欄のPool01の [割り当て済みの割合] が、追加前までは100%近かったものが、追加後は約50%になっていることがわかる。

⑧

ファイルコピーを試すと、コピー可能になる。

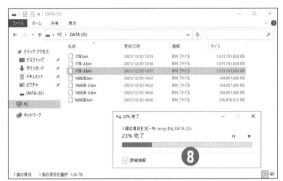

記憶域プールへのディスク追加の制限

この章の例で示したように、プロビジョニング機能を使えば、あらかじめサイズの大きな仮想ディスクを作成しておいて、実際にディスク容量が足りなくなりそう／足りなくなったときにディスクを追加するという運用方法ができるようになります。管理者はハードディスクを追加し、記憶域プールに対してそのディスクを割り当てるだけで、ディスクの再フォーマットなどをすることなしに、ユーザーに意識させない形でディスク容量を拡張することができます。

ここで注意したいのが、物理ディスクを追加する際に「何台のディスクを追加する必要があるのか？」という問題です。Windows Server 2022 の仮想ディスクでは「Simple」「Mirror」「Parity」という３つの種類の仮想ディスクを作成できます。たとえば「Mirror」を選んだ場合、記憶域プールに登録された物理ディスクの中から２台（３方向ミラーの場合は５台）のディスクが使われて、ミラーリングされた仮想ディスクが作成されます。この仮想ディスクの容量が足りなくなったとき、１台の物理ディスクを追加するだけで容量が拡張できるのでしょうか。

ミラーリングの場合、２台のディスクに同じデータを書き込むことで、一方が故障しても、もう一方のディスクのデータを使うことでデータの信頼性を確保します。ですから、ミラーリングによる信頼性の高さを確保したままでディスクを拡張する場合には、記憶域プールに対して２台の物理ディスクを追加しなければいけないはずです。これはある意味、正しいのですが、実はそうではない場合もあります。何台のディスクを追加すべきかは、もっと複雑に変化するのです。そこでいくつかの例を考えてみましょう。

最初に最も単純な例として、記憶域プール内に１TB の容量の物理ディスクが２台存在していて、そのプールから「Mirror」タイプの仮想ディスクを作成した場合を考えます。「Mirror」タイプの場合、２台のディスクを必要とし、ファイルを記録すると、それぞれのディスクから同じだけのディスク容量を使います。データの記録を続けていけば、やがて２台のディスクは同時に空き容量がなくなります。

この場合、記憶域プールを拡張するには、物理ディスクを２台追加しなければいけません。「Mirror」タイプの場合、独立した２台の物理ディスクからそれぞれ同じ容量を確保できなければ、信頼性のある仮想ディスクが作成できないからです。

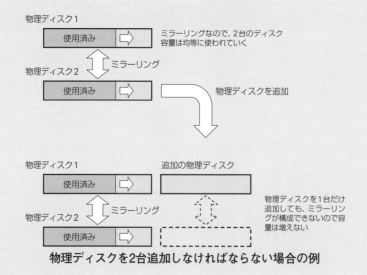

物理ディスクを2台追加しなければならない場合の例

　では最初の条件として、記憶域プール内に1TBと2TBの物理ディスクが1台ずつあった場合を考えてみましょう。すでに説明したように、記憶域プールには、接続方式も容量もばらばらな物理ディスクを混在させることができますから、こうした使い方でも問題はありません。

　この場合、データの記録を続けていき、仮に1TB側の物理ディスクに空きがなくなっても、2TBの物理ディスクにはまだ空きが1TB分残っています。このような場合、ディスクの追加は必要にはなりますが、追加する台数は1台で十分です。2TB側に残っている容量と、新たに追加される物理ディスクの容量とで、ミラーリングが行えるからです。

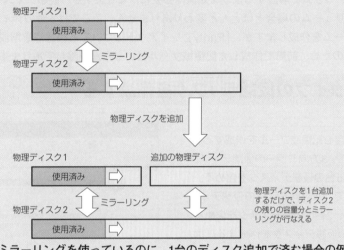

ミラーリングを使っているのに、1台のディスク追加で済む場合の例

　こうした現象が生じる例は、ほかにも、最低3台の物理ディスクを必要とする「Parity」タイプの仮想ディスクと、2台のディスクを必要とする「Mirror」タイプの仮想ディスクを同じ記憶域プールから確保した場合などにも発生します。

　冗長機能を持たない「Simple」タイプの場合でも、この制限が加わることがあります。「Simple」レイアウトは、最低1台の物理ディスクから構成できますが、記憶域プール中に複数ディスクが存在するときには「Simple」レイアウトでも、複数のドライブ間で分散書き込みする「ストライピング」が構成されるためです。

　このように、1つの記憶域プール内に容量が異なる物理ディスクを混在させた場合や、レイアウトが異なる複数の仮想ディスクを作成した場合、個々の物理ディスクの使用可能容量にアンバランスが生じ、サーバーマネージャーの画面で［記憶域プール］には空き容量があるように見えるにもかかわらず、期待した容量の仮想ディスクが作成できない、あるいは希望するレイアウトの仮想ディスクが作成できないなどの現象が生じます。このような場合には、記憶域プールに含まれる個々の物理ディスクのプロパティ画面から、ディスクごとの空き容量を確認するなどしてください。

11 信頼性の高いボリュームを作成するには

　Windows Server 2008/2008 R2までの［ディスクの管理］でも、ミラーボリュームやRAID-5ボリュームを構成することは可能です。この機能はWindows Server 2022でも使用できますが、ボリュームを構成する物理ディスクのパーティション分けや空き容量の管理などは、管理者が意識する必要がありました。一方、記憶域スペース方式では、仮想ディスクを作成する際のレイアウト選択だけで、物理ディスクの配置を意識する必要はなくなりました。一方で、コラムで解説するような知識は必要にはなりますが、仮想ディスクの作成自体は非常に簡単で、「Simple」ボリュームの場合とほとんど変わりありません。ここでは5台のディスクを使って3方向ミラーを構成するボリュームを作成しますが、「Parity」レイアウトについても相違点を解説します。

　なお、ここでは説明のため、前節で作成した記憶域プールはいったん削除してあります。

3方向ミラータイプの仮想ディスクを作成する

❶ 物理ディスクを5台含む記憶域プールを作成する。
- ●「Mirror」タイプで、3方向ミラーの仮想ディスクを作成するには、5台の仮想ディスクを含める。
- ●「Mirror」タイプで、双方向ミラーの仮想ディスクを作成するには、2台の仮想ディスクを含める。
- ●「Parity」タイプの仮想ディスクを作成するには、最低3台の仮想ディスクを含める。

❷ 画面左下の［仮想ディスク］欄で［タスク］をクリックして［仮想ディスクの新規作成］を選択し、使用する記憶域プールとして［pool01］を選択して、［仮想ディスクの新規作成ウィザード］を起動する。最初の画面では［次へ］をクリックする。
- ●操作方法は「Simple」タイプの仮想ディスクを作成する場合と同じ。

参照

記憶域プールを作成するには
→この章の**6**

参照

「Simple」タイプの仮想ディスクを作成するには
→この章の**7**

③

仮想ディスク名を指定し、［次へ］をクリックする。
- 今回は仮想ディスク名を「MirrorDisk」としている。
- ［説明］の入力は必須ではない。

④

［エンクロージャの回復性の指定］画面では、そのまま［次へ］をクリックする。

⑤

仮想ディスクのレイアウトとして［Mirror］を選択する。これだけで、ミラーリング構成のディスクが作成できる。［次へ］をクリックする。
- ここで［Parity］を選択すると、RAID-5タイプの仮想ディスクが作成できる。

⑥

［回復性の設定の構成］画面で、回復性の種類を選択する。［双方向ミラー］［3方向ミラー］のうち、どちらか一方を選ぶ。
- この画面は「Mirror」レイアウトの場合で、かつ、記憶域プール内に5台の物理ディスクが含まれている場合に限り表示される。
- ここでは［3方向ミラー］を選択している。

7

「Mirror」タイプの場合でも、プロビジョニングとして［最小限］が選択できる。

● ここでは［最小限］を選択している。

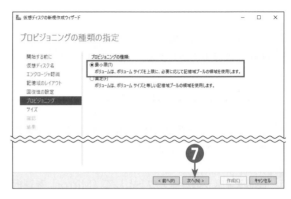

8

仮想ディスクのサイズを指定する。プロビジョニングとして［最小限］を選択してあるため、物理ディスクの容量とは関係なく、任意の容量の仮想ディスクが作成できる。今回は4TBのディスクを作成する。［次へ］をクリックする。

● ［最小限］を選択したことで、ディスク容量が不足しても、プールにディスクを追加することで対応できる。

● ただし、3方向ミラーの場合は、基本的には5台単位で物理ディスクを追加する必要がある。

9

内容を確認したら［作成］をクリックする。

10

仮想ディスクが作成されたら、［閉じる］をクリックする。あとは通常どおりボリュームを作成すればよい。

● ［このウィザードを閉じるときにボリュームを作成します］にチェックを入れておくと、このあと［新しいボリュームウィザード］が起動する。

● 新しいボリュームの作成は「Simple」レイアウトの場合とまったく同じ手順である。

参照

仮想ディスクにボリュームを作成するには

→この章の**8**

双方向ミラーと3方向ミラー

Windows Server 2022 の記憶域スペースでは、「Mirror」レイアウトの仮想ディスクとして、双方向ミラーと3方向ミラーという2つのタイプが利用できます。

「双方向ミラー」とは、一般的に言われる「ミラーリング」のことで、データの書き込みが発生した際、まったく同じデータを2つの物理ディスクに書き込みます。このようにすることで、仮に一方のディスクが故障しても、もう1台のディスクが壊れていなければ、そちらから読み出すことでデータを救うことができます。このため双方向ミラーを使用するには、最低でも2台の物理ディスクを必要とします。

「3方向ミラー」は、双方向ミラーよりもさらに信頼性を高めたもので、ミラーを構成するディスクの中で2台のディスクが同時に壊れた場合でもデータが失われないようにする方式です。このために3方向ミラーでは、データ書き込みの際に同じデータを3台のディスクに書き込みます。この原理からすると、3方向ミラーでは3台のディスクで十分と思えるかもしれませんが、Windows Server 2022 の記憶域スペース機能では、最低でも5台のディスクが必要という条件が付けられています。データは3つしか複製しないのに、なぜ5台のディスクが必要となるのでしょう。

これには「クォーラム（Quorum）」という考え方が用いられています。以下にその要点を説明します。

まず3台のディスクが存在する状態で、そのうち2台が壊れたとしましょう。正しいデータを持っているのは3台のうち1台だけです。ですが、ディスクが3台だけでは、どのデータが正しいのか判定することはできなくなります。壊れた2台のディスクが、まったくデータを読み出せない状態であれば、正しいのは残った1台ということになるのですが、壊れた2台からもデータを（間違っているかもしれないけれども）読み出せる場合は、どれを信用してよいかわかりません。

多数決という考え方もあるかもしれませんが、壊れた2台のディスクから読み出されるデータが一致してしまった場合には、間違った方が多数派になってしまいます。そこで3方向ミラー方式では「故障が発生した場合でも、正常なディスクが記憶域プールの中で過半数となる」ように必要なディスク台数を決めています。3つのコピーを持つ3方向ミラーでは、ディスクの故障は2つまでなら許されますが、多数決を確保するために、あと2台のディスクを余分に用意するわけです。

ただし単純にコピーを5つに増やすだけでは、結局のところどのデータが正しいかは判別できません。多数決が常に正しいとは限らないからです。そこで3方向ミラーでは、データのコピーは3つ持ち、残りの2台のディスクにはクォーラムデータと呼ばれるデータの正当性を検証する情報を作成します。3つのコピーの不一致が発生した際には、クォーラムデータを使って本当に正しいデータを持っているディスクを特定し、データを復元するのです。

このように、3方向ミラーを構成する場合には、記憶域プールの中に最低でも5台の物理ディスクが含まれていることを必要とします。ただしクォーラムデータは実際のデータ量よりもずっと小さいデータとなるため、必要となる記憶容量は元データの5倍になるわけではありません。筆者が試した限りでは3倍プラスアルファ程度の容量になるようです。たとえば本書の例で作成した3方向ミラーの仮想ディスクで201GBを使用している状態だと、記憶域プールから使用された容量は604GB程度でした。データは3つのコピーが記録されているわけですから、データのための記憶領域は「201 × 3 = 603GB」です。ここから計算するとクォーラムデータに必要となる容量は、1GB程度と非常に少ないことがわかります。

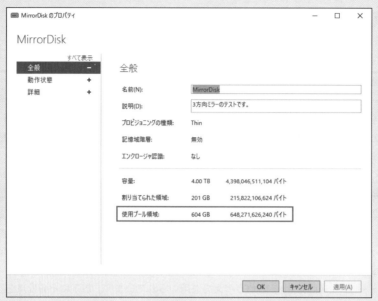

201GBの容量を記憶した3方向ミラーの仮想ディスクは604GBの記憶域プールを消費した

　なおクォーラムデータは特定の物理ディスクに偏るわけではなく、記憶域プールに含まれる物理ディスクからほぼ均等に確保されます。先ほどの例のように200GBの3方向ミラーの仮想ディスクを作成した場合には、5台の物理ディスクからそれぞれ121GB前後の容量が使用されました。

　ここでは Mirror の例について説明しましたが、Parity レイアウトの場合にも、同様の考え方で必要となるディスク台数には制限が加わります。個々のレイアウトごとに必要なディスクの台数は、次の表のとおりです。

レイアウトと最低限必要なディスク台数の関係

レイアウト	回復性の種類	最低限必要な物理ディスク台数
Simple	―	1
Mirror	双方向ミラー	2
	3方向ミラー	5
Parity	シングルパリティ	3
	デュアルパリティ	7

12 故障したディスクを交換するには

　仮想ディスクのうち、「Mirror」タイプと「Parity」タイプの仮想ディスクでは、これを構成するメンバーの物理ディスクのうち最大2台（3方向ミラーまたはデュアルパリティ）、または1台（双方向ミラーまたはシングルパリティ）が故障などで読み出せなくなっても、データが失われることはない回復性が提供されています。

　しかしこれは、そのままコンピューターを使い続けてよいという意味ではありません。ディスクが故障しても、回復性機能によりデータが失われていない間に必要なデータのバックアップをとり、さらに故障したディスクの交換を行う必要があります。さもなければ、次に別のディスクが故障した時点で、本当にデータが失われてしまうからです。

　ここでは、前節で作成した3方向ミラーのうち1台のディスクが故障した際の対応手順として、ディスクの交換方法を説明します。

故障したディスクを交換する

❶
前節で作成した3方向ミラーの記憶域プール中に含まれる物理ディスクを1台取り外す。
●取り外すディスクは5台のうちどれでもよい。

❷
エクスプローラーで［PC］を選択する。D: ドライブの表示内容に一切の変化はなく、ディスクはそのまま使い続けることができる。

❸
サーバーマネージャーの［記憶域プール］を開く。
●［記憶域プール］欄の「Pool01」、［仮想ディスク］欄の「MirrorDisk」、［物理ディスク］欄のうちの1行に、［！］マークが表示されていて、異常が発生していることが確認できる。
●これは物理ディスクが1台失われて、冗長性が低下または確保できなくなっている状態にあることを意味する。

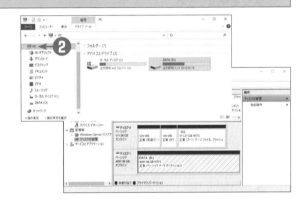

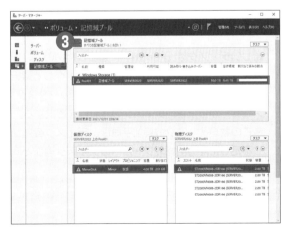

④

故障した物理ディスクの代わりとなるディスクを用
意し、コンピューターに取り付ける。

● ホットプラグが可能なコンピューターであれば、
電源をオフにせずそのままディスクを取り付ける
ことができる。

● ホットプラグできないコンピューターの場合は、
必ずサーバーをシャットダウンしたあとで、ディ
スクを取り付ける必要がある。

⑤

ハードディスクのホットプラグを行った場合は、
サーバーマネージャーの[記憶域プール]の画面で
右上の[タスク]をクリックして、メニューから[記
憶域の再スキャン]を選択する。

● この操作により、新たにホットプラグされたディ
スクを検出できる。

● 一度コンピューターをシャットダウンした場合
は、この操作は不要。そのまま[記憶域プール]
の画面を開く。

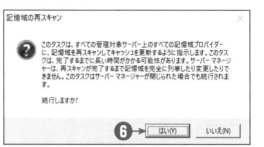

⑥

確認のメッセージが表示されるので[OK]を選択す
る。

⑦

[記憶域プール]欄から[Primordial]をクリック
して選択する。画面右下の[物理ディスク]欄に、
新たに取り付けたハードディスクが表示される。

● ここに新しいディスクが表示されていなければ、
ディスクの認識に失敗している。

⑧

新しいディスクは[Pool01]に追加したいので、[記
憶域プール]欄から[Pool01]をクリックして選択
し、次に画面右下の[物理ディスク]欄の[タスク]
メニューから[物理ディスクの追加]を選択する。

● この物理ディスクの追加手順は、ディスク容量が
不足した際の記憶域プールへのディスク追加と同
じ。

⑨ [物理ディスクの追加] 画面で、追加する物理ディスクにチェックを入れ、[OK] をクリックする。
- この画面では「TOSHIBA」のディスクが新しく追加されたハードディスクである。

⑩ [物理ディスク] 欄で、「！」が表示された物理ドライブ行を右クリックして [ディスクの削除] を選択する。
- 代わりのディスクが追加できたので、この手順で、故障したディスクを記憶域プールから削除する。

⑪ 再構築を行うかどうかの確認がなされるので [はい] をクリックする。
- この選択で、ミラーやパリティの再構築が開始される。
- 容量にもよるが、再構築には数時間程度の時間がかかる場合もある。

⑫ ディスク修復中のメッセージが表示されるので [OK] をクリックする。

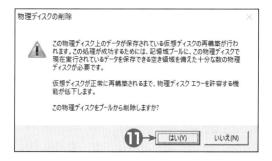

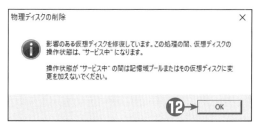

記憶域スペースでの故障ディスクの交換について

　本文で紹介したような、あらかじめディスクに冗長性を持たせておくことで、ディスク故障時にもデータを失うことなく故障したディスクを交換できる機能は、なにも Windows Server に限った機能ではなく、他の OS や、あるいは RAID ボードではごく一般的な機能です。

　ただ、いわゆる「RAID」機能では、物理ディスクが故障した際の交換対象のディスクには制約が加わることが多いようです。特にハードウェア RAID タイプでは、RAID アレイ（記憶域プールでいう「仮想ディスク」）を構成するディスクはすべて同一のインターフェイスである必要があり、また、ミラーやパリティを構成する場合には、アレイを構成するすべてのディスクから同じ容量を確保できる必要があります。このため物理ディスクが故障した場合には、交換対象のディスクは元のディスクと同じインターフェイスを持ち、同容量かより大きな容量のディスクしか使用できません。

　すでに説明したように、Windows Server の記憶域スペースでは、記憶域プールを構成する物理ディスクのインターフェイスは、複数の種類が混在していても問題ありません。信頼性の点では SAS または SATA 方式が推奨されてはいますが、SAS と SATA を混在させることは問題なく、また、場合によっては USB ハードディスクなども使用することが可能です。

　故障した際の交換用ディスクの容量制限についても、ハードウェア RAID ほど厳しいものではありません。記憶域プールでは、複数のディスクの容量をまとめて 1 つのディスクとして扱うことができるため、たとえば、ミラーを構成する 2TB のハードディスクが 1 台故障した場合に、必要であれば、「1TB × 2」のハードディスクに交換して運用することも可能です。複数のディスクを組み合わせて、柔軟に仮想ディスクを構築できるという、記憶域スペースのメリットを生かした機能です。

　Windows Server 2008/2008 R2 以前でも、ミラーボリュームや RAID-5 ボリューム機能を使えば、ディスクに冗長性を持たせ、故障時でもデータを失わない機能は存在しました。しかし、普段の運用はもちろん、障害発生時の柔軟性といった点でも、記憶域スペースにより実現される仮想ディスクの方が、管理ははるかに容易になったと言えるでしょう。

13 SSDを使って高速アクセスできるボリュームを作成するには

Windows Server 2022の記憶域スペース機能では、仮想ディスクに対してアクセス速度を改善する、「ライトバックキャッシュ」機能と「記憶域階層」機能が利用できます。いずれの場合も、機能を利用するにはハードディスクに加えて半導体ディスク（SSD）を装備することが必要となりますが、仮想ディスクの性能を高める機能としては非常に効果的です。

ここでは、これらの機能について利用する場合の記憶域スペースの設定方法について解説します。その例として、SSDとHDDを両方用いたうえで、かつ、信頼性も確保するため「Mirror」レイアウトを採用した仮想ディスクを作成します。この構成の場合は、記憶域プール中に最低でもSSDとHDDが2台ずつ必要です。

なお、こうした構成のディスクを作成する場合でも、大半の手順はこれまで説明した記憶域プールの構成や仮想ディスクの作成と共通であるため、説明についても重複する部分は省いています。

SSDを使う記憶域プールを作成する

❶

この章の「6　記憶域プールを作成するには」の手順を参考にして、SSDとHDDのどちらも含む、新規の記憶域プール「Pool01」を作成する。ただし、ミラーリングをするためSSDもHDDもいずれも2台以上含むようにする。
- 本書の例では1TBのSSDを2台、2TBのHDDを4台接続した。

❷

記憶域プールの作成が完了したら、この章の「7　仮想ディスクを作成するには」の手順❶～❹を実行する。ただし手順❹の画面では［この仮想ディスクにストレージ層を作成する］にチェックを入れて［次へ］をクリックする。
- 記憶域プールにSSDとHDDの双方が含まれていない場合には、このオプションは選択できない。
- 記憶域階層の有無は、仮想ディスクを作成したあとで変更することはできない。

> **参照**
>
> 記憶域スペースで必要となる**SSD**の台数については
>
> →この章のコラム「記憶域階層で
> 必要となる**SSD**の台数」

③

[エンクロージャの回復性の指定] 画面では、そのまま [次へ] をクリックする。

④

[記憶域のレイアウトの選択] 画面では [Mirror] を選択して [次へ] をクリックする。

● GUIを使って記憶域階層機能を使用する場合には、[Parity] レイアウトは使用できない。

⑤

[プロビジョニングの種類の指定] 画面では [固定] を選択して [次へ] をクリックする。

● 記憶域階層機能を使用する場合、実容量以上の仮想ディスクを使用する「シンプロビジョニング」機能は使用できない。

⑥

[仮想ディスクのサイズの指定] 画面では [高速階層] と [通常階層] に割り当てるディスク容量を指定して [次へ] をクリックする。

● この例では、高速階層を900GB、標準階層を4000GBと指定している。

● 実際に作成される仮想ディスクのサイズは、両階層の合計サイズになる。

● 固定プロビジョニングのため、実際に接続されているディスク容量以上のサイズは指定できない。

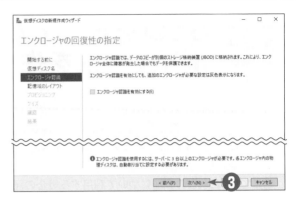

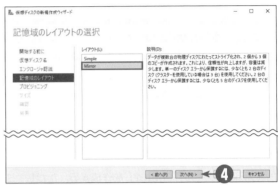

参照

エンクロージャの回復性とは

→この章のコラム
「『エンクロージャの回復性』とは」

注意

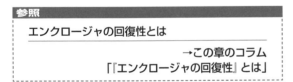

仮想ディスクの最大サイズが正しく指定されない

手順⑥で [高速階層] と [通常階層] のどちらでも、[最大サイズ] を選択すると、次の仮想ディスク作成時の手順でエラーが発生するようです。そのためここでは、表示されている最大容量より10%程度少ない値を指定します。

❼
内容を確認したら［作成］をクリックすると、仮想
ディスクが作成される
- このあとは、通常の手順と同様、ボリュームを作
成する。

❽
ボリュームを作成したらウィザードを閉じて、サー
バーマネージャーで、いま作成した仮想ディスクを
右クリックして［プロパティ］を選択する。

❾
［詳細］をクリックし、［プロパティ］から［Write
CacheSize］を選択する。
- ［値］欄に「1.00 GB」と表示されていることを確
認する。これがライトバックキャッシュのサイズ
になる。
- ［仮想ディスクの新規作成ウィザード］では、ライ
トバックキャッシュのサイズは指定できない。こ
のため、この画面でライトバックキャッシュのサ
イズが設定されているかどうかを調べる以外で
は、ライトバックキャッシュが有効かどうか確認
できない。必要な数のSSDがあればここに自動的
に1.00GBが指定される。
- 記憶域プールに必要なSSDの数がない場合には、
「0 MB」（Simpleレイアウト）または「32.0 MB」
（ParityまたはMirrorレイアウト）と表示される。

❿
［OK］をクリックする。

参照

仮想ディスクにボリュームを作成するには

→この章の**8**

記憶域スペースの高速化について

Windows Server 2012 から導入された記憶域スペース機能は、すでに説明したように、物理ディスクを効率よく使用するためのきわめて強力な機能です。ただしこの機能が導入された Windows Server 2012 では、強力な機能で柔軟な運用が行える半面、アクセス速度が遅いというのが当初の評価でした。こうした欠点をカバーし、ディスクのアクセス速度を向上するための技術が、Windows Server 2012 R2 から新たに導入された「ライトバックキャッシュ」と「記憶域階層」と呼ばれる 2 つの機能です。

「ライトバックキャッシュ」は、ハードディスクへの書き込みを伴うプログラムの速度を向上させる機能として、さまざまな OS で広く使われている機能です。ディスクへの書き込みが発生した際、ディスクに直接書き込みを行うのではなく、いったん半導体メモリ中にデータを保存しておき、プログラムの動作とは同期しない形で、ディスクの入出力に余裕があるときにハードディスクにデータを記録するという原理です。

記憶域スペースにおけるライトバックキャッシュも、基本的にはこれと同じ技術です。ただし、多くの OS が、データの一時保管場所としてメインメモリ内を使うのに対し、記憶域スペースでは、半導体で構成されたディスクである SSD を使用します。電源を切るとデータが消えてしまうメインメモリとは異なり、不揮発性の SSD を用いることで、不意の電源断の際にもデータが失われづらくなるなど、信頼性を重視した方式です。

「記憶域階層」とは、仮想ディスクを、高速アクセスが可能な領域とそうでない領域とに分け、使用頻度が高いデータを高速アクセス領域に配置する機能です。記憶域階層機能の使用が指定された場合、記憶域プールに含まれる物理ディスクのうち、SSD が「高速階層」、HDD が「通常階層」に分けられ、それぞれの階層からユーザーが指定したサイズの容量が確保されて仮想ディスクに割り当てられます。アクセス頻度が高いデータに対するアクセス速度が向上すれば、仮想ディスク全体の入出力速度が向上するというわけです。

高速階層と通常階層、それぞれの階層への割り当ては Windows Server 2022 が自動的に判断します。アクセス状態に応じて、階層の割り当てのやりなおしも自動的に変更されます。割り当てはファイル単位ではなく、決まったサイズのブロックごとに行われるため、特定のファイルの一部だけがアクセス頻度が高い場合などでも問題ありません。なお記憶域階層は、Windows Server 2022 の GUI を使って作成する場合、レイアウトが「Mirror」の場合にのみ利用できる機能です（PowerShell を使った場合には Parity レイアウトでも作成できます）。

ライトバックキャッシュ機能と記憶域階層機能は、どちらか一方のみでも使うことができますし、両方の機能を同時に使うこともできます（一部、使用できない組み合わせもあります）。機能を利用するには、記憶域プールを作成する際に一定の台数の SSD を含めておけばよく、これが満足されれば、仮想ディスクの作成の際に機能を利用するかどうかの選択肢が有効となります。使用する SSD の性能にもよりますが、ディスクの入出力という点では大きな効果が得られるので、条件が許すのであればぜひとも利用したい機能です。

記憶域プール内に何台の SSD を組み込めばそれぞれの機能が利用可能になるかは、構成する仮想ディスクの種類によって異なってきます。具体的に何台のディスクを必要とするかは、別項にて解説します。

なお本書では解説していませんが、Windows Server 2022 においてはこのほか、記憶域バスキャッシュと呼ばれる、SSD をキャッシュメモリとして使用する新たな高速化機能も搭載されました。

記憶域階層で必要となるSSDの台数

　不揮発性の半導体メモリを記憶装置として使用する SSD は、ハードディスクと比較して、特にランダムアクセス時の入出力性能が非常に優れており、コンピューターの性能向上には非常に有効なハードウェアです。ただし現状、記憶容量あたりの価格は、ハードディスクと比較しても高価であり、大容量の記憶装置を構築するにはコストがかかるという欠点もあります。コンピューターに取り付けられたすべてのディスクを SSD に置き換えれば性能は非常に高くなりますが、同時に、ハードウェア価格も非常に高価なものとなるため、大容量の記憶装置を必要とするサーバーでは現実的ではありません。

　記憶域階層の機能はハードディスクと SSD を組み合わせることで、ハードディスクの「入出力速度が遅い」欠点と、SSD の「容量あたりの価格が高い」という欠点の双方をカバーします。

　ただし、記憶域スペースならではの信頼性（回復性）や柔軟性を保った形で記憶域階層を使用するには、使用する仮想ディスクのレイアウトや回復性オプションによって、ハードディスクの台数だけでなく SSD の台数にも最低限用意しなければならない台数の制約が加わります。ここではその制限について解説します。

　第一の条件として、記憶域階層で使用する SSD は、入出力速度、特に書き込み速度が高速なものを選択してください。ハードディスクに比べてアクセス速度が高速なのは SSD の特徴ですが、安価な製品の中にはデータの書き込み速度が低速なものが少なくありません。製品によっては、書き込み速度がハードディスクよりも低速な場合もあります。ハードディスクに書き込む代わりに SSD を使用するライトバックキャッシュ機能では、SSD への書き込み速度はそのまま仮想ディスクの性能に直結します。あまりに低速な製品では、却って仮想ディスクの性能を低下させてしまうこともあります。

　第二に、サーバーに使用する SSD は耐久性の高いものを選択してください。データの入出力が集中するサーバーでは、一般的なクライアントコンピューターに比較してディスク入出力頻度も高くなります。SSD は、データの書き込み頻度が高いほど故障までの期間が短くなるという性質を持っているため、利用状況によっては短期間で故障する可能性も高くなります。

　そして第三の条件ですが、記憶域スペース機能では、ライトバックキャッシュ、記憶域階層、いずれの機能の場合にも、記憶域プールの中に含める SSD の台数についての条件があります。最低限必要となる SSD の台数は、その記憶域プールから作成する仮想ディスクのレイアウトや回復性の種類によって異なっており、次の表のようになっています。

記憶域スペースのSSDによる高速化で必要となるディスク台数

レイアウト	回復性の種類	最低限必要なHDD台数	最低限必要なSSD台数	
			ライトバックキャッシュ	記憶域階層
Simple	—	1	1	1
Mirror	双方向ミラー	2	2	2
	3方向ミラー	5	3	5
Parity	シングルパリティ	3	2	—(※)
	デュアルパリティ	7	3	—(※)

※ Parityレイアウトでは記憶域階層機能を使用できない（GUIから設定する場合）

　仮想ディスクに使用するレイアウトや回復性の種類、使用する機能によって、それぞれ最低限必要となるSSD の台数は、前掲の表に示すとおりです。

　なお使用する SSD の容量ですが、ライトバックキャッシュ機能では、仮想ディスク 1 台ごとに 1GB の容量が自動的に指定されます。この容量はウィザードでは指定できませんが、PowerShell のコマンドレットを使えば、ユーザー指定により変更も可能です。ただし 16GB を超える容量は使用が推奨されていません。現在、通常販売されている SSD ではこれを下回る容量のものは存在しないでしょうから、ライトバックキャッシュだけを使用するのであれば、使用する SSD の容量はあまり気にする必要はありません。

　記憶域階層の場合は、仮想ディスクの作成時にユーザーが使用する SSD の容量を指定します。Mirror レイアウトの場合は、前掲の表に示す台数の SSD から、ユーザーが指定した容量がそれぞれ使われます。

　SSD の容量は、同じ記憶域プール内であれば分割して複数の仮想ディスクに割り当てることができます。たとえば、あるプールから 2 台の仮想ディスクを作成する場合、1 台の SSD から仮想ディスク 1 と仮想ディスク 2 に対してそれぞれ 10GB ずつをライトバックキャッシュとして割り当て、100GB ずつを記憶域階層として割り当てるといった設定が可能です（いずれも Simple レイアウトの場合）。Simple と Mirror レイアウトの場合は、ライトバックキャッシュと記憶域階層、どちらの機能も利用できますが、両方の機能を同時に利用することも可能です。

ハードウェアの管理

第 **6** 章

この章ではサーバーに新しいハードウェアを取り付け、管理する方法について説明します。サーバーの役割のひとつに、プリンターなどのハードウェア資源をネットワークにより共有することで、個々のコンピューターにそれぞれハードウェアを用意する必要をなくし、ネットワーク全体でのハードウェアコストを低下させるというものがあります。これを行うには、サーバー上にハードウェアを接続し、ネットワークで公開するという作業が必要となります。ここではこうした機能を利用するための、ハードウェアの新規追加方法について解説します。

Windows Server 2022用のドライバー

　Windows Server 2022 におけるハードウェアのドライバーは、基本的には「プラグアンドプレイ」により自動的にその必要性が判断され、ドライバーが組み込まれるようになっています。プラグアンドプレイはWindows 95 で初めて導入された機能で、いまではほとんどの Windows 用機器がこの機能をサポートしています。

　Windows Server 2022 におけるハードウェア用のドライバーは、その組み込み方法によって、大別すると次の3種に分類できます。

1.Windows Server 2022 自身にはじめからドライバーが収録されているもの

　Windows Server 2022 の発売時点ですでに流通しているハードウェアで、Windows Server2022 のセットアップメディアにはじめからドライバーが収録されているもの。こうしたハードウェアでは、Windows Server 2022 のセットアップを行う際にコンピューターに取り付けられていれば、Windows のセットアップと同時にドライバーもセットアップされます。この場合、管理者は何もしなくてもそのハードウェアを使うことができます。

　このタイプのデバイスでは、Windows のセットアップ時点でハードウェアが取り付けられていない場合でも、ハードウェアを取り付けた時点で自動的にドライバーが組み込まれます。この場合も管理者は特に作業を行う必要はありません。

2.Windows Update によりドライバーが組み込まれるもの

　Windows Server 2022 の発売時点ではまだ流通していなかった新しいハードウェアのドライバーは、当然ですが Windows Server 2022 のセットアップメディアには収録できません。ですが、ハードウェアを組み込む時点で Windows Server 2022 用に適合するドライバーが提供されていれば、インターネット経由でドライバーが検索され、自動的に OS に組み込まれます。

　1. の場合と比べるとドライバーの検索を待つことが必要となりますが、管理者の負担はほとんど変わりません。1. のタイプのドライバーでも Windows Server 2022 の発売後にバージョンアップされた場合などは、Windows Update によりドライバーが更新されることもあります。

　1. や 2. のタイプのドライバーは、ドライバーがハードウェア製品側ではなく、Windows Server 側に付属するという意味で、「インボックスドライバー」と呼ばれることもあります。「Windows Server のソフトウェアの箱の中に最初からドライバーが含まれている」ということから名付けられた言葉ですが、Windows Server がオンライン販売やライセンスによる販売が主流となった現在では、ちょっと古い呼び方と言えるかもしれません（狭義には 1. のタイプのみをインボックスドライバーと呼ぶ場合もあります）。

3. ハードウェア製品の側にドライバーディスクが付属するもの

　Windows Server 2022 のインストールメディアにドライバーが含まれていない場合や、Windows Update でもドライバーが提供されていないハードウェアの場合、通常はそのハードウェア自体にドライバーが付属します。ドライバーの提供方法は、製品に CD-ROM を同梱したり、メーカーのホームページからドライバーをダウンロードできたりするなどがあります。こうした製品のドライバーのことを、（たとえその製品の箱の中に同梱されていても）「非インボックスドライバー」と呼ぶこともあります。このようなハードウェアでは、管理者がドライバーの組み込み操作を実施する必要があります。

　ハードウェアによっては、インボックスドライバーとして Windows Server で自動組み込みできるにもかかわらず、製品にもドライバーが同梱されていたり、製品メーカーのホームページからドライバーがダウンロードできる場合があります。つまりインボックスドライバーと非インボックスドライバーの双方が提供されているわけですが、このような場合、双方のドライバーのバージョンや機能が異なることも少なくありません。

　Windows には、ハードウェアドライバーの安定性や信頼性を評価し、規格どおりに動作するかどうかをテストする専門機関WHQL（Windows Hardware Quality Labs）が存在します。インボックスドライバーはWHQLにより認証が行われたドライバーであるため「WHQL ドライバー」と呼ばれることもあります。一方、非インボックスドライバーは、WHQL 認証にパスしている場合もありますが、そうでない場合も少なくありません。またメーカーによっては WHQL ドライバーとそうでないドライバーの双方を提供している場合もあります。

　通常、WHQL ドライバーは信頼性や安定性に優れていますが、安定性を確保するためにハードウェアの性能を限界まで使い込む詳細な設定は行えないようにしていることが多いようです。一方で、WHQL 認証を行わないドライバーの場合は、より高い性能を発揮する、詳細な機能を利用するなどの付加価値を付与している例が数多くあります。サーバー用ということを考えると、安定性を重視した WHQL ドライバーを使うのが有利ですが、場合によっては、WHQL ドライバーではうまく動かないにもかかわらず、非 WHQL ドライバーではきちんと動作する、といった場合もあります。

　Windows Server 2022 のドライバーで注意しなければいけないのは、発行元確認を行うための「署名付き」ドライバーが必要であるという点です。特にセキュリティを重視した Windows Server 2022 においては、「電子署名」情報が組み込まれていないドライバーは組み込みを拒絶されてしまいます。このため、Windows Server 2022 でサードパーティ製のハードウェアを使用する場合には、Windows Server 2022 に対応しているかどうかを必ず確認するようにしてください。

1 インボックスドライバー対応の機器を使用するには

　ここでは、Windows Server 2022にあらかじめ含まれているインボックスドライバーだけで使用可能な機器のセットアップ方法を説明します。この種のインボックスドライバーの使用法は非常に簡単で、増設カードなど、ホットプラグできないハードウェアの場合にはいったんコンピューターの電源をオフにした状態でカードを装着し、再度Windows Server 2022を起動します。USB機器などのようにホットプラグが可能なハードウェアの場合には、単にそのハードウェアを取り付けるだけです。以上の操作で、Windows Server 2022はプラグアンドプレイ機能により、自動的にドライバーを読み込み、そのハードウェアを使用可能な状態にします。この種の「取り付けるだけ」のタイプのインボックスドライバーには、NIC（ネットワークインターフェイスカード）、サウンドカード、グラフィックアクセラレータカード、ハードディスク、USB接続のハードディスク、USBフラッシュメモリ、マウスやキーボードなど、コンピューターの基本ハードウェア用のドライバーなどがあります。

　ここでは、USB接続タイプのDVDドライブを取り付けます。

インボックスドライバー対応の機器を使用する

❶
エクスプローラーで［PC］を開く。
- ●DVDドライブは存在していないことがわかる。

❷
USB接続のDVDドライブを取り付ける。USB機器は基本的にホットプラグ可能なので、OSのシャットダウンや、コンピューターの電源をオフにする必要はない。

❸
コンピューターがDVDドライブを自動的に認識して、プラグアンドプレイによりデバイスのインストールを行い、エクスプローラーの画面にDVDディスクドライブが表示される。
- ●Windows Server 2022では、デバイスを新たに認識した際やドライバーをインストールしている際に、特別なメッセージは表示されない。

❹
ドライブを取り外すと、再びエクスプローラーからDVDドライブのアイコンが消える。
- ●ハードディスクやUSBフラッシュメモリなど書き込み可能な大容量記憶装置の場合、正しい手順で取り外す必要がある（この章の「5　ハードウェアを安全に取り外すには」を参照）。

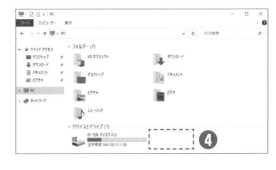

2 プリンタードライバーを組み込むには

ここではネットワーク接続タイプのプリンターの組み込みについて手順を説明します。

　サーバーのコンピューターに直接機器を接続するUSBなどのインターフェイスと違い、ネットワーク接続タイプの機器では、仮にコンピューターがその機器を自動認識したとしても、本当にその機器を使用するのかどうか知ることはできません。こうした機器の場合、管理者が明示的にその機器を使用する旨を操作しなければなりません。

　Windows Server 2022に対応したプリンターであれば、基本的に、ドライバーはWindows Updateにより提供されます。Windows Server 2022はインターネット接続が動作の必須要件となっているため、セットアップの際に、別途ドライバーディスクなどを必要とすることもありません。このため、プリンターのセットアップは非常に容易になっています。

プリンタードライバーを組み込む

❶
組み込み対象のプリンターがネットワークに正しく接続されているか、プリンターの操作パネルなどから確認する。
●確認方法は、プリンターの機種により異なる。

❷
［Windowsの設定］画面を表示し、［デバイス］をクリックする。

❸
［プリンターとスキャナー］を選択し、［プリンターまたはスキャナーを追加します］をクリックする。

参照

［**Windows**の設定］画面の表示方法

→第3章の5

④

コンピューターがネットワーク内にあるプリンター
を検索する。

● この検索では、サーバーと同じネットワーク内（ブ
ロードキャストドメイン内）にあるプリンターが
自動的に検索される。

● ここで見つからないプリンターの場合は［プリン
ターが一覧にない場合］をクリックすれば、IPア
ドレスを直接入力してプリンターを認識させるこ
とができる。

⑤

目的とするプリンターが正常に認識されたら、表示
されたプリンターのアイコンをクリックする。

⑥

［デバイスの追加］ボタンが表示されるので、それを
クリックする。

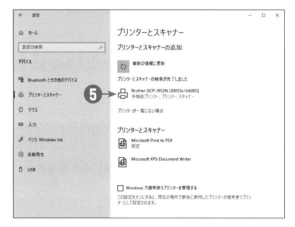

❼

プリンターのドライバーはインターネット経由の
Windows Updateで自動的にダウンロードされ
る。このため、特にドライバーディスクを用意しな
くてもプリンターは追加される。

❽

[プリンターとスキャナー] の一覧に、いま追加した
プリンターが表示されていることを確認して、これ
をクリックする。

❾

ボタンが表示されるので、[管理] をクリックする。
●画面に示された機種は説明用で、この機種が実際
　にWindows Server 2022に対応することを示
　しているわけではない。

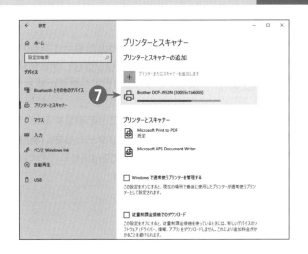

⑩
いま追加したプリンターの設定画面が表示されるので、[既定として設定する]をクリックし、ウィンドウ左上の［←］ボタンをクリックして前画面に戻る。

⑪
プリンターが既定に設定されたことを確認する。
● このプリンターを既定のプリンターとしない場合には、手順⑧以降は行わなくてもよい。

ネットワーク接続のプリンターを
Windows Serverで管理する必要性

　本書では Windows Server 2022 に TCP/IP のネットワークで接続されたプリンターを組み込む例を解説しています。ここにあるように、最近のプリンターは USB により単体のコンピューターに接続するのではなく、有線や無線の LAN によってコンピューターと接続できる機能を持ったものが多くなっています。

　こうしたネットワーク接続のプリンターでは、クライアント側のコンピューターにドライバーをインストールするだけで、サーバーコンピューターがなくても直接クライアントから印刷を行うことができます。プリンター自身がプリントサーバー機能を持っているためです。では、こうしたプリンターを、本書で説明するようにあえてサーバーで管理する必要があるのでしょうか。

　たしかに、単純にどのコンピューターからでも印刷できればよいだけであればサーバーコンピューターでプリンターを管理する必要性は薄れてきている、と言えます。しかし、サーバーでプリンターを管理することのメリットは、まさに「サーバー側でプリンターへのアクセスを集中管理できる」という点にあるのです。

　たとえば、プリンターの用紙やインク / トナーなどを節約する目的で、印刷を行えるコンピューターを制限したり、印刷できる時間帯を制限したり、どのコンピューターが何回くらい印刷を行ったかを知りたい、といった管理を行いたい場合には、サーバーを使ってプリンターを集中管理できた方がはるかに便利です。Windows Server のプリンター管理機能には、利用できるユーザーや利用できる時間帯を制限する機能が標準で搭載されているからです。また、どのような内容を印刷したかを記録しておく機能もあります。このように、Windows Server によるプリンターの管理は、集中管理しているからこそ利用できる機能が必要な場合に有効です。

　なお、ネットワークプリンターでサーバーによる印刷の管理を行いたい場合には、クライアントコンピューター側で勝手にプリンター設定を行って、サーバーを経由せずに印刷することができないよう、注意が必要です。ネットワーク機能を持つプリンターでは、多くの機種で、印刷元のコンピューターの IP アドレスなどで印刷を制限する機能を搭載していますから、そうした機能を利用するとよいでしょう。

プリンターの追加ドライバーとは

　Windows Server には、プリンター専用の機能として「追加ドライバー」のインストールという機能があります。追加ドライバーとは、Windows Server 2022 が使用するドライバーソフトウェアではなく、ネットワークで接続された他の Windows OS が使用するドライバーです。

　Windows ネットワークでプリンターを共有する場合、そのプリンター用のドライバーは、サーバー側とクライアント側の両方のコンピューターにセットアップする必要があります。プリンターはサーバー側コン

ピューターに接続されるため、サーバー側にドライバーを入れるのは当然ですが、クライアントコンピューター側でも、そのプリンターがカラープリンターなのかモノクロプリンターなのか、どんな用紙が使えるのかなどを管理するため、そのプリンター用のドライバーが必要となります。

サーバー側とクライアント側の両方のコンピューターの OS が同じアーキテクチャである場合、両者のプリンタードライバーは同じものが使えます。このため Windows Server 2022 では、クライアント側の OS が Windows 10/11 の 64 ビット版や Windows Server である場合には、プリンターの共有が行われた時点で、自らが持つプリンタードライバーをクライアント側に自動送信します。これにより、クライアントコンピューターでは、手動でプリンタードライバーをインストールしなくてもプリンターがそのまま使えるようになります。

問題となるのは、クライアント側の OS が他のプロセッサ向けの Windows である場合です。この場合、ドライバーのアーキテクチャが異なるため、サーバーが使っているプリンタードライバーをコピーして使うことはできません。

「追加ドライバー」機能とは、このように、サーバー側とクライアント側が異なるアーキテクチャで動作している場合に備えて、他のプロセッサ用のドライバーをあらかじめサーバー上に用意しておき、それらのプロセッサを使用するクライアントコンピューターからプリンターの共有が求められたときに、そのドライバーをクライアント側に送信する仕組みを指します。これにより、クライアントが 64 ビット版 Windows 以外の場合であっても、プリンターの共有設定を行うだけで、クライアント側でプリンターが使えるようになります。

これにより、個々のクライアントコンピューターでプリンタードライバーをセットアップする手間が省けるほか、ネットワーク内でプリンタードライバーのバージョンを統一することも容易になり、管理者の負担を低減できます。

Windows Server 2022 では「他のプロセッサ用」として、32 ビット版 Windows 向けと、ARM アーキテクチャの 64 ビット版 Windows 向けのプリンタードライバーをインストールすることができます。

なお、この「追加ドライバー」が利用できるのは、Windows で「タイプ 3」と呼ばれるバージョンのプリンタードライバーに限られます。最新バージョンである「タイプ 4」と呼ばれるプリンタードライバーでは、プロセッサアーキテクチャにかかわりなく、クライアント側に対してプリンタードライバーを自動セットアップできるようになっています。

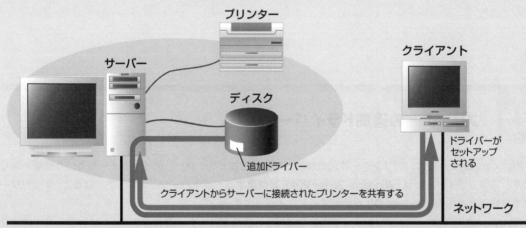

サーバーからクライアントコンピューター用のプリンタードライバーが送られる

3 他のプロセッサ用Windowsの 追加ドライバーを組み込むには

　Windows Server 2022と他のプロセッサのOSで動作するクライアントコンピューターとの間でプリンターを共有する場合には、あらかじめ他のプロセッサ用の「追加ドライバー」をサーバー側に組み込んでおくと便利です。この操作を行うには、まずWindows Server 2022に対してプリンターのセットアップを行っておき、Windows Server 2022でプリンターを使える状態にしておきます。

　また、他のプロセッサ用Windowsのプリンタードライバーを別途用意しておいてください。用意するのは「Windows 11 64ビット用」などです。

　なお、この節で画面例に使用したプリンターは、サーバー側のプリンタードライバーをWindows Updateでインストールした場合には追加ドライバーをインストールできません。そのためここでは、サーバー側のプリンタードライバーをWindows Updateではなく、手動によるインストールで行っています。

追加ドライバーを組み込む

❶ プリンターまたはスキャナーの一覧から対象となるプリンター名をクリックすると、プリンター名の下にボタンが表示されるので、[管理] をクリックする。

❷ プリンターの管理画面に切り替わるので、[プリンターのプロパティ] をクリックする。

③

プリンターのプロパティ画面が表示されるので、[共有] タブをクリックする。

④

[共有] タブ内に [共有オプションの変更] ボタンが表示されている場合は、これをクリックする。

● ボタンが表示されていない場合は、そのまま次の手順に進む。

● [ネットワークと共有センター] 内でプリンターを共有する設定にしている場合、このボタンは表示されない。

⑤

画面下部の [追加ドライバー] ボタンがアクティブになるので、このボタンをクリックする。

● 手順④を行っても [追加ドライバー] のボタンが灰色で表示されていてクリックできない場合は、プリンタードライバーがタイプ4で追加ドライバー自体が不要であるか、または追加ドライバー機能をサポートしていない。

⑥

[追加ドライバー] 画面が表示されるので、追加ドライバーをインストールするプロセッサタイプを選択する。64ビットドライバーはすでに自分自身のものがインストールされているので、ここではインテル x86（32ビット）ドライバーをインストールする。[x86] にチェックを入れて [OK] をクリックする。

● ARM64 ドライバーがある場合には、[ARM64] にもチェックを入れておくとよい。

❼
プリンタードライバーの保存場所を問い合わせるダイアログボックスが表示されるので、[コピー元]にパスを入力して[OK]をクリックする。
●プリンタードライバーは製造元のホームページからダウンロードしたもの等を使う。

❽
追加ドライバーのセットアップが正常に終了すると、手順❸の画面に戻る。正常にインストールできたかどうかを確認するには、手順❸の画面で再び[追加ドライバー]をクリックする。

❾
x86用のドライバーが追加されているのがわかる。これ以上のドライバーをインストールする必要はないので[キャンセル]でウィンドウを閉じる。
●以上で、追加ドライバーのセットアップは終了する。この手順を行っておけば、あとの手順でインテルx86用WindowsやARM64用Windowsからプリンターを共有する場合（ARM64用ドライバーを追加インストールした場合）にも、別途ドライバーを用意する必要がなくなる。

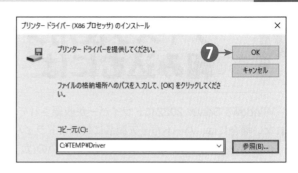

4 ディスク使用タイプのドライバーを組み込むには

　Windows Server 2022にドライバーが収録されておらず、またWindows Updateでもドライバーが組み込まれない場合には、ハードウェア製品に付属のドライバーを使用します。

　こうしたタイプのハードウェアで注意したいのは、ドライバーの組み込み方法として、製品独自のセットアッププログラムによりセットアップする方式と、Windows標準のドライバーセットアップを用いる方式の2種類がある点です。どちらの方式を使うのかは、ハードウェア製品の取扱説明書に記載されているはずなので、必ず確認してください。

　ここでは旧型のためWindows Updateでドライバーが組み込めなくなっているスマートカードリーダー「M-520U」を例として、Windows標準のドライバー組み込み方法について解説します。

ディスク使用タイプのドライバーを組み込む

❶
ハードウェアを取り付ける。ホットプラグできないハードウェアの場合には必ずコンピューターの電源をオフにした状態で行うこと。
- USB機器など、ホットプラグ可能なハードウェアの場合は、先にサインインした状態から、ハードウェアを取り付ける。

❷
コンピューターを起動し、管理者（Administrator）でサインインする。

❸
［スタート］ボタンを右クリックして［デバイスマネージャー］を選択する。

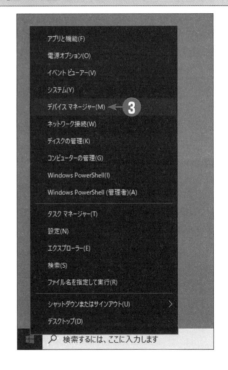

4

デバイスマネージャーの画面で［ほかのデバイス］の下に、黄色の「！」マークが付いたデバイスのアイコンが表示されていることを確認する。

● ドライバーが組み込まれていないデバイスは、「ほかのデバイス」の下に「！」マーク付きで表示される。

● 表示名が、いま取り付けたデバイスの名称と一致しているかどうかを確認する。

● ここでは、「M-520U」が不明な機器として検出されている。

5

目的のデバイスのアイコンを右クリックして［ドライバーの更新］を選ぶ。

6

ドライバーソフトウェアの検索方法を指定する。［コンピューターを参照してドライバーソフトウェアを検索］を選択する。

● ［ドライバーを自動的に検索］は、Windows Updateによりドライバーが提供されている場合には有効であり、その場合には、今回のように「！」付きで表示されることにはならない。この選択肢は、すでにWindows Updateでドライバーがインストールされているものを更新する場合に使用するとよい。

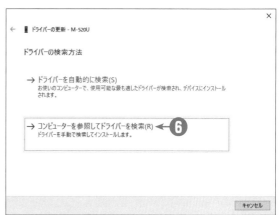

7

［次の場所でドライバーソフトウェアを検索します］で、［参照］ボタンをクリックして、ドライバーディスクを入れた場所（DVD-ROMやUSBメモリを入れた場所）を指定し、［次へ］をクリックする。

● ドライバーの正確な場所がわからない場合は［サブフォルダーも検索する］にチェックを入れる。

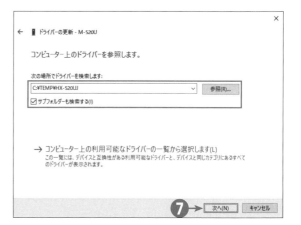

⑧
ドライバーディスクに収められたドライバーがセットアップされる。ドライバーによっては、セットアップ中に確認が求められる場合もある。

⑨
セットアップが終了したら［閉じる］をクリックする。

● 正常にセットアップできない場合、ドライバーディスクの場所の指定が正しくない、正しいドライバー（Windows Server 2022に対応したドライバー）がディスク中に含まれていない、などの理由が考えられる。

⑩
ドライバーが正常にセットアップされると、デバイスマネージャーの画面で、対象のデバイスが適切なツリーの下に移動し、デバイスのアイコンから「！」マークが消える。

● ハードウェアによっては、1つのハードウェアで複数のドライバーを必要とすることもある。この場合は、「！」マークが付いたデバイスがなくなるまで手順⑤〜⑩を繰り返す必要がある。

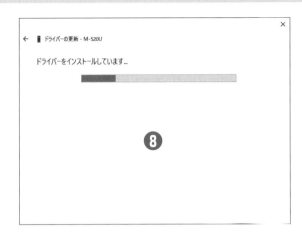

5　ハードウェアを安全に取り外すには

　USB機器はOSが動作中でも、取り付け／取り外しができます。ただ注意しないといけないのは、機器の使用中に取り外すと、機器の種類によっては問題が生じることがある点です。たとえばUSB接続のハードディスクなどは、書き込み中に取り外すとディスクの内容が壊れてしまう場合があります。こうした機器の取り外しには、ここで説明する手順を行う必要があります。
　ここでは例として、USBフラッシュメモリの取り外し手順を説明します。

エクスプローラーからハードウェアを安全に取り外す

❶
USBフラッシュメモリを接続した。リムーバブルディスク（D:）が認識されている。
- ●USBフラッシュメモリはインボックスドライバーで動作するため、ドライバーのインストールを行わなくても自動的に認識される。

❷
USBフラッシュメモリのアイコンを右クリックして、メニューから［取り出し］を選択する。
- ●エクスプローラーの［PC］に表示されるデバイスの場合は、ここから［取り出し］を選ぶのが便利。

❸
画面右下に「'USB大容量記憶装置' はコンピューターから安全に取り外すことができます。」というメッセージが表示されたら、USBフラッシュメモリを取り外す。

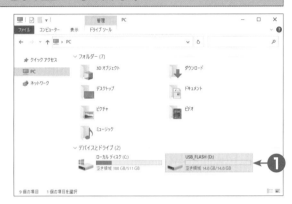

④ エクスプローラーからドライブのアイコンも消える。

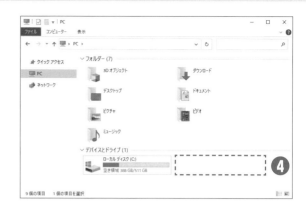

タスクバーの取り外しアイコンからハードウェアを安全に取り外す

❶ USBフラッシュメモリを接続した状態で、通知領域にある［取り外し］アイコンをクリックする。

●標準の状態では通知領域のアイコンが4つ以上の場合は［∧］ボタンのメニューにまとめられている。この場合、［取り外し］アイコンを表示するには［∧］をクリックする。

❷ ［Cruzer Fitの取り出し］をクリックする。

●ここで［Cruzer Fit］は、執筆時に使用したUSBフラッシュメモリの製品名。この部分の表示は、使用しているUSB機器によって異なる。

❸ ［ハードウェアの取り外し］というポップアップが表示され、「'USB大容量記憶装置' はコンピューターから安全に取り外すことができます。」と表示されたら、USBフラッシュメモリを取り外す。

●このメッセージが表示されたら、USB機器を取り外すことができる。

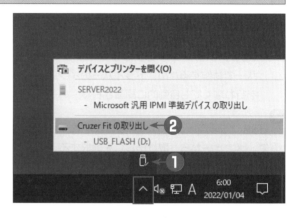

6　USB機器を使用禁止にするには

　USB機器は非常に便利ですが、反面、コンピューター上のデータを勝手に持ち出したりされる恐れもあります。また、USB装置の設定はコンピューターウイルスの侵入の原因となることもあります。とりわけ大切なデータを保管するサーバーでは、むしろUSB機器を使えないようにしたい場合も少なくありません。

　Windows Server 2022では、こうしたニーズに対応するため、USBで接続される機器を使用できないようにする機能があります。必要がある場合、ここで説明する手順で設定してください。

USB機器を使用できなくする

❶
　[スタート] ボタンを右クリックして、メニューから [ファイル名を指定して実行] を選ぶ。

❷
　[名前] 欄に、キーボードから **gpedit.msc** と入力する。

　●この [名前] 欄には、直前に入力したコマンドが表示されている。「gpedit.msc」以外が表示されていた場合は、いったん消去する（コマンド名は選択状態になっているため、そのまま1文字目の「g」を入力するだけで古い内容は自動的に消去される）。

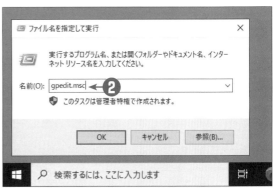

③

[ローカルグループポリシーエディター] ウィンドウ
が開く。左側のペインのツリーから[コンピューター
の構成] − [管理用テンプレート] − [システム] − [リ
ムーバブル記憶域へのアクセス] を選択する。

④

右側のペインで [すべてのリムーバブル記憶域クラ
ス：すべてのアクセスを拒否] をダブルクリックす
る。

● すべてのリムーバブル記憶域の代わりに、[CDお
よびDVD] や [フロッピードライブ]、[リムーバ
ブルディスク] などを選択すると、個別のデバイ
スごとにアクセスを制御できる。

● [すべてのリムーバブル記憶域クラス] は個別のデ
バイスの設定よりも優先される。

⑤

開いたダイアログボックスで [有効] を選択して、
[OK] をクリックする。

⑥

画面右上の [×] ボタンをクリックしてローカルグ
ループポリシーエディターを閉じる。

● 以上の手順を実行すると、これ以降、USBフラッ
シュメモリやハードディスクを取り付けても認識
されなくなる。

● 以上の手順を実行した時点で取り付けられている
USB機器も使用できなくなる。

● Active Directoryを運用している場合には、この
操作でドメイン内のすべてのクライアントコン
ピューター（Windows Vista以降）にも同じ設
定が自動的に伝達される。

● 設定を元に戻すには、手順⑤で [未構成] を選択
する。

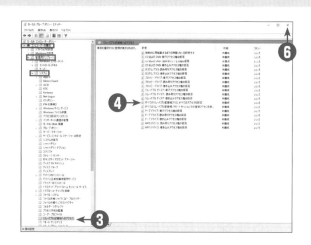

アクセス許可とファイル共有の運用

第 **7** 章

複数のユーザーやグループを登録して、コンピューターを使用するユーザーを識別できるのは、マルチユーザーOSであるWindows Server 2022の基本的な機能です。こうしたマルチユーザー機能を利用するには、個々のユーザーの権利を細かく管理し、ファイルやフォルダー、あるいは各種機能に対するアクセス許可を適切に設定することが必要です。せっかくマルチユーザー機能を持っていながら、どのユーザーもまったく同じことができるように設定してしまうのではマルチユーザーOSの意味がありません。

ここではマルチユーザー機能を存分に活用して、ユーザーの権利を細かく管理し、多くのユーザーが使うファイル共有を運用する方法について説明します。

アクセス許可の仕組み

　Windows Server 2022 は、複数のユーザーが1台のパソコンを操作することができる「マルチユーザー」機能を持つ OS です。ところで「複数のユーザーがコンピューターを使う」というのは、いったいどういうことを指すのでしょうか。たとえば（マルチユーザー OS ではない）Windows 95 や 98 でも1台のコンピューターを複数の人が交代して使うことは可能です。逆にマルチユーザー OS であるはずの Windows 11 であっても、オフィスなどで個人個人に1台のコンピューターが割り当てられている場合には、通常そのコンピューターはただ1人しか利用しません。つまり複数の人が利用するからマルチユーザー OS、1人で利用するからシングルユーザー OS、といった図式が簡単に成り立つわけではありません。

　マルチユーザー OS と呼ばれる条件にはさまざまなものがありますが、その中の大きな要素のひとつとして「アクセス許可（他の多くの OS ではアクセス権と呼ばれています）」を管理する機能を持つことが挙げられます。1台のコンピューターを複数の人が使うときに気になるのが、自分が使うファイルを他の人に見られてしまわないか、自分の環境を他の人が使うことで壊されてしまわないか、という点です。コンピューター上で作成するファイルには、メールや機密データなど、他人に見られては困るデータも含まれます。そうしたファイルをディスク中に保管したとして、これを他人に見られないよう「鍵をかける」という仕組みが必要です。マルチユーザー OS に備わる「アクセス許可」という仕組みは、言ってみれば「自分が保護したいファイルを、他の関係ないユーザーが開くことを防ぐ仕組み」です。

　たとえば A さんが使っているコンピューターを、ほかに B さん、C さん、D さんが利用するとしましょう。A さんが作ったファイルは、同じ職場にいる B さんと C さんは見ることができても、別の職場にいる D さんには見せたくはありません。ファイルを見せたくない相手である D さんがコンピューターを利用しているときにも、ファイルを開かせないようにする仕組みが、ファイルに対する「アクセス許可」です。Windows Server 2022 のアクセス許可管理では、ファイルやフォルダーに対して、「どのユーザーが」「どういった操作を」「できる」または「できない」といった設定をすることが可能です。この例では、A さんが作ったファイルに対して、次の表のような設定を行うことが可能です。この設定ができれば、A さんのファイルを D さんに見られることがなくなります。

	読み取り	書き込み
Aさん	できる	できる
Bさん	できる	できない
Cさん	できる	できない
Dさん	できない	できない

　この表では、読み取りのほかに「書き込み」についても設定を行っています。たとえば、A さんのファイルに書き込むことができるのは A さんだけで、B さんと C さんは、読むことができるが、書くことはできない、というように設定できます。つまり、単に読めるか読めないかだけではなく、どんな動作を許可 / 禁止するのか、より詳細に設定することができるのです。

　こうした動作を行うには「A さんが作ったファイル」のように、どのファイルを誰が作成したのか、Windows は常に認識しておかなければいけません。このため Windows ではファイルやディレクトリの持ち主である「所有者」という概念を定めています。A さんが作ったファイルの所有者は、もちろん A さんになります。

　アクセス許可に指定できる動作の中には、読み取り、書き込みのほか、実行（ファイルを実行する権利）や、ファイルのアクセス許可を設定する権利など、総計で30あまりのさまざまな項目が用意されています。たとえば先ほどの例のように、BさんとCさんには見せるけど書き込みは許可しない、Dさんには読み取りも許可しない、といった操作は、そのファイルの所有者であるAさんが自由に指定することができるというわけです。

　Windowsで使われるアクセス許可には、もうひとつ「アクセス許可の継承」という概念があります。アクセス許可の継承とは、あるファイルやフォルダーをアクセスする際、そのファイルやフォルダーが含まれるより上位のフォルダーのアクセス許可が最初に適用される機能です。

　たとえば、D:¥TESTというフォルダーに、次の表のようなアクセス許可が設定されているとします。

	読み取り	書き込み
Aさん	できる	できる
Bさん	できる	できない
Cさん	できない	できない
Dさん	できない	できない

　アクセス許可の継承が有効である場合、そのフォルダーに含まれるファイルやフォルダーには、自動的にこの表とまったく同じアクセス許可が設定されます。個々のファイルやフォルダーに、ユーザーが手作業でアクセス許可を設定しなくても、自動的にアクセス許可が設定されるので非常に便利ですし、アクセス許可を設定する権利を持たないユーザーがファイルを作成する場合でも、自動的に適切なアクセス許可が設定されます。

　アクセス許可の継承では、ファイルやフォルダーのアクセス許可は、継承元となる上位のフォルダーのアクセス許可すべてがコピーされます。アクセス許可の一部分だけを選択して継承することはできません。一方で、上位のフォルダーのアクセス許可に対して、別のアクセス許可を「追加」することはできます。

　たとえば、前述のD:¥TEST内の特定のファイルに対して、次のようなアクセス許可を追加したとします。

	読み取り	書き込み
Aさん	-	-
Bさん	-	-
Cさん	できる	-
Dさん	-	-

（-は設定なしを示します）

　この場合、そのファイルに対しては、AさんとBさんは継承により読み取りアクセスできるのはもちろんのこと、Cさんも読み取りアクセスが可能になります。つまり、上位フォルダーのアクセス許可に対して、新たに追加したアクセス許可が合成されるわけです。

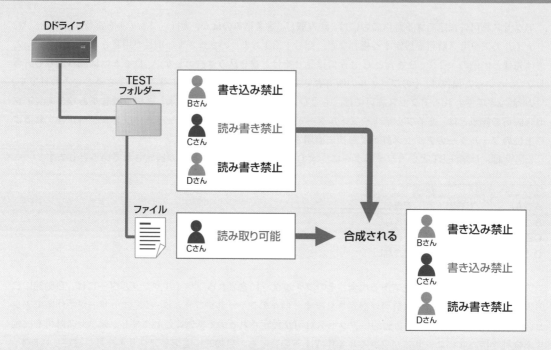

　上位から継承するアクセス許可に対しては、下位のフォルダーでは「追加しかできない」点に注意してください。つまり上位階層で定義されたアクセス許可を削除することはできません。階層の途中である人にアクセス許可を与えてしまうと、アクセス許可の継承が有効である限り、その下位にあるすべてのフォルダーで、その人に与えたアクセス許可が有効となってしまいます。

　これに対応するため、Windowsには「拒否のアクセス許可」という機能があります。ここまでは、指定のユーザーに対してある特定の動作を実行できる「許可のアクセス許可」を説明してきましたが、「拒否のアクセス許可」はこれとは逆に、あるユーザーが特定の操作を行おうとした場合に、それを明示的に拒否します。

　ファイルやフォルダーに対して「許可」と「拒否」がどちらも指定されている場合は、常に「拒否」の方が有効となります。たとえばあるフォルダーに対して「誰でも読み取り許可」が指定されている場合には、そのフォルダー内のファイルはすべてが誰でも読み取り可能になりますが、それらの中のファイルに「拒否」が設定されたファイルがあると、そのファイルだけは読み取りができません。前述のように、上位フォルダーから継承されている許可のアクセス許可は削除できませんが、アクセス許可の追加で「拒否」を追加することは可能なので、結果として、上位からの継承を打ち消すことが可能になるわけです。

　拒否のアクセス許可は、ファイルだけでなくフォルダーに指定することもできます。ただしフォルダーに拒否のアクセス許可を設定する場合には十分な注意が必要です。というのは、拒否のアクセス許可が下位のフォルダーに継承される場合、下位のフォルダーでは継承されたアクセス許可を削除することはできません。許可のアクセス許可と違って、下位のフォルダーで別のアクセス許可を追加することで設定を打ち消すこともできません。アクセス許可の継承を禁止にしない限り、下位のフォルダーすべてで拒否設定が有効になる点に注意してください。

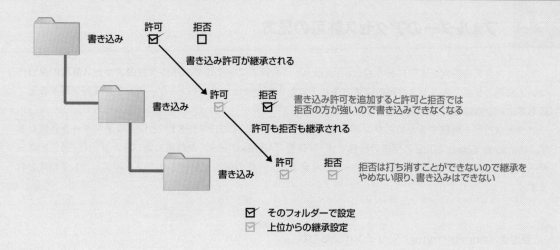

許可　　拒否

書き込み　☑　　☐

書き込み許可が継承される

許可　　拒否　　書き込み許可を追加すると許可と拒否では
　☑　　☑　　拒否の方が強いので書き込みできなくなる

許可も拒否も継承される

許可　　拒否　　拒否は打ち消すことができないので継承を
　☑　　☑　　やめない限り、書き込みはできない

☑　そのフォルダーで設定
☑　上位からの継承設定

フォルダーのアクセス許可の見方

アクセス許可の設定を実際に行う前に、Windowsにおけるファイルやフォルダーのアクセス許可の見方について説明します。アクセス許可の確認方法とその動きの理解は、マルチユーザーのOSを運用管理する上で最も基本的な機能なので、よく理解してください。

アクセス許可を確認するためのサンプル用のフォルダーとして「D:¥TEST」というフォルダーを作成します。Windows Server 2022の標準の状態では、管理者（Administrator）が作成したフォルダーは、通常のユーザー（Usersグループに所属するユーザー）から見ると、一部の機能が制限されたフォルダーとして作成されます。

❶ 管理者（Administrator）でサインインした状態で、エクスプローラーで [PC] のD:ドライブを開く。

❷ ウィンドウ中の何も表示されていない領域を右クリックして [新規作成]−[フォルダー] を選択する。

❸ 新しいフォルダーが作成され、名前の入力待ち状態になったらTESTと入力する。

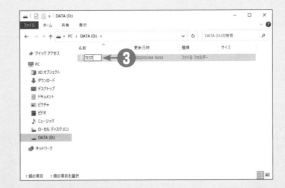

④ これでD:¥TESTフォルダーが作成された。この
フォルダーのアイコン［TEST］を右クリックし
て、メニューから［プロパティ］を選択する。

⑤ ［TESTのプロパティ］ダイアログボックスが表
示されるので、［セキュリティ］タブを選択する。

⑥ ［グループ名またはユーザー名］の一覧から
［Users］を選択する。

⑦ ［アクセス許可］の一覧に、有効なアクセス許可
が表示される。［Users］グループには［読み取
りと実行］［フォルダーの内容の一覧表示］［読み
取り］［特殊なアクセス許可］の［許可］が有効
になっている。

● グループ名またはユーザー名を選択すると、そ
のグループまたはユーザーとしてアクセスし
た場合にアクセスが許可されるかどうかが、
［アクセス許可］の一覧に表示される。

● ［アクセス許可］の一覧に灰色で表示されてい
る項目は、上位のフォルダー（この場合はD:¥）
から継承されていて変更できないことを示し
ている。

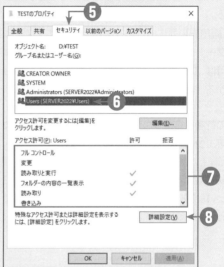

⑧ ［特殊なアクセス許可］の内容を確認するため、
［詳細設定］をクリックする。

　ここで「特殊なアクセス許可」とは、読み取りや書き込みといった大まかな分類ではなく、たとえば「フォ
ルダーの作成や削除」といった、より詳細な機能分類のことを示しています。たとえば「フォルダーの作成は
許可したいが、フォルダーの削除は許可したくない」といった管理を行っている場合には「特殊なアクセス許
可」として設定します。

⑨
[TESTのセキュリティの詳細設定] ダイアログボックスが開く。ここで表示されているうちの一番下の行に、[プリンシパル] 列が「Users」、[アクセス] 列が「特殊」と表示されているのが、今回調べたい「特殊なアクセス許可」を示している。

● [継承元] 列に「D:¥」と表示されていることから、このアクセス許可は上位フォルダー「D:¥」から継承されたものであることがわかる。

● [適用先] 列に「このフォルダーとサブフォルダー」と表示されているため、このアクセス許可は、フォルダーにしか適用されないことがわかる。

⑩
この行をさらにダブルクリックすると、アクセス許可エントリの詳細画面が表示される。

⑪
[高度なアクセス許可を表示する] をクリックすると、特殊なアクセス許可の詳細な内訳が表示される。

　手順⑪の画面で [高度なアクセス許可] の一覧を見ると、[ファイルの作成 / データの書き込み] と [フォルダーの作成 / データの追加]の２つが許可されています。高度なアクセス許可以外の通常のアクセス許可では [読み取りと実行] [フォルダーの内容の一覧表示]「読み取り」が許可されていましたから、このフォルダー内において一般ユーザーは、次の操作ができることになります。

・ファイルの読み取りと実行
・フォルダーの内容の一覧表示
・読み取り
・ファイルの作成とデータの書き込み
・フォルダーの作成とデータの追加

　一方で、この画面を見ると、［サブフォルダーとファイルの削除］は許可されていないことがわかります。つまり、このフォルダー内とサブフォルダー内では、管理者ではない一般ユーザーは、フォルダーやファイルを削除することはできません。

　ただしファイルやフォルダーを削除できないといっても、ユーザー自身が作成したファイルやフォルダーは削除が可能です。なぜならユーザーが作成したファイルは、そのユーザーが所有するファイルとして扱われるからです。すなわち、このファイルに対するアクセスでは Users グループが持つ権限ではなく、ファイルの所有者の権限である「CREATOR OWNER」権限を使って行われるのです。

　「CREATOR OWNER」が持つ権限は、手順❾の画面から、［フルコントロール］であることがわかります。これは、自分が作成したファイルやフォルダーに対しては、削除を含めたどのような操作も可能であることを示します。ただしその適用先は、サブフォルダーとファイルのみですから、現在のフォルダー（D:¥TEST）自体にはその効力は及ばず、現在のフォルダー内のファイルとフォルダーに対してのみ有効となります。

　以上を整理します。

　まず、管理者が作成したフォルダー内で一般ユーザーが行えるのは、基本的には［読み取り］操作です。ただし特殊な操作として、ファイルやフォルダーの作成（他フォルダーからのコピーも含む）は行えます。そのようにして作成したファイルやフォルダーに対しては［フルコントロール］、つまり書き込みや削除を含めたすべての操作が行えます。自分以外のほかの人が作成したファイルやフォルダーについては、書き込みや削除は行えません。

　ここで挙げたフォルダーのアクセス許可設定は、管理者が特別に指定せず最上位のフォルダーからアクセス許可を継承している場合に標準で適用されます。この設定は、複数のユーザーが同じフォルダーを共有する場合に非常に便利な設定です。

　というのは、一般ユーザーはこの共有のフォルダーに対して自由にファイルやフォルダーを配置できますし、また削除や編集も行えます。一方で、他のユーザーはそれらのファイルやフォルダーを参照することはできますが、勝手に変更することはできません。また管理者が作成したフォルダーやファイルは、一般ユーザーは参照できても勝手に変更はできないからです。特定のファイル / フォルダーだけは他の人に見せたくないといったプライベートなファイルの指定や、逆に特定のファイルは誰でも書き込みできるようにしたいといった設定も、管理者ではなく、ファイルの所有者自身が設定できます。

1 ファイルを作成者以外のユーザーでも書き込み可能にするには

　先ほどのコラムで説明したように、Windows Server 2022の標準の設定では、Usersグループに属するユーザーが作成したファイルは、作成者本人が読み書きできます。一方で、同じグループ内の他のユーザーはファイルを読み出すことができますが、書き込みはできません。しかしビジネスの場などでは、同じファイルを複数のユーザーが編集する場合もしばしば生じます。ここでは、この「他のユーザーも書き込み可能」にする方法を解説します。

　他のユーザーの書き込みを許可する場合には、フォルダーに対して許可のアクセス許可を設定して、その設定をフォルダー内のファイルに継承させる方法と、個別のファイルそのものに許可のアクセス許可を設定する方法の2つがあります。この2つの設定は、対象がフォルダーになるかファイルになるかの違いだけで、設定の手順自体はほとんど変わらないため、ここでは個別のファイルに対してアクセス許可を追加する方法について解説します。

ファイルを作成者以外のユーザーでも読み書き可能にする

❶

ユーザー「shohei」でサインインして、D:¥TESTフォルダーを開く。

●ここからは、ユーザー「shohei」の操作画面。

●「D:¥TESTフォルダー」は、この章のコラム「フォルダーのアクセス許可の見方」で作成したもの。この節から始める場合は、コラムに記載の手順に従ってあらかじめ作成しておく。

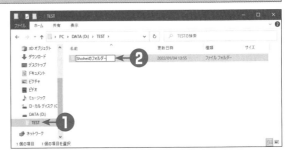

❷

フォルダーウィンドウ内の何もないところを右クリックし、[新規作成]−[フォルダー]を選択して新しいフォルダーを作成する。

●管理者用の画面とは違うことを示すため、タイトルバーの色を既定から変更している。

●ここでは「Shoheiのフォルダー」という名前のフォルダーを作成している。

●この手順で作成されたフォルダーは、所有者が「shohei」で、他のユーザーは読み取り可能となる。

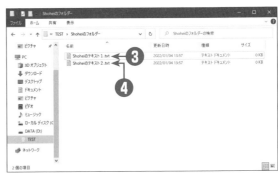

❸

作成されたフォルダーをダブルクリックして[Shoheiのフォルダー]を開き、右クリックして[新規作成]−[テキストドキュメント]を選択して新しいテキストファイルを作成する。

●ここではわかりやすいように「Shoheiのテキス

ト1.txt」という名前のファイルを作成している。
- ●ファイル名の拡張子は表示する設定にしている。
- ●この手順で作成されたファイルも、所有者が「shohei」で、他のユーザーは読み取り可能となる。

④
同じ手順で「Shoheiのテキスト2.txt」も比較用として作成する。

⑤
作成された［Shoheiのテキスト1.txt］のアイコンを右クリックして［プロパティ］を選択する。

⑥
［Shoheiのテキスト1.txtのプロパティ］ダイアログボックスが表示されるので、［セキュリティ］タブでUsersグループのアクセス許可を確認するため、一覧から［Users］を選択する。
- ●［Users］は［読み取りと実行］と［読み取り］が可能であることがわかる。［書き込み］にチェックが入っていないので、［Users］グループの他のユーザーは書き込みできない。

⑦
設定を変更するため、［編集］ボタンをクリックしてアクセス許可の編集画面を表示する。

shoheiの画面

参照

ファイルの拡張子を表示するには

→この章のコラム「登録されたファイルの拡張子を表示するには」

❽

一覧から［Users］を選択して［書き込み］の［許
可］にチェックを入れる。

● ［読み取りと実行］と［読み取り］が灰色で表示
  されていて選択できないのは、このアクセス許可
  が上位のフォルダーから継承されているため（継
  承されたアクセス許可は削除できない）。

● ［書き込み］のアクセス許可は追加できる。

● 「Shoheiのテキスト2.txt」は比較用なのでアクセ
  ス許可の設定は行わない。

❾

［OK］をクリックする。

❿

別のユーザーからのアクセスを確認するため、いっ
たんサインアウトし、別のユーザー「haruna」でサ
インインする。

● ここからは、ユーザー「haruna」の操作画面。

⓫

［D:¥TEST¥Shoheiのフォルダー］を開く。

● ユーザー［haruna］も［Users］グループの一員
  なので、フォルダーの表示は可能。

⓬

［Shoheiのテキスト2.txt］をダブルクリックして開
く。

⓭

メモ帳が開くので、適当に文字を入力して［ファイ
ル］－［上書き保存］を選んでも、ファイル名を問い
合わせる［名前を付けて保存］ダイアログボックス
が表示される。

● 通常の上書き保存の場合は、ファイル名を訊かれ
  ずにそのまま保存できるが、書き込み権限がない
  ファイルでは、別のファイル名を入力するよう問
  い合わせられる。

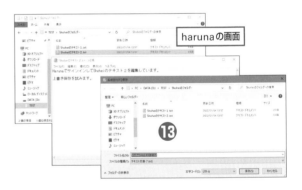

⓮
無視して、「Shoheiのテキスト2.txt」のままで保存
しようとすると、アクセスが拒否される。
- ●このメモ帳はファイルを保存せずにそのまま閉じ
  る。

⓯
[Shoheiのテキスト1.txt] をダブルクリックして開
く。メモ帳が開くので、適当に文字を入力して [ファ
イル] - [上書き保存] を選ぶと、何も警告されずに
そのままファイルが保存される。
- ●手順❽で追加した書き込みのアクセス許可が有効
  になっているため、[haruna] からでもファイル
  を書き込むことができる。
- ●ファイルの更新日時やサイズが手順⓬の画面と異
  なることから、正常に書き込まれたことがわかる。
- ●手順❺～❽で、「Shoheiのテキスト1.txt」ではな
  く、その上位の「Shoheiのフォルダー」のアク
  セス許可を変更した場合は、フォルダー内のファ
  イルすべてに対して [haruna] が書き込み可能に
  なる。

登録されたファイルの拡張子を表示するには

Windows では、ファイルを「開く」際にどのアプリケーションを用いてファイルを開くかをあらかじめ登録することで、アプリケーションではなくデータファイルを「開く」動作を行った場合に、自動的にそのアプリケーションを起動する仕組みが搭載されています。一方、Windows のエクスプローラーでは、この「標準で開く」アプリケーションが登録済みの拡張子を持つファイルについては拡張子を表示しない［登録されている拡張子は表示しない］という動作が標準で設定されています。

この標準設定は、ファイルの拡張子とアプリケーションの関係についてそれほど詳しくない初心者ユーザーにとってはある程度便利かもしれません。しかし、そうした知識を持った「管理者」にとってはかえって不便であるほか、エクスプローラー上の表示を見るだけでは起動するプログラムがわからないという欠点を持ちます。特に、本来起動するプログラムとは異なるアイコンをデータファイルに設定した「ファイルアイコンを偽装するタイプのマルウェア（コンピューターに危害を及ぼす恐れがあるプログラム）」を発見しづらくなるなど、セキュリティ面での弱点となることもあります。

このため、コンピューターの管理をする場合には「常に拡張子を表示する」モードを使用することを強くお勧めします。

常にファイルの拡張子を表示する設定は、Windows Server 2012 以降はエクスプローラーのリボンから行えるようになっているため、非常に簡単です。その手順は、次のとおりです。

❶
エクスプローラーを表示する。
- どのフォルダーを表示してもよい。

❷
［表示］タブを選択する。

❸
［ファイル名拡張子］にチェックを入れる。
- この設定は、表示中のフォルダーだけでなく、他のフォルダーにも一律で有効となる。
- この設定は、ユーザーごとであるため、サインインするユーザーが各自で個別に設定する必要がある。

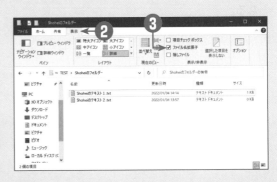

なお、［項目チェックボックス］と［隠しファイル］については、本書で説明する範囲ではチェックあり／なしのどちらでもかまいません。本書においては、いずれも「チェックなし」に設定しています。

2　ファイルを特定の人や特定のグループから読み取れないようにするには

　前節で説明したように、ファイルに対して書き込み許可のアクセス許可を追加すれば、所有者以外でもファイルに書き込みできるようになります。ここでは反対に、所有者以外の他の人がファイルを読めなくするような設定を行います。この設定は、所有者以外の［読み取り］のアクセス許可を削除すればよいように思われますが、アクセス許可の継承機能では、上位から継承されたアクセス許可の一部を削除することはできません。

　このため上位フォルダーで許可された設定と異なる設定を下位フォルダーで使用するためには、上位の設定を打ち消すような設定を追加するか、アクセス許可の継承をやめるかのいずれかを行う必要があります。

　ここでは、上位からの継承を打ち消す［拒否のアクセス許可］を追加する方法を説明します。［拒否のアクセス許可］は、アクセスを拒否したいユーザーやグループが特定されている場合に有効な方法です。

ファイルを特定の人や特定のグループから読み取れないようにする

❶ ユーザー「shohei」でサインインした状態で［D:¥TEST¥Shoheiのフォルダー］を開く。

- ●ここからは、ユーザー「shohei」の操作画面となる。
- ●前節の続きのため、フォルダーは作成済みとする。この節から始める場合は、前節の手順に従って「Shoheiのフォルダー」「Shoheiのファイル1.txt」「Shoheiのファイル2.txt」を作成しておく。

❷ 「Shoheiのテキスト1.txt」のアイコンを右クリックして［プロパティ］を選択する。

❸ ［Shoheiのテキスト1.txtのプロパティ］ダイアログボックスが表示されるので、［セキュリティ］タブでUsersのアクセス許可を確認するため、一覧から［Users］を選択する。

- ●画面からは［Users］の［読み取り］が可能であることがわかる。このため「haruna」など、このグループに属するユーザーからもファイルの読み取りができてしまう。
- ●前節の続きで操作しているため、このファイルは［Users］の［書き込み］もできる。

❹ 設定を変更するため、［編集］ボタンをクリックしてアクセス許可の編集画面を表示する。

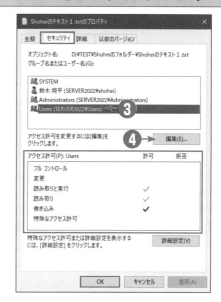

❺
一覧から［Users］を選択する。

- ［読み取りと実行］と［読み取り］が灰色で表示されていて選択できないのは、このアクセス許可が上位のフォルダーから継承されているため（継承されたアクセス許可は削除できない）。そのため、このチェックを外すことで［読み取り］許可を消すことはできない。
- 前節の続きでそのままテストする場合には、前節で設定した［書き込み］の［許可］のチェックを外す。
- 「Shoheiのテキスト2.txt」は比較用なのでアクセス許可の設定は行わない。

❻
拒否のアクセス許可を追加するため［追加］ボタンをクリックする。

❼
アクセスを拒否したいユーザーを指定するため［選択するオブジェクト名を入力してください］欄にharunaと入力する。

- ユーザー名ではなくグループ名を指定してアクセスを拒否することもできる。ただし「shohei」が属しているグループ（たとえば［Users］など）を指定してはならない。［許可］と［拒否］では［拒否］の方が強いため、「shohei」自身もファイルへのアクセスができなくなるためである。
- 第4章の7で説明した手順のように、ユーザー名を直接入力するのではなく、登録されたユーザー名を検索して指定することもできる。

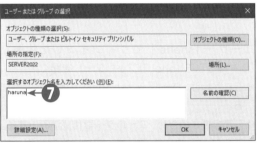

❽
［名前の確認］ボタンをクリックする。

- この手順は、入力した名前がシステムに登録済みかどうか確認するために行う。名前に間違いがなければ省略してもよい。

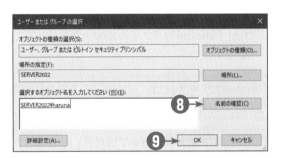

❾
［OK］ボタンをクリックする。

⑩
[グループ名またはユーザー名]の一覧に[(コンピューター名)￥haruna]が追加されているので、これをクリックして選択する。

⑪
[フルコントロール]の[拒否]にチェックを入れる。

●特定のアクセスだけを禁止する場合には、禁止したい操作の[拒否]にチェックを入れる。

⑫
[OK]または[適用]をクリックする。

⑬
拒否のアクセス権を設定する際には、確認が求められるので[はい]をクリックする。

⑭
設定を確認するため、いったんサインアウトし、別のユーザー「haruna」でサインインする。

●ここからは、ユーザー「haruna」の操作画面。

⑮
[D:￥TEST￥Shoheiのフォルダー]を開く。

●ユーザー「haruna」も[Users]グループの一員なので、フォルダーの表示は可能。

⑯
[Shoheiのテキスト2.txt]をダブルクリックして開く。このファイルは拒否設定をしていないため、ファイルは開ける。

●ここでは、保存せずそのままメモ帳を終了させる。

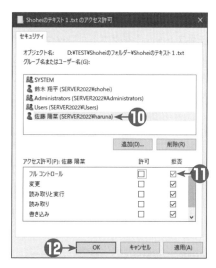

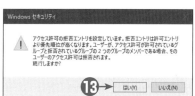

harunaの画面

harunaの画面

⑰

[Shoheiのテキスト1.txt] をダブルクリックして開く。メモ帳は起動するが、「このファイルを開くためのアクセス許可がない」旨のメッセージが表示され、ファイルの内容は表示できない。

harunaの画面

3 アクセス許可の継承をしないようにするには

　前節で説明した、ファイルに対して［拒否］のアクセス許可を追加する方法は、拒否したいユーザーやグループが限られている場合には便利に使えますが、「自分以外のすべてのユーザーは拒否」といった設定を行うには不便です。というのは、自分以外に対して拒否を設定するには、自分以外のすべてのユーザーに対して［拒否］を設定しないといけないからです。自分以外のすべてのユーザーを含むグループを作成すれば可能にはなりますが、将来的に利用者が増加した場合などには、毎回、グループメンバーを設定しなければいけません。

　そもそも自分以外の人がファイルにアクセスできてしまうのは、Windowsのフォルダーの標準設定が、［Users］グループは読み取り可能であり、これが下位のフォルダーにまで継承されていることが原因です。そこでここでは、このアクセス許可の継承を取りやめる方法を解説します。

　アクセス許可の継承をやめれば、標準で設定されてしまう［Users］グループが読み取り可、というアクセス許可を取りやめることができます。これにより自分だけがアクセス可能なファイルやフォルダーを簡単に作ることができます。

アクセス許可の継承をしないようにする

❶ ユーザー「shohei」でサインインした状態で［D:¥TEST¥Shoheiのフォルダー］を開く。
- ●ここからは、ユーザー「shohei」の操作画面。
- ●前節の続きのため、フォルダーは作成済みとする。この節から始める場合は、この章の1の手順に従って「Shoheiのフォルダー」「Shoheiのファイル1.txt」「Shoheiのファイル2.txt」を作成しておく。

❷ 作成された［Shoheiのテキスト1.txt］のアイコンを右クリックして［プロパティ］を選択する。［Shoheiのテキスト1.txtのプロパティ］ダイアログボックスが表示されるので、［セキュリティ］タブを選択する。

❸ 設定を変更するため、[詳細設定]ボタンをクリックしてセキュリティの詳細設定画面を表示する。

④

前節の続きの場合、ユーザー「haruna」のアクセス
許可として［拒否］が設定されたままなので、その
行を選択して［削除］ボタンをクリックする。

▶ ユーザー「haruna」の行が削除される。

● この拒否の設定の削除は行わなくても動作に違い
は出ないが、［拒否］がなくてもアクセスできなく
なることを確認するために、ここで削除しておく。

● 前節の続きではなく、新規でファイルを作成した
場合には、この操作は不要。

⑤

引き続き［継承の無効化］ボタンをクリックして、
上位（D:¥）からのアクセス許可の継承をやめる。

⑥

確認のメッセージが表示されるので、［継承されたア
クセス許可をこのオブジェクトの明示的なアクセス
許可に変換します］をクリックする。

● この操作は、これまで継承されていたアクセス許
可とまったく同じアクセス許可を、ファイルや
フォルダーに対して設定する。これにより、アク
セス許可の継承をやめても、これまでとまったく
同じアクセス許可が維持される。

⑦

自分以外のユーザーに読み取り許可を与えている
［Users］の行を選択し［削除］ボタンをクリックす
る。

● この操作で自分以外への読み取り許可が削除され
る。これを削除しても、ユーザー「shohei」の
［フルコントロール］の行が残るため、自分自身は
このファイルを読み書きすることができる。

● 「Shoheiのテキスト2.txt」は比較用に作成したも
のなので、アクセス許可の設定は行わない。

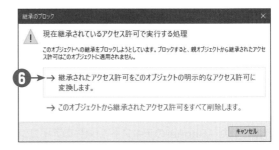

⑧

［OK］をクリックする。

⑨
ファイルのプロパティ画面に戻るので、右のような
表示となっていることを確認する。
- ●ユーザー「haruna」への［拒否］のアクセス許可
  と、［Users］への［読み取り］のアクセス許可が
  削除されている。
- ●この状態では、ファイルにアクセスできるのは管
  理者であるAdministratorsとSYSTEMを除け
  ば、ユーザー「shohei」だけになる。

⑩
設定を確認するため、いったんサインアウトし、別
のユーザー「haruna」でサインインする。
- ●ここからは、ユーザー「haruna」の操作画面。

⑪
［D:¥TEST¥Shoheiのフォルダー］を開く。
- ●ユーザー「haruna」も［Users］グループの一員
  なので、フォルダーの表示は可能。

⑫
「Shoheiのテキスト2.txt」をダブルクリックして開
く。このファイルは拒否設定をしていないため、ファ
イルは開ける。
- ●ここでは、保存せずそのままメモ帳を終了する。

⑬
「Shoheiのテキスト1.txt」をダブルクリックして開
く。メモ帳は起動するが「アクセスが拒否されまし
た」というメッセージが表示され、ファイルの内容
は表示できない。

コラム フォルダーツリーの途中のフォルダーに対して アクセス許可を変更する場合

先ほどの例では、個別のファイルに対して上位フォルダーからのアクセス許可の継承を無効にする操作を行っていますが、この操作はフォルダーについて行うことも可能です。対象がフォルダーの場合についても、個別ファイルの場合と同じく［セキュリティの詳細設定］画面を使用しますが、この画面は、変更対象がフォルダーの場合とファイルの場合とで一部画面が異なります。その違いとは、対象がフォルダーの場合には、［継承の無効化］ボタンの下に［子オブジェクトのアクセス許可エントリすべてを、このオブジェクトの継承可能なアクセス許可エントリで置き換える］というチェックボックスが追加で表示されている点です。

この章の本文や他のコラムで解説したとおり、Windows でのアクセス許可は、基本的には上位のフォルダーのアクセス許可を継承します。一方で、そのフォルダーに含まれるファイルや、そのフォルダーの下位にあるフォルダーに対しては、継承されるアクセス許可とは別に、個別のアクセス許可を追加することができます。

追加されたアクセス許可は、継承されたアクセス許可と合成されて新しいアクセス許可として使われることになりますが、ここで注意したいのが、継承元のアクセス許可を変更する場合です。下位にあるファイルやフォルダーのアクセス許可は、継承されるアクセス許可と、個別のアクセス許可の合成となるわけですから、継承されるアクセス許可が変更されれば、当然、合成されるアクセス許可にも影響が及びます。場合によっては、ユーザーが予想しなかった悪影響が発生する恐れさえあります。

［子オブジェクトのアクセス許可エントリすべてを、このオブジェクトの継承可能なアクセス許可エントリで置き換える］という設定は、ここに挙げたような問題を避けるため、現在設定しているフォルダーよりも下位のフォルダーやファイルに設定された個別のアクセス許可をいったん削除し、現在のフォルダーから継承されるアクセス許可のみに置き換える機能となります。

これにチェックを入れた状態でアクセス許可を更新すると、個別に設定されたアクセス許可は削除されてしまいますので注意してください。

Windows Server 2022におけるクォータ機能

　サーバー上のディスクを複数のユーザーが利用する環境では、各ユーザーが使うディスク容量の管理が非常に重要となります。いくら容量が大きなディスクでも、使う人数が多ければそれだけ容量の消費も大きく、制限なしに使い続けていけばすぐにディスクはいっぱいになってしまいます。すでに説明した「記憶域プール」機能では、プロビジョニング機能によりディスク容量が不足した場合でも簡単に容量を追加できるようになりました。ですが、ユーザーが使用するディスク容量を適切に制限できれば、より計画的にディスク容量を管理することができます。ここで使われるのが「クォータ」と呼ばれる機能です。

　「クォータ機能」とは、ユーザーが使用するディスク容量を、ボリュームごとやユーザーごとといった単位で監視することで、ディスク容量がいっぱいになるよりも前に管理者に警告を通知し、さらにはユーザーがディスク容量を使用することを制限することを可能にする機能です。この機能と、記憶域プール機能とを併用すれば、より効率的なディスク容量の管理が行えます。

　Windows Server 2022 が持つクォータ機能は、大きく以下の2つに分けられます。

1. ディスククォータ
2. フォルダークォータ

　ディスククォータ機能は、Windows Server 2003 以前の Windows Server や、クライアント Windows で利用できるクォータ機能で、ボリュームごとに個々のユーザーが利用できるディスク容量を制限できる機能です。たとえば D: ボリュームでは、「ユーザー shohei は 10GB まで、ユーザー haruna は 20GB まで、ディスク領域を使用可能である」といった設定が行えます。

　ただ、このクォータ機能はサーバー OS ではあまり使いやすい機能とは言えません。たとえばクォータ容量の設定はユーザーごとにしか設定できず、グループ単位での設定が行えません。容量制限もボリューム単位より細かい単位は指定できないので、たとえば、「個人のドキュメントフォルダーには 1GB までファイルを置いてもいいが共有フォルダーには 500MB までに制限する」といった設定はできません。せいぜいユーザー数が2～3人程度のクライアント OS 向けの機能と考えてよいでしょう。

　フォルダークォータ機能は、Windows Server 2003 R2 で新たに取り入れられた機能です。容量の制限は、ボリューム単位ではなくフォルダー単位で行います。同じボリューム内でも、「メンバーが共同で使うフォルダーには合計 100GB までのファイルが置けるが、個人のドキュメントフォルダーには 1GB までしかファイルを置けない」といった柔軟な制限が行えるわけです。一方でディスククォータ機能とは違いユーザーごとにディスクの使用量を制限することはできません。ただ Windows Server では、デスクトップやマイドキュメントなど、ユーザーごとに書き込みできるフォルダーを個別に作成するのが普通ですから、それぞれのフォルダーごとに個別にフォルダークォータを設定することで代用できます。またフォルダークォータとディスククォータは併用できるため、両者の機能をあわせて希望の機能を実現することもできます。

　クォータ機能は対象となるボリュームがNTFSでフォーマットされている場合にのみ利用可能です。マルチユーザー機能を持たない FAT や exFAT で利用できないのは当然ですが、ReFS でもクォータ機能は利用できなくなっています。クォータ機能を使用したい場合には必ず NTFS でボリュームをフォーマットしてください。

　本書では、より実用性の高い「フォルダークォータ」機能についてのみ紹介します。

コラム ハードクォータとソフトクォータとは

　フォルダークォータ機能には、ハードクォータとソフトクォータと呼ばれる２種類の使い方があります。

　ハードクォータとは、フォルダーの容量制限を絶対に「超えてはいけない」ものとして扱うクォータ機能です。特定のフォルダーに対して容量制限を指定した場合、たとえ１バイトでもその容量をオーバーするとエラーが発生し、ファイルを置けなくなるのがハードクォータ機能です。

　一方ソフトクォータとは、フォルダーの容量制限が設定できるが、それが絶対的な制限とはならないクォータ機能です。フォルダーに対して容量を超えるファイルを配置しようとした場合でも、ボリューム全体の容量がいっぱいでない限り、ファイルの配置は成功します。ただしこうした容量オーバーが発生した場合には、管理者に電子メールを送信したり、特定のプログラムを実行したりといった機能を自動的に実行することができます。そのため、事態が発生した際にユーザーに削除を促したり、あるいは制限を緩和したりなど、管理者が対応を判断することができます。

　つまり容量オーバーを自動かつ強制で制限できるのが「ハードクォータ」、管理者が手動かつ臨機応変に対処できるのが「ソフトクォータ」と考えることができるでしょう。対処が必要となる分、管理者にとって作業は増えますが、一方で「クォータ制限のせいで至急保存したいファイルが保存できない」といったことはなくなるため、緊急対応しなければならない事態は減らすことができます。

　フォルダークォータ機能における容量管理の方法は、ディスククォータ機能と比べるとはるかに柔軟です。制限容量の対する処理では、容量をオーバーした際に通知されるのはもちろんのこと、容量をオーバーする前でも通知することができます。たとえば制限容量の85%に達した場合には管理者のみにメールを送り、95%に達したら管理者とユーザーの双方にメールを送るとともにイベントログに記録するといった設定にしておけば、管理者は、あらかじめディスク容量オーバーの兆候を知ることが可能となり、ディスク増設の準備を行っておくことも可能となります。また任意のコマンド実行も可能なので、使用率が100%に達した場合には、あらかじめ用意しておいたファイルの自動削除プログラムを実行する、といった動作も可能となります。

　設定が柔軟となった分、フォルダークォータ機能の設定画面はやや複雑です。ただ、よく使う設定については「テンプレート」としてあらかじめ登録されているほか、使用環境にあわせて個別にテンプレートを作成、保存しておくことも可能となっており、管理者の負担を下げることができます。

　なお、フォルダークォータ機能は、Windows Server 2022では標準ではセットアップされていないため、この機能を使用するには最初に「役割と機能の追加」で、機能追加しておく必要があります。

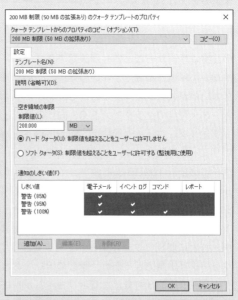

フォルダークォータ機能における容量管理は、ディスククォータに較べて柔軟

4 フォルダークォータ機能を使用できるようにするには

　Windows Server 2022が持つ2つのクォータ機能のうち、ディスククォータ機能はWindows Server 2022のセットアップ直後から使用可能になっています。一方、フォルダークォータ機能はオプション機能という扱いで、管理者が機能を追加インストールしないと利用できません。ここではまずフォルダークォータ機能の追加セットアップ方法について説明します。「役割と機能の追加」については、本書においては初めて紹介する操作となりますが、他の機能を追加する際にもしばしば使われる操作となるので、使い方をしっかりと覚えてください。

フォルダークォータ機能を使用できるようにする

❶
管理者でサインインし、サーバーマネージャーのトップ画面で［② 役割と機能の追加］をクリックする。

❷
［役割と機能の追加ウィザード］が開く。［次へ］をクリックする。

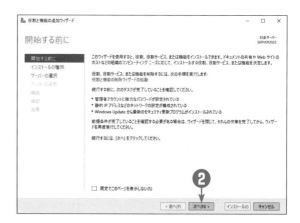

③

[インストールの種類の選択] 画面では、[役割ベースまたは機能ベースのインストール] を選択して [次へ] をクリックする。

④

[対象サーバーの選択] 画面では、自サーバーの名前（SERVER2022）を選択して [次へ] をクリックする。

- ●Windows Server 2022 の サ ー バ ー マ ネ ー ジャーでは、ネットワーク接続されたほかのサーバーやHyper-V仮想マシン上のサーバーにも機能を直接セットアップすることができる。今回は、いま操作しているサーバーに直接機能を設定するため、自サーバーを指定する。

⑤

[サーバーの役割の選択] 画面では、インストール可能な役割の中から [ファイルサービスおよび記憶域サービス（インストール済み）] の左にある▷をクリックして展開し、さらに [ファイルサービスおよびiSCSIサービス] の左にある▷をクリックして展開して、[ファイルサーバーリソースマネージャー]にチェックを入れる。

- ●フォルダークォータ機能は、[ファイルサーバーリソースマネージャー] に含まれている。

6

自動的に追加される機能の一覧が表示されるので、
［機能の追加］を選択する。

7

［サーバーの役割の選択］画面に戻るので、［次へ］
をクリックする。

8

［機能の選択］画面では、そのまま［次へ］をクリッ
クする。

9

［インストールオプションの確認］画面では、［必要
に応じて対象サーバーを自動的に再起動する］に
チェックを入れる。

10

確認のメッセージが表示されたら［はい］をクリッ
クする。

●すでにサーバーを運用中である場合など、今すぐ
に再起動されては困る場合には、チェックを入れ
てはならない。ただしこの場合は、再起動するま
では、いま追加する機能は使えない。

●実際に再起動が必要になるかどうかは、サーバー
の設定状態や追加する機能により異なる。追加す
る機能が今回の［ファイルサーバーリソースマ
ネージャー］だけの場合には、通常、再起動は必
要ない。

11

［インストールオプションの確認］画面で［インス
トール］をクリックする。

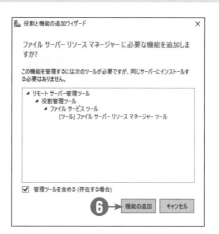

⑫
インストールが開始される。

●インストールの終了を待たずにこの画面を閉じて
しまっても、インストールは継続される。

●インストール終了後、もし必要ならば再起動が自
動的に行われる。

⑬
インストールが完了したら、[閉じる]をクリックし
てウィザードを閉じる。

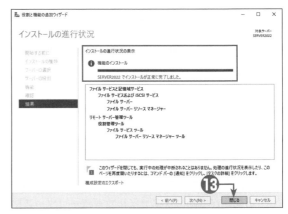

5　フォルダークォータ機能を設定するには

　フォルダークォータは、個々のフォルダー単位でディスク使用量を制限する機能です。これが設定されたフォルダーでは、フォルダー内およびその下位のサブフォルダーに存在するすべてのファイルサイズの合計が、クォータ容量を上回らないかどうかが検査されます。複数のユーザーが使用している場合に、どのユーザーがどの程度の容量を使用しているかはチェックされません。

　フォルダークォータは、前節でセットアップした「ファイルサーバーリソースマネージャー」の管理画面から設定します。

フォルダークォータ機能を設定する

❶
管理者（Administrator）でサインインした状態でサーバーマネージャーを開き、[ツール]メニューから[ファイルサーバーリソースマネージャー]を選択する。

▶ ファイルサーバーリソースマネージャーの管理画面が開く。

❷
左側のペインで［クォータの管理］を展開して
［クォータ］を選択する。

❸
新しいクォータを定義するため、右側のペインで
［クォータの作成］をクリックする。

▶［クォータの作成］ダイアログボックスが開く。

❹
［クォータのパス］には、フォルダークォータを設定
したいフォルダーのフルパスを指定する。［参照］を
クリックしてフォルダーツリーからフォルダーを選
択することもできる。クォータ容量は［クォータプ
ロパティ］で既存のテンプレートからプロパティを
選択するか、もしくは自分でプロパティを定義する。
ここではテンプレートとして［100MB制限］を選択
している。

● ［既存と新規のサブフォルダーに自動でテンプ
　レート適用とクォータ作成を行う］を選択した場
　合には、指定したパスではなく、その下のサブフォ
　ルダーに対してクォータが適用される。この適用
　は、サブフォルダーがすでに存在するか、あるい
　は今後新たに作られるかには関係ない。

● テンプレートから選択する場合、ソフトクォータ
　かハードクォータかの違いには注意する。ソフト
　クォータかハードクォータかは、［クォータプロパ
　ティの要約］欄に表示されている。ソフトクォー
　タを選択した場合には、容量オーバーしても書き
　込みは禁止にならず、警告だけが行われる。

● クォータのパスとしてルートフォルダー（D:¥な
　ど）を指定してクォータを作成すると、ボリュー
　ムに含まれるすべてのファイルの合計に対して
　クォータ制限がかかる。このため、ボリューム容
　量よりも小さなクォータサイズを指定すると、仮
　にボリューム容量に空きがあっても、クォータサ
　イズを超える容量は使うことができなくなる。こ
　の場合にはソフトクォータで、容量警告機能のみ
　使用するようにする。

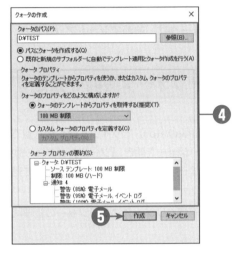

❺
［作成］をクリックすると、指定した容量のクォータ
が設定される。

❻
作成されたクォータは、ファイルサーバーリソース
マネージャーのクォータの一覧に表示される。

⑦ 作成済みのクォータは、ファイルサーバーリソース
マネージャーの画面でその行をダブルクリックする
と内容を確認できる。クォータのプロパティ画面で
は、テンプレート名や［ハード］［ソフト］の別、警
告の種類や数、しきい値一覧などが表示されるほか、
変更も行える。

⑧ クォータの動作を確認するため、実際にD:¥TEST
にファイルをコピーしてみる。100MBを超える
ファイルは、たとえD:ボリュームの容量に空きが
あってもコピーできない。

● この操作はユーザー「shohei」で行っているが、
Administratorを含むどのユーザーで実行して
も同じ結果になる。

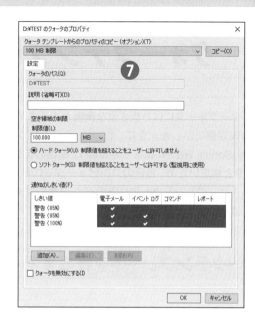

6 クォータテンプレートを作成するには

　フォルダークォータにはさまざまな機能があるため、すべての項目をゼロから設定するのは大変です。このため前節の設定例で示したように、「クォータテンプレート」を使って定型項目を一度に指定するのが便利です。Windows Server 2022にはあらかじめ12種類のテンプレートが用意されていますが、制限容量の幅が100MBから10TBと幅広いため、自分のコンピューターにぴったりとあてはまる容量設定のものはなかなかありません。自分のサーバーのハードウェアにあわせた容量のクォータテンプレートを作成しておくと便利です。

　ここではサンプルとして、フォルダー以下の利用可能容量を1GBに制限しますが、これを超えたら自動的に制限容量を2GBにまで拡張するテンプレートを作成します（2GB以上は拡張しません）。

クォータテンプレートを作成する

❶ 既存のテンプレートの設定を複製して必要な部分だけを変更するため、最初にコピー元となるテンプレートを選択する。既定の12のテンプレートの中から使用したい設定に最も近いテンプレートを選ぶ。

- 既存のテンプレートは、ファイルサーバーリソースマネージャーの画面で［クォータの管理］を展開して［クォータのテンプレート］を開くと中央のペインに表示される。
- ここでは［200MB制限（50MBの拡張あり）］を選択している。
- このテンプレートは、ディスク使用量が200MBに達した場合に、自動的にそのフォルダーのクォータ設定を［250MB拡張制限］に切り替えることで容量の拡張を行う。

❷ テンプレートの詳細を確認するには、テンプレートの一覧から参照したいテンプレートをダブルクリックする。

❸ テンプレートのプロパティが表示される。確認したら［キャンセル］をクリックしてプロパティを閉じる。

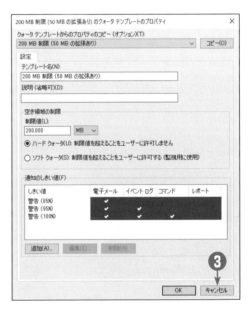

④ 新しいテンプレートを作成するため、ファイルサーバーリソースマネージャーの右側のペインで［クォータテンプレートの作成］を選択する。

➡ ［クォータテンプレートの作成］ダイアログボックスが表示される。

⑤ 最初に［クォータテンプレートからのプロパティのコピー］で［200MB制限（50MBの拡張あり）］を選択して［コピー］をクリックすると、指定したテンプレートの設定内容が新規テンプレートに複製される。

⑥ ［テンプレート名］を入力する。ここでは通常の制限を1GBとし、制限を超える場合、自動的に2GBまで拡張するような機能を持つクォータを定義する。このためクォータ名として［1GB制限（1GBの拡張あり）］と設定した。

● ［説明］には「1GBを超えると、制限を自動的に2GBまで拡張します。」と入力している。説明の入力は必須ではない。

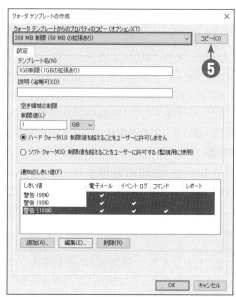

⑦ クォータ制限容量を1GBとするため、［制限値］に1と入力し、単位として［GB］を選択する。

⑧ クォータの種類は［ハードクォータ］を選択する。

⑨ 制限値に達した場合にクォータ容量を自動拡張する機能は、［通知のしきい値］の［警告（100%）］の部分で設定されている。［警告（100%）］を選択して［編集］をクリックする。

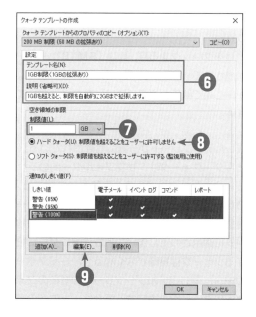

⑩
[100%のしきい値のプロパティ] ダイアログボックスでは、最初に [コマンド] タブをクリックする。

⑪
「SMTPサーバーが構成されていない」という内容のメッセージが表示されるが、これはこのサーバーでまだ電子メールの設定が行われていないため。無視してよいので [はい] をクリックする。

▶ [コマンド] タブの内容が表示される。

⑫
容量の拡張は、実際には現在のクォータテンプレートから別のクォータテンプレートを使用するように変更することで行われる。[コマンド引数] 欄に、新しいテンプレート名として「250MB拡張制限」と入力されているので、これを編集して「2GBの制限」に変更する。

● テンプレート「2GBの制限」は、Windows Server 2022に標準で用意されているので、変更先テンプレートの名前を指定するだけでよく、新たに作成する必要はない。

⑬
[OK] をクリックすると [100%のしきい値のプロパティ] ダイアログボックスが閉じて、[クォータテンプレートの作成] ダイアログボックスに戻る。さらに [OK] をクリックしてこのダイアログボックスを閉じる。

● [OK] をクリックする際、再び「SMTPサーバーが構成されていない」旨のメッセージが表示されるが、ここではそのまま [はい] をクリックして続ける。

⑭
今作成したテンプレートが一覧に登録されている。

● フォルダークォータは、サブフォルダー内のファイルも含めた全ファイルの合計容量を制限する。このため、上位フォルダーよりも下位フォルダーの容量制限を大きくしても、上位フォルダーの制限が先に適用されてしまい、下位フォルダーに設定するクォータは意味がなくなる(ハードクォータの場合)。同じフォルダーツリー内の複数のフォルダーにクォータを設定する場合は、上位側の容量制限を大きく設定するか、上位フォルダー側のクォータをソフトクォータに設定する。

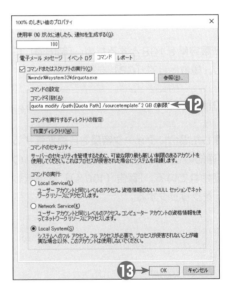

7 イベントログを確認するには

　ハードクォータの場合、クォータ制限を超過する書き込みは行えませんが、ソフトクォータの場合には、クォータ制限を超過してもファイルの書き込みは可能です。このため管理者は、クォータからの警告を監視する必要があります。この通知方法のひとつに「イベントログ」があります。

　「イベントログ」とは、コンピューターの起動や終了、ハードウェアのエラー発生、そしてクォータの容量超過といった、いついかなるときに発生するかわからないさまざまな警告を自動的に記録し、管理者がコンピューターを管理するのに役立てる仕組みです。

　イベントログは、コンピューターで発生したイベントを1か所で集中的に保存します。管理者は、この情報に注意を払っておけば、コンピューターに起きるさまざまな事柄を大まかに把握することができます。

　イベントログを参照するための「イベントビューアー」は、Windows Server 2022ではサーバーマネージャーのメニューから起動可能なほか、[スタート] メニューからも直接起動できるようになっていて、いつでもすぐに重要なイベントを参照できるようになっています。

イベントのログを確認する

①
サーバーマネージャーの画面で [ローカルサーバー] をクリックする。

②
[イベント] 欄に、管理者にとって重要なイベントが表示されている。最新のイベントが最も上に表示される。イベントをクリックして選択すると、イベントの内容が表示される。

● 上から2番目のイベントでは、前節で設定したクォータ制限到達のメッセージが記録されている。

● 一番上のメッセージはメール設定がなされていないことを示している。このイベントは、クォータテンプレートでメール通知をしない旨を選ぶと発生しなくなる。

❸

より詳細なイベントを確認したい場合は、サーバー
マネージャーで［ツール］−［イベントビューアー］
を選択する。

▶ イベントビューアーが起動する。

❹

左側のペインで［カスタムビュー］を展開し、［管理
イベント］を選択する。

▶ 中央のペインに管理者向けの重要イベント一覧が
表示される。

● 標準では、イベントビューアーの［管理イベント］
には、サーバーマネージャーの［イベント］欄に
表示されるものより多くの種類のイベントが表示
されるよう設定されているため、両者の一覧は完
全に一致はしない。

イベントビューアーの起動画面

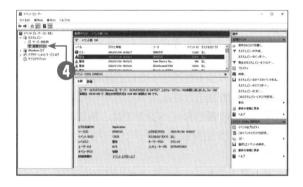

⑤

左側のペインで［Windowsログ］を展開する。

- ［Windowsログ］には、Windows標準の機能やアプリケーション類のイベントが蓄積される。その内部はさらに［Application］［セキュリティ］［Setup］［システム］［Forwarded Events］の5つに分類されている。

- ［Forwarded Events］には、ネットワーク内の他のサーバー等から転送されたイベントが表示される。他のサーバーからのイベント転送には設定が必要で、その設定をしていない状態では何も記録されない。

⑥

ツリーで［Application］をクリックする。［Application］は、Windows Serverの標準機能に関するイベントログを記録する。クォータなどの各種機能についてはこの欄にも表示される。

- 「Application」と表示されているが、WordやExcelといった一般アプリケーションではなく、ファイルサーバーやクォータなどのWindows Serverが持つ「追加機能」のことを指している。WordやExcelなどのイベントログは、［アプリケーションとサービスログ］の下に記録される。

⑦

ツリーで［セキュリティ］をクリックする。セキュリティログには、システムが報告するセキュリティ上のメッセージが格納されている。どのようなメッセージを保存するかはローカルセキュリティポリシーで設定可能だが、たとえば「いつ、誰がサインインした」といった情報を記録することができる。

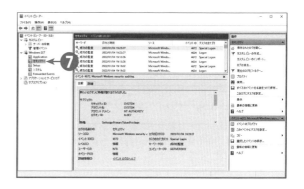

❽ ツリーで［Setup］をクリックする。セットアップ
ログは、サーバーマネージャーの［役割と機能の追
加］などで、特定の機能をインストールしたり、削
除したりした場合にログが追加される。画面の例で
はクォータ機能をインストールした際の「ファイル
サーバーリソースマネージャー（FSRM）」が正常に
有効になったことを示している。

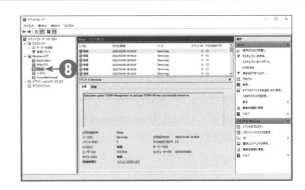

❾ ツリーで［システム］をクリックする。システムロ
グは、システム管理上で必要な情報が格納される。
たとえば、システムのシャットダウンや再起動、サー
ビスの起動時刻、Windows Updateの状態などが
記録される。

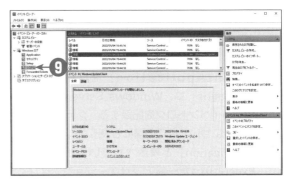

ヒント

イベントビューアーのイベントレベル

イベントビューアーで表示されるイベントには「レベル」と呼ばれるイベントの重要度があります。イベントビューアーに記
録されるイベントは非常に多岐にわたりますが、このレベルを確認すれば、管理の際に特に重視しなければならないイベント
をすぐに確認できます。イベントのレベルには次の3つがあります。

●エラー
管理者がすぐに対処することを必要とするか、もしくは注意して経過観察を行う必要のある異常が発生した場合、イベントは
赤いアイコンで「エラー」として表示されます。たとえば、ネットワークエラーやハードウェアの異常、クォーターレベルの超
過によるエラーなどが考えられます。

●警告
正常状態ではなく、ある程度注意を要するものの、すぐさま対処することまでは必要とされないイベントは「警告」として表
示されます。たとえば、エラーが発生したがアプリケーションが自動的に適切な処理を行ったために、そのまま運用しても問
題のないメッセージや、一過性の異常と考えられるメッセージなどがそれにあたります。

●情報
正常に運用している限り当然発生するようなイベントです。たとえば何時何分に誰かが（正常に）サインインできた、という
ようなイベントメッセージはこの情報に分類されます。「グループセキュリティポリシーは正しく設定されました」というよう
なメッセージも、「情報」に分類されます。

なお、イベントビューアーの［管理イベント］やサーバーマネージャーの［イベント］欄には、［情報］イベントは表示されま
せん。［エラー］と［警告］イベントのみが表示されるようになっているので、普段の監視であればこの欄に注意しておくだけ
でも事足ります。

ボリュームシャドウコピーとは

　Windows Server 2003 以降の Windows Server や、Windows Vista 以降のクライアント向け Windows の上位エディションでは、「ボリュームシャドウコピーサービス（VSS）」という便利なファイル保護サービスが使用できます。これは、ファイルやフォルダーの内容変更が発生する際、変更以前の内容を利用者に意識させることなしに保存する便利な機能です。

　ボリュームシャドウコピーが有効になっているシステムでは、ディスク全体の内容が「スナップショット」という形で定期的に保存されます。ファイルやフォルダー、ドライブのプロパティダイアログボックスには［以前のバージョン］というタブが表示され、このタブを操作すると、過去、定期的に保存された時点のファイルやフォルダーの内容を、あたかも通常のファイルやフォルダーを操作するかのようにして読み取ることができます（過去の情報を書き換えることはできません）。誤ってファイルを削除してしまったような場合でも［以前のバージョン］として登録されている情報であれば、その時点までさかのぼってデータを復活できます。

　VSS はどのようにして実現されているのでしょうか。定期的にディスク内容を保存すると言っても、ディスクの全領域を保存するわけではありません。NTFS や ReFS では、ファイルの上書きなどデータの書き換えを行う場合に、ファイルの情報を保持するセクターの内容を直接書き換えるのではなく、いったん別のセクターに新しいデータを置き、ファイルが使用しているセクター番号の情報を変更するという操作を行います。つまり、それまでのセクターは使われなくなるだけで、古いデータの本体は残ったままとなるわけです。VSS ではこの、どのファイルがどのセクターにファイルを保存しているかという情報を定期的に保存して過去のディスクの状態を再現できるようにすることで、できるだけ少ないディスク容量で、書き換え前の情報を保持できるのです。

　VSS は、通常のバックアップとは違って、データ保存のタイミングでファイルそのもののデータを複製するわけではありませんから、バックアップのタイミングでディスクアクセスの性能が低下するようなこともほとんどありません。ディスク領域の消費もわずかです。

　ただし、明示的なバックアップと違って、古いバージョンのファイルはいつまでも保存されるわけではありません。ディスクの書き換えが進めばいつかはデータが削除されますし、ディスクの書き換えが頻繁である場合には、データが失われるまでの時間も短くなります。データが消えるタイミングを管理者が制御することはできません。

　このため、ボリュームシャドウコピーをバックアップの代用としては使うことはできません。VSS が使えるからといって定期的なバックアップが不要となるわけではなく、あくまで「便利な機能」のひとつとして考えておくほうがよいでしょう。

8 ボリュームシャドウコピーの使用を開始するには

Windows Server 2022では、セットアップ時に特に指定しなくても、VSSが標準で使えるようになっています。ただしVSSはボリュームごとに使うか使わないかを選択するようになっており、初期状態ではすべてのボリュームで「無効（使わない）」状態になっています。VSSを使用するにはまず、希望するボリュームでシャドウコピーを有効にしなければなりません。

シャドウコピーが使用できる条件は、第一にNTFSまたはReFSでフォーマットされているボリュームであること、第二に、ボリュームの容量が300MB以上あることです。

ボリュームシャドウコピーの使用を開始する

1
管理者（Administrator）でサインインした状態でエクスプローラーから［PC］を開き、ボリュームを選択して右クリックする。メニューから［シャドウコピーの構成］を選択する。

▶ ［シャドウコピー］ダイアログボックスが開く。

● シャドウコピーの構成を使用するには管理者権限が必要。

● 右クリックするのは、シャドウコピーが利用できるローカルディスクであればどのボリュームでもよい。

● シャドウコピーを有効にできないボリュームでは、右クリックしてもメニューに［シャドウコピーの構成］が表示されない。

2
シャドウコピーに対応するボリュームの一覧と、現在のシャドウコピーの状態が表示される。シャドウコピーを有効にしたいボリュームを選択して、［有効］をクリックする。

● [Ctrl]または[Shift]を押しながらボリュームをクリックすると、同時に複数のボリュームを選択できる。

❸
シャドウコピーの有効化の確認が行われるので［はい］を選択する。

❹
［シャドウコピー］ダイアログボックスに戻るので［OK］をクリックして閉じる。

● 書き換え頻度が高いボリュームでシャドウコピーを有効にしても、古いデータが失われるのが早く、ディスク入出力の負荷を上げる原因になるだけなのであまり意味がない。Windowsのシステムボリューム（C:）や、アクセス頻度が高いデータベースファイルを配置してあるボリュームでシャドウコピーを有効にすると、コンピューターの負荷が高くなることがあるので、十分に注意して指定する。

❺
指定したボリュームのプロパティ画面を表示し、［シャドウコピー］タブを選択する。現時点でのシャドウコピーが作成され、日付と時刻が記録されているのがわかる。

● これ以降は、自動的に定期的なシャドウコピーが作成されるようになる。
● シャドウコピーは、標準では1日に2度、午前7時と12時に作成される。

❻
［設定］ボタンをクリックする。

❼
設定画面が表示される。［記憶域］では、シャドウコピー用として使用する記憶容量を設定できる。標準では、ボリューム総容量の10％相当が指定されている。

● 記憶容量を制限すると、「以前のバージョン」のファイルが保存される期間が短くなる。
● 通常、この値は変更する必要はない。シャドウコピーの頻度を上げたい場合や、長期にわたってデータを保存したい場合には容量を増やすか、［制限なし］を選ぶ。

❽
［スケジュール］ボタンをクリックする。

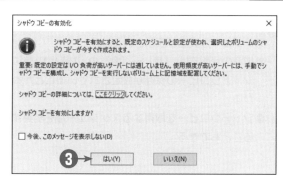

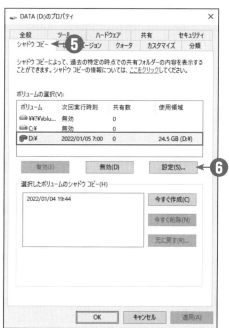

❾

スケジュール設定が表示される。

● 標準の状態では、［月］〜［金］の、7時と12時に
シャドウコピーの保存が設定されていることがわ
かる。

● シャドウコピーを取得するスケジュールを変更す
ることもできる。

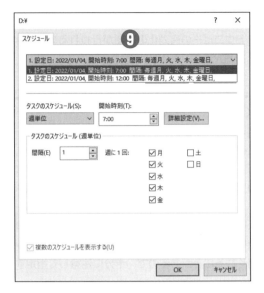

参照

シャドウコピーのスケジュールを変更するには
→この章の **10**

9 「以前のバージョン」機能でデータを復元するには

　ボリュームシャドウコピーが利用できるボリュームでは、ファイルやフォルダーのプロパティ画面の［以前の
バージョン］タブが有効になり、過去に存在して現在は削除されてしまったファイルや書き換えられてしまった
ファイルを復元することができます。こうした機能の使い方を試してみましょう。

「以前のバージョン」機能を使う

❶

シャドウコピー対象となっているボリュームに、テスト用のファイルを作成する。

- この操作はユーザー「shohei」でサインインして行っている。管理者でも同様の操作は可能。
- ここでは、テスト用としてテキストファイルを作成している。ファイルの更新時刻は6:55になっている。

❷

平日の7時か12時をまたいだら、テキストファイルを更新して上書き保存する。

- ここでは、7:03にファイルを更新して上書き保存した。
- 標準の設定では、平日の7:00と12:00にシャドウコピーが作成されるので、この時刻までに保存された内容であれば復元できる。

❸

いったん［メモ帳］を閉じて再度ファイルを開き、手順❷で更新したとおりの内容であることを確認する。

❹

ファイルを右クリックして、メニューから［以前のバージョンの復元］を選ぶ。

⑤

ファイルのプロパティ画面が開き、[以前のバージョン] タブが表示される。[ファイルのバージョン] 欄に、復元可能な更新日と時刻の一覧が表示される。

● ここでは1度しかファイルを更新していないので、復元可能なバージョンは1つだけになる。

⑥

一覧から復元したいバージョンのファイルを選択して[復元]ボタンをクリックする。

⑦

上書き確認が行われるので、現在のバージョンに上書きしてよければ[復元]ボタンをクリックする。

● 復元は現在のファイルに対して上書きする形で行われるため、最新のデータは失われる。現在の最新のデータも残したい場合は、ここで[復元]をせず、次の手順に進む。

⑧

名前を変更して復元したい場合は、[以前のバージョン] タブ内の復元したいバージョンのファイルアイコンを、エクスプローラーでファイルをコピーするようにしてドラッグアンドドロップする。

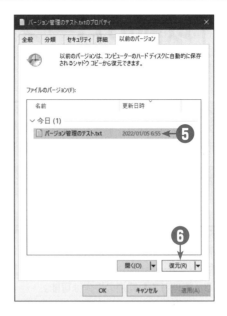

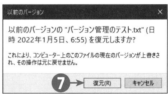

⑨

エクスプローラー標準の［ファイルの置換またはス
キップ］画面が表示されるので［ファイルの情報を
比較する］を選択する。

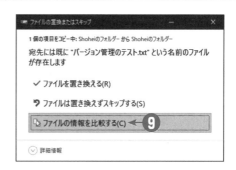

⑩

ファイルの競合の確認画面が表示されるので、新し
いバージョンと古いバージョンの双方にチェックを
入れて［続行］をクリックする。

● この画面は、Windows Server 2022における標
準の上書きコピー時の確認画面である。

● どちらか一方にしかチェックを入れなかった場合
は、チェックを入れたほうのファイル内容が残さ
れる。

⑪

復元された古いバージョンのファイルは「＜ファイ
ル名＞（2）」という名前で復元されるので、ファイ
ルの内容を確認する。最初に作成した6:55のファイ
ルであることがわかる。

● この例では、「（2）」が付いていないファイルは、
7:03に更新した最新の内容になっている。

10 シャドウコピーの作成スケジュールを変更するには

シャドウコピーは、標準ではシステムの既定である平日の7:00と12:00に作成されます。この時刻をまたいで保存されたファイルは「古いバージョン」として復元することができるようになりますが、用途によっては、この時間帯の保存では好ましくないという場合もあるかもしれません。そこでここでは、シャドウコピーの保存スケジュールの変更方法を解説します。

シャドウコピーの作成スケジュールを変更する

❶

管理者（Administrator）でサインインした状態でエクスプローラーから［PC］を開き、ボリュームを選択して右クリックする。メニューから［シャドウコピーの構成］を選択する。

➡ ［シャドウコピー］ダイアログボックスが開く。

● ［シャドウコピーの構成］を使用するには管理者権限が必要。

● ［シャドウコピー］ダイアログボックス内でも、シャドウコピーの設定を変更するボリュームは選択できるため、最初に右クリックしてメニューを表示するのは、どのドライブでもよい。ただしシャドウコピーが使えないボリュームでは、右クリックのメニューに［シャドウコピーの構成］は表示されない。

❷

シャドウコピーに対応するボリュームの一覧と、現在のシャドウコピーの状態が表示される。スケジュールを変更したいボリュームを選択して、［設定］をクリックする。

● シャドウコピーが有効になっているボリュームには、アイコンに「時計」のマークが表示される。

● シャドウコピーを有効にしていないボリュームでも、手動でのシャドウコピーは作成できるので［設定］ボタンも有効になる。

❸

シャドウコピー容量などの設定画面が表示される。スケジュールを変更したいため、［スケジュール］ボタンをクリックする。

➡ スケジュールの設定画面が表示される。

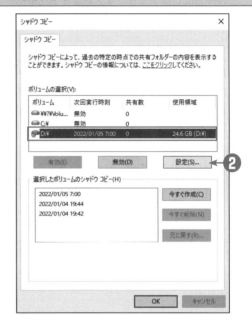

④
既定の2回（7:00と12:00）の時刻や曜日を変更する場合には、画面から時刻や日付を直接選択して［OK］をクリックする。

⑤
シャドウコピーの頻度を増やす場合には、［新規］をクリックする。

　▶ 新たなスケジュールを設定可能な画面に変化する。

⑥
他のスケジュールと同様、曜日単位で指定するため、タスクのスケジュールを［週単位］に変更する。曜日選択のチェックボックスが現れるので、月～金にチェックを入れる。［開始時刻］として17:00と入力する。

　● 曜日を指定せず、単純に毎日決まった時間にシャドウコピーを作成する場合は［日単位］の設定のまま時刻を指定する。

　● シャドウコピーを作成する頻度は自由に増やすことができるが、保持できるシャドウコピーの数はボリュームあたり最大64個に制限される。シャドウコピーの頻度を上げると、シャドウコピーを保持できる日数が短くなるので注意する。

　● シャドウコピーを作成する時間間隔は、最短でも1時間以上にする必要がある。

⑦
［OK］をクリックする。

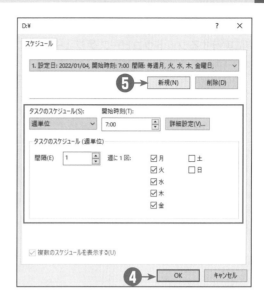

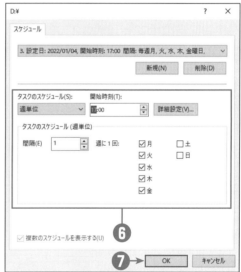

8

17時に実行するシャドウコピースケジュールが追加されている。

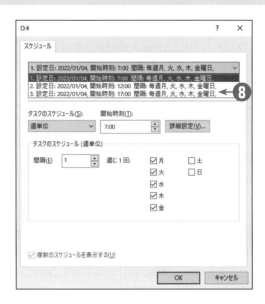

ネットワークでのファイル やプリンターの共有

第 **8** 章

これ ま で は、Windows Server 2022を単体のコンピューター(スタンドアロン)として使用する方法を説明してきましたが、ここからはいよいよ、ネットワーク経由でWindows Server 2022の機能を使用する方法について説明します。
サーバー機は、管理者以外の利用者が直接コンピューターを操作し利用することはまれであり、ディスク領域やプリンターなどのハードウェア、計算能力といった資源や機能をネットワーク経由で利用するといった使い方がほとんどです。この章で説明するファイルやプリンターの共有は、そうしたネットワーク経由でのサーバー利用の最も基本的な機能と言えるでしょう。

ドライブやフォルダーの共有について

　ネットワークを利用するうえで非常に便利な機能が、ドライブやフォルダーの共有です。共有とは、ある物や資源を複数の利用者が共に所有するという意味です。ドライブやフォルダーの共有とは、ある特定のドライブやフォルダーを、複数のコンピューターが同時に所有するということを意味します。つまりドライブやフォルダーが複数のコンピューターから同時に利用可能となる、という意味です。

●フォルダーの「共有」の仕組み

　ドライブやフォルダーの共有では、サーバー側が、自分が持つハードディスク内のドライブや特定のフォルダーの情報をネットワーク内の他のコンピューターに対して「共有物」として公開します。それを利用するクライアント側では、公開された内容を「参照」します。これにより、本来はサーバーコンピューター内にあるはずのフォルダーが、あたかもクライアント側にあるかのように利用できるようになります。

　クライアントコンピューターのユーザーから見た場合、共有フォルダーと自分のコンピューター内のフォルダーとは、まったく同じように利用できます。このためユーザーはネットワークの存在を意識することなく共有フォルダーを利用できます。さらに「ネットワークドライブの接続」と呼ばれる機能を使えば、サーバーで公開された特定のフォルダーが、あたかも1つのボリュームであるかのように利用できます。

　ドライブやフォルダーの共有において、これを公開する側の機能は、サーバー側コンピューターが実行する機能です。ただしサーバー側の機能だからといって、Windows Server 2022 だけが持っている機能というわけではありません。実はクライアント OS である Windows 10 や Windows 11 でも、ドライブやフォルダー、プリンターのサーバーとなる機能を搭載しています。ただしこれらクライアント向け OS が持つ「サーバー機能」では、同時に公開できる接続数（共有で接続するクライアントの数）が限られており、大規模なネットワークでサーバーとして使う用途には向いていません。

　また Windows Server 2022 には、すでに説明したような、信頼性の高いディスクを構築するための機能や、サーバーの管理を行いやすくするための機能、ボリュームシャドウコピーといった便利な機能が多数含まれており、多くのコンピューターから参照される共有のサーバー側として動作するのに適しています。

　なお、この章では、クライアント側 OS として Windows 11 を利用した場合について説明します。Windows 11 と Windows Server 2022 とではアイコンデザイン等が異なるため見分けは付けやすいのですが、念のため画面を掲載する際には Windows Server 2022 のものであるか Windows 11 のものであるかを明記します。クライアントとサーバー、どちらの画面を操作しているのか、よく確認してください。

1 ファイルサーバー機能を 使用できるようにするには

　Windows Server 2022は、標準の状態ではファイルサーバー機能は有効になっていません。そこで、最初にファイルサーバー機能をインストールします。Windows Server 2022で特定の機能を有効／無効にするには、サーバーマネージャーを使用します。

　なお、前章で「フォルダークォータ」機能をセットアップしてある場合には、フォルダークォータ機能と同時にファイルサーバー機能も自動的にインストールされています。そのためここでの手順は、フォルダークォータ機能をインストールしていない場合に限り行ってください。

ファイルサーバー機能を使用できるようにする

❶ 管理者でサインインし、サーバーマネージャーのトップ画面から［② 役割と機能の追加］をクリックする。

❷ ［役割と機能の追加ウィザード］が開く。［次へ］をクリックする。

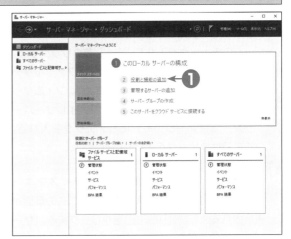

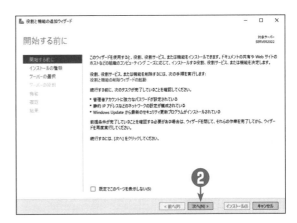

3 [インストールの種類の選択]画面では、[役割ベースまたは機能ベースのインストール]を選択して[次へ]をクリックする。

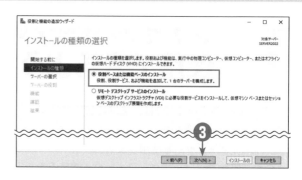

4 [対象サーバーの選択]画面では、自サーバーの名前（SERVER2022）を選択して[次へ]をクリックする。

5 [サーバーの役割の選択]画面では、インストール可能な役割の中から[ファイルサービスおよび記憶域サービス（インストール済み）]の左にある▷をクリックして詳細な選択肢を展開し、さらに[ファイルサービスおよびiSCSIサービス]の左にある▷をクリックして展開し、その下にある[ファイルサーバー]にチェックを入れて[次へ]をクリックする。

●ファイルサーバーとして使うなら[ファイルサーバー]にチェックを入れるだけでよい。フォルダークォータ機能も使う場合には[ファイルサーバーリソースマネージャー]にもチェックを入れる。ここではチェックを入れている。

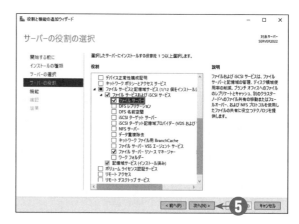

6 前の手順で[ファイルサーバーリソースマネージャー]にもチェックを入れた場合は、この画面が表示されるので[機能の追加]をクリックする。[サーバーの役割の選択]画面に戻るので、[次へ]をクリックする。

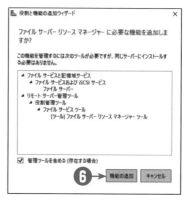

⑦ ［機能の選択］画面では、そのまま［次へ］をクリックする。

⑧ ［インストールオプションの確認］画面で、［インストール］をクリックする。

⑨ インストールが開始される。インストールが完了したら［閉じる］をクリックする。

● インストールの終了を待たずにこのウィンドウを閉じてしまってもインストールは継続されるが、できるだけ完了まで確認するようにする。

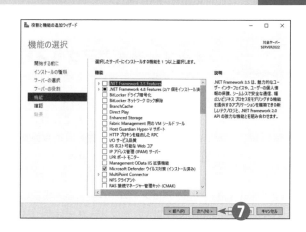

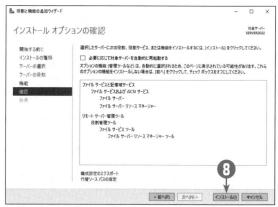

フォルダー共有とアクセス許可

　Windowsのフォルダー共有機能では、ネットワーク経由でフォルダーを公開する場合に、アクセスできる
ユーザー名やグループ名とともに、それぞれのアクセス許可も指定できます。たとえば、ユーザー「shohei」
に対してネットワーク経由で「読み取り」のみの共有を許可する、といった具合です。

　この場合、公開されたフォルダーを共有したクライアント側PCでは、共有フォルダーの内容を読み取るこ
とはできても、書き込むことはできない「読み取り」のみのフォルダーとして扱われます。共有のアクセス許
可を「変更」や「フルコントロール」にした場合に初めて、フォルダーへの書き込みが可能となります。

　一方、共有として指定されたフォルダーはサーバーのディスク上にあるわけですから、それ自身にもアクセ
ス許可が設定できます（サーバーのディスクがNTFSやReFSでフォーマットされている場合）。このとき、
共有で指定したアクセス許可とローカルサーバー上で指定したアクセス許可とに矛盾がある場合はどうなる
のでしょうか。たとえば、共有で公開する際に「読み取り/変更」として公開したフォルダーが、サーバーの
ディスク上では「読み取り」のみのアクセス許可であった場合、どちらが有効となるのでしょう。

　答えは「読み取り」のみとなります。共有で公開する際のアクセス許可を「読み取り/変更」とした場合で
も、そのフォルダーがサーバーのディスク上で「読み取り」のみと、両者の設定が食い違っているときにはよ
り制限が厳しい方の設定が採用されるのです。

　共有のアクセス許可にも、ローカルのアクセス許可と同様に「許可」と「拒否」の2つのアクセス許可の設
定があります。両者が設定されている場合に「拒否」が「許可」よりも優先される点も、ローカルのアクセス
許可と同様です。たとえ共有のアクセス許可で「フルコントロール」が設定されていても、サーバーのディス
ク上で拒否が設定されている場合には、アクセスは拒否されます。

　共有のアクセス許可とローカルのアクセス許可の組み合わせのすべてを網羅することはできませんが、表に
すると次のようになります。

ローカルのアクセス許可	共有のアクセス許可	クライアントから見たアクセス許可
フルコントロール	フルコントロール	フルコントロール
フルコントロール	読み取り/変更	読み取り/変更
読み取り/変更	フルコントロール	読み取り/変更
読み取り/変更	読み取り/変更	読み取り/変更
読み取り/変更	読み取り	読み取り
読み取り	フルコントロール	読み取り
読み取り	読み取り/変更	読み取り
読み取り	読み取り	読み取り
読み取り拒否	フルコントロール	読み取り拒否

　ローカルなファイルシステム上でのアクセス許可がユーザーやグループごとに個別に設定できるのと同様、
共有のアクセス許可も、ユーザーやグループごとに個別の設定になります。

　クライアントコンピューターが共有フォルダーにアクセスする際には、最初に、ユーザー名とパスワードを
指定する必要があります。共有のアクセス許可に複数のアクセス許可が登録されている場合、どのアクセス許
可が適用されるかは、ここで入力するユーザー名とパスワードによって決定されます。

　たとえば、サーバー上に、ユーザー「shohei」と「haruna」が登録済みであり、かつ2人ともグループ「Users」のメンバーであるとします。この状態で共有フォルダーを作成し、そのアクセス許可をグループ「Users」に対しては「読み取り」、ユーザー「shohei」に対しては「読み取り / 変更」を指定したとしましょう。

　共有フォルダーに対して、ユーザー「shohei」のユーザー名とパスワードを使ってアクセスした場合には、共有フォルダーに対しては「読み取り / 変更」のアクセスが行えます。ユーザー「shohei」に対しては明示的に「読み取り / 変更」のアクセス許可が設定されているためです。一方でユーザー「haruna」のユーザー名とパスワードが使われた場合には、同じ共有フォルダーに対して「読み取り」しか行えません。「haruna」も「Users」グループのメンバーであるため、共有フォルダーに対する読み取りのアクセス許可が有効になりますが、「shohei」とは違って、明示的な「変更」のアクセス許可が設定されていないからです。

　共有のアクセス許可とサーバー上のローカルなアクセス許可が合成されるという考え方は、この場合にも有効です。先ほどの例で、ユーザー「shohei」は読み取り / 変更が可能と説明しましたが、共有として公開されているフォルダーに対して、サーバー上で「shohei」に対して「読み取り」しか設定されていない場合には、より厳しい方のアクセス許可が使われる原則により、「shohei」も読み取りのみのアクセスしかできません。

●**ローカルフォルダーに比べて簡易な共有のアクセス許可**

　ローカルディスク上のアクセス許可は、読み取りや変更のほかに「特殊なアクセス許可」として、ファイルやフォルダーの削除、フォルダーの内容一覧表示など、さまざまな操作に対して個別にアクセス許可の設定が行えます。

ローカルフォルダーのアクセス許可は共有のアクセス許可よりも複雑な設定ができる

　一方、共有のアクセス許可では、次の3つの操作についてのみアクセス許可の設定が可能です。

・フルコントロール
・変更
・読み取り

共有のアクセス許可はローカルフォルダーのアクセス許可よりもずっと単純

　「読み取り」はファイルやフォルダーの読み取り許可、「変更」は書き込み許可を示します。「フルコントロール」は読み取りと変更を含めたすべての操作が可能です。なお「フルコントロール」と「変更」の違いは、「フルコントロール」ではネットワーク経由でアクセス許可の変更が行える（たとえば、他のユーザーに対してフォルダーの読み取りを禁止する設定ができる）のに対して、「変更」ではこの操作が行えない点にあります。

　共有のアクセス許可では「アクセス許可の継承」の考え方もありません。サーバーが公開する共有フォルダーは、常に「¥¥サーバー名¥共有名」という形式になるため、フォルダーと違って階層化の概念がないためです。

2 フォルダーを共有するには

ファイルサーバー機能のセットアップが終了すると、その時点からすぐにフォルダーの共有が行えるようになります。フォルダーを共有する手順にはいくつかの方法がありますが、ここでは最も一般的な「フォルダーを選択して共有を指定する」手順を紹介します。

標準の設定でフォルダーを共有する

❶
サーバー側コンピューター（SERVER2022）に管理者（Administrator）としてサインインし、エクスプローラーで「D:¥」を表示する。D:¥TESTフォルダーが作成されている。

● D:¥TESTは、共有のテスト用として管理者があらかじめ作成しておいたもので、アクセス許可は既定の設定の状態から変更していない。

参照

アクセス許可

→**第7章のコラム**
「フォルダーのアクセス許可の見方」

---

❷
［TEST］をクリックして選択状態とし、フォルダーウィンドウでリボンの［共有］タブを選択する。

● リボンが表示されていない場合は、ヘルプボタン左側に表示されている▽ボタンをクリックする。

❸
リボン内の［共有］グループで［特定のユーザー］をクリックする。

▶ 共有相手の選択画面が表示される。

4

ドロップダウンリストの▽をクリックするとユーザー一覧が表示されるので、共有させたいユーザーを選択して［追加］ボタンをクリックする。

●ユーザー登録の際に［フルネーム］を入力してある場合には、ユーザー一覧にはフルネームが表示される。フルネームを入力していない場合には、ユーザー一覧にはユーザーのアカウント名が表示される。

5

通常ユーザーに対しては、標準の状態では［読み取り］のアクセス許可が設定される。ユーザー名をクリックするとアクセス許可を指定できる。

●管理者（Administrator）とフォルダーの所有者（ここではAdministratorsグループ）には［フルコントロール］のアクセス許可が設定される。

6

設定が終わったら、［共有］ボタンをクリックする。

⑦ インストール後、初めて共有を設定する場合には
[ネットワークの探索とファイル共有]の設定画面が
表示される。ここでは［いいえ、接続しているネッ
トワークをプライベートネットワークにします］を
選択する。

● すでに他の操作でネットワークの共有設定が済ん
でいる場合には、この画面は表示されない。

⑧ 共有の設定が完了する。［終了］をクリックする。

参照
［ネットワークの探索とファイル共有］の設定
→この章のコラム「ネットワークの場所について」

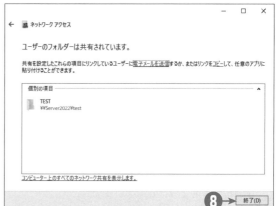

コラム　ネットワークの場所について

　Windowsでは、自身が接続されるネットワークがどのような性格を持つネットワークであるかを示す「ネッ
トワークの場所」と呼ばれる情報を、ネットワークアダプターごとに管理しています。この「ネットワークの
場所」とは、たとえば誰でもアクセスできるインターネット接続や公衆無線LANなどのような、危険なネッ
トワークであるのか、会社内や家庭内LANのように接続される機器すべてが信頼のおける機器であるのか、
といったネットワークの安全性に関わる違いのことを指します。

　この「ネットワークの場所」は、この章で説明する「フォルダーやファイルの共有」が使えるかどうかと
いった設定のほか、コンピューターのセキュリティを守る「Windowsファイアウォール」などでも使われて
います。誰が接続するかわからないネットワークでは利用できる機能を限定してセキュリティを高め、接続さ
れるコンピューターが信頼できる社内LANなどのネットワークでは、多くの便利な機能を使える半面、保護
レベルはやや落ちる、といった使い方をします。

　ネットワークのセキュリティ設定は複雑で多岐にわたるため、Windowsではこれらの設定を「ネットワー
クの場所（ネットワークプロファイル）」によって一括で切り替えるようにしています。こうした管理により、
新しいネットワークに接続する際にも、いちいち各種の設定を確認しなおすことなく、コンピューターを安全
に運用できます。

　Windowsで使われるネットワークの場所には次のような種類があります。

●パブリックネットワーク

　インターネットにルーターなどを挟まず直接接続する場合や、公衆無線LANなどのように、誰が接続してくるかわからないネットワークです。標準の状態でセキュリティ設定を強化してあり、ネットワーク内の他のコンピューターから自分のコンピューターを探索できない（ネットワーク内の他のコンピューターからコンピューター名が見えない）ように設定されています。このため、Windows Server 2022の初期状態では、パブリックネットワークではネットワーク内へのコンピューター名の公開やファイル共有は行えません。

　Windows Server 2022においては、一部の画面で「ゲストまたはパブリックネットワーク」と表示されている場合もありますが、「パブリックネットワーク」と同じ意味と考えてください。

●プライベートネットワーク

　家庭内LANや社内ネットワークのように、接続されたコンピューターすべてが信頼のおける相手である場合で、かつ「ドメイン」を構築していない場合に使われます。ネットワーク探索およびファイルの共有が標準で利用可能になっています。

●ドメイン

　Windows ServerでActive Directoryによりドメインネットワークを構成したときに使われるプロファイルです。プライベートネットワークよりもさらに信頼できるネットワークであり、Active Directory関連の機能が利用できるようになっています。

●識別されていないネットワーク

　Windowsでは、ネットワークを最初にアクセスする際、ネットワークの場所をWindowsが自動的に判断します。しかし、ネットワークの設定内容が不足している場合や、自分のコンピューター以外にネットワーク機器が見つからない場合など、ネットワークの場所を判定することが不可能な場合には「識別されていないネットワーク」として扱われます。

　この章で説明した共有の設定を行った際、ネットワークの場所が［パブリック］で、かつ、パブリックネットワークのプロファイルにおいてファイルの共有が無効に設定されている場合には、次に示す画面が表示されます。

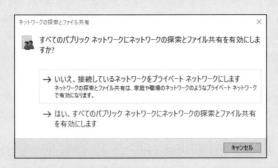

　この画面は「ネットワークの場所」の意味をよく理解していないと理解しづらいかもしれません。これは次のような意味を持っています。

● **[いいえ、接続しているネットワークをプライベートネットワークにします]**

　現在使っているネットワークは「パブリックネットワーク」です。このためファイル共有機能は使用できません。ファイル共有機能を有効にするために、現在のネットワークの設定を「パブリックネットワーク」から「プライベートネットワーク」に切り替えます。

● **[はい、すべてのパブリックネットワークにネットワークの探索とファイル共有を有効にします]**

　現在使っているネットワークは「パブリックネットワーク」です。このためファイル共有機能は使用できません。現在のネットワークの設定は「パブリックネットワーク」のままとしますが、ファイル共有機能を使用するために「パブリックネットワーク」自体の設定を変更してファイル共有機能を使用できるようにします。この操作を行うと、現在のネットワーク以外の（公衆無線 LAN などの）他のパブリックネットワークでもファイル共有やネットワーク探索が有効になります。

　この説明のとおり、ここで「はい」を選ぶとパブリックネットワークそのものの設定を変更します。このため、現在のネットワークだけでなく現在登録されている他のパブリックネットワークや、この先登録されるパブリックネットワークすべてで、ファイル共有やネットワーク探索機能が有効になります。サーバーコンピューターではありえないかもしれませんが、たとえば屋外に持ち出して公衆無線 LAN に接続した場合などにも、ネットワーク探索や共有ファイル機能が有効になってしまいます。ネットワーク共有にはユーザー ID とパスワード認証が必要とはいえ、これはセキュリティ面から考えると好ましいことではありません。そのためこの問い合わせ画面では、影響をよく理解している場合を除き、「はい」を選んではいけません。

　現在コンピューターが接続されているネットワークがプライベートかパブリックかは［ネットワークと共有センター］から確認することができます。［ネットワークと共有センター］の画面を表示するには、任意のファイルウィンドウから、左側のナビゲーションウィンドウ内で［ネットワーク］を右クリックして［プロパティ］を表示します。

　第 2 章で紹介した、Windows Server 2022 のセットアップの際に表示される次の画面も、この「ネットワークの場所」に関する設定画面です。この画面は、Windows が新たなネットワーク接続を発見した際に（現在のネットワーク接続のアドレスやデフォルトゲートウェイを変更した場合も含みます）、そのネットワークで、プライベートネットワークと同様にネットワークの探索やファイル共有機能を有効にするかどうかを変更します。

　ただしこの画面では、現在接続されているネットワークが Windows によって「プライベートネットワーク」と「パブリックネットワーク」のどちらで認識されているのかはわかりません。調べようとしても、他の画面を操作するとこの画面は消えてしまいますし、誤って選択した場合にはパブリックネットワークなのにファイル共有などを許可してしまうことにもなりかねません。そこでこの画面が表示された場合には、第2章で解説したように、常に「いいえ」を選択することをお勧めします。

　なお、現在のネットワークの場所がどう判断されているかは、Windows Server 2022 では［スタート］ボタンをクリックして［設定］－［ネットワークとインターネット］－［状態］の順にクリックしてで確認することができます。

　また、現在のネットワークの場所において、ネットワーク探索が可能か、ファイルやプリンターの共有が可能かどうかは、この画面の［ネットワークと共有センター］をクリックして表示される、コントロールパネルの［共有の詳細設定］から変更することもできます。

3 共有のアクセス許可を変更するには

　前節の方法は最も簡単にフォルダー共有の指定が行えますが、標準の状態ではアクセス許可は常に「読み取り」が設定されます。共有設定時にアクセス許可を変更することも可能ですが、あとからアクセス許可を変更することも可能です。ここでは、前節の手順ですでに共有が設定されたユーザーに対して共有のアクセス許可を変更する手順について解説します。

共有のアクセス許可を変更する

❶
サーバー側コンピューター（SERVER2022）に管理者（Administrator）としてサインインし、エクスプローラーで「D:¥」を表示する。[TEST] フォルダーをクリックして選択状態とし、リボンの［共有］タブをクリックする。
●リボンが表示されていない場合は、ヘルプボタン左側に表示されている▽ボタンをクリックする。

❷
リボン内の［共有］グループで、ユーザー選択欄に表示されている［特定のユーザー］をクリックする。
▶共有相手の選択画面が表示される。

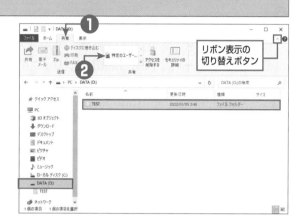

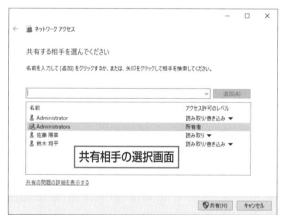

共有相手の選択画面

❸

アクセスが許可されているユーザーのリストが表示
されるので、アクセス許可を変更したいユーザーを
クリックする。

❹

表示されたメニューから、[読み取り] または [読み
取り/書き込み] のいずれかのアクセス許可を選択す
る。

● [削除] を選ぶと、アクセス許可リストから共有を
許可したユーザーを削除することもできる。

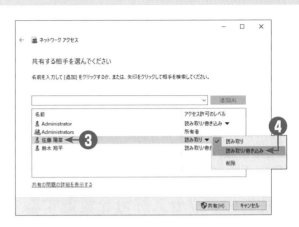

❺

ユーザー選択用のドロップダウンリストには一部を
除いてグループ名は表示されていないが、グループ
名を直接キーボード入力して [追加] をクリックす
れば、アクセス許可リストにグループも追加できる。

❻

設定が終わったら、[共有] をクリックする。

❼

共有の設定が完了する。[終了] をクリックする。

● 電子メール環境 (SMTP) がセットアップされて
いる場合には、「電子メールを送信」リンクをク
リックすることで、共有が許可されたユーザーに
対してメールを送信できる。

共有ウィザードと詳細な共有

Windows Server 2022 が提供するフォルダー共有機能には、その設定方法の違いにより 2 つの種類があります。1 つはここまで説明したようなエクスプローラーの「リボン」からの共有を使用する設定方法で、もう 1 つが「詳細な共有」です。

2 つの共有方法が存在するというのは、フォルダーのプロパティ画面を見るとよりはっきりとわかります。たとえば D:¥TEST フォルダーを右クリックして、メニューから [プロパティ] を選択し、[共有] タブを表示します。するとこのタブ中に、共有の項目として [ネットワークのファイルとフォルダーの共有] と [詳細な共有] の 2 つの項目があるのがわかります。

前者の [ネットワークのファイルとフォルダーの共有] は、Windows Vista や Windows Server 2008 で初めて導入された共有の設定方法で、ウィザード方式で対話的に共有の設定を行えることから「共有ウィザード」と呼ばれています。この共有ウィザードは、Windows XP 以前の共有設定方法に比べるとよりわかりやすく、かつ間違いの少ない共有が行えるようになっているのが特徴です。

すでに説明したように、フォルダーの共有では、[フォルダー自身が持つアクセス許可] と、共有を公開する際に設定する [共有のアクセス許可]、いずれか厳しい方のアクセス許可に従って利用の可否が決まります。この仕組みでは、たとえば [読み取り] のみの共有フォルダーのアクセス権を [読み取り / 変更] に変更するには、フォルダーのアクセス許可と共有のアクセス許可の 2 箇所の設定を変更しなければなりません。「より厳しい方」の原則により、一方だけを変更してももう一方のアクセス許可による制限の方が有効になってしまうからです。設定に不慣れな人にとっては、この仕組みはやや複雑です。

2 つのアクセス許可の設定のうち、常に「より厳しい方」の条件が使われるという仕組みを逆手にとれば、どちらか一方は「何でも許可する」とすることもできます。一方でアクセスが許可されたとしても、もう一方の設定でアクセスを制限することが可能となるわけですから、アクセス制限は十分行えるという考え方です。より具体的に言えば、共有のアクセス許可を [フルコントロール] に設定したとしても、共有で公開されるフォルダーのローカルサーバー上でのアクセス許可を厳しいものにすれば、公開される共有フォルダーのアクセス許可も制限できるわけです。

共有のアクセス許可がフルコントロールでも、ローカルのアクセス許可が有効ならアクセスは禁止できる

ローカルのアクセス許可	共有のアクセス許可	クライアントから見たアクセス許可
フルコントロール	フルコントロール	フルコントロール
読み取り / 変更	フルコントロール	読み取り / 変更
読み取り	フルコントロール	読み取り
拒否	フルコントロール	拒否

　この表からもわかるように、仮に共有のアクセス許可を［フルコントロール］にしたとしても、ローカルの
アクセス許可さえきちんと指定しておけば、共有フォルダーを使用するクライアントから見たアクセス許可は
制御することができます。しかも、サーバーのフォルダー上に設定されたフォルダーのアクセス許可がそのま
まクライアントからのアクセス許可と同一になるため、設定自体もわかりやすくなります。

　実は共有ウィザードは、この仕組みを使って共有のアクセス許可をコントロールしています。共有ウィザー
ドによって作成される共有は、管理者が指定するアクセス許可がどんなものであっても、常に「Everyone に
フルコントロールを許可＋ Administrators にフルコントロールを許可」で公開されます。

　ただしこの設定が行われると同時に、公開対象のフォルダーのアクセス許可として、共有ウィザードで指定
したユーザーごとに、次のようなローカルでのアクセス許可が設定されます。共有のアクセス許可と、フォルダー
のアクセス許可との合成により、共有ウィザードでのアクセス許可が実現されるわけです。なお個別ユー
ザーに対するアクセス許可を設定することから、共有ウィザードで設定されるフォルダーに対しては、自動的
に［上位フォルダーからのアクセス許可の継承］は無効とされます。

共有ウィザードで共有を設定したときにローカルフォルダーに設定されるアクセス許可

共有ウィザードでのアクセス許可のレベル設定	フォルダーに設定されるアクセス許可
読み取り/変更	フルコントロール
読み取り	読み取りと実行
	フォルダーの内容の一覧表示
	読み取り

　共有ウィザードを使用するメリットは、管理者が詳しい知識を持たなくとも、ウィザードを使って対話的に
間違いなく期待したとおりの動作を設定できる点にあります。［詳細な共有］設定のように、共有のアクセス
許可を設定したにもかかわらずフォルダーのアクセス許可の設定を忘れてしまってうまく動作しない、といっ
たトラブルもありません。

　ただし、そうした複雑な設定をユーザーに見せないようにしていることにより問題が発生する可能性もあり
ます。まず第一に、共有ウィザードでは共有のアクセス許可の設定で常に「Everyone にフルコントロールを
許可」します。サーバー上で管理者がうっかり共有対象となっているフォルダーのアクセス許可を緩和してし
まうと、それだけで、共有フォルダーに対するアクセス許可が緩和されてしまうことにもなりかねません。特
に「Guest」ユーザーなど、パスワードなしでサインインできるようなユーザーを作成している場合にはきわ
めて危険です。

　第二に、共有ウィザードの設定は、共有で公開されるローカルフォルダーのアクセス許可を勝手に変更して
しまいます。たとえば共有対象に「Users に読み取りを許可」といったアクセス許可を指定してある場合でも、
このフォルダーに対して［共有ウィザード］で誰か他の人の共有を許可した次点で、最初に設定されていた
「Users に読み取りを許可」のアクセス許可は自動的に削除されてしまいます。

　逆に、特定の個人のみアクセスできるプライベートなフォルダーを運用している場合などでも、共有ウィ
ザードでの設定をうっかり誤ってしまうと、そのフォルダーが他人にも読めるようになってしまったり、ある
いは特定個人のアクセス許可が削除されてしまう場合もありえます。

　このように、共有ウィザードによる共有の設定は、設定作業が容易になる反面、危険性もあります。共有の
アクセス許可とローカルフォルダーのアクセス許可の関係について正しく理解しきちんと設定するならば、あ
えて使う必要もない機能ですし、使わないことでセキュリティも向上させることができます。共有ウィザード

を使う/使わないに関わらず、アクセス許可の設定についてはしっかりと理解することが必要です。

　共有ウィザードを使わないようにする場合には、エクスプローラーで［表示］タブの［オプション］をクリックして［フォルダーオプション］ダイアログボックスを表示し、［表示］タブの［詳細設定］で［共有ウィザードを使用する（推奨）］のチェックを外します。この操作を行えば、エクスプローラーの［共有］タブからは［詳細な共有］以外は選べないようになります。

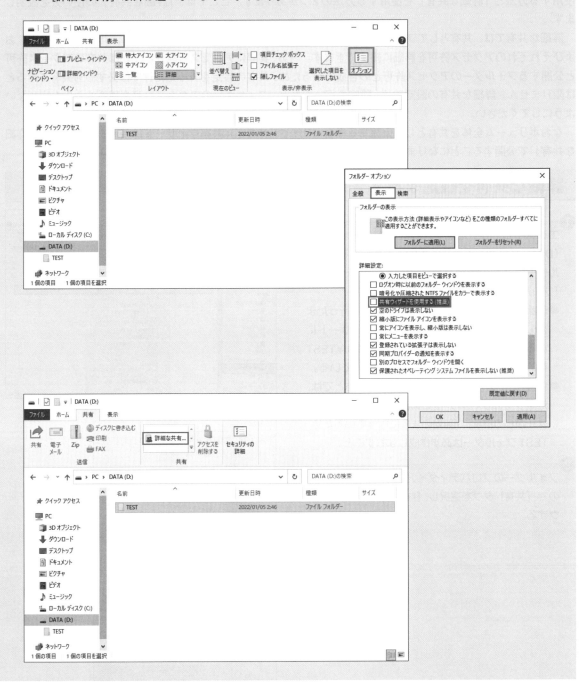

4 詳細な共有を設定するには

　先ほどのコラムにおいて説明したように、Windows Server 2022で共有を設定するには「共有ウィザード」を使用する方法と「詳細な共有」を使用する方法の2つがあります。ここでは、「詳細な共有」の使い方を説明します。

　詳細な共有では、共有としてフォルダーを公開する際の名前（共有名）や、共有するユーザーやグループ、およびそれぞれのアクセス許可を詳細に指定できます。一方、実際にアクセス可能かどうかは共有のアクセス許可と公開するフォルダーのアクセス許可との合成となるため、共有の設定を行っただけでは必ずしも共有できるとは限りません。詳細な共有の設定では、設定を行ったあと、フォルダーのアクセス許可を確認するのを忘れないようにしてください。

　なおボリューム全体を共有として公開する場合（D:¥やF:¥など）、共有ウィザードは使えません。常に「詳細な共有」で公開することになります。

詳細な共有を設定する

❶
エクスプローラーを開き、共有したいフォルダー（D:¥TEST）があるドライブ（D:）を表示する。フォルダーのアイコンを右クリックして、メニューから[プロパティ]を選択する。

●前節の「共有ウィザードによる設定」を行ったままの状態だと、すでにD:¥TESTにウィザードによる共有が設定されている。ここではD:¥TESTをいったん削除し、新たに作成しなおしている。

●「共有ウィザードによる設定」を行ったあとでは、対象フォルダーのアクセス許可で[上位フォルダーからの継承]が無効のままになっているため、TESTフォルダーは必ず作成しなおすこと。

❷
フォルダーのプロパティダイアログボックスが開くので[共有]タブを選択し、[詳細な共有]をクリックする。

③

[詳細な共有]ダイアログボックスが開く。[このフォルダーを共有する]にチェックを入れる。[共有名]には選択したフォルダーの名前が自動的に設定されるので、変更したければ新しい名前を入力する。

④

[アクセス許可]をクリックする。

⑤

アクセス許可の設定ダイアログボックスが開く。初期状態ではアクセス許可としてEveryoneに[読み取り]が許可されている。ここではUsersグループに「読み書き可能」を設定するため、[Everyone]を選択して[削除]をクリックする。

⑥

続いて[追加]をクリックする。

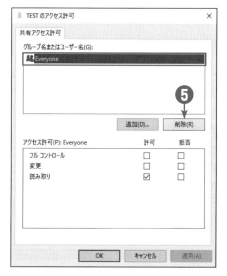

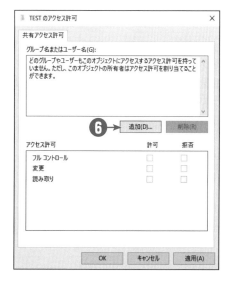

⑦
[選択するオブジェクト名を入力してください]に Usersと入力して[OK]をクリックする。

⑧
アクセス許可の設定ダイアログボックスに戻り、[グループ名またはユーザー名]にUsersが追加されていることを確認する。これをクリックして選択し、[アクセス許可]で[変更]の[許可]にチェックを入れる（[読み取り]については自動的に設定される）

⑨
[OK]をクリックしてアクセス許可の設定ダイアログボックスを閉じる。

⑩
[OK]をクリックして[詳細な共有]ダイアログボックスを閉じる。

⑪
フォルダーのプロパティダイアログボックスに戻るので[セキュリティ]タブを開き、フォルダーのアクセス許可を確認する。Usersに対して特殊なアクセス許可が設定されていることがわかる。

● この例では特殊なアクセス許可としてフォルダーやファイルの新規作成/更新が可能になっている。
● 詳細な共有では、共有のアクセス許可とフォルダーのアクセス許可の双方を確認する必要がある。

参照

特殊なアクセス許可の内容確認
→第7章のコラム「フォルダーのアクセス許可の見方」

⑫
[閉じる]をクリックしてフォルダーのプロパティダイアログボックスを閉じる。以上で詳細な共有の設定は完了となる。

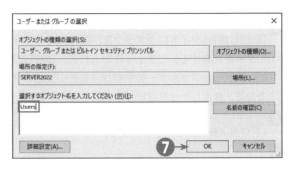

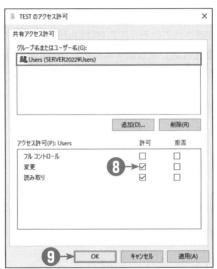

クライアントコンピューターの設定について

　ネットワーク経由でサーバーの機能を使うには、サーバー側の設定だけでなくクライアントコンピューター側の設定も必要となります。Windows Server 2022 と接続できるクライアントコンピューターの OS には、Windows 11 はもちろんのこと、Windows 10 や 8.1 など旧世代の OS も使用できます。本書では、クライアント OS として、Windows Server 2022 と同世代となる Windows 11 Pro を使用しますが、これ以外の OS でも画面デザインは異なるとはいえ、基本的な設定方法にはそれほど大きな違いはありません。

　ネットワーク関係の設定を行うには、クライアントコンピューター側の管理者権限も必要になります。Windows Server 2022 では管理者のユーザー名は既定で「Administrator」となりますが、Windows 11 の場合にはセットアップの最終段階で指定するユーザー名が標準の管理者となります（「Administrator」もユーザー名としては登録されていますが無効となっています）。このため管理者のユーザーアカウント名は固定とはなりませんが、本書においては単に「管理者」と呼ぶことにします。本書で「クライアントコンピューターの管理者」と表現した場合には、管理者権限を持つユーザーを指すと考えてください。

　Active Directory を使用しないネットワークでは、クライアントコンピューターを利用するユーザーとパスワードは、同じものをサーバーコンピューター上にも登録します。この登録を行っていない場合、クライアントコンピューターからサーバーが公開する共有を利用しようとした際に、サーバー上で有効なユーザー名とパスワードが求められます。この状態で運用することも可能ですが、本書においてはそうした運用方法については解説を行いません。

　クライアントコンピューターが Windows 11 の場合（Windows Vista 以降の他のクライアント OS も同様）、Windows Server 2022 と同じく、ネットワークには「ネットワークの場所」が設定され、この設定によってコンピューターの挙動が異なります（この章のコラム「ネットワークの場所について」を参照）。

Windows 11 でも、ネットワークの場所が「パブリックネットワーク」だと共有ファイル機能は利用できない

　Windows 11 においても、ネットワークの場所が「パブリックネットワーク」に設定されていると、ファイル共有やプリンター共有機能が利用できないので、次節の手順によりネットワークの設定を「プライベートネットワーク」に設定しなおしてください。

5 クライアントコンピューターで 共有機能を利用できるようにするには

　先ほどのコラムにおいて説明したように、「ネットワークの場所」の設定は、クライアントOSであるWindows 10やWindows 11にも存在します。さらに、「ネットワークの場所」が「パブリックネットワーク」になっている場合は、ファイル共有やプリンター共有は利用できません。そこで最初に、クライアントコンピューターにおいて「ネットワークの場所」の設定を「プライベートネットワーク」に変更する方法を説明します。

　ここでは、クライアントコンピューター用のOSとしてWindows 11 Pro（バージョン21H2）を使用しています。

クライアントコンピューターで共有機能を利用できるようにする

1 Windows 11に管理者のアカウントでサインインした状態で［スタート］メニューから［設定］を開く。

●この節の画面は、Windows 11の操作画面である。

●この設定にはクライアントコンピューター側の管理者権限が必要となる。

2 ［ネットワークとインターネット］を開く。［プロパティ］に「プライベートネットワーク」と表示されていれば、ファイルやプリンターの共有が使用できる。「パブリックネットワーク」と表示されている場合は次の手順へ進む。

3 ［プロパティ］の部分をクリックする。

❹

［ネットワークとインターネット］の［イーサネット］画面で、［ネットワークプロファイルの種類］が［パブリック（推奨）］になっているので、［プライベート］をクリックする。

- ●「イーサネット」の部分は、接続しているネットワークアダプターの名称となる。
- ●このラジオボタンが表示されていない場合は、画面を上側にスクロールする。

❺

前の手順で［プライベート］をクリックすると、タスクバーにユーザーアカウント制御用のアイコンが表示され、点滅する。これをクリックする。

- ●この表示は気づきづらいので注意。
- ●ラジオボタンは一時的にどちらも選択されていない状態になる。

❻

［ユーザーアカウント制御］画面が表示されるので、管理者のパスワードを入力し、Enterキーを押すか［はい］を選択する。

- ●ここで入力するパスワードは、現在サインインしているユーザー（shohei）のパスワード。
- ●ユーザー shoheiは、このコンピューターの管理者でなければならない。

❼
パスワードが入力されると［プライベート］が選択された状態になるので、［←］をクリックして前画面に戻る。

❽
［ネットワークとインターネット］画面に戻るので、［プロパティ］に「プライベートネットワーク」と表示されていることを確認する。

❾
［ダイヤルアップ］をクリックする。

❿
表示された画面で、［関連設定］の［ネットワークと共有センター］をクリックする。

⑪ コントロールパネルの［ネットワークと共有セン
ター］画面が開く。［共有の詳細設定の変更］をク
リックする。

⑫ ［プライベート（現在のプロファイル）］の下の［ファ
イルとプリンターの共有］欄で［ファイルとプリン
ターの共有を有効にする］を選択して［変更の保存］
ボタンをクリックする。
● この設定は標準の状態では［無効］になっている。
● ［ゲストまたはパブリック］の設定は変更しない
（［無効］のままにする）。

⑬ ［ユーザーアカウント制御］画面が表示されるので、
管理者のパスワードを入力し、Enter キーを押すか
［はい］を選択する。

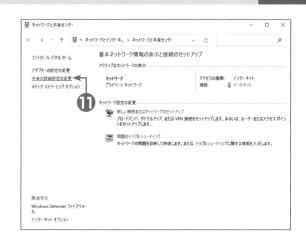

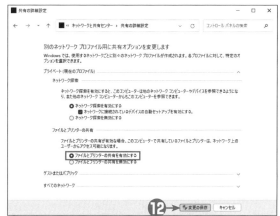

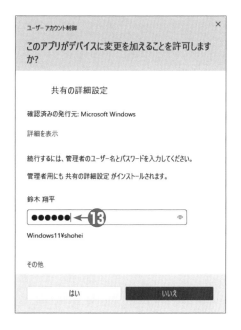

⓮
[ファイルとプリンターの共有を有効にする] が選択
された状態になる。[×] をクリックしてウィンドウ
を閉じる。

6 公開されたフォルダーをクライアントコンピューターから利用するには

　前節でクライアントコンピューターの設定を行ったことで、クライアントからサーバーで共有として公開されたフォルダーを利用できる準備は整いました。実際に共有を使用するには、クライアントコンピューター側で共有の利用を設定する必要があります。

　ファイルの共有設定はクライアントコンピューターを使用するユーザーごとに記憶されます。プリンター共有については、クライアントコンピューターのすべてのユーザーがそれを利用できるようになるのですが、ファイル共有の場合は各ユーザーが自分で設定しなければなりません。

　このため設定を行う場合には、クライアントコンピューターを実際に使用するユーザー名でサインインします。サーバーとクライアントの双方のコンピューター上に同じユーザー名とパスワードを設定しておけば、Active Directoryを使わないネットワークでも、共有を利用する場合に別途パスワードを入力する必要がなくなります。

公開されたフォルダーをクライアントコンピューターから利用する

❶
共有を利用するクライアントコンピューターで、ユーザー名「shohei」でサインインする。

- ●この節の画面は、Windows 11の操作画面である。
- ●ユーザー名「shohei」はサーバー側にもクライアント側にも登録しておき、パスワードも同じにする。
- ●前節の設定では管理者権限が必要だが、この節の設定だけであればユーザー「shohei」は管理者権限を持っている必要はない。
- ●クライアントコンピューターは、サーバー側コンピューターと同じネットワークに接続されている。

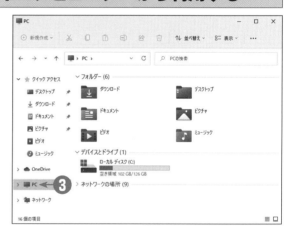

❷
タスクバーから［エクスプローラー］アイコンをクリックして、エクスプローラーを表示する。

❸
［エクスプローラー］ウィンドウ左側のナビゲーションウィンドウから［PC］を選択する。

❹
ツールバーの［…］アイコンをクリックし、表示されたメニューから［ネットワークドライブの割り当て］をクリックする。

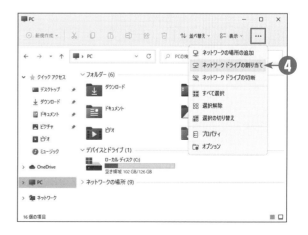

❺ [ネットワークドライブの割り当て] ダイアログボックスで [参照] をクリックする。

❻ [フォルダーの参照] ダイアログボックスで、[SERVER2022] の下の共有フォルダー [test] を選択して [OK] をクリックする。

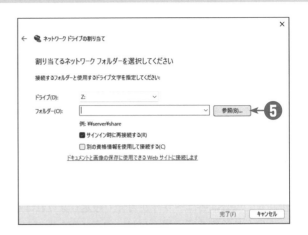

❼
[サインイン時に再接続する] には既定でチェックが
入り、[別の資格情報を使用して接続する] には既定
でチェックが外れているが、これらは変更しない。

● [サインイン時に再接続する] にチェックが入って
いると、次回のサインイン時にもう一度接続操作
をしなくても、共有が利用できるようになる。

● [別の資格情報を使用して接続する] は、サーバー
側とクライアント側でユーザー名やパスワードが
異なる場合にチェックを入れる（本書では扱わな
い）。

❽
[完了] をクリックすると、接続された共有フォル
ダーのウィンドウが「Z:」ボリュームとして自動的
に開く。

● サーバー側で共有のアクセス許可を「読み取り/変
更」と指定している場合には、このフォルダーに
さらにフォルダーを作成したり、ファイルをコ
ピーしたりすることができる。

❾
ナビゲーションウィンドウで [PC] をクリックして
展開すると、Z:ボリュームは、通常のディスクアイ
コンとは別のアイコンで表示される。

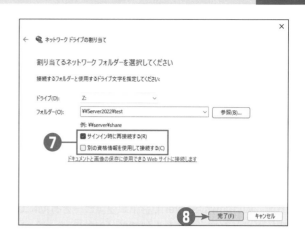

7 共有フォルダーで 「以前のバージョン」を利用するには

　Windows Server 2022のボリュームシャドウコピー機能では、ディスク内のデータが書き換えられた場合でも「以前のバージョン」機能を使って、書き換え前の過去の情報を回復することができます。

　実はWindows 11などのクライアント向けOSでも、このボリュームシャドウコピー機能は搭載されています。しかしクライアントOSでは、この機能は主に「復元ポイント」などの機能だけに使われていて、C:ボリューム以外のボリュームでは、サーバーOSのように定期的にシャドウコピーを作成するようには構成されていません。一方、Windows Serverでシャドウコピーを有効にした共有フォルダーであれば、クライアントOS側でも、定期的にバックアップされた状態で「以前のバージョン」機能が利用できるようになるため、大変便利です。

　ここでは、これを確認してみましょう。

共有フォルダーで「以前のバージョン」を利用する

❶ クライアント（Windows 11）側で、ユーザー名「shohei」でサインインする。

● この節の画面は、Windows 11 Proでの操作画面である。

❷ タスクバーから［エクスプローラー］アイコンをクリックして、エクスプローラーを表示し、ナビゲーションウィンドウで［PC］を選択する。

❸ ローカルディスク（C:）を右クリックしてメニューを表示し、［その他のオプションを表示］を選択する。

❹ メニューが変化するので［以前のバージョンの復元］を選択する。

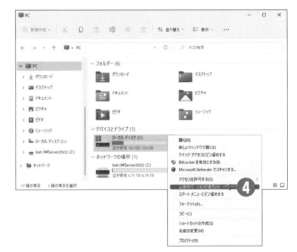

❺
[ローカルディスク（C:）のプロパティ］ダイアログボックスの［以前のバージョン］タブが開く。履歴情報は表示されないか、または、過去のバージョンの保存時刻が一定していないことがわかる。［キャンセル］をクリックしてダイアログボックスを閉じる。
- Windows 11 にはシャドウコピーを定期的に取得する設定はないが、ドライバーのインストール時に復元ポイントが作成されるため、ここに過去のバージョンの情報が表示されることもある。

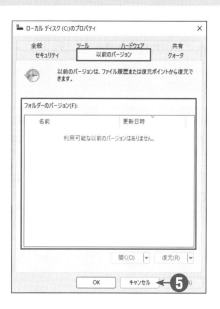

❻
手順❸〜❹を共有フォルダーとして接続した［Z:]ボリュームに対しても実行して［以前のバージョンの復元］を選択する。

❼
[test（¥¥Server2022）（Z:）のプロパティ］ダイアログボックスの［以前のバージョン］タブには、先ほどとは異なり、過去のフォルダーの内容が日付や時間別に表示される。

❽
適当な更新日時を選択して［開く］をクリックすると、その日時におけるフォルダーの内容が表示される。
- 表示される内容は選択した日時により異なる。

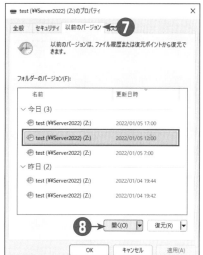

⑨

現在のフォルダーの内容を確認する。以前のバージョンに表示されていたファイルが現在はすでに削除されてなくなっていることがわかる。

⑩

以前のバージョンのフォルダー内に表示されているファイルをドラッグアンドドロップして、現在のフォルダーにコピーする。

●この操作で、誤って削除してしまったファイルなども復活できる。

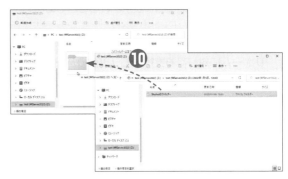

8 プリンターを共有するには

Windows Server 2022では、ドライブやフォルダーの共有と同様に、プリンターを共有することもできます。まず、サーバー側のコンピューターが、自分に接続されたプリンターを共有として公開します。次に、クライアント側のコンピューターが、その公開されたプリンターを「ネットワークプリンター」として自分のコンピューターに「接続」します。こうすることで、クライアント側のコンピューターでは、サーバーに取り付けられたプリンターを、まるで自分に直接取り付けられているかのように扱い、印刷することができるようになります。

最近は、プリンター自身がネットワークサーバーとしての機能を持つ「ネットワークプリンター」が増えていますが、そうしたプリンターでも、Windows Server 2022により共有をコントロールすることで、利用者の制限などの細かな制御が行えるようになります。

プリンターを共有として公開する

この手順は、Windows Server 2022上で操作します。

① [スタート] メニューから [設定]－[デバイス]－[プリンターとスキャナー] の順に選択する。
- この操作を行う前に、プリンターのセットアップを終了しておく。
- クライアントPCの中に32ビット版OSで動作するものが含まれる場合は、「追加ドライバー」の設定も行っておく。
- 「追加ドライバー」の設定ができていない場合は、別途、クライアントコンピューターでプリンタードライバーのインストールが必要になる。

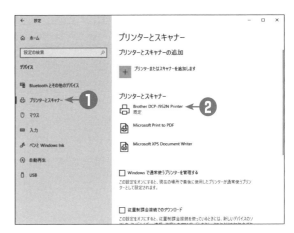

参照

プリンターをセットアップするには
→第6章の2

追加ドライバーを設定するには
→第6章の3

---

② プリンターとスキャナーの一覧から、対象となるプリンター名をクリックする。

③ プリンター名の下にボタンが表示されるので、[管理] をクリックする。

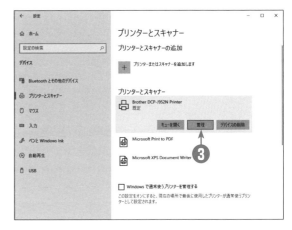

❹
プリンターの管理画面に切り替わるので、[プリンターのプロパティ]をクリックする。

❺
プリンターのプロパティ画面が表示されるので、[共有]タブをクリックする。

❻
[共有]タブ内に[共有オプションの変更]ボタンが表示されている場合は、これをクリックする。
- このボタンが表示されていない場合は、そのまま次の手順に進む。
- このボタンをクリックすると、そのままボタンが消える。

❼
[このプリンターを共有する]にチェックを入れる。
- ここでプリンターの共有名を入力することもできるが、標準の状態でサーバー上のプリンター名が設定されるので、その名前でよければ特に変更する必要はない。

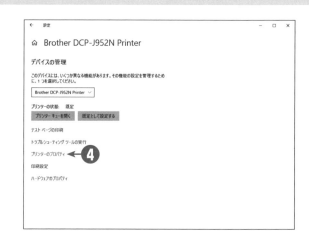

8

[セキュリティ] タブをクリックする。

● この画面はあくまで、サーバーコンピューター上でのプリンターのアクセス許可の設定である。ただし、フォルダーのアクセス許可の設定と同じく、プリンターを共有した際のアクセス許可にも影響する。プリンター共有の場合は、共有のアクセス許可だけを独立して設定する機能はない。

9

誰でもプリンターを使えるようにするため、[グループ名またはユーザー名] で [Everyone」を選択し、[印刷] が許可されていることを確認する。

● 最低限 [印刷] を許可にすれば、印刷は行える。

● [このプリンターの管理] に許可を指定すると、クライアント側からプリンターの各種設定（用紙選択など。プリンターの機種によって異なる）操作が可能になる。

● [ドキュメントの管理] に許可を指定すると、クライアント側から印刷ジョブの一覧表示や中止操作などが可能になる。

10

[OK] をクリックしてプリンターのプロパティ画面を閉じる。

11

以上でサーバー側の操作は終了となる。プリンターが共有設定されているかどうかは、手順❼の画面を開き、[このプリンターを共有する] にチェックが入っているかどうかで確認する。また、エクスプローラーを開き、左側のナビゲーションウィンドウから[ネットワーク] - [＜自サーバーのコンピューター名＞] を選択すると、このサーバーで公開されている共有の一覧が表示されるので、ここで確認することもできる。

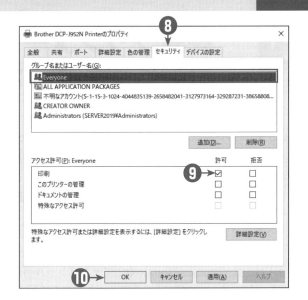

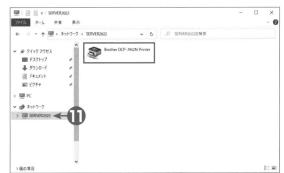

9 共有プリンターをクライアント コンピューターから使用するには

　同じくサーバーの資源を利用する共有であっても、フォルダー共有とプリンター共有とでは、大きな違いがあります。プリンター共有はクライアントコンピューターにもドライバーをインストールするため、最初に設定する際にはクライアントコンピューター側の管理者権限が必要になる点です。ただしドライバーさえインストールされていれば管理者ではない一般ユーザーでも使えるため、最初の登録が完了したあとは、管理者権限を必要とすることなく、同じクライアントコンピューターを使うすべてのユーザーで、そのプリンターが使えるようになります。

　クライアントコンピューターのOSが32ビット版のOSである場合には、クライアントコンピューター用のプリンタードライバーもあらかじめ用意しておく必要があります。クライアントコンピューター用のプリンタードライバーは Windows Update などでインストール可能となるほか、すでに説明したように「追加ドライバー」をあらかじめサーバー側にセットアップしておくことでも対応できます。ここでは、すでに「追加ドライバー」設定を終了しているものとして説明します。

共有プリンターをクライアントコンピューターから使用する

❶ クライアント側のコンピューターに管理者としてサインインする。
- ●この節の操作は、すべてクライアントコンピューター（Windows 11）上で行う。
- ●クライアント側プリンターのセットアップには、管理者権限（Administrators グループのメンバーであること）が必要。

❷ エクスプローラーを表示し、左側のナビゲーションウィンドウから［ネットワーク］－［＜サーバーコンピューター名＞］を選択する。

❸ 前の手順で、現在クライアントコンピューターにサインインしている管理者ユーザー名がサーバー上に登録されていない場合やパスワードが異なる場合には、共有のアクセスに使用するユーザーを問い合わせる画面が表示されるので、サーバー上の管理者ユーザー名（Administrator）とパスワードを入力して［OK］をクリックする。

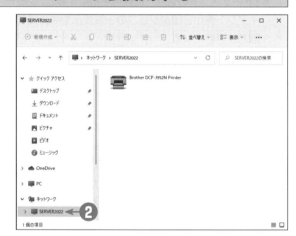

④ サーバーで共有公開されているフォルダーやプリンターの一覧が表示されるので、共有したいプリンターのアイコンをダブルクリックする。

⑤ プリンタードライバーのインストールが開始される。クライアントコンピューターが64ビットOSであるか、32ビットでも追加ドライバーがサーバーにセットアップされていれば、サーバーから自動的にドライバーがコピーされる。

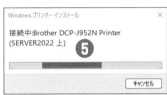

⑥ プリンターを信頼するかどうかの問い合わせが行われるので、［ドライバーのインストール］を選択する。

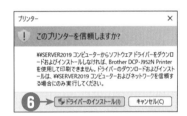

⑦ ドライバーのインストールは管理者権限が必要であるため、ユーザーアカウント制御の確認が行われる。［はい］を選択する。

⑧ プリンタードライバーがコピーされる。

❾ このウィンドウが表示されれば、プリンター共有設定は終了となる。

❿ ［スタート］メニューから［設定］－［Bluetoothとデバイス］－［プリンターとスキャナー］の順に選択すると、いま登録したプリンターが表示されていることがわかる。共有プリンターには、公開しているサーバーの名前もあわせて表示される。

●以上で作業は終了となる。

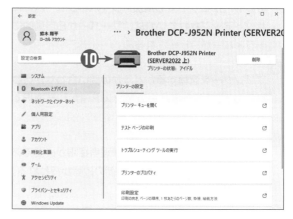

ネットワーク経由の
サーバー管理

この章では、ネットワークに接続されたサーバー PC を直接操作して管理するのではなく、ネットワークに接続された他のPCなどから管理する方法について解説します。ネットワークの規模が大きくなると、大切なデータを収めたサーバー機は、一般の利用者どころか、管理者でさえも手の届きづらい場所に置かれることが多く、離れた場所からサーバーを管理する機能が非常に重要になってきます。Windows Server 2022 には、こうした「遠隔管理」を想定した機能が搭載されており、最初のインストールさえ済ませてしまえば、それ以降はPC本体にはほとんど手を触れることなく管理することができます。ここではそうした、PC本体に直接手を触れることなく管理する「ネットワーク経由のサーバー管理方法」を紹介します。

サーバーを安全に運用するために

　ネットワークの中核となるサーバーは、ネットワークに接続される各種機器の中でも最も大切な存在です。万が一、このサーバーに何か事故があれば、大切なデータは失われ、ネットワークを使用する業務は滞り、予想外の被害を及ぼします。

　サーバーの安全管理というと、真っ先に思い浮かぶのが「ネットワークセキュリティ」かもしれません。しかし実際にサーバーを運用するうえでは、実はサーバーを他人に直接操作される、サーバー本体ごと盗まれてしまうといった「物理的攻撃」の方がはるかに脅威です。たとえばサーバーの盗難であれば、ディスクの暗号化が行われていない限り、サーバー中のすべてのデータは確実に盗まれてしまいます。暗号化が行われていたとしても、十分な時間があれば、暗号が破られてしまう可能性もあります。さらには、サーバーが盗まれてしまうとネットワークは満足に運用できなくなるわけですから、日々の業務も滞ってしまいます。

　こうした事態を避けるため、オンプレミスで使用する重要なサーバーでは、サーバーを設置するための「サーバー室」を用意して人の出入りを制限することが普通です。場合によっては「データセンター」と呼ばれる専門の業者にサーバーコンピューター自体を預けてしまうこともあります。サーバー室やデータセンターでは、コンピューターを安定して稼動させるために専用の電源や空調が用意されておりサーバーを安定して稼動させられます。またデータセンターでは、自家発電装置や高度な耐震設備、防火設備などにより、災害発生時などにもサーバーを守ることができます。悪意を持った侵入者からの防御も行えますが、一方で、人の出入りが厳しく制限されるようになることから、本来の管理者さえもサーバーを直接操作できる機会は減ってしまいます。

　ネットワーク経由でサーバーが管理できるようになると、このように物理的に保護されたサーバーであっても、ネットワークさえあれば直接サーバーを操作するのと同様、細かなメンテナンスが行えるようになります。結果、サーバーのセキュリティを低下させることなく、安全かつ安定した長期運用が行えるようになるのです。

　さらにクラウドサーバーにおいては、そもそもネットワーク経由以外の手段でサーバーを管理することはできません。そもそもクラウドサーバーの場合、操作すべきコンピューターはコンピューターの中に構築された「仮想サーバー」であり、実体は存在しないのが普通です。こうしたサーバーでは、基本的に設定管理はネットワーク経由でのみ行うことになりますから、ネットワーク経由ですべての機能を管理できる「ネットワーク経由の管理機能」はきわめて重要となります。

Windows Server 2022におけるリモート管理機能

　Windows Server 2022 には、リモートコンピューターから管理 / 運用するための次のような機能が備わっています。

●Windows Admin Center

　第3章で解説したとおり、Windows Admin Center は Windows Server の管理用として新たに加わった、Webブラウザーベースの管理ツールです。機能は非常に豊富で、これまでの章で説明した「サーバーマネージャー」のほぼすべての機能を使えるほか、Windows Server の管理の際に必要となるほとんどのツールの機能をカ

バーしています。Windows Server の各種機能を設定するツールの中には、もともとローカルコンピューターの設定しかサポートしていないものも多かったのですが、そうした設定についてもリモートから行えるようになったことは大きな進歩と言えるでしょう。

ネットワーク内での「管理ゲートウェイ」として使用できる機能も大きなメリットです。管理ゲートウェイとは、Windows Admin Center をセットアップしたコンピューターをネットワーク内に1台用意しておき、そのコンピューターを仲立ちとしてネットワークに接続された他のコンピューターも管理できる機能です。複数の管理対象コンピューターすべてに Windows Admin Center をインストールする必要はありません。

ただし Windows Admin Center は、いくら機能が豊富とはいっても Web ブラウザーベースの管理ツールです。そのため管理者の操作に対する応答性は、他の専用ツールと比べるとどうしても劣ってしまいます。ローカルサーバーの管理に限るのであれば、サーバーマネージャーなどの従来ツールの方が快適な管理が行えます。

Windows Admin Center。Webブラウザーからの設定のため、Windows 11などクライアントコンピューターからでもサーバーの管理が行える

● リモートデスクトップ機能

Windows 2000 から Windows 11 までのクライアント系 Windows の上位エディションや、すべてのバージョンの Windows Server に搭載されているコンピューターの遠隔操作機能が「リモートデスクトップ」です。遠隔操作される側のコンピューターの画面を、ネットワークで接続した、操作する側のコンピューターに1つのウィンドウとして表示することができ、マウスやキーボードを使って画面操作することができます。

リモートデスクトップ機能では、操作される側のコンピューターの GUI を直接操作することができますから、対象コンピューターに直接触れて Windows を操作するのとほとんど変わらない操作性を、操作する側のコンピューター上で実現できます。この機能を使って Windows Server 2022 を管理する場合、管理者から見ると、自分が使っている PC があたかもそのままサーバーコンピューターになったかのような感覚で操作できます。リモートデスクトップで行えない作業と言えば、たとえばハードディスクの増設や交換など、コンピューターに直接手を触れなければならない作業に限られます。

リモートデスクトップ機能では、操作される側のコンピューターを「サーバー」、操作する側のコンピューターを「クライアント」と呼びます。これは、使用している OS がサーバー OS であるか

Windows 11でリモートデスクトップを使ってWindows Server 2022を管理しているところ。Windows Server 2022のデスクトップ画面をネットワーク越しに表示して操作できる

クライアントOSであるかとは直接関係していないので注意してください。Windows Server 2022も含めて、Windows Serverはいずれもリモートデスクトップのサーバーとなることができますし、同時に、他のサーバーを操作するクライアントとなることもできます。一方、リモートデスクトップのクライアントとして利用できるのは、Windows Serverはもちろんのこと、Windows 10や11などのクライアント系OSが使用できます。また、使い勝手は異なりますが、AndroidやiOSを搭載したスマートフォンやタブレットなども、リモートデスクトップのクライアントとして使うことができます。

なおWindows Server 2022には、管理者ではなく一般のユーザー向けに、サーバー上にセットアップされたアプリケーションやデスクトップ画面を利用できるようにする「リモートデスクトップサービス」と呼ばれる機能もあります。サーバーの遠隔管理用に使用するリモートデスクトップ機能と、アプリケーションの利用者向けのリモートデスクトップサービスとは、実は同じ機能なのですが、管理者が使用するリモートデスクトップ機能は、Windows Serverの管理を行ううえで必須の機能であるため、同時に2つの接続までであればWindows Server 2022本体のライセンスだけで使用できます。一方でアプリケーション利用者向けのリモートデスクトップサービスは、使用するにあたってOS本体とは別にライセンスが必要になるため注意してください。

両者の機能を区別するうえで、管理用として使用する機能は「管理用リモートデスクトップ」と呼ばれていますが、本書では単に「リモートデスクトップ」と呼びます。

●サーバーマネージャー

Windows Server 2022のサーバー管理に使用する「司令塔」とも言える「サーバーマネージャー」も、ネットワーク経由で他のサーバーを管理する機能を持っています。

サーバーマネージャーでは、標準の管理対象となる「ローカルサーバー」のほか、ダッシュボードに用意された［管理するサーバーの追加］から、自分のコンピューター以外の他のサーバーも管理対象として追加することができます。対象にできるサーバーはWindows Server 2008以降のWindows Server系のOSですが、Windows Server 2008や2008 R2を管理する場合には、一部制限される機能もあります。なお本書では、管理対象としてWindows Server 2022を使用する場合についてのみ解説します。

Windows Server 2022のサーバーマネージャーで他のサーバーを管理する場合、そのサーバーのOSがWindows Server 2022であれば、ローカルサーバーを管理する場合とまったく同じ機能が利用できます。対象となるサーバーがWindows Server 2012〜2019である場合にも、OSの違いによる、利用可能な機能の違いを除いて、同じ管理機能が利用できます。

サーバーマネージャーで行える管理機能のうち、役割と機能の追加および管理、ファイルサービスと記憶域の管理など多くの管理機能を、リモートデスクトップを使用することなく使うことができます。

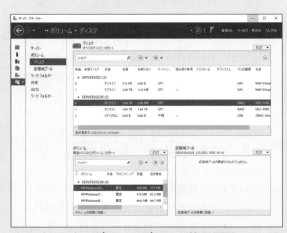

サーバーマネージャーのディスク管理画面。ローカルサーバーのほか、もう1台のサーバーについても表示されている。設定さえ済ませてしまえば、ネットワーク接続された他のサーバーを、あたかも自分のコンピューターであるかのように管理できる

●リモートサーバー管理ツール

　サーバーマネージャーがインストールされていないクライアント OS、たとえば Windows 11 などの OS か
ら、Windows Server を管理できるツールが「リモートサーバー管理ツール（RSAT：Remote Server
Administration Tool）」です。このツールは、クライアント OS 向けツールとして、マイクロソフト社の Web
サイトからダウンロードすることでき、Windows 10 や 11 で利用できます。

　RSAT は、管理する機能ごとに複数のプログラムに分かれており、使用したい管理機能ごとにクライアント
OS の［スタート］メニューから起動します。管理できる機能は多彩で、Active Directory 関連の管理機能や、
ファイルサーバーリソースマネージャー、DNS や DHCP、リモートデスクトップの管理など、Windows Server
が持つさまざまな機能の管理をクライアント OS
から行うことができます。

　さらに RSAT には、Windows Server 2022 の
「サーバーマネージャー」とほぼ同じ外見、操作性
を持つ、クライアント OS 用の「サーバーマネー
ジャー」も含まれています。これを使えば、
Windows Server を直接操作して管理するのとほ
ぼ同様の操作性で、サーバーの管理が行えます。

　RSAT はマイクロソフト社の Web サイトから
無償でダウンロードできるほか、Windows 11 に
ついては「オプション機能」として［設定］画面
から簡単に機能追加が行えるようになっていま
す。この追加は、管理したい機能ごとに個別に選
択できるようになっており、非常に使いやすいも
のとなっています。

Windows 11の「リモートサーバー管理ツール」に含
まれる「サーバーマネージャー」。Windows 11の上
から、Windows Server 2022のサーバーマネー
ジャーと同じ操作性でサーバーの管理ができる

●コマンド／スクリプトベースの設定

　Windows Server 2022 には、GUI をまったく使用せずコマンドラインだけで OS の管理を行うモードがあ
ります。従来は「Server Core インストール」と呼ばれていましたが、現在ではデスクトップエクスペリエン
スの有無をインストール時に選択するスタイルとなっています。

　デスクトップエクスペリエンスなしのインストールを行った場合、管理者は Windows PowerShell と呼ばれ
るコマンドラインから実行するコマンドレットにより、OS の各種設定を行います。ネットワーク経由で他の
コンピューターの設定を行うこともできます。

　本書では、主に GUI を使用する方法で Windows Server 2022 の管理方法を解説するため、これらコマンド
レットについては必要最小限を除いて解説は行いませんが、GUI で管理可能な機能であっても詳細な設定を行
いたければ PowerShell を使うしかない場合もあるため、簡単な使用方法はぜひとも覚えておきたいところで
す。

1 リモートデスクトップを 使用可能にするには

Windowsコンピューターのデスクトップ画面をネットワーク経由で操作するリモートデスクトップ機能は、Windows Server 2022の標準セットアップに含まれているため、役割や機能を追加インストールする必要はありません。ただしインストールしたばかりの状態では、他のコンピューターから接続して操作する機能は無効に設定されています。以下の手順により、リモートデスクトップの接続を許可します。

なおこの手順でサインイン可能となるのはサーバーの管理者（Administratorsグループに含まれるユーザー）に限られます。

リモートデスクトップを使用可能にする

① サーバーマネージャーで［ローカルサーバー］を開く。［プロパティ］欄の［リモートデスクトップ］の項目で「無効」と表示されている部分をクリックする。

❷

[システムのプロパティ] 画面の [リモート] タブが表示される。下段の [リモートデスクトップ] で [このコンピューターへのリモート接続を許可する] を選択する。

❸

Windowsファイアウォールの設定が変更される旨のメッセージが表示されるので、[OK] をクリックする。

● Windows Server 2022のファイアウォールは、標準の状態ではリモートデスクトップの接続が禁止されているため、ファイアウォールの設定を変更する必要がある。この画面で [OK] をクリックすることで、自動的にファイアウォールの設定が変更される。

❹

再び手順❷の画面に戻るので、[ネットワークレベル認証でリモートデスクトップを実行しているコンピューターからのみ接続を許可する（推奨）] のチェックを外す。

● このチェックボックスは標準では選択状態であることに注意。

● このチェックボックスが選択状態のままだと、接続の際、ネットワークレベル認証により接続先コンピューターの情報が検証されるようになる。同じネットワーク内の接続であれば問題ないが、Active Directoryを使用しない状態でルーターを介して接続するような場合には、認証が行えないので接続が失敗する。

❺

[OK] をクリックして [システムのプロパティ] 画面を閉じると、リモートデスクトップが接続可能になる。

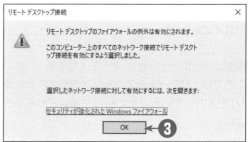

2 リモートデスクトップでWindows Server 2022に接続するには

リモートデスクトップのクライアント機能は、Windows Server系の各OSのほか、Windows XP以降のクライアント系Windows、macOS、一部のタブレットやスマートフォンなどさまざまなOSや機器に搭載されています。使用する環境によって機能には多少の差異はありますが、ここでは、Windows 11 Proから接続する例を紹介します。

リモートデスクトップでWindows Server2022に接続する

1 Windows 11で［スタート］ボタンをクリックし、［スタート］メニューを表示する。
- この節の画面は、すべてクライアントPC側（Windows 11）の操作画面である。
- Windows 11へのサインインは管理者ユーザーでなくてもよい。

2 検索欄にキーボードから R キーを入力する。
- ここでは、リモートデスクトップの頭文字となる「r」を入力している。大文字/小文字はどちらでもよい。

3 検索結果に［リモートデスクトップ接続］が表示されるので、これを選択する。
- 直前に実行したアプリケーションによっては、「r」1文字を入力しただけではリモートデスクトップ接続が検索されない場合もある。この場合は「r」のあとに続けて「emote desktop」のように「リモートデスクトップ接続」が表示されるまで続きの文字を入力する。

④

[リモートデスクトップ接続]が起動する。[オプションの表示]をクリックする。

⑤

オプション画面が表示されるので、[画面]タブをクリックし、[画面の設定]で表示したい画面の解像度を選択する。

- ●Windows 11をセットアップ後、最初にリモートデスクトップを起動する場合には、全画面表示で接続するように設定されている。
- ●全画面表示でかまわない場合は、この設定を変更する必要はない。
- ●画面の解像度は直前に設定した状態が記憶されるので、この手順は毎回行う必要はない。

⑥

[全般]タブを選択し、[コンピューター]にサーバーのコンピューター名（SERVER2022）、ユーザー名に[Administrator]を入力して、[接続]をクリックする。

- ●通常のサインイン時と同様、リモートデスクトップでのサインインもユーザー名の大文字/小文字は区別されない。そのため、ここでのユーザー名はすべて小文字で入力しても問題はない。
- ●クライアントコンピューターがサーバーと同一のネットワーク内にない場合（ルーターなどを経由している場合）には、コンピューター名では認識できない場合もある。この場合にはサーバーのIPアドレスを入力するとよい。
- ●[資格情報を保存できるようにする]にチェックを入れると、指定したコンピューターに接続する際のユーザー名とパスワードが記憶可能になる。次回からはコンピューター名を指定するだけで、ユーザー名もパスワードも入力が不要となる。ただしセキュリティ確保のため、管理者以外が使う可能性があるコンピューターではチェックを入れるべきではない。

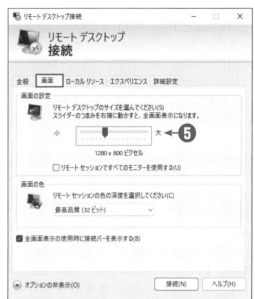

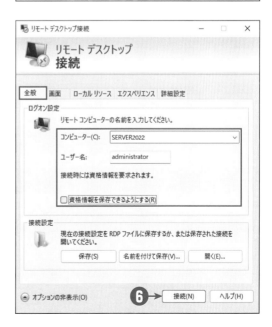

7 Administratorのパスワードが求められる。ここではサーバー側のAdministratorのパスワードを入力して［OK］をクリックする。

● この画面で［このアカウントを記憶する］にチェックを入れても、ユーザー名とパスワードが記憶される。ただし前の手順で説明したように、Administratorのパスワードは記憶させるべきではない。

8 リモートコンピューターのIDが識別できない旨が表示される。Active Directoryを構成していない場合にはこのメッセージが表示されるが、［このコンピューターへの接続について今後確認しない］にチェックを入れて、［はい］をクリックする。

9 リモートデスクトップがサーバーに接続され、Administratorとしてサインインが実行される。ローカル画面からサインインしたときと同様にデスクトップ画面が表示され、サーバーマネージャーが自動的に起動する。

● Administrator以外でサインインしたい場合には、手順**6**で別のアカウント名を入力するか、手順**7**で［その他］をクリックして別のアカウント名を入力する。ただし標準の状態では、Administrator以外のリモートデスクトップによるサインインは有効になっていない。

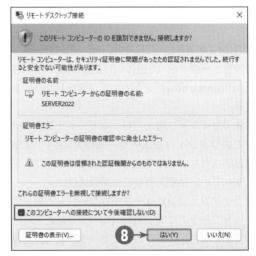

3 リモートデスクトップを切断するには

リモートデスクトップにより接続された画面は、この節のいずれかの方法により切断できます。どの方法で切断するかによって、そのとき実行されていたプログラムの実行が継続するかどうかが決定されます。

サインアウトしてリモートデスクトップを切断する

❶ [リモートデスクトップ接続] ウィンドウ内で、[スタート] メニューのユーザーアイコンをクリックし、メニューから [サインアウト] を選択する。

- [リモートデスクトップ接続] ウィンドウが全画面ではなくウィンドウ状態のときは、キーボードから⊞キーを入力しても、リモートデスクトップ接続のウィンドウではなく、現在のコンピューターの [スタート] メニューが表示される。リモートデスクトップ接続では、キーボードの Alt + Home キーで、リモート側の⊞キーと同じ働きをさせることができる。
- この方法でサインアウトすると、ローカルの画面でサインアウトしたのと同様、そのとき実行していたアプリケーションはすべて終了させられる。
- [電源] アイコンからは [シャットダウン] や [再起動] も選択できる。

ウィンドウからリモートデスクトップを切断する

❶ [リモートデスクトップ接続] ウィンドウ右上の [×] (閉じるボタン) をクリックする。または、[リモートデスクトップ接続] ウィンドウ左上のウィンドウメニューから [閉じる] を選択する。

- この方法の場合、[リモートデスクトップ接続] ウィンドウが閉じるだけで、サインインしているユーザー (Administrator) のサインアウトは行われない。[リモートデスクトップ接続] ウィンドウを閉じる前に実行していたプログラムはそのまま実行され、次にリモートデスクトップ接続するとその続きの画面が再び表示される。

4 リモートデスクトップで同時に2画面表示するには

Windows Server 2022の標準の状態では、1人のユーザーが表示できるデスクトップ画面は最大で1つに限られています。これはいわゆる「仮想デスクトップ」の話ではありません。あるサーバーにリモートデスクトップでサインインして操作している最中に、もう1つウィンドウを開いて、同じサーバーに同じユーザー名でサインインすると、先に使っていたリモートデスクトップは勝手に切断されてしまうということです。Windows Serverでは、ライセンス上、管理用のリモートデスクトップ接続は2つまで許されています。にもかかわらず、同じユーザー名で使おうとすると、接続が1つまでに限られてしまうのです。

この動きは、クライアント向けのWindows、たとえばWindows 11などと同じ動作なのですが、管理用として使用する場合には、同時に2つの画面が使える方が便利です。そこでここでは、同じユーザーが同じコンピューター上で複数セッションのサインインを行う方法を説明します。

リモートデスクトップのセッション数を増やす

❶
Windows Server 2022（接続先となるサーバー）の［スタート］ボタンを右クリックし、［ファイル名を指定して実行］を選択する。
- Windows Server 2022へは必ずAdministratorでサインインしておく。

❷
表示された画面で、［名前］欄に gpedit.msc と入力して［OK］をクリックする。

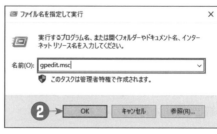

❸

ローカルグループポリシーエディターの画面が開くので、左側のペインから、[コンピューターの構成]－[管理用テンプレート]－[Windowsコンポーネント]－[リモートデスクトップサービス]－[リモートデスクトップセッションホスト]－[接続]の順に展開する。

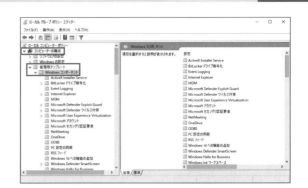

❹

右側のペインに表示された項目から、[リモートデスクトップサービスユーザーに対してリモートデスクトップセッションを1つに制限する]をダブルクリックする。

❺

表示された画面で[無効]を選択し、[OK]をクリックして閉じる。

- この操作で、同一ユーザーに対するセッション数制限を1にする機能を無効にできる。

❻

ローカルグループポリシーエディターの画面を閉じたのち、Windows Server 2022からサインアウトする。

- 説明手順の都合で、ここでは必ずサインアウトが必要となる。理由は次の手順で説明する。

❼

Windows 11のクライアントから、リモートデスクトップ接続を2つ起動して、同じユーザーで2度接続する。

- この例では、同じクライアントから2つの接続を確立しているが、別々のクライアントPCから1つずつ接続することもできる。

- この設定は、Windows Serverにおける「管理用リモートデスクトップ接続は2セッションまで」という制限を無効にするわけではない。この設定を行っても、2つを超えて接続を試みた場合には、すでに接続している2つのセッションのうちどちらか一方の切断が求められる。

- ここでいう「2セッション」には、コンピューターを直接操作する「コンソール画面」も含まれる。コンソールからもサインしている場合には、リモートデスクトップで接続できるのは1セッションに限られる。

- 手順❻でコンソール画面からサインアウトしているのはこのためである。

コラム　**セッションシャドウイングとは**

　Windows Server 2022のリモートデスクトップ接続には「セッションシャドウイング（Session Shadowing）」という機能があります。セッションシャドウイングとは、クライアントコンピューターからリモートデスクトップサーバーに接続する際に、新たなサインインセッションを起動するのではなく、すでにサインインしている他のセッションを複製して表示・操作する機能です。言葉はよくありませんが、他のセッションを"のぞき見る"機能と言えます。

　たとえば、誰かがサーバーにサインインしているとき（これをセッション1とします）、別のクライアントPCから、リモートデスクトップ接続を使って同じPCに接続（これをセッション2とします）したとします。通常のリモートデスクトップ接続であれば、セッション2は新たなサインインとなり、セッション1の画面とは異なる画面が表示されます。しかしセッションシャドウイングでは、セッション2の接続画面に対して、セッション1の操作画面のコピーを表示します。つまりセッション2では、セッション1で表示されている画面や操作を脇から監視や操作を行うことができるわけです。

　危険な機能のようにも思えるかも知れませんが、これは次のような場合に役立ちます。コンピューターを専用のサーバー室に設置しているような環境で、バックアップのためにコンソールから直接サインインし、バックアップ作業を行っていたとします。バックアップには時間がかかるものですから、管理者は自席に戻ってリモートデスクトップでサーバー管理を続けようとします。2セッションまで接続できるよう設定している場合、サーバー室のコンソール画面と自席のリモートデスクトップ画面には異なる内容が表示されますから、自席からではバックアップが終了したかどうかがわかりません。たとえば再起動などのように、バックアップ作業に影響を与えるような操作は自席から行うことができなくなってしまいます。

　このような場合、自席からコンソール画面のセッションをシャドウイングして表示させれば、自席にいながらにして、サーバー室のコンソール画面の様子を確認することが可能になります。シャドウイングのセッションは、通常のリモートデスクトップ接続とは違って「管理用の接続セッションは最大2つまで」という制限にはカウントされないため、すでにサインイン済みのコンソールセッションが強制的に切断されることもありません。セッション数を減らすことなく、同時に複数の場所から同じ画面を共有できる機能として便利な機能といえるでしょう。

　なおセッションシャドウイングでは、使い方によっては他人のセッションをのぞき見たり、勝手に操作したりといった「悪用」も可能になります。このため本機能では、セッションのシャドウイングが行われる際に、コピーされる側のセッションに確認メッセージを表示して接続してよいかどうか尋ねることや、表示のみで操作は許可しないよう設定することが可能になっています。

　この設定を行うには、この章の4節で説明した「リモートデスクトップのセッション数を増やす」の手順❶〜❸を実行して、リモートデスクトップ接続セッションホストの[接続]まで展開します。次に[接続]配下に

あるグループポリシーの中から、[リモートデスク
トップサービスユーザーセッションのリモート制
御のルールを設定する]をダブルクリックします。

　この画面ではまず、構成として［有効］を選択
します。次に［オプション］の選択肢の中から、
ユーザーの許可を要するかどうか、フルコント
ロール（操作あり）か参照（操作は禁止）かによっ
て5通りの中から希望する項目を選びます。たと
えば［ユーザーの許可なしでフルコントロール］
を選ぶと、コピーされる側のセッションでは、ユー
ザーの確認を得ない状態で操作が可能になりま
す。また［ユーザーの許可を得てセッションを参
照する］を選んだ場合には、ユーザーの確認が必
須となり、表示のみで操作は禁止となります。本
書では、［ユーザーの許可を得てセッションを参照
する］を選択します。

　グループポリシーの構成では［未構成］［有効］
［無効］が選択できますが、（Windows Server
2022の標準の状態である）［未構成］であっても、
セッションシャドウイング機能自体は有効で、
［ユーザーの許可によりフルコントロール］モード
で動作します。このコラムで説明した設定を行わ
なくても、セッションシャドウイングが使えてし
まうので注意してください。セキュリティを考慮

して機能を禁止したい場合には、この画面で［有効］を選んだうえで、［リモート制御を許可しない］を選ぶ
必要があります。

　なおシャドウイングセッションは、リモートデスクトップのセッション数の制限には影響しないため、本書
で説明した「リモートデスクトップで2画面同時に表示する」設定を行っているかどうかにも影響されません。

　このセッションシャドウイング機能は、Windows Server 2012 R2 ～ 2022で使用できます。Windows
Server 2012以前のOSでは利用できません。

5 同じデスクトップ画面を 複数の場所から操作するには

　Windows Server 2022のリモートデスクトップ機能では、1つの操作画面を複数のクライアントコンピューターから同時に表示する、複数のコンピューターから同時に操作する等を可能にする「セッションシャドウイング」と呼ばれる機能が標準で有効になっています。この機能を使用すれば、通常のリモートデスクトップ接続とは異なり、それまで使用していたユーザーのセッションを切断することなく脇から画面を監視・操作することが可能になります。

　なお、セッションシャドウイング機能自体には必須ではありませんが、この節では、この章の「4 リモートデスクトップで同時に2画面表示するには」および先ほどのコラム「セッションシャドウイングとは」で説明した2つのグループポリシーを設定済みであるものとします。

セッションシャドウイングを使用するには

❶
クライアントコンピューターから、Windows Server 2022にこの章の2の手順でリモートデスクトップ接続する。

- この節の画面はすべてWindows 11上での操作画面である。
- Windows 11にはユーザー「shohei」でサインインしているが、リモートデスクトップ接続では、サーバーに対して「Administrator」でサインインする。
- この節の例では、このリモートデスクトップ接続をセッションシャドウイングする。

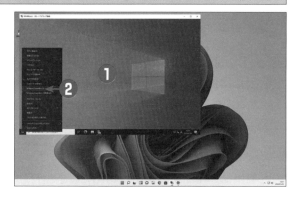

❷
リモートデスクトップで接続したWindows Server 2022上で［スタート］ボタンを右クリックし、［Windows PowerShell］を選択する。

3

リモートデスクトップ内でWindows PowerShell
のウィンドウが開く。プロンプトから、次のコマン
ドを入力して[Enter]キーを押す。

```
query session
```

●画面は、リモートデスクトップ内のPowerShell
　ウィンドウの様子。

4

コマンドの実行結果から、セッション名が「rdp-
tcp#<番号>」となっている行で、状態が「Active」
である行を探す。その行が見つかったら、IDの数値
を確認する。

●リモートデスクトップセッションはセッション名
　が「rdp-tcp#<番号>」で示される。この例では1
　つしか接続されていないので、IDが5であること
　がわかる。

●「rdp-tcp#<番号>」が2行あるときは、「#」以降
　の番号が小さいものが時間的に先に接続された
　セッションになる。

5

別のコンピューターから、[スタート] ボタンを右ク
リックして [ファイル名を指定して実行] を選択す
る。

●同じコンピューターから、シャドウされた画面を
　2つ表示してもあまり意味はないので、通常は別
　のコンピューターから利用する。ただし本書では、
　説明用として同じクライアントコンピューター
　（Windows 11）を使用している。

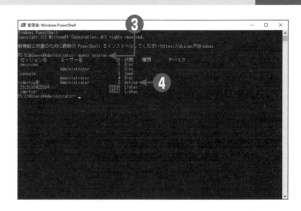

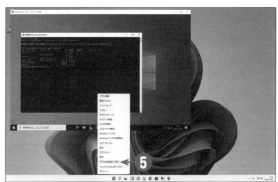

❻

表示された画面で、[名前] 欄に次のコマンドを入力して [OK] をクリックする。

```
mstsc /v:SERVER2022 /prompt ➡
/shadow:5 /control
```

- 上記のコマンドは紙面の都合で改行されているが、実際には1行で入力する。
- 「mstsc」はリモートデスクトップ接続のコマンド名。
- 「/v:SERVER2022」の「SERVER2022」の部分は接続先のコンピューター名を指定する。
- 「/prompt」はリモートデスクトップでサインインする際のユーザー名とパスワードを画面から入力することを示す。これを指定しない場合、現在クライアントにサインインしているユーザー名とパスワードが使われる。
- 「/shadow:5」はシャドウイングするセッションの番号（手順❹で表示されたID）を指定する。これを指定しないと、通常のリモートデスクトップ接続が実行される。
- 「/control」はシャドウイングしたセッションに対して操作も有効にすることを示す。これを指定しない場合には表示のみで操作は禁止される。グループポリシー設定で「フルコントロール」を選択していない場合はエラーになる。
- 今回は指定していないが、「/noConsentPrompt」を指定するとシャドウイングする前に、対象セッションの画面で接続してよいかどうかを確認せずに接続する。ただし、グループポリシーで確認が必要である旨を指定してある場合にこれを指定すると、エラーになる。

❼

ユーザー名とパスワードを求められるので、接続する先のユーザー名である「Administrator」と、そのパスワードを入力して [OK] をクリックする。

- 通常の設定では、セッションシャドウイングで他ユーザーの画面に接続できるのは管理者に限られる。
- コンソールセッション（コンピューターに直接サインインしているセッション）はセッション名が「console」と表示される。

8 セッションをコピーされる側のウィンドウ内に、リモート制御の可否を問い合わせるメッセージが表示される。ここでは［はい］を選択する。

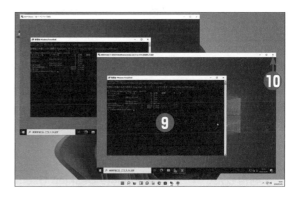

9 新たなリモートデスクトップ接続画面が表示される。その内容は、すでに開かれているリモートデスクトップ画面とまったく同じである（シャドウイングしている）ことがわかる。操作をすると、その操作がすぐさま別の画面にも反映される。

●2つのウィンドウの内容はまったく同じ内容である。そのため、離れた位置の別々のコンピューターから同一の画面を見たり操作したりする場合に便利。

10 シャドウイングセッションを切断する場合には、ウィンドウ右上の［×］（閉じるボタン）をクリックする。セッション内の画面操作（［スタート］メニューからのサインアウトや切断など）を行うと、シャドウ元のセッションも同時にサインアウトや切断が行われてしまうためである。

6 管理者以外のユーザーをリモートデスクトップで接続できるようにするには

リモートデスクトップ機能は、標準の状態では、管理者（Administrator）以外では接続できません。正確に言えば「Administrators」グループに所属しているユーザーのみが利用可能になっていますが、初期状態ではAdministratorsグループにはAdministratorだけしか登録されていませんから、リモートデスクトップを使用できるのはAdministratorだけとなっています。これは、Windows Server 2022で許されているリモートデスクトップ接続は「サーバーの管理目的」だけに限られているからです。

Administrator以外の一般ユーザーがリモートデスクトップでWindows Server 2022に接続できるようにするには、次の2つの方法のうちいずれかを使用します。

・利用したいユーザーをAdministratorsグループに入れる
・利用したいユーザーをRemote Desktop Usersグループに入れる

ユーザーをAdministratorsグループに入れた場合、そのユーザーはリモートデスクトップを使えるようになりますが、同時にすべての管理者権限も手に入れてしまいます。管理者権限を与えず、一般ユーザーとしてリモートデスクトップを利用したい場合には、ユーザーをRemote Desktop Userグループに入れます。

ユーザーが所属するグループを変更するには、[ローカルユーザーとグループ]画面から設定しますが、リモートデスクトップ接続の設定画面からはより簡単に設定が行えます。

なおここでは、Administratorsグループではないユーザーでもリモートデスクトップ接続を利用できるように設定しますが、Windows Server 2022での標準のリモートデスクトップ接続が「サーバーの管理目的」である点については変わりありません。一般ユーザーであっても「管理目的」以外で使用する場合にはライセンス違反となることに注意してください。管理目的以外で使用するには、リモートデスクトップサービスをセットアップする必要があります（別途クライアントアクセスライセンスが必要です）。

また、セッションシャドウイングは、管理者権限を持つユーザーだけの機能であるため、セッションシャドウイングを使用する場合には、ユーザーをAdministratorグループに入れる必要があります。

管理者以外のユーザーをリモートデスクトップで接続できるようにする

❶ サーバーマネージャーから[ローカルサーバー]を開く。[プロパティ]欄の[リモートデスクトップ]の項目で「有効」と表示されている部分をクリックする。

②
[システムのプロパティ]画面が表示される。下段の
[リモートデスクトップ]で[ユーザーの選択]をク
リックする。

③
[リモートデスクトップユーザー]画面が表示され
る。ユーザーを追加するため、[追加]をクリックす
る。

④
[ユーザーの選択]画面が表示される。[選択するオ
ブジェクト名を入力してください]に、追加したい
ユーザー名を入力する。複数のユーザー名を入力す
る場合には、セミコロン（;）で区切って入力する。
- [詳細設定]をクリックすれば、ユーザー名を検索
して入力することもできる。

参照

ユーザー名を検索して入力するには

→**第4章の7**

⑤
[OK]をクリックして画面を閉じる。

⑥

[リモートデスクトップユーザー]画面に戻り、入力したユーザー2名が追加されている。[OK]をクリックして［リモートデスクトップユーザー］画面を閉じる。

⑦

クライアントコンピューターからリモートデスクトップを起動し、サーバーに接続する。パスワードの入力画面で［その他］をクリックする。

⑧

[別のアカウントを使用する]をクリックする。

⑨
ユーザー名とパスワード入力が求められるので、ユーザー名にshohei、パスワードとしてユーザー「shohei」のパスワードを入力し、[OK] をクリックする。

⑩
ユーザー「shohei」として正常にサインインできる。
- ●ユーザー [shohei] は管理者（Administratorsグループのメンバー）ではないので、サーバーマネージャーの画面が自動的に起動することはない。

⑪
この節で説明した操作は、実際には、指定したユーザーを「Remote Desktop Users」グループに追加しているだけである。[コンピューターの管理] 画面の [ローカルユーザーとグループ] から確認すると、グループ「Remote Desktop Users」に、ユーザー「shohei」と「haruna」が追加されていることがわかる。
- ●このため、[コンピューターの管理] 画面から、[Remote Desktop Users] グループのメンバーにユーザーを追加しても、追加されたユーザーはリモートデスクトップ接続が使えるようになる。

参照

グループメンバーを確認するには

→第4章の**8**

コラム リモートデスクトップ接続の設定について

[リモートデスクトップ接続] の起動時画面で [オプション] をクリックすると、接続時の画面サイズや接続の際の回線速度に応じた画面表示方法などを変更できます。使用できる機能は、リモートデスクトップ接続を使用するクライアント OS によって異なりますが、ここでは Windows 11 Pro における機能を説明します。

● [全般] タブ

接続先のコンピューター、ユーザー名などを設定します。[資格情報を保存できるようにする] にチェックを入れると、接続先のコンピューターごとに、ユーザー名とパスワードを保存できます。これにより、次回接続時はユーザー名やパスワードを入力しなくても接続できるようになります。

また [保存] ボタンは、ユーザー名やパスワードのほか、その他のタブ内で指定する各種接続情報をファイルに保存するボタンです。保存は、拡張子「.RDP」のファイルに保存され、次回以降はこのファイルをダブルクリックするだけで接続できるようになります。

● [画面] タブ

リモートデスクトップ接続時に使用する画面解像度を指定します。画面サイズは「640 × 480」から、現在使用しているクライアント PC の画面解像度までの間で指定できます。全画面表示を選択した場合、現在の PC のスタートボタンやタスクバーも隠して、あたかもリモート PC を直接操作しているような操作方法にすることができます。

クライアント PC が複数のディスプレイを持つ「マルチディスプレイ環境」の場合、[リモートセッションですべてのモニターを使用する] を選択すると、接続されたすべてのディスプレイにリモートデスクトップ画面を表示することができます。

[画面の色] は、グラフィック表示可能な色の数を指定します。色数を多くする場合には、ローカル接続のように高速なネットワークが必要になります。

● ［ローカルリソース］タブ

　サウンド機能とキーボード上の特殊キーの動作を選択できます。［リモートオーディオ］では、サインイン時にサーバー側でサウンドを再生／録音する場合に、サーバーコンピューターのスピーカーやマイクを使うのか、クライアント側を使うのかを選択できます。Windows Server 2022 は、インストール直後の状態ではサウンド機能が有効になっていませんが、サウンド機能が有効なクライアント OS からリモートデスクトップで接続した場合には、クライアント側でサウンド再生することが可能になります。

　これを有効にするには、サーバーに管理者としてリモートデスクトップ接続した状態で、タスクバーの右端にあるスピーカーのアイコンを右クリックし、メニューから［サウンド］を選択します。

　オーディオサービスを有効にするかどうかの問い合わせが表示されるので、［はい］を選択します。

　サウンドデバイスとして「リモートオーディオ」が表示されていることを確認のうえ、［OK］でウィンドウを閉じます。

以上で、リモートデスクトップ接続時に限り、サーバーコンピューターにサウンド再生用のハードウェアが搭載されているかどうかにはかかわらず、サーバー側で再生されるオーディオがクライアント側コンピューターのサウンド機能で再生できるようになります。

[キーボード]では、⊞キー、および⊞キーと他のキーの同時押下がなされた場合に、そのキー操作をクライアント側のWindowsに入力されたものか、リモートデスクトップ接続されたサーバー側に伝達するかを決定します。通常の設定では、フルスクリーン時に限り、サーバー側で⊞キーが処理されます。

[ローカルデバイスとリソース]では、クライアント側のPCに接続されているプリンターやUSB機器、ハードディスクボリューム等を、リモートデスクトップ接続されたサーバー側のOSで利用できるようにする設定です。ローカルのハードディスク、USB接続の機器などを、リモートサーバー側に自動的に接続するかどうかを選択します。

[詳細]ボタンをクリックすれば、これらのうちどの機能をリモートに接続するかが選べます。特に便利なのが、[ドライブ]を接続した場合で、これを有効にするとクライアントPC側のディスクボリュームが、自動的にサーバー側のエクスプローラーの[PC]の下に接続されます。これにより、クライアントからサーバーにファイルを転送したり、逆にサーバーからクライアントにファイルを転送したりといった操作が、ファイル共有を経由しなくても行えます。

ローカルリソースの接続を変更した状態でリモートデスクトップ接続を行うと、接続される際にセキュリティ警告が表示されます。これはドライブ等のローカルリソースの接続がコンピューターウイルス感染や情報漏えい等のセキュリティ問題を引き起こす可能性があるためです。Windows Defenderや他のウイルス対策ソフトなどで保護されていないコンピューターと接続する場合には十分注意してください。

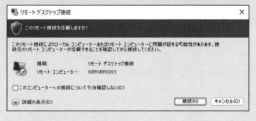

● [エクスペリエンス] タブ

接続に使用するネットワークが低速の場合、一部の画面表示
機能を無効にすることで操作性を改善することができます。た
だし、ネットワークが十分に高速な場合であっても [デスクトッ
プコンポジション] [ドラッグ中にウィンドウの内容を表示] な
どは自動的に無効になります。これらは管理用リモートデスク
トップ接続においては使用できません。

● [詳細設定] タブ

サーバー認証失敗時の動作を指定します。[任意の場所から接
続する] は、リモートデスクトップゲートウェイと呼ばれるサー
バー経由でリモートデスクトップ接続を行うための設定です。

7 サーバーマネージャーで 他のサーバーを管理するには

Windows Server 2012から導入されたサーバー管理ソフト「サーバーマネージャー」には、現在のコンピューターだけでなく、ネットワークで接続された他のサーバーを管理する機能も搭載されています。管理できるのはWindows Server 2008以降のWindows Server系OSで、特に同じサーバーマネージャーを搭載しているWindows Server 2012以降のOSでは、ローカルサーバーを管理するのと同じ使い勝手でリモートサーバーを管理できます。

Active Directoryを使用していないネットワークでリモートサーバーの管理機能を使用するには、管理対象となるサーバーを設定可能とするため、対象のサーバーを「信頼できるホスト（Trusted Hosts)」として登録する必要があります。

ここではこの手順について説明します。この節の説明では、管理する側のサーバーとして「SERVER2022」、管理される側のサーバーとして「SERVER2022B」という名前のコンピューターを使用します。OSはいずれもWindows Server 2022ですが、Windows Server 2008以降であれば操作は同じです。

なお、本書の第3章で「Windows Admin Center」をセットアップしている場合には、この節の説明は実行してはいけません。これは、Windows Admin Centerのセットアップの際、この節で行う操作と同様の動作を自動的に行っているためです。

サーバーマネージャーで他のサーバーを管理する

❶

最初に管理される側のサーバー（SERVER2022B）に、Administratorとしてサインインして、［スタート］メニューから［Windows PowerShell（管理者）］を起動する。

- この操作はリモート管理される側のサーバーで行う。管理される側とする側のどちらもWindows Server 2022の画面なので間違えないよう注意。
- Windows Admin Centerをすでにセットアップしている場合には、この手順は行ってはいけない。
- Windows PowerShellを起動した際に日本語文字が文字化けする場合には、第3章のコラム「Windows PowerShellを起動すると文字化けする場合」を参照して文字化けを解消する。

❷

表示されたウィンドウで、プロンプトから次のコマンドを入力して Enter キーを押す。

```
winrm set winrm/config '@{MaxEnvelopeSizekb="8192"}'
```

- Windows Server 2022のリモート管理ではこの設定が必須である。
- 最大エンベロープサイズ（MaxEnvelopeSizekb）とは、リモート管理サービスである「WinRM」がデータを送受信する際に許容される最大のデータサイズを示す。標準は512KBであるが、Windows Server 2022をリモート管理する際にはサイズが不足するため、このコマンドで8192KBまで拡張する。

❸ コマンドが実行されると画面上に大量のパラメーターが表示されるが、この内容については特に確認する必要はない。

❹ ここまで実行できたら、サーバーを再起動する。
- ● これまでの設定を反映させるため、再起動が必要になる。
- ● 再起動は、[スタート] ボタンを右クリックして [シャットダウンまたはサインアウト] から選ぶのが便利。

❺ 次に管理する側のサーバー（SERVER2022）に、Administratorとしてサインインして、[スタート] メニューから [Windows PowerShell（管理者）] を起動する。
- ● ここからは管理する側のサーバーでの作業となる。
- ● Windows Admin Centerをすでにセットアップしている場合には、この手順は行ってはいけない。

❻

表示されたウィンドウで、プロンプトから次のコマンドを、記号も含めてこのとおりに入力して Enter キーを押す。

```
Set-Item WSMan:¥localhost¥Client¥TrustedHosts SERVER2022B -Force
```

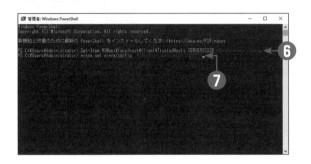

- ●このコマンドは、管理する側のコンピューターに対して「SERVER2022B」を信頼できるホスト（Trusted Hosts）として登録している。
- ●「SERVER2022B」の部分は、管理対象とするサーバーのコンピューター名を指定する。
- ●複数のコンピューターを登録する場合は、コンピューター名の並びをカンマ（,）で区切って指定する。その際は、コンピューター名の並び全体を二重引用符（"）で囲む。
- ●正常に実行されると、何もメッセージが表示されずそのままプロンプトに戻る。
- ●この節の説明とは逆に、SERVER2022Bの側からSERVER2022を管理したい場合は、この操作をSERVER2022B上で実行する。
- ●管理する側のサーバーと管理される側のサーバーの管理者（Administrator）のパスワードは同じものを設定しておく。

❼

引き続き、次のコマンドを入力して Enter キーを押す。

```
winrm set winrm/config '@{MaxEnvelopeSizekb="8192"}'
```

- ●管理する側と管理される側での相違点は、手順❻のコマンドを実行するかどうかだけである。

❽

コマンドを実行したら、管理する側のサーバーも設定を反映させるために再起動する。

参照

パスワードが異なる場合には

→この章のコラム「リモートサーバー管理におけるユーザー認証について」

⑨

再起動したら、管理する側のサーバーに管理者でサインインして、サーバーマネージャーの画面から、[ダッシュボード]−[③ 管理するサーバーの追加]をクリックする。

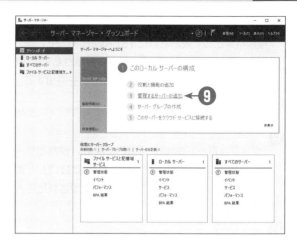

⑩

[サーバーの追加]画面が表示される。現在はまだActive Directoryをセットアップしていないため、ドメインに参加していない旨のメッセージが表示されるが、これは気にしなくてよい。追加するサーバーを指定するため[DNS]タブをクリックする。

⑪

[検索]欄に、追加したいサーバーのコンピューター名（SERVER2022B）を入力して、虫眼鏡ボタンをクリックする。ホスト名からIPアドレスが検索され、下の一覧に表示される。

● コンピューター名で検索してうまくいかなかった場合は、対象サーバーのIPアドレスを入力して検索することもできる。

● 対象サーバーでネットワークの場所の種類が「パブリックネットワーク」になっている場合にはコンピューターを検索できない。この場合は、場所の種類を「プライベートネットワーク」に変更しておく。

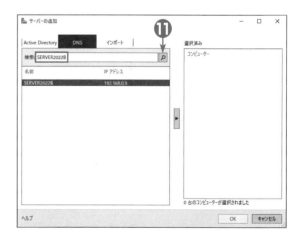

参照

ネットワークの場所の設定については

→第8章のコラム「ネットワークの場所について」

⑫
検索結果として表示された「SERVER2022B」をダブルクリックするか、▶ボタンをクリックして、[選択済み]の一覧に「SERVER2022B」を追加する。

⑬
[OK]をクリックして画面を閉じる。

⑭
[ダッシュボード]画面に自動的に戻る。[役割とサーバーグループ]の下に「サーバーの合計数：2」と表示されていることから、サーバーが追加されたことがわかる。

⑮
サーバーの一覧を表示するため[すべてのサーバー]をクリックする。

⑯
[サーバー]欄に、これまでのローカルサーバー（SERVER2022）に加えて、SERVER2022Bが追加されていることがわかる。[イベント]欄にはSERVER2022Bのイベントが表示されている。

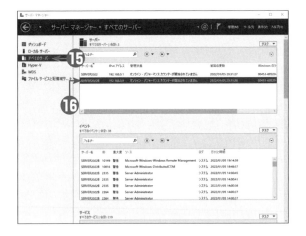

⑰ ［ファイルサービスと記憶域］－［ディスク］を選択したところ。ローカルサーバー上のディスクだけでなく、SERVER2022Bに接続されたディスクの状態についても表示することができる。ここでは説明しないが、仮想ディスク作成などの操作もローカルサーバーを操作するのと同様に行える。

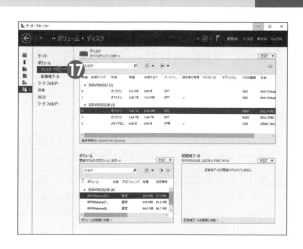

⑱ サーバーに機能を追加する［役割と機能の追加ウィザード］でも、［対象サーバーの選択］画面で、いま追加したリモートサーバーが選択できるようになる。このように、リモートデスクトップを使用しなくてもサーバーの管理作業の大半が実行できる。

リモートサーバー管理におけるユーザー認証について

　サーバーマネージャーは、Windows Server 2022 において、サーバーが持つ主要な機能のほとんどを監視・運用する機能を持っています。これは、ローカルサーバーを管理する場合も、リモートサーバーを管理する場合も同様です。ということは、この節で説明した設定を行ってリモートサーバーをサーバーマネージャー上で管理できるようにさえすれば、リモートサーバーを直接操作できない状態であっても、必要な管理の大部分を行うことができるということになります。

　ところで、この章の 7 節の手順を見て不思議に思ったことはありませんか。この節の説明では、管理する側のサーバー上でどのサーバーを管理するかの設定を行いましたが、管理される側（リモートサーバー）では、どのサーバーから管理されるかについての設定は行っていません。WinRM のエンベロープサイズの設定は Windows Admin Center のセットアップの際などに自動で行われてしまうため、これだけで他のサーバーから管理されるのであれば、赤の他人が管理しているサーバーからでも勝手に管理されてしまうのではないか、と。

　本書の手順では、管理する側の SERVER2022 と、管理される側の SERVER2022B では、管理者が同じであると仮定して、両者の Administrator のパスワードも同じものを設定してあります。サーバーマネージャーでは、リモートサーバーを管理する場合に、現在サインインしているユーザー名とパスワードを使用してリモートサーバーにアクセスしますが、どちらのコンピューターも Administrator のパスワードが一致しているため、特に問題は生じなかったというわけです。

　では仮に、SERVER2022 と SERVER2022B とで、Administrator のパスワードが異なっていた場合はどうなるでしょうか。7 節で説明した手順のうち、手順⓮までは問題なく終了します。ただし手順⓯において、リモートサーバーの状況を確認した際に、パスワードが異なるためエラーが発生します。

　この状態になった場合は、［すべてのサーバー］画面でエラーとなったサーバーの行を右クリックして、メニューから［管理に使用する資格情報］を選びます。

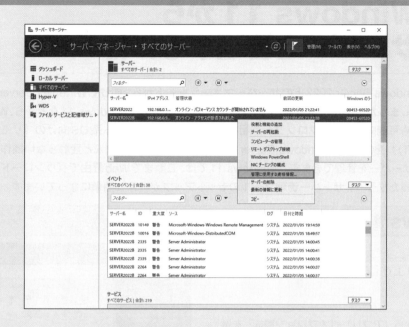

ユーザー名とパスワードの入力を求める画面が表示されるので、ここで管理される側のユーザー名とパスワードを入力します。管理される側のサーバー上の Administrator とパスワードであることを明確に指定する必要があるため、この場合は、「SERVER2022B\Administrator」のように「< サーバーのコンピューター名 >\Administrator」と指定します。[このアカウントを記憶する]にはチェックを入れておきます。

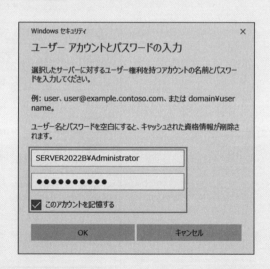

この操作により、リモート管理が正常に行えるようになりますが、管理される側のサーバーで Administrator のパスワードを変更した場合などには、再度この設定作業を行う必要があるので注意してください。

8　Windows 11から サーバーを管理するには

　前節では、Windows Server 2022上のサーバーマネージャー上から、同じくWindows Server 2022の管理を行う方法を説明しましたが、同じ方法を使って、クライアントOSであるWindows 11などから、Windows Serverを管理することも可能です。マイクロソフトが配布している、クライアント系OS向けの「リモートサーバー管理ツール（RSAT）」を使えば、Windows Server 2022で管理するのとほとんど変わらない操作性で、クライアントOS側からサーバーを管理できます。Windows 11では、これまでWeb経由でダウンロードして手動インストールが必要だったリモートサーバー管理ツールのセットアップが非常に簡単になっています。

Windows 11からサーバーを管理する

❶
Windows 11上で［スタート］メニューから［設定］を選択する。

❷
［設定］画面から［アプリ］－［オプション機能］を選択する。

③
[オプション機能] 画面が表示されるので、[オプション機能を追加する] の [機能を表示] ボタンをクリックする。

④
オプション機能の一覧が表示されるので、検索欄に、リモートサーバー管理ツールの略称である**RSAT**と入力する。

● 一覧は文字を入力するごとにリアルタイムで更新される。

● RSAT関連のオプション機能は21にも上る。

⑤
サーバーマネージャーを使用するため、[RSAT：サーバーマネージャー] にチェックを入れて、[次へ] をクリックする。

● RSAT関連機能は、機能ごとに個別に追加できる。

● 複数の機能を同時に追加することもできる。

⑥
追加される機能が一覧表示されるので［インストール］をクリックする。

⑦
インストールが実行される。

⑧
インストールが完了したら［×］（閉じるボタン）をクリックして画面を閉じる。

9 ［スタート］メニューを表示し、［すべてのアプリ］
ボタンをクリックする。

10 RSATのサーバーマネージャーは「さ」の項に追加
されているので、これをクリックする。

⑪ サーバーマネージャーが起動する。Windows 11 に
おけるサーバーマネージャーは、管理対象となる
サーバーが登録されていないこと以外は、
Windows Server 2022のサーバーマネージャー
とほとんど同じ外見をしている。最初に［Windows
Admin Center でのサーバー管理を試してみる］の
メッセージを［×］をクリックして閉じる。

⑫ Windows PowerShellを起動するために［スター
ト］ボタンを右クリックし、メニューから［Windows
ターミナル（管理者）］を選択する。

⑬ 管理者権限が必要となるため［ユーザーアカウント
制御］画面が表示されるので、［はい］を選択する。

⑭ Windowsターミナルが開くので、［設定を開く］を
クリックする。

● Windows 11 のターミナルは Windows Server
2022のものと違って文字化けはしないが、円マー
ク（¥）が表示できないためここでフォントを変
更する。

⑮
［既定値］－［外観］の順にクリックする。

⑯
［フォントフェイス］からフォントを［MSゴシック］に変更して［保存］をクリックする。

⑰
［×］をクリックして［設定］タブを閉じる。

⑱
ターミナルのフォントがMSゴシックに変わっていることがわかる。

⑲
ターミナルのプロンプトから次のコマンドを、記号も含めてこのとおりに入力して**Enter**キーを押す。

```
Set-Item WSMan:¥localhost¥Client⤵
¥TrustedHosts "SERVER2022.local"⤵
-Force
```

●上記のコマンドは紙面の都合で改行されているが、実際には1行で入力する。

●このコマンドでは、大文字/小文字を区別する必要はない。

●このコマンドでは、管理する側のコンピューターに対して「SERVER2022」を信頼できるホスト（Trusted Hosts）として登録している。

●組織内LANなどのように、インターネットドメイン名を持たないホスト名には「.local」を付加する。

●「SERVER2022.local」の部分は、管理対象とするサーバーのコンピューター名に置き換える。

●正常に実行されると、何もメッセージが表示されずそのままプロンプトに戻る。

⑳
サーバーマネージャーの画面から、［ダッシュボード］－［① 管理するサーバーの追加］をクリックする。

●これ以降は、Windows Server 2022でリモートサーバーを管理対象に追加する場合とまったく同じ操作となる。

㉑ [サーバーの追加] 画面が表示される。現在はまだ Active Directory をセットアップしていないため、ドメインに参加していない旨のメッセージが表示されるが、これは気にしなくてよい。追加するサーバーを指定するため [DNS] タブをクリックする。

㉒ [検索] 欄に、追加したいサーバーのコンピューター名 (SERVER2022) を入力して、虫眼鏡ボタンをクリックする。

㉓ ホスト名からIPアドレスが検索され、下の一覧に表示されるので、検索結果をダブルクリックするか、▶ボタンをクリックして、[選択済み] の一覧に「SERVER2022」を追加する。

● コンピューター名で検索してうまくいかなかった場合は、対象サーバーのIPアドレスを入力して検索することもできる。

● 対象サーバーでネットワークの場所の種類が「パブリックネットワーク」になっている場合にはコンピューターを検索できないので、「プライベートネットワーク」に変更しておく。

参照

ネットワークの場所の設定については

→第8章のコラム「ネットワークの場所について」

㉔ [OK] をクリックして画面を閉じる。

㉕ [ダッシュボード] 画面に戻る。画面が赤色で表示されエラーが発生していることがわかる。左側メニューの [すべてのサーバー] をクリックして画面を切り替える。

● Windows 11 にサインインしているユーザー名とパスワードが管理対象のWindows Server 2022で管理者として登録されていない場合は、管理アクセスができないためエラーが発生する。

● ユーザー名とパスワードが管理対象サーバーに登録されていて、かつ、管理者権限を持つ場合に限りエラーは発生しない。ただし、そのような設定はセキュリティ上、推奨できない。

㉖
エラーとなっている［SERVER2022］の行を右ク
リックし、メニューから［管理に使用する資格情報］
を選ぶ。
- ［管理状態］列に「アクセスが拒否されました」と
  エラーメッセージが表示されていることから、パ
  スワードなど何らかの問題が発生していることが
  わかる。

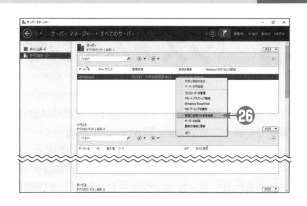

㉗
ユーザー名とパスワードの入力を求める画面が表示
されるので、ここで管理される側のユーザー名とパ
スワードを入力して［OK］をクリックする。管理さ
れる側のサーバー上のAdministratorとパスワード
を指定する必要があるので、この場合は「SERVER
2022¥Administrator」のように「＜サーバーのコ
ンピューター名＞¥Administrator」と指定する。
- ［このアカウントを記憶する］にチェックを入れる
  と管理者パスワードが記憶される。他人が使うこ
  とのない安全なPCの場合であればチェックを入
  れることができる。
- ここにチェックを入れない場合は、サーバーマ
  ネージャーを起動するごとにパスワードを入力し
  なおす必要がある。

㉘
管理者アカウントの設定を終えると自動的に画面更
新が行われる。［ダッシュボード］をクリックする。
- エラーが消えない場合は、再読み込みボタンをク
  リックする。エラーログ（旗のアイコン）の赤色
  表示は、これをクリックしてログを確認（［×］ボ
  タン）すれば消去できる。

㉙
ダッシュボード側でも赤色表示が消えており、これ
で、Windows 11からでもネットワーク経由でサー
バー管理が行えるようになる。サーバーマネー
ジャーの左側メニューには、管理下のサーバーで使
われている機能を管理する項目が増えている（画面
の例では、［ファイルサービスと記憶域サービス］が
増えている）。

9 システムインサイトを使うには

本書では、Windows Server 2022の管理には主にサーバーマネージャーを使用しています。しかし、すでに説明したようにWindows Serverにはこのサーバーマネージャーのほかに「Windows Admin Center」と呼ばれるWebベースの管理ツールも用意されています。

Windows Admin Centerで管理できる機能は、サーバーマネージャーが持つ機能のほぼすべてを網羅しており、さらにサーバーマネージャーには存在しない機能も搭載されています。機能の数という点ではサーバーマネージャーよりも上ですが、操作性などはサーバーマネージャーとは大きく変わっており、これまでWindows Serverの管理に慣れた人からすればサーバーマネージャーの方が良いと考える人も多いでしょう。

そこでこの節では、Windows Admin Centerにしか存在しない管理機能の一例として、「システムインサイト」のセットアップについて説明します。システムインサイトは、次の4つの状況について、これらを定期的に記録/将来の予測をする機能を持ちます。

- ・サーバーのCPU負荷予測（CPU capacity forecasting）
- ・ネットワーク負荷予測（Network capacity forecasting）
- ・全ディスク容量使用率予測（Total Storage consumption forecasting）
- ・ボリュームごとの容量使用率予測（Volume consumption forecasting）

これらにより、システムインサイトは現在のサーバー性能や容量が今後も安心して使い続けられるレベルのものかどうかを予測します。この機能をセットアップすれば、現在のサーバー性能を客観的に評価し、今後の増強計画などを決定するのに役立つ情報を得ることができます。

システムインサイトをセットアップする

❶
Webブラウザーでhttps://server2022:10443/を開き、Windows Admin Centerを起動する。

- ●Windows Admin Centerはすでにポート10443にてセットアップ済みの状態。
- ●ここではWindows Admin Centerをセットアップしたサーバー上でWebブラウザーを起動しているが、Windows 11などクライアントPCから起動した場合でも操作は同じである。

❷
管理対象のサーバーである［server2022］をクリックして選択する。

- ●利用するアカウントの入力を求められた場合は、SERVER2022の管理者であるAdministratorとそのパスワードを入力する。

参照

Windows Admin Centerをセットアップするには
→**第3章の2**

③

[server2022] のトップ（概要）画面が表示される。
左側の機能一覧から、[システムインサイト] をク
リックする。

④

システムインサイト機能を利用するには、サーバー
に対して機能をインストールする必要がある。[イン
ストール] をクリックする。
● インストールは、管理対象となるサーバーに対し
て初回のみ必要となる。

⑤

システムインサイト機能のインストールが行われ
る。

⑥

しばらく待つと、インストールが完了し画面のような表示になる。

● インストールが完了した時点で、4種の機能すべてについて記録が開始される。

● ただしインストール直後はデータが集まっていないため、予測は行えない。

⑦

インストール後数日経過すると、使用率予測が開始され、正常であれば画面のような表示になる。

● この画面はすでに1か月以上運用を続けた、他のサーバーのものである。

⑧

予測の結果、ボリューム容量の不足が予測された場合には画面のような表示になる。

● この画面は他のサーバーのものである。

● 機能名のリンクをクリックすると、予測率グラフなども表示される。

● ここでは「Volume consumption forecasting」をクリックして、ボリュームごとの容量消費予測を表示している。

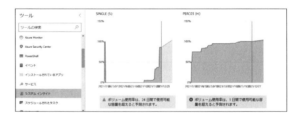

インターネットサービスの設定

Windows Serverでは、インターネット関連の機能を提供するサービスとして以前からIIS（Internet Information Services）と呼ばれるプログラムが使われてきました。Windows Server 2022におけるIISのバージョンは10.0で、実はこのバージョン番号はWindows Server 2016に搭載されていたものと同一です。しかし、バージョンは同じでも、新たなプロトコルであるHTTP/3や新たな暗号化機能であるTLS 1.3への対応をはじめ、各種機能が強化されています。この章では、このIIS 10.0の設定、管理方法について解説します。

インターネットとイントラネット

インターネットは、企業内、学校内、家庭内などで使われるような小規模なネットワークとは違い、世界中のコンピューターが接続される巨大なネットワークです。当初は研究用に開発されたものですが、現在では IT 分野は当然のこととして、企業や官公庁、団体、個人に関わらず広く使われています。私たちの生活をとりまくさまざまな分野に応用が進んでおり、もはや生活に欠かせない存在と言えるでしょう。

こうしたインターネットの応用方法として、最近注目を浴びているのが「クラウド技術」です。従来なら企業内のオンプレミスサーバー上で管理されていたような大量のデータをインターネット上に保管する「クラウドストレージ」や、高度な仮想化技術を用いてインターネット上に貸出可能なサーバーを仮想的に構築する「クラウドサーバー」など、以前では考えられなかった応用方法も広く使われ始めています。

こうした流れを受けて Windows Server でも、クラウド上でのサーバー機能を広く提供する「クラウドプラットフォーム」としての機能を強化してきていることは、すでに説明したとおりです。

企業内の情報共有に役立つイントラネット

こうしたインターネットとの対比としてよく使われるのが「イントラネット」です。イントラネットは主に企業内のネットワークを指す言葉として使われていますが、単なる「社内ネットワーク」とは違い、インターネットで使われる主要技術を積極的に社内ネットワークに応用したネットワークであることが特徴です。

社内ネットワークと言うと、従来は外部とは接続されない完全に閉じたネットワークを意味することがほとんどでした。利用されるアプリケーションも、ワードプロセッサや表計算ソフトなどの一部の汎用アプリケーションを除けば、その会社の業務に合わせた専用設計で、他社業務には転用できないような作りであることがほとんどです。

これに対してイントラネットは、利用者が社内の人に限られるという点では共通ですが、利用される通信プロトコルや主なアプリケーションとして、インターネット上で使われているものと同じものを使用する場合が多い点が特徴です。たとえば Web ブラウザーや電子メールソフト、あるいはそうしたアプリケーションを使うためのソフトウェア基盤などは、世の中で一般的に使われるものをほぼそのまま流用します。

もちろん、その社特有の業務に対しては専用のアプリケーションを設計する必要はありますが、その設計についても、インターネット上で広く使われる技術を採用することで、短時間でアプリケーションを開発することを可能とし、使い勝手も向上させます。結果、専用アプリケーションの設計にかかるコストを抑え、より業務を効率的に進めることが可能となるわけです。このように、社内ネットワークに対してインターネット上の汎用技術を応用したネットワークが、いわゆる「イントラネット」と呼ばれるネットワークです。

顧客情報や商品の在庫状況、プロジェクトの進捗管理など、企業内部での情報の共有のためにネットワークが大きな役割を果たすことは言うまでもありません。それらの目的のためにアプリケーションを開発することも、その開発が一度だけで済むのであれば、その会社専用として設計・開発するのもよいでしょう。しかし現代のビジネス環境は急激に変化することも多く、業務用のアプリケーションもそうした変化を取り入れるために、短期間での機能追加や変更を求められることが普通です。用途や機能が固定化されがちな専用設計のアプリケーションではなく、世界の標準を取り入れ、迅速かつ柔軟に変化を取り入れることができることこそがイントラネットのメリットです。

Windows Server 2022とイントラネット

このようにイントラネットとは、社内ネットワークという限定された環境下において、インターネットで使われる汎用の技術やアプリケーションを動作させるネットワークです。ユーザー側の動作プラットフォームとしては Web ブラウザーをベースとする例が多いため、利用者から見ると、インターネット上のサーバーを利用するのも、イントラネット上のサーバーを利用するのもそれほど大きな違いがあるわけではありません。

一方でサーバーを管理する立場から言えば、基本的なサーバー構築技術は共通ですが、両者の明らかな違いとして、利用者層が違う、という点が挙げられます。インターネットの場合、世界中の不特定多数の人や環境からアクセスされることが前提であるため、利用者の中にはデータを不正に盗もうとする、サーバーを破壊する、などの悪意を持った利用者も当然含まれます。これに対して、基本的には外部に公開されないイントラネットでは、（完全に無視することはできませんが）不正アクセスが行われる危険性は、インターネットに較べるとそれほど高くはありません。

もちろん、だからといってセキュリティ面での対策をおろそかにしてよいわけではありません。不正アクセスの可能性は常に念頭に置くべきですし、インターネットサーバーであろうと、イントラネットサーバーであろうとできる限り高いセキュリティを確保するのがサーバー運用の基本です。

Windows Server 2022 では、これまでの Windows Server と同様、ネットワークからの直接的な攻撃を防止する Windows Defender ファイアウォール機能を搭載しています。また Windows Server 2022 では、悪意を持ったソフトウェア（マルウェア）に対する対策も強化され、ネットワーク内のセキュリティを総合的に管理できる「Windows Defender ATP（Advanced Threat Protection）」も搭載されています。これらの機能を駆使した上で、まずはイントラネット上のサーバーとして Windows Server 2022 を運用し、管理手法に慣れておくことが大切です。

Internet Information Services 10とは

　Internet Information Services（IIS）とは、Windows Server に標準搭載されている Web サーバーの名称です。Windows Server 2022 で搭載されている IIS のバージョンは 10.0 で、これは Windows Server 2016 から搭載されたものとバージョン番号自体は同じです。このため設定方法や機能は、Windows Server 2016 や 2019 で IIS を管理するのとまったく同じとなります。

　IIS 10.0 では、Windows Server 2016 に新規に搭載された時点で、それ以前のバージョンであった IIS 8.5 に対して次のような機能が強化されていました。

・新プロトコル HTTP/2 に対応
・Nano Server 上での動作をサポート
・IIS 管理用の PowerShell コマンドレットをサポート
・ホストヘッダのワイルドカードをサポート
・TLS（Transport Layer Security）において新たな暗号化方式をサポート

　一方、バージョン番号こそ同じではありますが、Windows Server 2022 においては上記に加えてさらに次のような新機能をサポートしています。

・新プロトコル HTTP/3 に対応
・QUIC プロトコルに対応
・新たな暗号化方式 TLS 1.3 をサポート

　これらの強化機能のうち HTTP/3 と QUIC への対応は、Web ページをより高速に転送・表示するための性能向上のための機能強化となります。また TLS 1.3 についてはすでに前バージョンにあたる TLS 1.2 において脆弱性が報告されており、インターネットをより安全に使用するために必要とされるバージョンアップといえるでしょう。TLS 1.3 では以前のバージョンと比べてもパフォーマンスの点でも向上しています。ただし TLS 1.3 の使用には Web ブラウザー側の対応も必要となるため、すべてがすぐに TLS 1.3 に置き換わるというものでもなく、しばらくの間は TLS 1.2 やそれ以前も使用されることになるはずです。

　プロトコル関連での新機能が追加されたものの、管理の方法や操作性、あるいは動作環境といった使い勝手に関する点では Windows Server 2019 に搭載されていた IIS と変わりはありません。Windows Server 2016 から利用可能となった Nano Server 機能についても利用できますから、コンテナー機能を用いてコンパクトな Web サーバーを構築する、といった用途にも対応できます。

　また管理ツールである「インターネットインフォメーションサービス（IIS）マネージャー」も、長く使われているだけあってわかりやすく、機能面でも強力です。これまでのバージョンで IIS の管理・運用経験があれば、Windows Server 2022 においても、すぐに Web サーバーの構築・管理が行えるでしょう。

1 Webサーバー機能を 使用できるようにするには

Windows Server 2022は、標準の状態ではWebサーバー機能（IIS）は有効になっていません。そこで、初めにWebサーバー機能を追加インストールして有効にします。Windows Server 2022で特定の機能を有効/無効にするには、サーバーマネージャーを使用します。

Webサーバー機能を使用できるようにする

❶ 管理者でサインインし、サーバーマネージャーのトップ画面から［② 役割と機能の追加］をクリックする。

❷ ［役割と機能の追加ウィザード］が開く。［次へ］をクリックする。

❸ ［インストールの種類の選択］画面では、［役割ベースまたは機能ベースのインストール］を選択して［次へ］をクリックする。

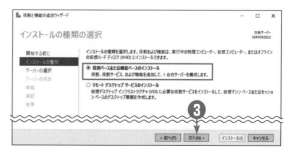

④

[対象サーバーの選択]画面では、自サーバーの名前
（SERVER2022）を選択して［次へ］をクリックす
る。

●前章で行った「他サーバーの管理」の設定を残し
たままの場合は、誤って SERVER2022B を選ばな
いように注意する。画面では SERVER2022B はす
でに管理対象から外している。

⑤

[サーバーの役割の選択]画面では、インストール可
能な役割の一覧から［Webサーバー（IIS）］にチェッ
クを入れる。

⑥

前の手順でチェックを入れると、IIS 10.0 を動作さ
せるのに必要な他の機能のインストールを求められ
る。この画面では特に何も変更せず［機能の追加］
をクリックする。

●[管理ツールを含める（存在する場合）]には標準
でチェックが入っているが、これはこのままにす
る。

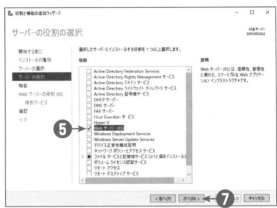

⑦

手順⑥の画面に戻るので、［次へ］をクリックする。

⑧

[機能の選択]画面では、何も変更せずそのまま［次
へ］をクリックする。

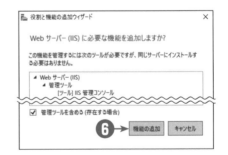

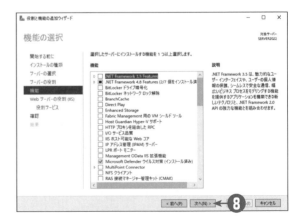

⑨
［Webサーバーの役割（IIS）］画面に移行する。最初の画面では、IISにどのような役割をさせるかによって役割の追加インストールが必要となる旨の説明が表示される。内容を確認したら［次へ］をクリックする。

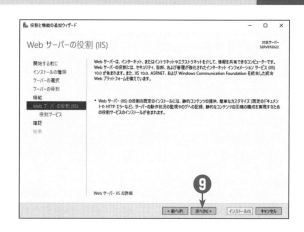

⑩
［役割サービスの選択］画面では、単純なWebページを表示するだけなら必要十分な役割がすでに選択されている。そのためここでは追加のサービスを選択する必要はないが、本書では、FTP（ファイル転送プロトコル）も追加で使うことにしているので、一覧をスクロールして下方に表示されている［FTPサーバー］にチェックを入れて［次へ］をクリックする。
- FTPサーバー機能が不要の場合には、この操作は行う必要はない。
- ［FTPサーバー］にチェックを入れると、［FTPサービス］にも自動的にチェックが入る。このチェックを外す必要はない。

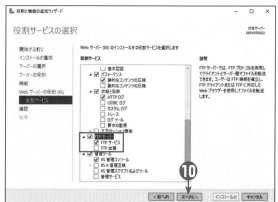

⑪
［インストールオプションの確認］画面では、［必要に応じて対象サーバーを自動的に再起動する］にチェックを入れ、［インストール］をクリックする。

⑫
［必要に応じて対象サーバーを自動的に再起動する］にチェックを入れると、確認メッセージが表示されるが、これはそのまま［はい］を選択する。
- この節の説明のとおりに［Webサーバー（IIS）］と［FTPサーバー］を追加するだけの場合、実際には再起動は行われない。他に再起動が必要な役割を追加した場合に限り、再起動が発生する。

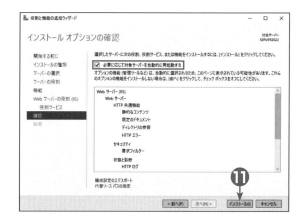

⑬
IISのインストールが開始される。

●インストールの終了を待たずにこのウィンドウを
閉じてもインストールは継続されるが、できるだ
け最後まで確認するようにする。

⑭
IISが正常にインストールされたら、[閉じる]をク
リックする。

⑮
サーバーマネージャーの[ダッシュボード]画面の
[役割とサーバーグループ]欄に[IIS]が追加され
ていることがわかる。

URLとは

　Web ブラウザーを使って特定の Web ページを表示する場合、どのページを表示するのかをブラウザーに対して教えてあげなければいけません。インターネット上にはさまざまな文書や画像、プログラムなどが公開されているため、これらが置かれている場所や、データの名前などがわからなければ、それを表示やダウンロードを行うことはできないためです。こうしたインターネット上のさまざまな情報は「リソース」と呼ばれています。リソースにはさまざまな種類がありますが、これらの場所や名前を統一的に表す表現方法のことを、URI（Uniform Resource Identifier）と呼びます。

　また、Web ブラウザーなどでよく使われる「http://www.xxxx.co.jp/」といった表現は、URL（Uniform Resource Locator）と呼ばれることもあります。URL とは URI の一種で、データの名前やデータの置き場所をより具体的に示す情報を含んだ表現形式です。ですから、こうした「http://www.xxxx.co.jp/」のような形式は、URL と呼んでも URI と呼んでも間違いではありません。

　Web ブラウザーに入力する URL は、一般に次のような形式で表現されます。このように、インターネット上のリソースは、それが提供されているホスト名、そのホスト名の中におけるリソースの位置（パスとファイル名）、そしてそのリソースを得るために使われる手段（プロトコル）によって表現されます。

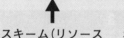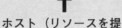

https://www.nikkeibp.co.jp/sample/example01.html

スキーム（リソースを取り込むための手段（プロトコル））　　ホスト（リソースを提供するホストマシンの名前またはアドレス）　　リソースの名前（パス）

　インターネット上で使われるホスト名は、データをアクセスする段階で IP アドレスに変換されて、実際には IP アドレスによってアクセスされます。この変換を行うのが、すでに解説した DNS（Domain Name System）です。

　本書では、Windows Server 2022 が動作するコンピューターをイントラネットに接続して、イントラネット内で Web ページを公開する例を紹介しています。すでに説明したように、イントラネットは、社内ネットワークのような閉じたネットワークではありますが、インターネットで使われるプロトコルをそのまま利用しており、URL の指定方法などはインターネットで使うものと同様に指定できます。

　イントラネットの場合、ホスト名に相当する部分は、イントラネット内におけるホスト名を指定するか、もしくは IP アドレスを直接指定します。イントラネットでのホスト名を使う場合、そのネットワーク内にネームサーバー（DNS）が稼動しており、サーバー機のホスト名が正しく登録されていることが必要です。ただし、サーバーコンピューターとクライアントコンピューターとが同一のネットワーク（ネットワークアドレスが共通のネットワーク）に存在しており、クライアントからサーバーのコンピューターが検索可能な状態にあるときに限り（本書の手順で、ファイル共有やプリンター共有機能が有効にされており、正しく動作していれば、同一ネットワーク上でコンピューターが検索可能となります）、DNS がなくてもホスト名で他のコンピューターをアクセスできます。

2 Webサーバーの動作を確認するには

Webサーバー（IIS 10.0）のインストールが正常に終了したら、クライアントコンピューターからWebブラウザーを使ってWebサーバーが正しく動作しているかどうかを確認します。

IIS 10.0の動作を確認する

❶
クライアントコンピューター上でタスクバーから
Webブラウザーのアイコンをクリックして、Web
ブラウザー（Edge）を表示する。

● この節の操作画面はWindows 11が動作するク
ライアントコンピューターの画面である。

● Windows 11でEdgeは、タスクバー上のアイコ
ンをクリックすれば起動できる。

❷
アドレスバーにhttp://server2022/と入力し
て Enter キーを押す。

● 「server2022」の部分は、サーバーコンピューター
のサーバー名を入力する。

● 大文字/小文字を区別する必要はない。

❸
この画面が表示されれば、IIS 10.0は正常に動作し
ている。

● この画面はIIS 10.0に標準で用意されている既定
のトップページである。

④ クライアントコンピューターとサーバーコンピューターが同一のネットワーク上にない場合は、コンピューター名が見つからずエラーとなることがある。この場合は、アドレスバーに**http://192.168.0.1/**と入力して、IPアドレスでのアクセスを試みる。

- ●表示できなかった場合のエラー表示は、Webブラウザーの種類によって異なる。
- ●「192.168.0.1」の部分は、サーバーコンピューターの実際のIPアドレスに置き換える。

⑤ IPアドレス指定で表示できれば、IIS 10.0は正常に動作している。

- ●コンピューター名が見つかる場合であっても、IPアドレス指定で接続することができる。

IIS 10.0を利用したWeb サーバーの仕組み

　この章のコラム「URLとは」で説明したように、インターネット上のリソースは、ホストマシンの名前とリソースのパスによって特定することができます。この「パス」という言葉は、Windows 上でも、ファイルの位置や名前を示すのに使われています。たとえば「C:¥Windows¥win.ini」というパスは、C:¥Windows フォルダーに存在する win.ini というファイルを示します。では URL で言う「パス」と、Windows で言う「パス」とは同じものなのでしょうか。

　結論から言えば、両者の「パス」は異なります。もちろんパスの区切り文字が「¥」と「/」とで異なるというのもありますが、それよりもさらに大きな違いは、パスが指し示しているディスク内のフォルダーの位置です。Windows で言う「パス」は、Windows 上で使われるすべてのファイルやフォルダーを指し示す必要があります。一方、URL で言う「パス」は他のコンピューターからアクセスされるだけに、すべてのファイルが見えてしまっては困る場合もあります。ディスク中のファイルにはシステムで使われる非常に大切なファイルや、パスワードなどの個人情報を記録したファイルも含まれているため、パスを指定するだけでそれらすべてが見えてしまうようでは非常に困った事態となってしまいます。つまり IIS には、たとえパスを指定されても表示できないファイルやフォルダーが存在することが求められます。

Webサイト

　この機能を実現するために用意されたのが「Web サイト」と呼ばれる考え方です。IIS 10.0 は、ファイルやフォルダーの内容を公開する際、Windows が管理するフルパスとは別に、IIS だけが管理する「仮想的なボリューム」を作ります。たとえば URL で指定したファイルのパスが、最上位ディレクトリを示す「/」であった場合、IIS は実際には Windows のシステムドライブの最上位である「C:¥」ではなく、あらかじめ指定したフォルダーのパスであると自動的に読み替えます。たとえば URL で「/」が指定された場合、これを自動的に「C:¥inetpub¥wwwroot」という物理フォルダーのパスであると解釈するのです。

　この仕組みがあれば、Web ブラウザーがどんなパスを指定してきたとしても、外部からは C:¥ や C:¥Windows などの大切なフォルダーを表示することはできなくなります。なぜなら URL では、サイトのトップディレクトリである「/」よりも上位のディレクトリを指定する手段はないからです。この例で言えば、URL で指定できるのは「C:¥inetpub¥wwwroot」よりも下位のフォルダーだけとなります。

　URL 指定によって IIS が表示できる一連のファイルやフォルダー群のことを「Web サイト」と呼びます。Web サイトには、パスが「/」で指定された場合に表示される最上位のフォルダーを 1 つだけ定義する必要がありますが、このフォルダーのことを、Web サイトの「ホームディレクトリ」と呼びます。

　IIS 10.0 では、Web サイトを複数作成することができます。このうち IIS 10.0 をインストールした際に自動的に作成されるのが「既定の Web サイト」です。この既定の Web サイトでは「C:¥inetpub¥wwwroot」フォルダーがホームディレクトリとして使われます。IIS 10.0 の動作確認において「http://server2022/」と指定しただけで IIS 10.0 の画像が表示されましたが、これは、C:¥inetpub¥wwwroot フォルダーに、この表示を行うための HTML ファイルである「default.htm」が存在するために、画像が正しく表示されているのです。

　ホームディレクトリの設定は、管理者により自由に変更することができます。たとえば既定の Web サイトのホームディレクトリを「C:¥」にすれば、URL でルートフォルダー「/」が指定された場合に C:¥ を表示するようなります。しかし、このような設定は、URL でパスを指定するだけで C: ドライブのすべての内容が読み出せるようになる危険性を持っているため、決して行ってはいけません。

コラム　インターネットとセキュリティ

　本書では IIS 10.0 をイントラネットのサーバーとして使用する例を解説していますが、Windows Server 2022 をインターネットに接続して IIS 10.0 を動かすと、イントラネットではなくインターネット上で Web コンテンツを公開できるようになります。これはすなわち、そのコンピューターがインターネットに接続された世界中のコンピューターからアクセス可能になることを意味しています。

　ここで注意しなければいけないのが、そうした数多くのアクセスは、常に善意のアクセスだけではないという点です。Web サーバーが公開しているファイルを勝手に書き換えたり、公開している以外ファイルを盗んだり、最悪の場合にはコンピューターに侵入して勝手に操作したりといった攻撃を受けることも十分に考えられます。

　万が一こうした被害を受けた場合、自分が被害を受けるのはもちろん、他のコンピューターに悪影響を与えることもあります。たとえば「コンピューターウイルス」は、ネットワーク上で他のコンピューターに感染するため、あるコンピューターが攻撃されウイルス感染してしまうと、そこからさらに別のコンピューターへと伝染しようとします。自分が被害を受けると同時に、今度は自分のコンピューターが「ウイルスのばらまき元」になってしまうというわけです。こうした最悪の結果を防ぐため、インターネットに接続するコンピューターは、セキュリティを強化する必要があります。

　Windows Server 2022 は、クラウドプラットフォームとしての機能、とりわけインターネット上で Web サイトを公開することを視野に入れた OS ですから、通常のクライアント向け Windows に比べればセキュリティは強化されています。多くの機能が標準では動作せず、利用するものだけを管理者がひとつひとつ指示していく、といった構成になっているのも、こうしたセキュリティ強化の一環です。クライアント OS と同様、ファイアウォール機能によって外部からの攻撃を避ける機能や、ソフトウェアアップデートにより欠陥が見つかったソフトウェアを自動的に修正する機能、コンピューターに被害を及ぼすファイルをリアルタイムで検出して隔離する機能なども搭載しています。

　しかし、いくら普通の Windows よりもセキュリティに配慮されているからといって、それを管理するユーザーが何もせずに安心していてもよいというわけではありません。より安全に運用するために、管理者は常にセキュリティに注意を払い、コンピューターを安全に運用する必要があるのです。

Windows Defender ファイアウォールとは

　外部からの攻撃に対して安全性を高める強力な機能が、Windows Server 2022 に搭載されている「Windows Defender ファイアウォール」です。通常であれば外部からの接続を受け入れるように作られているネットワークに対し、Windows Defender ファイアウォールは、接続方法や接続相手などさまざまな条件を監視し、許されていない接続については受け入れないことでセキュリティを守ります。これとは逆に、コンピューター内部のプログラムが勝手に外部と通信することを妨げる機能もあります。

　コンピューターのセキュリティ機能といえば、コンピューターウイルスを検出・排除する「ウイルス対策ソフト」が思い浮かぶ人も多いでしょう。こうしたソフトはもちろんセキュリティ対策として有用ですが、メールや各種ファイルをコンピューターの上で直接開くことの多いクライアント OS と違い、ネットワーク経由でアクセスされることの多いサーバーでは、まず「外部から不正に侵入されない」ことが大切です。このためのソフトが、ネットワークの侵入口をふさぐ機能を持つ「セキュリティが強化された Windows Defender ファイアウォール」なのです。

　Windows Defender ファイアウォールの設定は複雑で、正しく設定するには、ネットワークに関する詳細な知識が必要となります。Windows Server 2022 では Windows Defender ファイアウォールは標準で有効となっていますが、詳しい知識がないままこれらの設定を変更すると、ネットワークが接続できなくなったり、本来であれば拒否すべき危険な通信を受け入れてしまったりすることもあります。

　これらを防ぐため、Windows Server 2022 では、各種機能を設定する段階でファイアウォールの設定を自動的に行う機能が搭載されています。このため、通常の運用を行う限りはたとえ管理者でも、ファイアウォールの設定を変更する必要に迫られることはほとんどありません。

　ファイアウォールの設定の問題でネットワーク通信がうまく行えないような場合、Windows Defender ファイアウォールを手動でオフにすれば、通信が行えるようになることもあります。しかし、よくわからないままで Windows Defender ファイアウォールをオフにする行為は、ネットワークからの侵入を防ぐことができなくなり非常に危険です。ですから、Windows Defender ファイアウォールを手動でオフにする行為は決して行わないようにしてください。

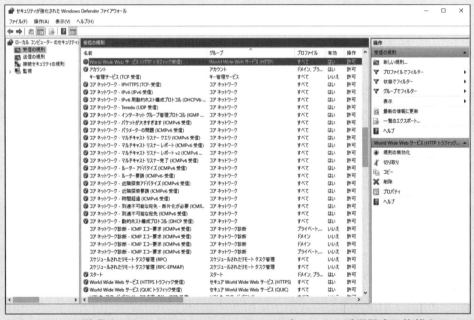

セキュリティが強化されたWindows Defenderファイアウォールの手動設定は複雑なので、ネットワークの知識がないと設定は難しい

3 自分で作成したWebページを公開するには

　前節で確認したようにIIS 10.0のセットアップが完了していれば、そのコンピューター上では「既定のWebサイト」が公開され、システム標準のWebページが表示できる状態になっています。ここでは、システム標準のWebページではなく、テスト用として自分で作成した簡単なWebページの公開を試してみます。Webページを表示するHTMLファイルを作成する方法については本書の範囲外なので、他の解説書などを参照してください。

自分で作成したWebページを公開する

❶

Webページとしてサーバーで公開するHTMLファイルを用意する。

●画面では［メモ帳］を使っているが、HTMLファイルを作成できるアプリケーションであれば何を使ってもよい。Wordなどのワープロソフトがあれば、保存時にHTML形式で保存することでHTMLファイルを用意できる。

●保存時の文字コードは、HTMLファイル中で指定した文字コードと一致させておく。

❷

ファイルを作成したら、サーバー上のC:¥inetpub¥wwwrootフォルダーに、「default.htm」という名前で保存する。このとき文字コードは「UTF-8」にする。

●[C:¥inetpub¥wwwroot]フォルダーは、「Default Web Site（既定のWebサイト）」のホームディレクトリとして設定されているフォルダーである。ここにファイルを保存すると、外部からWebページとしてアクセスできる。

●このフォルダー内のファイルは「default.htm ＞ default.asp ＞ index.htm ＞ index.html ＞ iisstart.htm」の優先度で表示される。

●前節で表示されたIISの既定のトップページは「iisstart.htm」という名前で保存されているが、「default.htm」はこれよりも優先度が高いため、Webブラウザーでファイル名を直接指定しない限りは「default.htm」が表示される。

❸

クライアントコンピューターでWebブラウザーを起動し、アドレスバーに http://server2022/ と入力して既定のWebページを表示させる。

●Webブラウザーの種類は問わない。

❹

前節で表示した既定のWebページの代わりに、手順❶で保存したHTMLファイルの内容が表示される。

IIS 10.0の管理方法について

これまでサーバー上のさまざまな機能や設定を管理する場合には、サーバーマネージャーを使用してきました。サーバーマネージャーは、Windows Server 2022を管理する上でほとんどの機能を網羅しており、もちろんIIS 10.0についても、インストールすることでサーバーマネージャー画面には[IIS]の選択項目が表示されます。

ただしサーバーマネージャー上の[IIS]画面では、イベントの一覧表示などが行えるだけで、実際のIISの設定などは行えません。そうした設定を行うには、専用の管理ツール「インターネットインフォメーションサービス（IIS）マネージャー」（以降は「IISマネージャー」と表記）を使用します。

IISインストール後のサーバーマネージャーには、[ツール]メニューに[インターネットインフォメーションサービス（IIS）マネージャー]も追加されます。これを選択することで、IISマネージャーを起動することができます。

Windows Server 2022を実際にWebサーバーとして運用する場合は、サーバーマネージャーでイベントを確認するよりも、IISマネージャーを使用する方がはるかに多くなります。ですから、サーバーマネージャーのメニューからIISマネージャーを起動するよりは、IISマネージャーのアイコンをタスクバーに「ピン留め」しておくとよいでしょう。

前章では、サーバーマネージャーで自サーバー以外の他のコンピューターを管理する設定を説明しました。この設定を行った場合、サーバーマネージャーから他のコンピューターのIISの状態も確認できるようになりますが、これはあくまで状態が監視できるだけで、設定作業は行えません。設定を行いたい場合は、他のコンピューター用のIISマネージャーを起動するしかありません。

　サーバーマネージャーの［すべてのサーバー］画面で他のサーバーの行を右クリックすると、メニューに
［インターネットインフォメーションサービス（IIS）マネージャー］の項目があります。これを選択すると、
他のサーバーで動作している IIS マネージャーが表示できるように思えてしまいますが、実はこの操作を行っ
ても、表示されるのは自サーバーの IIS マネージャーの画面だけです。

　ここで他のコンピューターの IIS マネージャーが表示されると便利ですが、この動作はあまり気にする必要
はありません。なぜなら IIS マネージャーは、サーバーマネージャーと同様、他のサーバー上の IIS を直接、遠
隔管理する機能を持っているからです。
　この機能を使用すれば、サーバーマネージャーから他のサーバーの管理 / 設定が行えるのと同様に、管理す
る側の IIS マネージャーを起動するだけで、別のサーバーの IIS の管理 / 設定が行えるようになります。次節
ではその手順を解説します。

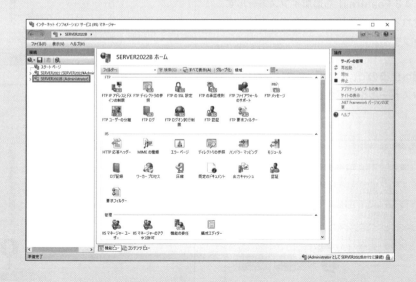

4 IISマネージャーで他のサーバーを管理するには

　先ほどのコラムで説明したように、IISマネージャーには、自分のサーバーだけでなくネットワーク上の他の
サーバー上で動作するIISを管理する機能があります。この機能を使用するには、あらかじめ設定が必要です。
ここでは、ネットワーク内に2台のIISを動作させ、一方のサーバー上のIISマネージャーから他方のサーバー上
で動作するIISを管理するための手順を説明します。以下の説明では、管理する側のサーバーを「SERVER2022」、
管理される側のサーバーを「SERVER2022B」とします。

　なおこの節の説明では、SERVER2022、SERVER2022Bともに、この章の1節の手順でIISがインストール
済みであり、正常に動作していることを前提とします。

IISマネージャーで他のサーバー上のIISを管理できるようにする

❶
管理される側のサーバー（SERVER2022B）上で、この章の1節の手順のうち、手順❶〜❹を実行して［サーバー
の役割の選択］画面を表示する。
- ここからは管理される側（SERVER2022B）の操作画面となる。
- IISがすでにインストールされているため、Webサーバー（IIS）の項目が一部（9/43）インストール済みであ
  ることがわかる。

❷
［Webサーバー（IIS）］の左に表示されている▷を
クリックして展開し、さらに［管理ツール］も同様
に展開する。展開できたら最下段にある［管理サー
ビス］にチェックを入れる。

❸
［管理サーバー］にチェックを入れると、［.Net
Framework 4.8 Features］も追加インストールす
るよう指示される。この画面では［機能の追加］ボ
タンをクリックする。

❹
手順❷の画面へ戻るので、［次へ］をクリックして、
最後までインストールを完了させる。

⑤ インストール作業が完了したのを確認したら、サーバーマネージャーから［ツール］-［インターネットインフォメーションサービス（IIS）マネージャー］を選択してIISマネージャーを起動する。

⑥ 左側ペインのツリービューでサーバー名（SERVER 2022B）のノードをクリックして選択し、次に中央ペインで［管理］の［管理サービス］をダブルクリックする。

⑦ ［管理サービス］の画面が開くので、［リモート接続を有効にする］にチェックを入れ、右側ペインで［適用］をクリックする。

➡ 右側ペインに「変更内容は正常に保存されました」と表示される。

8 右側ペインから［開始］をクリックする。

➡ リモート管理サービス WMSVC が起動し、中央ペインの各項目が入力不可になる。

● 以上で管理される側（SERVER2022B）の設定は完了である。

9 管理する側（SERVER2022）で、IIS マネージャーを起動する。

● ここから先は、管理する側（SERVER2022）の操作画面となる。

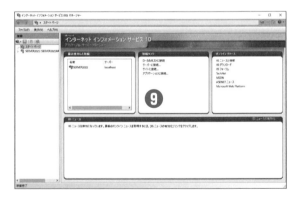

⑩ 左側の［接続］ペインで、［接続］の文字の直下にある［新しい接続］アイコンをクリックし、表示されるメニューから［サーバーに接続］を選択する。

⑪ ［サーバー接続の詳細を指定］画面が開くので、管理対象となるサーバー名としてSERVER2022Bと入力して［次へ］をクリックする。

● サーバー名が認識できない場合は、サーバーのIPアドレスを入力してもよい。

⑫ ［資格情報の指定］画面では、管理対象となるサーバー上で有効な管理者のユーザー名（Administrator）とそのパスワードを入力して［次へ］をクリックする。

● パスワードは、管理対象のサーバー上のものを使用する。

⑬ 自己署名の証明書を使う設定にしてあるため、証明書が確認できないエラーが表示されるが、これは無視してよい。［接続］をクリックする。

● この画面には時間制限があるので、［接続］ボタンをクリックするまでに時間がかかるとタイムアウトエラーになる。その場合には、もう一度手順⑫から繰り返す。

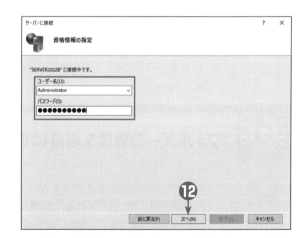

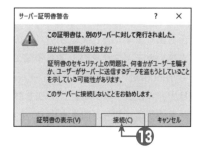

⓮
[接続名の指定]画面では、接続名を指定する。標準で接続先サーバーの名前が表示されているので、そのまま[終了]をクリックする。
- ●ここで別の名前を指定することもできるが、特に理由がない限り変更の必要はない。

⓯
IISマネージャーの画面に戻る。左側ペインに今までのサーバー（SERVER2022）に加えて、新たに管理対象としたサーバー（SERVER2022B）が表示されていることがわかる。
- ●SERVER2022Bへの接続はIISマネージャーに記憶されるが、パスワードは保存されない。そのため、次回以降はツリーに「SERVER2022B」は表示されるが、アクセスしようとすると管理者のパスワードの入力が求められる。

フォルダーの管理を容易にする仮想ディレクトリ機能

　IISでは、WebサイトのホームディレクトリであるC:¥inetpub¥wwwrootフォルダー配下に保存されたHTMLファイルを標準のWebページとして公開します。このフォルダー内にさらにフォルダーを作成し、HTMLファイルを保存した場合も、「http://server2022/directory/default.htm」のようにURLでディレクトリを指定すれば表示することができます。

　ただし、常にWebサーバーのC:¥inetpub¥wwwrootの下にHTMLファイルを置かなくてはならないというのは、不便な場合もあります。たとえばサーバーのディスク割り当ての問題が挙げられます。Webサーバーのアクセス頻度が高いとディスクアクセスも頻繁になってきますが、このような場合、WebサーバーのホームディレクトリをWindowsのシステムボリュームと同じC:ドライブに置くのはあまり得策ではありません。可能なら別のボリュームにホームディレクトリを割り当てたいところです。

　コンピューターを使うユーザーが何人もいて、それぞれのユーザーが独自にホームページを公開したい場合

もあります。たとえばインターネットプロバイダーが契約者向けに提供しているホームページの公開サービスでは「http:// ホストアドレス / 個人名」という URL でユーザーごとのホームページを公開できるようになっています。IIS でこの構成を実現するには、C:¥inetpub¥wwwroot フォルダーの下に各ユーザーのフォルダーを作成し、そのフォルダーに対して個々のユーザーがファイルを配置するようにしなければいけないのですが、この方法では、C:¥inetpub¥wwwroot のアクセス権の設定が煩雑になりがちです。ユーザーにとっても、自分のホームページ用のファイルを、自分のホームディレクトリとはまったく違うフォルダーに配置しなければならないため、わかりづらいところがあります。

　こうした管理の煩雑さを解決する方法として、IIS では「仮想ディレクトリ」という機能を提供しています。

仮想ディレクトリの仕組み

　仮想ディレクトリとは、URL で指定されたパスから実際のディスク中のフォルダーを検索する際に、通常使われる「C:¥inetpub¥wwwroot」からの相対フォルダーに代わって、まったく別の場所に割り当てる機能です。たとえば「http://server2022/shohei」という URL が指定されたとき、通常であればこの URL で表示されるファイルは「C:¥inetpub¥wwwroot¥shohei」に置かれなければいけません。

　仮想ディレクトリ機能では、URL が「http://server2022/shohei」としてアクセスされた場合に、本来なら「C:¥inetpub¥wwwroot¥shohei」が参照されるはずのところを、管理者が別途指定した他のフォルダーを参照するよう転送します。「C:¥inetpub¥wwwroot」の下に「shohei」というフォルダーを直接作成するのではなく、ここがアクセスされた際には自動的に「C:¥users¥shohei¥web」など、まったく別のフォルダーに転送するのです。これにより、各ユーザーは自分のホームディレクトリの下に HTML ファイルを配置するだけで、本来は一般ユーザーがアクセスできないはずの、「C:¥inetpub¥wwwroot」の配下に自分のファイルを配置したのと同じ効果を得られるわけです。

　仮想ディレクトリのこうした動作は、Web サイトがディスク中で任意の「ホームディレクトリ」を設定できるという考え方とよく似ています。相違点は、Web サイトのホームディレクトリが Web サイトごとに設定されるのに対して、Web サイト内にいくつでも、任意の個数が設定可能であるという点です。

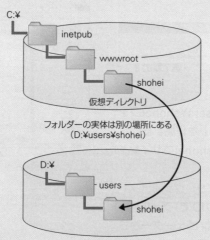

仮想ディレクトリの考え方。C:¥inetpub¥wwwroot内に仮想ディレクトリshoheiを作成し、その実体はD:¥users¥shoheiにあると指定すると、http://server2022/shoheiというURLにより、D:¥users¥shoheiのファイルを表示できるようになる

5 仮想ディレクトリを作成するには

ここでは、IISの特徴のひとつである仮想ディレクトリを作成します。IISが稼動しているサーバーコンピューターのD:ドライブ上に「¥users¥shohei」フォルダーを作成し、そのフォルダーのディレクトリパスに「shohei」というエイリアス（別名）を割り当てます。クライアントが「http://server2022/shohei/」というURLでHTMLファイルの表示を要求すると、「D:¥users¥shohei」フォルダーの既定のHTMLファイルが参照されます。

仮想ディレクトリを作成する

❶ 管理者でサインインして、ユーザー「shohei」用のホームディレクトリ「D:¥users¥shohei」を作成する。このフォルダーのアクセス許可としてまず、上位からのアクセス許可の継承をやめ、次にshoheiだけに［読み取りと実行］［フォルダーの内容の一覧表示］［読み取り］［書き込み］を許可する。［Users］に対しては［読み取りと実行］だけを許可する。

- この画面は、SERVER2022に管理者でサインインした画面である。
- この設定により、shoheiと管理者（Administrators）だけがこのフォルダーにファイルやフォルダーを作成できるようになる。他のユーザーは、ファイルやフォルダーを読み取ることはできるが、変更はできない。

参照

アクセス許可の継承をやめるには
→第7章の**3**

❷ shoheiでサインインして、D:¥users¥shoheiフォルダーにファイル「default.htm」を作成する。

- この画面は、SERVER2022にshoheiでサインインした画面である。
- または、ファイル共有機能により、クライアントコンピューターから（shoheiのIDで）フォルダーを共有して、クライアントコンピューターからファイルを作成することもできる。

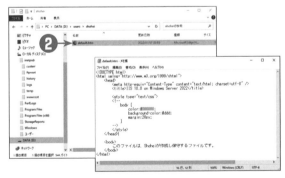

❸
クライアントコンピューターでWebブラウザーを
起動して、URL「http://server2022/shohei」を開
く。

- ●この画面は、クライアントコンピューターから
  EdgeブラウザーでURLを開いた画面である。
- ●クライアントコンピューターにサインインする
  ユーザーIDは問わない。
- ●この時点ではまだ仮想ディレクトリを作成してい
  ないため、URLを開いてもエラーになる。

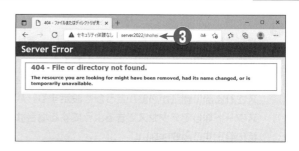

❹
サーバーに管理者としてサインインしてIISマネー
ジャーを開き、左側ペインで［SERVER2022］－［サ
イト］－［Default Web Site］の順に展開する。

- ●この画面は、SERVER2022に管理者でサインイ
  ンした画面である。
- ●前節で登録したSERVER2022Bも残っているの
  で、最初のサーバー選択は間違えないように注意
  する。

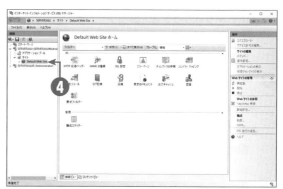

参照

IISマネージャーを起動するには

→この章のコラム「**IIS 10.0の管理方法について**」

❺
中央ペインの下にある［コンテンツビュー］をクリッ
クすると、中央のペインがWebサイトのファイル
ビューに変化する。

- ●コンテンツビューでは、現在のWebサイト内の
  ファイルやフォルダーをエクスプローラー風に表
  示できる。

❻
右側ペインから［仮想ディレクトリの追加］を選択
する。

▶ ［仮想ディレクトリの追加］画面が開く。

❼
仮想ディレクトリの名前を［エイリアス］に、実体
フォルダーの場所を［物理パス］に入力する。

● ［接続］ボタンは、この仮想ディレクトリにアクセ
スされる際に認証が必要かどうかを設定する。パ
スワードなしでアクセスできるようにする場合は
特に設定する必要はない。

❽
［OK］をクリックすると仮想ディレクトリが作成さ
れる。

● 以上で仮想ディレクトリの作成は終了となる。

❾
クライアントコンピューターからWebブラウザー
で「http://server2022/shohei/」を開く。

● 手順❸とは違い、今度はD:¥users¥shoheiに作
成されたdefault.htmが表示される。

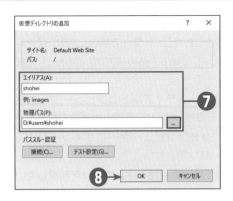

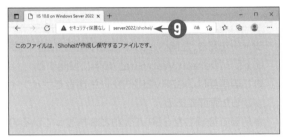

特定の人だけが見られるWebページを作成するには

　インターネットで公開されている Web ページが、ユーザー名やパスワードを指定しなくても誰でも見られるように、イントラネット内でも、Web サーバーで公開されたファイルは、通常の設定であればネットワーク上の誰でも表示できるようになっています。

　ですが、インターネット上の Web ページに「ログイン」が必要なページがあるのと同様、イントラネット内でも、特定のファイルやフォルダーに対して、限られた人しか見られないようにするための「アクセス許可」を設定したくなる場合は多いでしょう。こうしたニーズに対応して、IIS でも、ファイルやフォルダーに対して「パスワード」を設定することができます。IIS 10.0 ではこの機能のことを「ユーザー認証（または単に認証）」と呼びますが、この機能を使えば、イントラネット上で、特定の部署やグループだけに限定して表示できるページを設定することが可能になります。

　一方で Windows Server には、個別のファイルやフォルダーに対して、特定のユーザーやグループがアクセス可能かどうかを設定する「アクセス許可」の機能があります。このアクセス許可と、IIS が持つユーザー認証機能との間にはどのような関係があるのでしょうか。

　IIS はクライアント PC から Web ブラウザーを使ってアクセスされた際、URL によって指定されたパスやファイル名を、実際のディスク内ファイル名やフォルダー名に変換したうえで、対象となったファイルを読み取り、その結果をクライアントである Web ブラウザーに対して送り返します。ここで、ディスク中のファイルを読み取る際には、Windows Server のアクセス許可が必要になります。

　Windows Server でのアクセス許可は、対象となるファイルやフォルダーに対して「誰が」「どのような操作を」行うかによって、許可 / 不許可が決定されます。このうち、操作については明らかで、単純な Web 表示であれば「読み取り」アクセスとなります。

　一方「誰が」読み取りアクセスをするかについては、やや複雑です。というのは、通常の（ログインを必要としない）Web アクセスの場合は、アクセス前にあらかじめユーザー名やパスワードを入力したりはしませんから、IIS は、アクセスしてきたユーザーが誰かを判定することはできません。そこで必要となるのが、IIS における「ユーザー認証」機能というわけです。

　IIS 10.0 で利用できる認証方式にはさまざまなものがあります。その代表的なものについて次に紹介します。

●匿名認証

　ユーザー名やパスワードを入力しなくても、誰でもコンテンツにアクセスできる、一般の Web 表示に使われる認証方法を「匿名認証」と呼びます。これは要するに「誰でもアクセスできる」という認証方式ですが、Windows Server 上でファイルにアクセスするためには、何らかのユーザー名は必須となります。そこで IIS では、「匿名認証用」としてあらかじめ IIS 用に定義されたユーザー名を用いてアクセスします。

　匿名認証では、IIS 10.0 は、「IUSR」というユーザー名で対象ファイルにアクセスします。より厳密に言えば、この「IUSR」は「ビルトインセキュリティプリンシパル」と呼ばれる、Windows システムにおける特殊な存在のひとつで、概念的には、システムにあらかじめ定義されたユーザー名と考えてよいでしょう（ただし厳密に言えばユーザーではないため、［コンピューターの管理］－［ローカルユーザーとグループ］には表示されません）。

　いずれにしろ、表示対象となる HTML ファイルやフォルダーは、この IUSR からアクセス可能になっていなければいけません。IUSR から読み取りアクセスできないファイルは、匿名アクセスでは正しく表示できません。

●基本認証

　一般のWebサーバーで使われる単純なユーザー認証です。コンテンツにアクセスされると、Webブラウザーは「ユーザー名」と「パスワード」の入力ボックスを表示します。ここに入力されたユーザー名とパスワードが、暗号化しないか、または非常に弱い暗号化のみでサーバーに送られ、ログイン情報として使われます。この情報を受け取ったIISは、そのユーザー名とパスワードを、Windows Server2022に登録されたローカルユーザーのサインイン情報として使用することで、そのユーザー名を使って対象ファイルをアクセスします。

　ファイルへのアクセスはそのユーザー名を用いて行われるため、対象ファイルは、そのユーザー名から読み取り許可が有効になっていることが必要です。

●Windows認証

　アクセスに使用したクライアントコンピューター上におけるサインイン情報を、NTLMまたはKerberosプロトコルを使用してサーバーに伝達し、これをそのまま対象ファイルにアクセスする際のユーザー名として使用する認証方法です。インターネット環境ではユーザー情報の要求や暗号化ができないため、イントラネットでのみ使用できる認証方法です。

　この認証を使用するには、Active Directoryを使用しているか、またはクライアントコンピューターにサインインした際のユーザー名とパスワードが、サーバー上でも同じユーザー名とパスワードで登録されていることが必要です。表示対象となるファイルは、そのユーザー名から読み取り可能であることが必要とされます。

●ダイジェスト認証

　ダイジェスト認証は、基本認証と似ていますが、WebブラウザーからWebサーバーに送信するユーザー名とパスワードを暗号化して送る点が異なっています。この認証方法を使用するには、Webサーバーはもちろんのこと、Webブラウザーもこの認証方法に対応している必要があります。

　Windowsに依存していない認証方式のため、Windows以外の他のOSでも利用できるほか、インターネット上でも安全にユーザー名とパスワードを送信できます。

　IIS 10.0ではこれらの認証方式のほか、「クライアント証明書のマッピング認証」、「IISクライアント証明書のマッピング認証」、「URL承認」などの認証方法が使用できます。これらの認証方法は「匿名認証」を除き、IISを既定の設定でセットアップした場合にはインストールされません。認証が必要なページを作成する場合、使用する認証方式ごとに必要な機能を選択してインストールする必要があります。

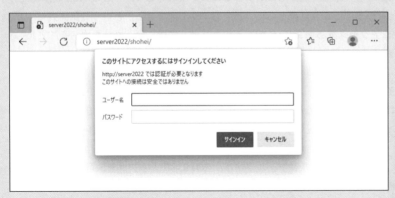

匿名認証以外の認証が設定されたページを表示しようとすると、ユーザー名とパスワードの入力が求められる

Webページ公開とライセンス

　本書の第1章では、Windows Server で必要とされるライセンス数について解説しました。Windows Server を運用する際には、Windows Server 自身に必要とされるライセンスのほかに、サーバーを利用するクライアントに対してもクライアントアクセスライセンス（CAL）が必要となります。CAL はクライアントコンピューターの台数（デバイス CAL）またはユーザーの数（ユーザー CAL）ごとに1ライセンスずつ必要となるのですが、Windows Server で Web ページを公開する場合にもこの CAL は必要となるのでしょうか。

　Web ページを公開する先が組織内のネットワークだけであれば、問題は簡単です。サーバーを利用するコンピューターの台数もユーザーの数も限られているためです。CAL はクライアント数または同時アクセスするユーザー数に応じて用意することになります。

　一方、インターネットに対して公開する場合はどうでしょう。Web ページは世界中からアクセスされますから、アクセスするコンピューターの台数や人数を知ることができません。もちろん、数がわかったとしても、それらに対して有償となる CAL を用意することなどできないことは明らかです。

　そのため Windows Server では、インターネットに公開するのが「Web ワークロード」だけであり、かついかなる手順でもユーザーを認証しないのであれば CAL は不要、としています。つまり、Web サイトにおいてどのような方法であれユーザーを区別しないのであれば、そのアクセスに対しては CAL を用意する必要はありません。

　一方、ユーザー ID などでユーザーを識別・認証するような Web サイトを公開する場合には CAL が必要となります。ユーザーが識別されるのであれば、アクセスするユーザー数も把握可能であるからです。ただしこの場合でも、アクセスしてくるクライアントコンピューターの台数を決定するのは不可能ですから、必要となるライセンスは自ずと、同時アクセスしてくるユーザー数に応じたライセンス、すなわちユーザー CAL となります。

　ただしサイトの規模やユーザー数によっては、ユーザー CAL ですら膨大な数になることもあり得ます。このような場合に備えて「エクスターナルコネクタライセンス」と呼ばれるライセンスもあります。これは、組織外のユーザーがサーバーにアクセスする場合に限り、接続数の制限なしに Windows Server を利用可能とするライセンスで、物理コンピューター1台に対して1ライセンスを割り当てます（仮想マシンへの割り当てではない点には注意してください）。これにより、インターネット公開されるサーバーのように、アクセスしてくる人数や台数がわからない場合であっても現実的なライセンス費用のみでサーバーを運用できます。

　なお、エクスターナルコネクタライセンスはあくまで、組織外のユーザーが利用する場合に適用できるライセンスです。組織内（社内ユーザーや、関連会社ユーザーなど）のユーザーに対しては、通常どおりのクライアントライセンスが必要となります。

6 Webでのフォルダー公開に パスワード認証を設定するには

認証付きのファイル公開の例として、最も簡単な「基本認証」の例を見てみましょう。基本認証の場合、利用できるユーザー名はホストマシンの上に作られたローカルユーザーアカウントか、サーバーマシンが属するドメインのユーザーアカウントが使われます。パスワードは暗号化が行われないクリアテキストの状態で送信されます。サーバーとクライアントの間の経路で盗聴される危険がある場合には、よりセキュリティの高い認証方法を使用してください。

Webでのフォルダー公開にパスワード認証を設定する

❶
標準の状態では［基本認証］機能はセットアップされていないので、この機能を追加する。この章の1の「Webサーバー機能を使用できるようにする」の手順❶～❹を実行する。

●ここまでの手順は、すでに説明した他の「役割と機能の追加」時の操作手順とまったく同じであるため、画面を省略している。

❷
［サーバーの役割の選択］画面で、［役割］の一覧から［Webサーバー（IIS）］−［Webサーバー］−［セキュリティ］の順に展開し、［基本認証］にチェックを入れて［次へ］をクリックする。

●インストール済み個数の表示は、それまでのセットアップ状況により異なる。

❸
［機能の選択］画面では、何も変更せずに［次へ］をクリックする。

4 ［インストールオプションの確認］画面では、［インストール］をクリックしてインストールを開始する。

●基本認証の追加だけであれば再起動は必要ないので、［必要に応じてサーバーを自動的に再起動する］にはチェックを入れなくても問題ない。

5 インストールが完了したのを確認したら、［閉じる］をクリックする。

6 IISマネージャーを開き、左側ペインで［SERVER2022］－［サイト］－［Default Web Site］の順に展開して［shohei］を選択する。

●「役割と機能の追加」作業を行う前からIISマネージャーのウィンドウを開いていた場合には、更新を反映するため、いったん［×］（閉じるボタン）でウィンドウを閉じたあと、もう一度IISマネージャーを開く必要がある。

7 中央ペインの［認証］アイコンをダブルクリックする。

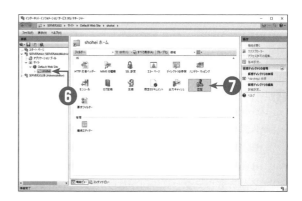

8 ［認証］画面が開く。この画面から、仮想ディレクトリ「shohei」に対しては基本認証が無効で、匿名認証が有効であることがわかる。

●この状態のときは、仮想ディレクトリ「shohei」にユーザー名やパスワードなしでアクセスできる。

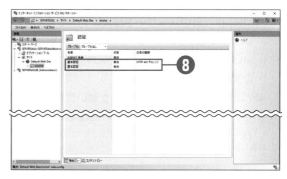

9

有効/無効を変更するには、中央ペインで認証項目を選択して、右側ペインで［有効にする］または［無効にする］をクリックする。この操作で基本認証を有効にして、匿名認証は無効に変更する。

- ［基本認証］を有効にしても、匿名認証を無効にしなければ、匿名アクセスが可能なままになるので、ユーザー名やパスワードは求められない。

- この設定を行った直後から、仮想ディレクトリ「shohei」のアクセスにはユーザー名とパスワードが必要となる。

- 画面右上の警告欄に「このサイトについて SSL が有効にされていません。資格情報はクリアテキストでネットワーク上を送信されます。」という警告が表示されるが、これは Web ブラウザーからパスワードを送信する際に暗号化されないことの警告である。イントラネット内での運用が前提なので、この警告は無視してよい。

10

クライアントコンピューターから「http://server2022/shohei/」にアクセスする。先ほどまでアクセスできていたページが、ユーザー名とパスワードを求められるようになる。

- ここで入力するユーザー名とパスワードは、サーバーコンピューター上で有効なユーザー名とパスワードであることが必要である（有効なユーザーであれば shohei でなくてもよい）。

11

サインインできれば、Web ページが表示される。

- 入力したユーザー名とパスワードが正しい場合でも、フォルダー「D:¥users¥shohei」またはファイル「D:¥users¥shohei¥default.htm」に対する読み取りアクセス許可がなければ、表示はできない。

- shohei 以外のユーザーを確実にアクセスできないようにしたければ、サーバー上で「D:¥users¥shohei」フォルダーのアクセス許可を「読み取りと実行」不可に設定する。

- パスワードを保存するかどうか問い合わせられるが、これは Web ブラウザーの機能であり、サーバーの設定とは関係ない。

参照

ファイルやフォルダーを
自分以外が読み出せないようにするには

→第7章の2

7 FTPサーバーを
利用できるようにするには

　FTP（File Transfer Protocol）は、ネットワーク経由でファイルを転送することに特化された、ファイル転送専用の通信プロトコルです。使い勝手の点では劣る場合もありますが、汎用のHTTPプロトコルや、Windowsのファイル共有などに較べると、より信頼性が高く高速な転送が行えるのが特長です。IIS 10.0では、このFTP機能もサポートしており、IISマネージャーから管理できます。

　前節で解説した基本認証などと同様、FTP機能はIIS 10.0だけを指定してセットアップしただけではインストールされません。ですが本書においては、この章の「1　Webサーバー機能を使用できるようにするには」で、FTP機能もあわせてセットアップ済みです。もしこの節でFTP機能を追加セットアップしていなかった場合は、前節で「基本認証」を追加セットアップしたのと同じ手順により、FTP機能を追加してください。

　また、FTP機能を追加セットアップした場合であっても、FTP機能はそのままでは動作しません。最初に「FTPサイトを追加する」ことによって、ファイル転送用のフォルダーを指定することが必要です。

FTPサーバーを利用できるようにする

❶
FTP機能は、セットアップしただけでは動作するようにはなっていない。［FTPサイト］を新規作成する必要がある。IISマネージャーを開いて左側ペインで［SERVER2022］－［サイト］を選択し、右側ペインの［FTPサイトの追加］をクリックする。
- ●Webサイトは IISをセットアップすれば標準で作成されるが、FTPサイトは自分で作成する必要がある。

❷
［サイト情報］画面で、［FTPサイト名］として Default FTP Site、［コンテンツディレクトリ］として C:¥inetpub¥ftprootと入力し、［次へ］をクリックする。
- ●ここで指定する名前は、クライアント側に知らせるわけではないので自由に決めてよい。
- ●FTPサイトは自動作成されないが、コンテンツディレクトリである「C:¥inetpub¥ftproot」は IISのセットアップ時に自動で作成される。別のパスを指定してもよいが、その場合には、あらかじめフォルダーを作成しておく必要がある。

❸

[バインドとSSLの設定]画面では、[バインド]の
[IPアドレス]は[すべて未割り当て]のままでよ
い。[FTPサイトを自動的に開始する]は選択状態の
ままにし、[SSL]は[無し]を選択して[次へ]を
クリックする。

●ネットワークのポート数が2つ以上ある場合など
のように、コンピューターが複数のIPアドレスを
持っている場合には、FTPサーバーが動作するIP
アドレスをここで選択することもできる。ただし
通常の場合は、[すべて未割り当て]で問題ない。

●[仮想ホスト名を有効にする]を選択すると、現在
のコンピューター名とは別の名前でFTPサー
バーを運用することもできる。

●SSLとは、Webサーバーとブラウザーの間で、
ユーザー名やパスワード、転送するファイルなど、
流れるデータすべてを暗号化した通信である。セ
キュリティは高まるが、これを使うには「SSL証
明書」と呼ばれるデータファイルが必要となる。

❹

[認証および承認の情報]画面では、認証方式とアク
セス許可の情報を指定する。[認証]には[基本]を
選択し、[承認]には[アクセスの許可]として[す
べてのユーザー]、[アクセス許可]として[読み取
り]と[書き込み]の両方を選択する。

●[認証]に[匿名]を選択した場合は、ユーザー名
とパスワードを入力しない「アノニマスFTP（匿
名FTP）」と呼ばれるログイン方法が使える。これ
は、FTP接続する際に要求されるユーザー名に
「anonymous」と入力することで、パスワードに
何を指定してもログインできる仕組みである。

●[アクセスの許可]ではFTPを利用できるユー
ザーを制限することができる。また[アクセス許
可]では[読み取り]と[書き込み]それぞれ個
別にアクセス許可を設定できる。

●[読み取り]とはFTPサーバーからクライアント
へのファイル転送、[書き込み]はクライアントコ
ンピューターからFTPサーバーへのアップロー
ドを意味する。

❺

[終了]をクリックすると、FTP機能の設定は終了と
なる。

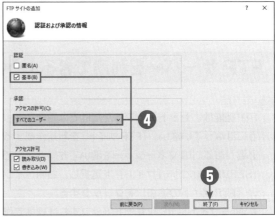

⑥

IISマネージャーに戻ると［Default FTP Site］が
追加されていることがわかる。

⑦

左側ペインのツリーから［Default FTP Site］をク
リックして選択し、右側ペインから［アクセス許可
の編集］をクリックする。

▶ ［ftprootのプロパティ］画面が開く。

● ここからは先は、FTPフォルダーのアクセス許可
の設定を行う。

● Windowsのエクスプローラーで、［C:¥inetpub
¥ftproot］を右クリックして［プロパティ］を選
択しても同じ画面が表示される。

⑧

［セキュリティ］タブを選択し、［編集］をクリックする。

⑨

［グループ名またはユーザー名］の一覧で［Users］を選択し、［アクセス許可］の一覧で［変更］と［書き込み］の［許可］にチェックを入れる。

● ［変更］の［許可］をクリックすれば［書き込み］も自動的に許可される。

● 今回は FTP サイトの設定で［書き込み］を許可したため、対象フォルダーも［書き込み］を［許可］に設定する必要がある。

● この設定により、［Users］グループのメンバーであれば、ファイルをアップロードできるようになる。

⑩

［OK］をクリックして画面を閉じる。

⑪

ここまでの設定を終えたら、いったんサーバーを再起動する。

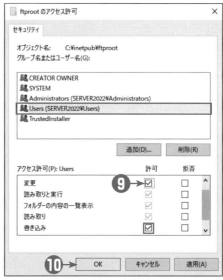

FTPとWindows Defenderファイアウォール

FTP は HTTP に比べて確実なファイル転送手段として現在でもよく使われる機能ですが、古い時期に設計されたプロトコルであるためか、他のプロトコルに比べると接続の手順やファイル転送の仕組みが他のプロトコルに比べて複雑で、「ファイアウォール」の設定が難しくなっています。実際、FTP を正しく動作させるための設定を手動で行おうとすると、TCP/IP についての深い知識を持っていても手こずる場合が多いようです。その一方、最近の OS は、サーバー用 / クライアント用を問わず、ネットワークセキュリティを強化する傾向にあり、ネットワークファイアウォール機能は標準的に使われるようになっています。

Windows Server においては、Windows Server 2008/2008 R2 の世代までは、現在の姿とほぼ同等の Windows Defender ファイアウォール機能を搭載していましたが、一方で、[役割と機能の追加ウィザード] は今よりも機能が弱く、FTP 機能を利用する際にファイアウォールを自動的に設定する機能は存在しませんでした。このため FTP 機能を使う場合は、管理者が手動で FTP 用のファイアウォール設定を行う必要がありました。

Windows Server 2012 以降では、古いバージョンの管理ツールを使う必要があった FTP 機能が、IIS マネージャーに統合されています。同時に FTP 機能についても、[役割と機能の追加ウィザード] で FTP をセットアップするだけで、難しかったファイアウォールの設定も自動的に行われます。このため、FTP 使用にあたっての管理の負担もずっと軽減されています。

ただし、この FTP 用のファイアウォール設定には制限もあります。というのは、FTP 機能のインストールでファイアウォール設定は行われるものの、いったん OS の再起

FTP機能をインストールするだけで、ファイアウォール設定も自動的に行われる

動を行わないと、ファイアウォール設定が有効になりません（厳密にいえば、FTP サービスの再起動が必要です）。この章の 7 節の手順⓫で再起動を行うのは、これが理由です。

一方、クライアント側の OS から FTP を利用する際には、「FTP クライアント」と呼ばれる機能が必要となります。この FTP クライアントについては、非常に初期の Windows から「FTP.exe」というコマンドラインプログラムが付属していたため、クライアントとして FTP を使用するにも困ることはありませんでした。この FTP.exe は最新のクライアント OS である Windows 11 にも搭載されています。

ただ、コマンドラインのみというのは使いにくく感じる人も多いでしょう。FTP クライアント機能は過去多くの Web ブラウザーに搭載されており、GUI を必要とする人はこの Web ブラウザーの FTP 機能を使用する場合も少なくありませんでした。しかし近年、セキュリティ等の理由から、Web ブラウザーにおける FTP 機能は廃止される傾向にあります。そのため本書においては、FTP 機能として Windows のエクスプローラーに搭載されている FTP 機能を利用する例について紹介します。

FTP サーバーの場合と同じく、FTP クライアントを使用する場合にもクライアント PC でファイアウォールを設定する必要がありますが、エクスプローラーの FTP 機能ではファイアウォール設定も自動的に行われるため、すぐにでも FTP を使い始めることが可能です。

8 クライアントコンピューターから FTPサーバーを利用するには

　FTPサーバーの設定が終了したので、ここではクライアントコンピューターからFTPサーバーをアクセスできるかどうかを確認します。クライアントOSであるWindows 11では、FTPサーバーにアクセスする方法として、コマンドラインプログラム（FTP.exe）や、オンラインソフトのFTPクライアント、Windowsのエクスプローラーなどの方法がありますが、ここでは、GUIを使ってファイルのダウンロード/アップロードのどちらも行える、エクスプローラーを使用する方法を紹介します。

エクスプローラーでFTPサーバーにアクセスする

❶

クライアントコンピューター（Windows 11）上で、エクスプローラーを開く。

● 前節では、FTPサーバーを基本認証のみで設定してあるため「アノニマスFTP」は使用できない。このため、FTPを利用するにはサーバー上に登録済みのユーザー名とパスワードが必要である。

● クライアントコンピューターにサインインする際のユーザー名やパスワードは、サーバー上のものと同じでなくてもよい。サーバー上のユーザー名とパスワードを知っていれば、FTPは使用できる。

❷

エクスプローラーのアドレスバーに ftp://server2022/ と入力して Enter キーを押す。

● 「server2022」の部分は、実際のサーバー名を入力する。

❸

アクセスするためのユーザー名とパスワードが求められる。ここではサーバー上に作成したアカウント名「shohei」と、「shohei」のパスワードを入力して、[ログオン] をクリックする。

● [パスワードを保存する] にはチェックを入れることをお勧めする。チェックを入れないと、フォルダーを移動するたびにパスワードを問い合わせられるため。

● FTPサーバーで「アノニマスFTP（匿名FTP）」を許可している場合は、この画面は表示されず、次の手順に直接進むことができる。

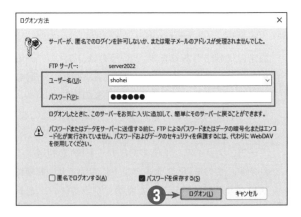

❹ 新しいウィンドウが開き、サーバー上のFTPサイトのファイル一覧が表示される。

- 前節の手順では、サーバー側にファイルを何も置いていないため、ファイルは表示されない。
- エクスプローラーでFTPサイトを表示する場合、常に新しいウィンドウで表示される。

❺ クライアントコンピューター上のファイルで、ファイル名に日本語文字を含まないもの（何でもよい）を、前の手順で開いたウィンドウにコピーする。

- FTPサーバーで書き込みを許可に設定してあるため、ファイルのコピーが行える。
- 日本語文字（全角文字や半角カタカナ文字）を含むファイルはファイル名が文字化けする場合があるため、アップロードできない。

❻ サーバーコンピューター上で、C:¥inetpub¥ftprootフォルダーの内容を確認する。クライアント側でコピーしたファイルが表示されているのがわかる。

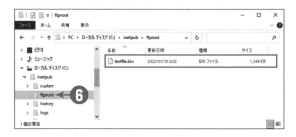

9 FTPサーバーで仮想ディレクトリを使用するには

　インターネットプロバイダーが提供するWebページの公開サービスでは、Webページをサーバーにアップロードする際にFTPを使用している場合が数多くあります。このような構成のサーバーでは、各ユーザーは自身のホームディレクトリ（フォルダー）にはファイルをアップロードできるけれども、他のユーザーのフォルダーは書き込みや読み出しができないという仕組みが必要です。これには、Webサーバーの場合と同じく「仮想ディレクトリ」を使用するのが便利です。FTPで仮想ディレクトリを作成すれば、ファイルを置く場所はC:¥inetpub¥ftprootに限定する必要はなく、フォルダーのアクセス許可の設定も容易になります。

　FTPの場合、Windowsのエクスプローラーなどを使えばフォルダーの下位にあるフォルダーの一覧を表示することができますが、仮想ディレクトリによって作成された仮想的なフォルダーは、この機能によって一覧表示することができません。いわば「隠しフォルダー」のような扱いになります。この機能のため、FTPサーバーにログオンしたユーザーは、他のユーザーの仮想ディレクトリ名を確認することもできず、セキュリティ上も安全です。

FTPサーバーで仮想ディレクトリを使用する

❶
サーバーコンピューター上で、仮想ディレクトリの実体となる、元のフォルダーを用意する。

- このフォルダーは、「D:¥users¥shohei」などのように使用するユーザーごとに別々に作成するのが便利である。

- Webサーバーでの仮想ディレクトリと同じフォルダーを指定しておけば、FTPでファイルをアップロードするだけで、Webブラウザーで表示されるホームページを更新できるようにサーバーを構成できる。

- この節の例では、この章の5節で作成した、ユーザー「shohei」用のホームページのフォルダーを再利用している。そのため、shoheiのホームページ用のHTMLファイルがそのまま残されている。

- 5節の例では、[Users]は読み取り許可の設定にしているが、他のユーザーからの読み取りも禁止したい場合には[Users]のアクセス許可を削除しておく。

❷
IISマネージャーを開き、左側ペインで[SERVER 2022]－[サイト]の順に展開して[Default FTP Site]を選択し、右側ペインの[仮想ディレクトリの表示]をクリックする。

③ 画面が現在の仮想ディレクトリ一覧に切り替わる。右側ペインから［仮想ディレクトリの追加］を選択する。

④ ［仮想ディレクトリの追加］画面が開くので、仮想ディレクトリの名前を［エイリアス］に、実体フォルダーの場所を［物理パス］に入力する。

- ［接続］ボタンは、Webブラウザーで仮想ディレクトリにアクセスが行われた際に認証が必要かどうかを設定する。パスワードなしでアクセスできるようにする場合は特に設定を行う必要はない。
- 対象フォルダーのアクセス許可が適切に設定されていれば、仮に仮想ディレクトリの名前を他のユーザーに知られても、他のユーザーからはアクセスできない。そのため、ここであえて認証を追加する必要はない。

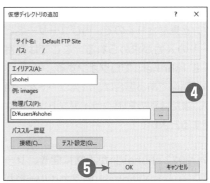

⑤ ［OK］をクリックすると仮想ディレクトリが作成される。

⑥ IISマネージャーの画面に、いま作成した仮想ディレクトリが表示される。

- 以上で仮想ディレクトリの作成手順は終了となる。

⑦ クライアントコンピューターからエクスプローラーで「ftp://server2022/」を開く。

⑧ ユーザー名とパスワードの入力が求められるので、ユーザー名「shohei」でログオンする。

⑨

前節でコピーしたファイル（testfile.bin）のみが置かれており、いま作成した仮想ディレクトリ「shohei」は表示されていないことを確認する。

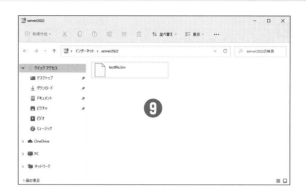

⑩

エクスプローラーのアドレスバーでURLを「ftp://server2022/shohei/」に変更する。

● URLの「shohei」の部分には手順❹で入力した［エイリアス］を指定する。

● エクスプローラーでアドレスバーを編集してフォルダーを移動する場合、新しいFTPサイトへの新規ログオンと見なされるので、再びユーザー名とパスワードの入力が求められる。ここでは再度ユーザー名「shohei」でログオンする。

● この操作が面倒である場合は、パスワードを記憶させるか、または別のFTPクライアントソフトなどを使用するとよい。

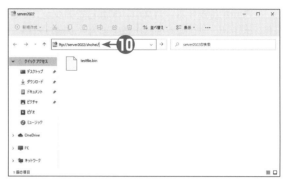

⑪

「ftp://server2022/shohei/」が正常に開き、サーバー上の「D:¥users¥shohei」のファイル一覧が表示される。

● このフォルダーには、この章の5節で作成した「shohei」用のホームページのHTMLファイル（default.htm）が残されている。

● ここでクライアントコンピューターからdefault.htmのファイルを上書き更新（アップロード）すると、http://server2022/shoheiのホームページが更新できる。

● エクスプローラーで表示されているが、このファイルを［メモ帳］などで直接編集はできない。いったんファイルをクライアントコンピューターにコピー（ダウンロード）してから編集する必要がある。

Hyper-Vと
コンテナー機能を使う

第 **11** 章

Windows Server 2022に
おいて、1つのコンピュー
ターの中にあたかも複数の
コンピューターが動作して
いるかのような環境を作り
出す「仮想化機能」は、
Hyper-V機能とコンテナー
機能の2つが搭載されてい
ます。

この章ではHyper-V機能
について、インストールし
て機能を使えるようにする
手順、仮想マシンに対して
Windows OSをインストー
ル、利用可能になるまでを
解説します。コンテナー機
能については、その概要と
簡単な使用例の1つを紹介
します。

Windows Server 2022
における仮想化機能は強力
で、その全貌を紹介するこ
とは難しいのですが、基本
的な機能や動作を理解する
だけでも、その有用性が実
感できるはずです。

コラム Hyper-Vとは

　最新のコンピューターが持つ強力なハードウェア性能を生かして、1つのコンピューターの中にあたかも複数の仮想的なコンピューターが存在するかのような動作をさせ、個々の仮想コンピューター内で別々のOSを動作させる、あるいは個別の処理を実行するのがハードウェアレベルの仮想化、あるいはマシンレベルの仮想化と呼ばれる機能です。

　Hyper-Vのような仮想環境を使う上では、それまでのようなハードウェアとOSとが1対1に結び付く環境では使われていなかった新たな用語が多数使われます。以下にそれらの用語のいくつかを紹介します。

●仮想マシン

　ハードウェアレベルの仮想環境において、実際に存在するコンピューターハードウェアの中に、ソフトウェア的に（仮想的に）作成されるコンピューターのことを「仮想マシン」と呼びます。通常、1台のコンピューターの中には複数の仮想マシンを作成することが可能で、それらはあたかも、複数のコンピューターが同時に存在するかのように並行して動作することができます。

●仮想論理コア

　通常のコンピューターが、プロセッサが持つ処理装置（コア）によって動作するのと同様、仮想マシンも、ソフトウェア的に実現された処理装置によってソフトウェアを解釈、動作します。現在のコンピューターが、1つのプロセッサの中に複数のコアを搭載する「マルチコア」となっているのと同様、Hyper-Vでは、1つの仮想マシンに対して複数のコアを割り当てることができます。この、仮想マシンに対して割り当てられるコアが、仮想論理コアです。Windows Server 2022のHyper-Vでは1つの仮想マシンに対して1〜1024コアという、広い範囲での割り当てをサポートしています。この設定は、ホストとなるサーバー機に搭載されているコアの数より多くなってもかまいません。

　なお仮想マシンには同様に、ストレージとして仮想ハードディスクや仮想DVDドライブ、ネットワークとして仮想NICを割り当てることができます。メモリについては、そもそもホストOSとなるWindows Serverが仮想メモリをサポートしていますので、仮想マシンに対する割り当ても自由です。

●ハイパーバイザー

　コンピューター内部において、仮想マシンを作成し、動作させるためのソフトウェアのことを「ハイパーバイザー」と呼びます。Windows Server 2022の場合には、Hyper-Vがそれにあたります。ハイパーバイザーにはHyper-V以外にもいくつもの製品が存在しますが、それらの中には、ハイパーバイザー自体が基本的なOSとして動作する場合もありますし、Hyper-Vのように、OSは別にありハイパーバイザーはもっぱら仮想マシンを動作させるだけの専用のソフトウェアである場合もあります。

　Hyper-Vの中にも、Windows Server 2022の1つの機能として動作するもののほか、Hyper-Vとそれをサポートするいくつかの機能を組み合わせて、Hyper-V単体で動作するようにした仮想マシンの実行環境である「Hyper-V Server」と呼ばれるものもあります。このHyper-V Serverは、無償で利用することができます。

●ホストOSとゲストOS

　通常、仮想マシン中では、物理的に存在するコンピューターと全く同じソフトウェアを動作させることができます。たとえば物理マシン上でWindows Server 2022を動作させ、その中でHyper-Vにより仮想マシンを

動作させた場合には、仮想マシン中でも Windows Server 2022 を動作させることが可能です（もちろん、別の種類の OS を動作させることもできます）。

　どちらも同じ「OS」を動作させた場合に、両者を区別する目的で、物理マシン上で「親」として動作してハイパーバイザーを稼働させる側の OS のことを「ホスト OS」と呼びます。また仮想マシン中で動作する OS のことを「ゲスト OS」と呼びます。またマイクロソフトにおいては、物理マシン上で実行されるホスト OS のことを「物理インスタンス」または「物理 OSE（operating system environment）」、仮想マシン上で実行される OS のことを「仮想インスタンス」あるいは「仮想 OSE」と呼ぶこともあります。

●ソフトウェア定義

　仮想環境内で動作する仮想マシンには、ハイパーバイザーから仮想的なディスク領域を割り当てることができ、仮想 OS からはあたかもそれが物理的に存在するディスク装置のように見えます。また仮想環境内で動作する複数の仮想マシン同士は、ハイパーバイザーによって定義された仮想的なネットワークによって相互に接続し、通信することができます。

　これら仮想ストレージや仮想ネットワークは、いずれもハイパーバイザーによって仮想的に定義されたハードウェアであって、現実にその定義のとおりのハードウェアが存在するわけではありません。このように、現実のハードウェアをソフトウェア的に定義して、これをあたかも実際のハードウェアのように利用することを、「ソフトウェア定義されたハードウェア」と呼びます。たとえばストレージであればソフトウェア定義ストレージ（SDS）であり、ネットワークであればソフトウェア定義ネットワーク（SDN）と呼びます。

●コンバージドインフラストラクチャ（CI）

　システム基盤（インフラストラクチャ）の構築は従来、コンピューティング（処理能力）、ストレージ（ディスク装置）、ネットワーク等、さまざまな要素を重視した専用のハードウェアを組み合わせて構築されていました。しかしそれらの構築には専門知識が必要であり、またコストも高いものになっていました。

　そこで、これら各要素を組み合わせて 1 つのハードウェア装置として組み合わせた状態で提供される装置が「コンバージドインフラストラクチャ（高集積型インフラストラクチャ）」と呼ばれるハードウェアです。

●ハイパーコンバージドインフラストラクチャ（HCI）

　CI が主にハードウェア装置の組み合わせであるのに対し HCI は、既存のコンピューター装置上でソフトウェアにより実現される CI と呼ぶことができます。仮想環境を利用して、仮想コンピューティング、ソフトウェア定義のネットワーク、ソフトウェア定義のストレージを組み合わせることで、インフラストラクチャを構築します。

　HCI によるインフラストラクチャの構築は、すべての要素が 1 台のコンピューター内に収められることから、コンピューターの設置場所の削減、消費電力の削減、資産管理コストの削減等、さまざまなメリットを生み出します。異なる仮想マシン同士では、別々の OS を実行することもできるため、1 台のコンピューター内でバージョンの異なる Windows Server を同時に実行することや、Linux など Windows 以外の他の OS を実行することも可能です。

　またソフトウェア定義であることから、ニーズに応じて各サーバーに割り当てるハードウェア資源の増減が容易に行えます。新たなサーバー機能を使いたい場合や現在のサーバーで処理能力が不足する場合に、ホストコンピューターの性能が許す限りにおいて、サーバーの追加やメモリ / ディスクの増減が行えます。

　このほかにも、バックアップや OS の起動 / シャットダウンが容易に行えるなど、運用面でのメリットも数多くあります。

Hyper-VとWindows Server 2022のライセンス

Windows Server 2022では、DatacenterとStandardエディションでHyper-Vによる仮想環境が利用できます。仮想環境を使わない場合には、通常は1台のコンピューター上では同時に1つのOSしか稼働しません。しかし仮想環境を使えば、1台のコンピューター上で同時にいくつものOSを稼働させることが可能となります。このため仮想環境を使う場合には、使用するエディションによって以下のようなライセンスの数え方をします。

このライセンスの数え方は、Windows Server 2016より導入されたもので、場合によってはやや複雑な場合もあります。ライセンス違反とならないよう、ライセンスのカウント方法をしっかり理解することが必要です。

●基本はCPUのコアの数

第1章で解説したとおりWindows Server 2022は、動作するコンピューターが持つCPUの「コア」の数によって必要とするライセンス数が決定されます。詳細については第1章の表に示すとおりですが、どれほど小規模なコンピューターであっても、最低16コア分のライセンスが必要であり、さらにコア数が増えればそれに応じて必要なライセンス数も増える点に注意してください。これはHyper-Vを使うか使わないかに関わらず共通です。本書においては、使用するサーバーのコア数をカバーするだけのライセンス数を「1セット分のライセンス」と呼びます（この「セット」という表現はマイクロソフトの正式な表現ではありません）。

●物理OSEと仮想OSEは合計数をカウントする

物理コンピューター上で実行されるWindows Server 2022は、それ単体で1つのOSE（物理OSE）としてカウントします。この物理OSE上でHyper-Vを使って仮想マシンを作成してWindows Server 2022をインストールした場合には、その仮想マシンの中のOSE（仮想OSE）も1つとカウントします。つまりこのコンピューターでは2つのOSEが稼働しているとカウントされます。作成する仮想マシンが2つの場合は、このコンピューター上では物理OSEが1つ、仮想OSEが2つで合計3つのOSEが稼働しているとカウントします。

●Hyper-Vコンテナーは、仮想OSEとしてカウントする

Windows Server 2022のもう1つの仮想化機能である「コンテナー」機能には、他のコンテナーとOSコアを共有する「Windows Serverコンテナー」と、他のコンテナーと共有しない「Hyper-Vコンテナー」の2種類があります。このうちWindows ServerをOSとして使用しているコンテナーイメージを「Hyper-Vコンテナー」として運用する場合には、これも1つの仮想OSEとしてカウントします。Windows Serverコンテナーはホ ストOSの一部として動作するため、これをOSEとしてカウントする必要はありません。

●Windows Server以外のOSはカウントしない

Hyper-Vによる仮想マシンを使用する場合には、仮想マシン中にLinuxなどWindows Server以外のOSをインストールすることができます。この場合、その仮想OSEはWindows Serverのライセンス計算にはカウントしません。Hyper-Vコンテナーを使用する場合でも、コンテナーイメージで使われているOSがLinuxの場合、これもOSEのカウントに含める必要はありません。

●Standardエディションでは1セット分のライセンスでOSEは2つまで

以上の考え方に従ってOSEの総数を決定しますが、Windows Server 2022 Standardの場合、1セット分

のライセンスで利用可能な OSE の数は最大 2 つまでです。2 つを超える OSE を稼働させる場合には、OSE が 2 つ増えるごとに 1 セット分のライセンスが追加で必要になります。

　物理 OSE は必ず 1 つは必要ですから、仮にライセンスが 1 セット分しかない場合は、利用できる仮想 OSE の数は 1 つまでとなります。仮想マシンを 2 つ 3 つと作って合計の OSE の数が 3 つ〜 4 つになる場合は、2 セット分のライセンスが、OSE の数が 5 つ〜 6 つとなる場合は 3 セット分のライセンスが必要になります。

　なお Windows Server 2022 Datacenter エディションには OSE の数について制限はなく、同一のコンピューター上であれば任意の数の OSE を作成できます。

●物理 OSE を Hyper-V のホスト専用とした場合はカウント不要

　ここまで、OSE の数は物理 OSE と仮想 OSE の合計数であると説明してきました。ですが実際にコンピューター上で Hyper-V 機能を利用するには、物理 OSE は必ず 1 つ必要です。ここで、必須となる物理 OSE が Hyper-V のホスト専用である場合に限り、この OS を OSE のカウント数に含める必要はありません。つまりホスト OS である Windows Server 2022 に対し、[役割と機能の追加]で Hyper-V のホスト機能だけをインストールし、他の役割をインストールしていない場合は、1 セットの Standard ライセンスで 2 つの仮想 OSE を使うことができます。

　Active Directory や Web サーバーなど Windows Server にはさまざまな機能がありますが、こうした役割を物理 OSE に割り当てていない場合には、1 セットのライセンスで 2 台の Windows Server 仮想マシンを使えることになります。

●クライアントアクセスライセンスも必要

　以上が、Windows Server 2022 で Hyper-V を利用する際のライセンスの考え方です。ただし Windows Server を実際に運用するには、このほかに最低でも「クライアントアクセスライセンス（CAL）」と呼ばれるライセンスも必要になります。

　CAL は、Windows Server にアクセスするクライアント機器 1 台につき 1 つ、または Windows Server を利用するユーザー 1 人あたり 1 つ必要です。前者を「デバイス CAL」、後者を「ユーザー CAL」と呼びますが、共用パソコンや交代勤務などでクライアント機器の数よりもユーザー数の方が多い場合はデバイス CAL を、SOHO などで機器の数よりもユーザー数の方が少ない場合はユーザー CAL を利用するのが有利です。両者の CAL は混在して使用することもできます。また Windows Server が複数ある場合でも、同じネットワーク上であれば、機器やユーザーに割り当てる数は 1 機器または 1 ユーザーあたり 1 つでかまいません。

●アプリケーションや Windows Server の機能によっては別途ライセンスが必要な場合もある

　以上が、Windows Server を使用する場合に最低限必要となるライセンスです。ただし利用する機能によっては別途ライセンスが必要となる場合もあります。たとえば Windows Server の機能のうち、ターミナルサービスを利用する場合には、利用するクライアントの数に応じてターミナルサービス専用のライセンスが必要です。また Windows Server を Web サーバーとして利用して、これをインターネットに公開する場合に、ユーザー ID やパスワードなどを使ってユーザー識別をする場合には、CAL、またはエクスターナルコネクタライセンスと呼ばれる専用のライセンスが必要となります。

　また、仮想マシン内で使用するソフトウェアについても、コア数に応じて必要となるライセンス数が変わる場合があります。代表的なものがマイクロソフトのデータベース管理システムである SQL Server です。この SQL Server は、仮想マシン内で使用する場合には仮想マシンに割り当てる仮想論理コアの数によって、必要

となるライセンス価格が変化します。このような場合、ライセンス価格の許す限りで割り当てする仮想論理コアの数を決定することになるでしょう。

　Windows Server のライセンスの考え方は、特に Hyper-V による仮想化の実現後は複雑になり、わかりづらいものとなっています。Windows Server を管理する場合には、ライセンス違反とならないよう、購入するライセンス数には十分に注意してください。

Windows Server 2022で強化されたHyper-Vの機能

　Hyper-V の機能はバージョンを重ねる都度、強化されてきています。特に、Hyper-V が初めて搭載された Windows Server 2008R2 の頃は、主に機能追加や安定性向上などが主な機能強化点でしたが、クラウドサービスにおいて仮想化機能が利用されはじめた Windows Server 2016 以降、2019 や 2022 においても主にセキュリティ機能が強化されてきています。

　Windows Server 2022 で追加 / 強化された Hyper-V 関連の機能には、次のようなものがあります。

●入れ子になった仮想マシン

　「入れ子になった仮想マシン」機能は、Hyper-V 上で動作している仮想マシンの Windows Server 2022 に対して Hyper-V をセットアップし、その中で仮想マシンを動作させる機能です。大元のサーバーから見ると子にあたる仮想マシンの中でさらに仮想マシンが動作するため、いわば「孫」にあたる仮想マシンを動作させる機能です。

　「入れ子になった仮想マシン」機能は、Windows Server 2016 の Hyper-V において初めて搭載されました。クライアント OS である Windows 10 においてもこの機能は使用できます。しかしながらこれらの機能はインテル社製のプロセッサを搭載したハードウェアのみで利用できる機能であり、AMD 社製のプロセッサを搭載したサーバーでは利用できない機能でした。Windows Server 2022 においては、これまで対応していなかった AMD 社製のプロセッサ（EPYC など）でも、この入れ子になった仮想マシン機能を利用することが可能となりました。

　なお、この入れ子になった仮想マシン機能は、オンプレミスのサーバーや個人で使用する PC ではほとんど意味を持たない機能です。なぜなら、あえて仮想マシン中に Windows Server をインストールしてその中でさらに仮想マシンを動作させるくらいならば、大元の Hyper-V ホストで仮想マシンを必要な台数分だけ動作させれば済むからです。Windows Server を仮想マシンで動作させる際のライセンス数のカウントでも、メリットとなる点はありません。このため、この機能はデモ用やソフトウェアテスト用などという位置付けをされています。

　ただ、クラウドサービスなどで仮想マシンとして Windows Server を提供するような場合には、その中で Hyper-V を動作させる機能としては利用されることがあるかもしれません。また Windows Server 2019 から利用できるようになった「コンテナー機能」のうち Hyper-V コンテナーについても仮想マシン中で利用できるなども、メリットと考えられるかもしれません。

●Hyper-V 仮想スイッチの改善

Hyper-V の仮想マシンでは、同じホスト内での異なる仮想マシン同士や、仮想マシンと外部のコンピューターとの間のネットワーク通信に「仮想スイッチ」と呼ばれるソフトウェアが使われます。「スイッチ」とは、ネットワーク機器でよく使われる「ハブ」のことを指します。仮想マシン同士、仮想マシンと外部の物理マシンを接続するための HUB をソフトウェア的に実現したものが、仮想スイッチというわけです。

Windows Server 2022 ではこの仮想スイッチの性能がそれまでと比べて強化されました。具体的には、Receive Segment Coalescing（RSC）と呼ばれる受信した複数のパケットを 1 つにまとめて転送する機能により、細分化されたパケットを転送する際にかかる CPU 負荷を減少させ、ネットワークの転送性能を向上させる機能です。

この機能は、外部からの物理ネットワーク経由の通信はもちろんのこと、同じコンピューター内で仮想マシンが通信する際にも有効となるため、特にネットワーク負荷の高い作業を行う際には有効な機能です。

●Hyper-V マネージャーの改善

Hyper-V で仮想マシンを新規作成することや、既存の仮想マシンの起動や停止、設定などを行うためのソフトが「Hyper-V マネージャー」です。Hyper-V マネージャーは GUI ベースのソフトウェアで、Windows Server 2019 以前はデスクトップエクスペリエンスをインストールした Windows Server のみで使用することができましたが、Windows Server 2022 においてはデスクトップエクスペリエンスを使用しない Server Core インストールにおいても利用できるようになりました。

Windows Server の Server Core インストールでは、基本的には GUI ベースのプログラムは動作しません。すべて PowerShell ベースのコマンドで行うか、サーバーマネージャーのリモート機能を使用して行うものとされていますが、Windows Server 2019 以降では「Server Core アプリ互換性オンデマンド機能（FOD）」と呼ばれる追加機能により、一部の管理機能が GUI で使用できるようになりました。これによりエクスプローラーやタスクマネージャー、イベントビューアーなどの機能が GUI でも操作できるようになったのですが、Windows Server 2022 においてはこれら操作可能な画面の中に Hyper-V マネージャーも加わっています。

すでに述べたように、Windows Server 2022 Standard では、ライセンス上、ホスト OS 上で Hyper-V 機能以外の他のサーバー機能を使用しない場合に限り Windows Server 仮想マシンが 2 台まで利用できます。Hyper-V マネージャーがデスクトップエクスペリエンスなしでも利用できるようになることで、ホスト OS 上でデスクトップエクスペリエンスが使用するメモリ容量やディスク容量を節約できることになるわけで、大きな改善と言えるでしょう。

Server Coreインストールでも、GUIベースの
Hyper-Vマネージャーなどが利用できるようになった

1 Hyper-Vをセットアップするには

これまで説明したさまざまなサーバー機能と同様、Windows Server 2022をセットアップしただけでは、Hyper-Vは使用できません。Hyper-Vを使用するためにはまず、サーバーマネージャーを利用してHyper-Vの役割の追加を行う必要があります。ここではHyper-Vのセットアップ手順について紹介します。

Hyper-Vをセットアップする

❶
管理者でサインインし、サーバーマネージャーのトップ画面から［② 役割と機能の追加］をクリックする。
●第9章で説明した「別のサーバー（SERVER 2022B）を管理する」機能は、ここでは設定していない。

❷
［役割と機能の追加ウィザード］が開く。［次へ］をクリックする。

❸
［インストールの種類の選択］画面では、［役割ベースまたは機能ベースのインストール］を選択して［次へ］をクリックする。

④ ［対象サーバーの選択］画面では、自サーバーの名前
（SERVER2022）を選択して［次へ］をクリックす
る。

⑤ ［サーバーの役割の選択］画面では、インストール可
能な役割の一覧から［Hyper-V］にチェックを入れ
る。

⑥ 手順**⑤**で［Hyper-V］にチェックを入れると、自動
的に選択される項目の確認画面が表示される。ここ
ではそのまま［機能の追加］をクリックして画面を
閉じる。

⑦ 元の画面に戻るので、［次へ］をクリックする。

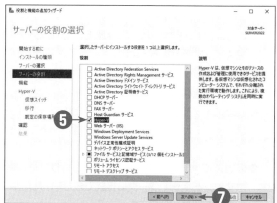

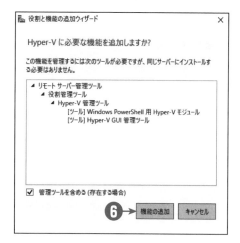

8

[機能の選択] 画面では、特に変更する項目はないので、そのまま [次へ] をクリックする。

9

ウィザードは [Hyper-V] の設定へと移行する。ここからはHyper-Vを動作させるのに必要となる「役割サービス」を選択する。[次へ] をクリックする。

10

[仮想スイッチの作成] 画面では、仮想スイッチを作成するネットワークアダプターを選択して [次へ] をクリックする。

● コンピューターに2つ以上のネットワークアダプター（あるいはネットワークのポート）があるときには、1つをサーバーの管理用、それ以外を仮想スイッチ用とするとよい。

● 1つしかネットワークアダプターがない場合には、それを選択する。

● 仮想スイッチについては、このあとのコラム「仮想スイッチとコンピューターの物理ポート」を参照。

● 仮想スイッチは最低でも1つ作成しなければ、仮想マシンをネットワークに接続できない。ただし、この設定はあとからでも行える。

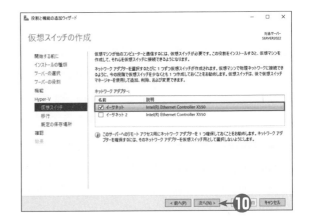

⑪

[仮想マシンの移行]画面では、ライブマイグレーション機能を使うかどうかを指定する。ここではサーバーが1台しかないので、[仮想マシンのライブマイグレーションの送受信をこのサーバーに許可する]にはチェックを入れずに[次へ]をクリックする。

● ライブマイグレーションとは、仮想サーバーを動作停止させることなく、あるHyper-Vホストコンピューターから別のコンピューターへとネットワーク経由で移動する機能。仮想サーバーを停止することなく、動作するコンピューターを変更できる。

● 本書ではこの使い方については解説しないので、詳細についてはHyper-Vの解説書などを参照する。

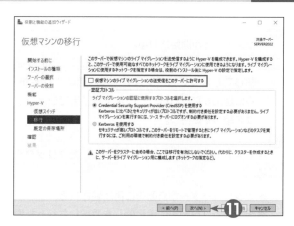

⑫

[既定の保存場所]画面では、仮想マシンのデータや、仮想マシンが使用するハードディスクファイルを保存する場所を指定して[次へ]をクリックする。

● ここでは、既定の設定のまま変更していない。

● 仮想ハードディスクはサイズが大きくなり、またアクセス速度も求められるので、容量に余裕があり高速なボリュームを選択する。

● Windows Server 2022では、仮想ハードディスクをReFSでフォーマットされたディスク上に配置した場合のパフォーマンスも向上している。

● 既定の場所の指定なので、仮想マシンを作成する際に別の場所を選ぶこともできる。

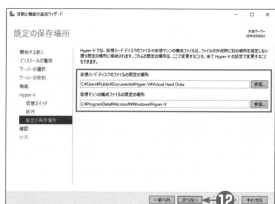

⑬

[インストールオプションの確認]画面では、[必要に応じて対象サーバーを自動的に再起動する]にチェックを入れる。

● Hyper-Vのセットアップでは、サーバーの再起動が必須となるため、ここにチェックを入れておけば、インストール終了後に自動的にコンピューターが再起動される。

● 他に開いているアプリケーションやファイルがあるときには、ここで保存しておく。

⑭

確認画面が表示されるので、[はい]をクリックして閉じる。

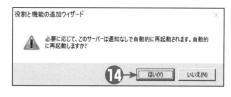

⑮

元の画面に戻るので、[インストール]をクリックする。

⑯

インストールが開始される。

● インストールの終了を待たずにこのウィンドウを閉じてしまってもインストールは継続されるが、特に理由がなければ、このまま終了までウィンドウを閉じずに待つ。

⑰

インストールが終了したら、[閉じる]をクリックする。

➡ コンピューターが自動的に再起動される。

● 手順⑬で「自動的に再起動」を選択しなかった場合は、ここで再起動を促すメッセージが表示される。

⑱

再起動後、再び管理者（Administrator）でサインインすると、インストールの最終段階が自動的に続行され、Hyper-Vのセットアップが完了する。

⑲

Hyper-Vが正常にセットアップされると、サーバーマネージャーのダッシュボード画面の［役割とサーバーグループ］に［Hyper-V］が追加される。

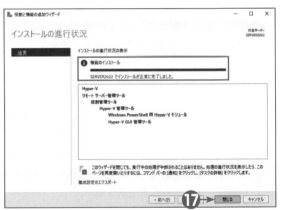

仮想スイッチとは

　Hyper-Vで作成された仮想マシン内でサーバーを動作させる場合、個々の仮想マシンには、自分以外のコンピューターと通信するためのネットワーク機能が必要となります。仮想マシンはソフトウェアで実現される機能であるため、実際にはホスト側コンピューターに搭載されたネットワークアダプターを使用するわけですが、仮想マシンの内部からは、そのネットワークアダプターがあたかも「自分のPCに接続されている」ように見える必要があります。この、仮想的に存在するように見えるネットワークアダプターを「仮想ネットワークアダプター」と呼びます。

　ホスト側のネットワークアダプターと仮想マシン内の仮想ネットワークアダプターとは、何らかの方法で両者を関連付けする必要があります。サーバー用のコンピューターのように、複数のネットワークポートを持っていることが多いハードウェアでは、どのポートがどの仮想マシンに結合されているのかを知る必要があるからです。

　また、1つのコンピューター内で2つ以上の複数の仮想マシンが動作している場合を考えてみてください。この場合、それぞれの仮想マシン同士がネットワーク通信できる仕組みも必要になります。同じコンピューター内での通信ですから、実際には外部に接続されるような物理的なネットワークポートは必要ないのですが、個々の仮想マシン内のOSから見ると、他の仮想マシンとの間のデータのやり取りには、やはりネットワーク通信を行う必要があるためです。

　こうした目的のため、Hyper-Vでは「仮想スイッチ」と呼ばれる機能を提供しています。ここで言う「スイッチ」とは、ネットワークで言う「ハブ」、あるいは「スイッチングハブ」の別名のことを指します。つまり仮想スイッチとは、言い換えると「仮想ハブ」と考えてよいでしょう。

　仮想スイッチは、物理的なスイッチングハブと同様、コンピューター内でネットワークアダプター同士を結び付ける働きをします。ここで結び付けられるネットワークアダプターは、仮想マシン内に作られる仮想ネッ

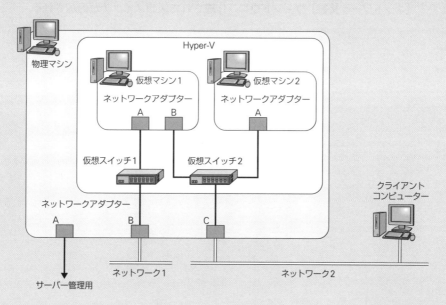

仮想スイッチは、仮想マシン同士や、仮想マシンとホストマシンのネットワークアダプターを結び付ける

トワークアダプターのことを指していて、これら同士を結び付けることで、仮想マシン同士のネットワーク通信を可能とします。さらに、仮想スイッチは、仮想ネットワークアダプターとホスト側コンピューターが持つ物理ネットワークアダプターとを結び付ける機能も持ちます。仮想マシン内の仮想ネットワークアダプターとホストコンピューターの物理ネットワークアダプターを結び付けることで、仮想マシンから物理的に存在するネットワークに接続できるというわけです。

Hyper-V における仮想スイッチは、ホストコンピューターのネットワークアダプターのポートごとに 1 つ作成されます。ただし、すべてのポートに自動的に仮想スイッチが作成されるわけではなく、どのポートに仮想スイッチを作成するかは、管理者が指定します。このようにすることで、管理者は Hyper-V 内の仮想マシンが、どのネットワークポートを使用するかを制御することができます。

作成された仮想スイッチは、ホスト OS 側の「ネットワーク接続」に、「vEtnernet」という名前で仮想スイッチが表示されるため、仮想スイッチがいくつ作成されているかは、この画面から確認できます。

[ネットワーク接続] ウィンドウに、作成された仮想スイッチが追加される

コンピューターに2つ以上のポートがある場合

　サーバー用として設計されているコンピューターでは、大半の製品が、2つ以上のネットワークポートを持っています。こうした複数のネットワークポートは、どのように使い分ければよいのでしょうか。

　サーバーコンピューターが複数のネットワークに同時に接続されている場合、たとえば「社外向け」と「社内向け」のネットワークが存在し、それらの両方にサーバーが接続されている場合には、ネットワークポートは必然的に複数が必要となります。社内ネットワークでは Active Directory やファイルの共有などの高度なネットワーク利用を行い、もう一方のネットワークでは Web サービスや FTP サービスといった、インターネット関連のサービスだけを提供する、といった使い分けは、1つのネットワークポートしかない場合には設定が難しいものですが、別々のポートであれば比較的容易に設定が行えます。

　「SAN（Storage Area Network）」と呼ばれるストレージ装置接続用のネットワークを使用する場合も同様です。「iSCSI」と呼ばれるネットワーク経由でのディスク利用など、できるだけ高速の通信で、かつセキュリティ上の都合などから、他のネットワークと分離したい場合などには、複数ポートは有効です。

　Hyper-V を使用する場合に考えられるのが、ホストコンピューターで使用するポートと、仮想マシンで使用するポートを分離する方法です。サーバーをネットワークで管理することの必要性は、第9章で説明しましたが、ネットワーク管理を行うためには、ネットワークが確実に利用できることが必要です。たとえば仮想マシン内で動作するアプリケーションやサーバーに異常が発生し、ネットワーク負荷が極端に高くなり仮想マシンをシャットダウンしたいような場合を考えてください。ホスト側のネットワークポートと仮想マシン側のネットワークポートが同じポートを利用していると、ホスト OS をリモート管理できない可能性が生じます。ポートを共用している仮想マシンの通信により、ネットワークの帯域が使い尽くされてしまうためです。より深刻な例としては、仮想マシンで動作するサーバーがコンピューターウイルスに感染してしまった場合が考えられます。この場合、被害の拡大を防ぐため、できるだけ早くネットワークから切り離すことが必要とされます。

　これらのような場合でも、ホスト OS 側のポートと仮想マシン側のポートを分離しておけば、ホスト OS 側を操作して仮想マシンをシャットダウンすることが可能ですし、サーバーを直接操作できる場合であれば、仮想マシン用で使用しているネットワークケーブルを取り外すことで対処する、といった方法をとることも可能です。

　コンピューターにネットワークポートが1つしかない場合でも、Hyper-V では、ホスト OS のネットワークポートと、仮想マシン用のネットワーク（仮想スイッチ）のポートを共用化することは可能です。ただし上で説明したように、管理用としてホスト OS のネットワークポートを独立させるほうが、より安定した運用が望めます。コンピューターに複数のネットワークポートがある場合には、積極的に利用することを検討してください。

2 仮想マシンを作成するには

Hyper-Vのセットアップが終了したら、いよいよ仮想マシンを作成します。仮想マシンの作成は、「コンピューターを購入するときに、ハードウェアスペックを選ぶ」という行為に非常によく似ています。具体的にはメモリの容量、ハードディスクの台数と容量、ネットワークアダプターの数などを指定します。これらのスペックは、その仮想マシン内で動かしたいソフトの種類によって決定します。

仮想マシンを作成する

❶
サーバーマネージャーから［ツール］−［Hyper-Vマネージャー］を選択する。

▶ Hyper-Vマネージャーが起動する。

● Hyper-Vマネージャーが起動したら、タスクバーのアイコンを右クリックして［タスクバーにピン留めする］を選んでおくと、次回からHyper-Vマネージャーをワンクリックで起動できる。

❷
Hyper-Vマネージャーの左側のペインから、自サーバーである［SERVER2022］を選択する。

▶ 中央のペインに、作成済みの仮想マシン一覧が表示されるが、現在は未作成なので1つも表示されない。

❸
右側のペインから［新規］−［仮想マシン］を選択する。

④

[仮想マシンの新規作成ウィザード]が起動する。[次へ]をクリックする。

⑤

[名前と場所の指定]画面では、仮想マシンの名前と保存場所を指定して[次へ]をクリックする。

● 仮想マシンの名前は自由に決めてよい。ここでは「VSERVER2022」という名前を指定している。

● 保存場所はHyper-Vのセットアップ時に指定した内容が既定で設定されている。通常はこのまま変更する必要はない。

● 保存場所を変更したい場合には[仮想マシンを別の場所に格納する]にチェックを入れて保存場所を指定する。

⑥

[世代の設定]画面では、作成する仮想マシンの世代を選択する。仮想マシン内で利用したいOSがWindows Server 2012以降のWindows Server、Windows 8以降の64ビット版Windows、第2世代の仮想マシンに対応したLinuxである場合は[第2世代]を、それ以外の場合は[第1世代]を選択して、[次へ]をクリックする。

● 今回はWindows Server 2022をインストールするので、[第2世代]を選択している。

● ここに挙げたOS以外のOSは、第2世代の仮想マシンでは動作しない。

● 第2世代対応のOSは第1世代の仮想マシンでも動作するが、第2世代のほうが性能は良い。

● Linux系のOSで使用できるものについては、このあとのコラム「仮想マシンの世代とは」を参照。

● 作成したあとで世代を変更することはできない。

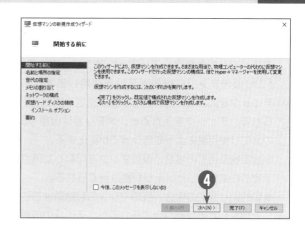

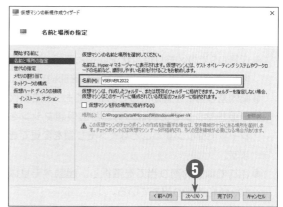

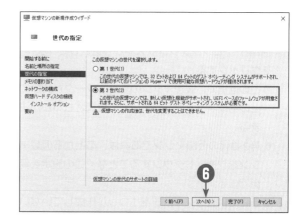

❼

［メモリの割り当て］画面では、仮想マシンに割り当
てるメモリ量を指定して［次へ］をクリックする。
［この仮想マシンに動的メモリを使用します］に
チェックを入れないと、メモリ量は固定で割り当て
られる。チェックを入れると、メモリ量は仮想OS
のメモリ使用量によって割り当てが変化する。

● 固定割り当ての場合、仮想マシンを起動した時点
でここに指定したメモリが割り当てられる。

● 動的割り当ての場合、仮想マシンの起動時はここ
で指定した量が割り当てられるが、その後の仮想
OSの動作状況によって使われない分は解放さ
れ、より多くのメモリが使われる場合は追加で割
り当てられる。

● 仮想OSでのメモリ使用状況にもよるが、多くの
場合、動的割り当てのほうがメモリを節約できる。

● 動的割り当てを有効にしていなくても、第2世代
の仮想マシンであれば、あとから仮想マシンを
シャットダウンすることなくメモリ量を変更でき
ます。

● ここでは動的割り当てを選択し、起動メモリは
1024MBを割り当てている。

❽

［ネットワークの構成］画面では、仮想マシンに割り
当てるネットワークアダプター（仮想スイッチ）を
［接続］ドロップダウンリストから選択して［次へ］
をクリックする。

● この選択で、仮想マシンのネットワークが実際に
どの物理ネットワークポートに接続されるかが決
まる。

● 第2世代の仮想マシンであれば、あとから仮想マ
シンをシャットダウンすることなくこの設定を変
更できる。

● ここでは仮想スイッチを1つしか作成していない
ので、これを選択している。

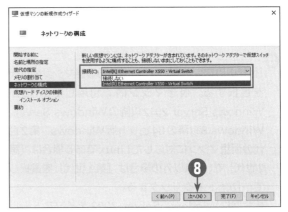

⑨
[仮想ハードディスクの接続]画面では、仮想マシンが使用するハードディスクのサイズをGB単位で指定する。Hyper-Vでは通常、容量可変（実際に使用した時点で容量を確保する）タイプの仮想ハードディスクを使用する。ここでは仮想ハードディスクの実体となるファイル名と最大容量（これ以上拡張できない最大の容量）を指定して［次へ］をクリックする。

● ここでは特に変更せず、既定のままとしている。

● 作成済みの既存の仮想ハードディスクを使用することもできる。

● あとで仮想ハードディスクファイルを指定することもできる。

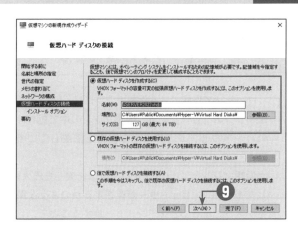

⑩
[インストールオプション]画面では、仮想マシンに、どのメディアからOSをインストールするかを指定する。［ブートイメージファイルからオペレーティングシステムをインストールする］を選択し、［イメージファイル（iso）］欄に、Windows Server 2022のセットアップディスクのISOファイルを指定して［次へ］をクリックする。

● この指定を行うと、仮想マシンを起動するだけで自動的にインストーラーが開始される。

● この設定を行わない場合でも、あとから仮想DVDドライブを追加することができる。

● このほか、PXEブートによりネットワーク内のインストールサーバーからのインストールなども行える。

● ISOファイルがない場合は、PXEブートによるネットワークインストールを試してみる。

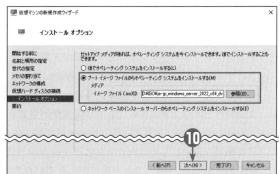

⑪
[仮想マシンの新規作成ウィザードの完了]画面で設定内容を確認し、［完了］をクリックする。

➡ 仮想マシンが作成される。

⑫
Hyper-Vマネージャーの画面を表示すると、いま作成した「VSERVER2022」が仮想マシンの一覧に表示されていることがわかる。

仮想マシンの世代とは

Hyper-V で作成できる仮想マシンには、「第 1 世代」と「第 2 世代」という 2 つの種類があります。この仮想マシンの「世代」とは、仮想マシンの中で動作するソフトウェア（仮想 OSE）から見て、コンピューターのハードウェアがどのような機器を搭載しているかを指定するものです。この考え方は Windows Server 2012 R2 から導入されました。

仮想マシンとは、CPU が持つ仮想化機能を最大限利用して、特定のコンピューターの中に、あたかも独立した 1 台のコンピューターが存在するかのような環境を作り出したものです。その仮想コンピューターに対してゲストとなる OS をインストールすることで、1 台のコンピューターの中で複数の OS 環境を作成したり、別々の役割を持つ OS を複数動作させたりといった環境を実現します。

Hyper-V の中で作成される仮想的コンピューター、すなわち「仮想マシン」のハードウェアは、その仮想マシンが実際に動作するコンピューター（物理コンピューター）と同じではありません。仮想マシンは、ある特定のハードウェアをソフトウェアで模倣することで実現されるため、いくつものハードウェア環境を用意しようとすると、それだけソフトウェアは複雑になります。またハードウェアが異なるコンピューター上でも、仮想マシンのハードウェアを常に共通にしておけば、あるハードウェアの上で使われていた仮想マシンをそのまま別のハードウェアに移しても同じ環境が利用できるというメリットが生まれます。

Windows Server 2012 以前の Hyper-V では、仮想マシンのハードウェアとして、かなり古めのハードウェアを模倣していました。たとえば仮想マシン内で使われている CPU チップセットはインテル社の 440BX と呼ばれるもので、20 年ほども前に使われていたものです。もちろん、この仮想マシンは USB などを持たず、COM ポートやプリンタポートなど「レガシインターフェイス」と呼ばれる古いハードウェアを持つもので、最新の OS ならではの機能を利用するにはやや力不足が感じられるものでした。

Windows Server 2012 R2 から導入された「第 2 世代」は、こうした古いハードウェアを捨て去り、最新の OS にふさわしい最新のハードウェアを模倣したタイプの仮想マシンです。たとえばコンピューターの基本設定を行う BIOS は「UEFI」と呼ばれる新しいタイプのもので、Windows や一部の Linux が対応する「UEFI セキュアブート」と呼ばれる新しいセキュリティ機能が利用できます。第 2 世代の仮想マシンではネットワーク機能が強化され、OS が起動していない状態でもネットワークが利用できるようになっているため、従来の仮想マシンでは行えなかった、ネットワークからの起動（PXE ブート）も行えます。このほか、SCSI 仮想ハードディスクや SCSI 仮想 DVD からの起動なども可能です。

ただし、「第 2 世代の仮想マシン」を使用できるのは、ゲスト OS として表に示す OS を使用している場合に限られます。これ以外の OS の場合は第 1 世代の仮想マシンを使用することが必要となるので、注意してください。最新の OS であっても 32 ビットバージョンは常に第 1 世代になります。また、いったん作成した仮想マシンの世代を変更することはできません。

なお、仮想マシンにはここに挙げた「世代」の違いのほか、どのバージョンの Hyper-V で作成されたかを示す「構成バージョン」の違いもあります。これは、仮想マシンのデータを格納するデータである「構成データ」のバージョンを示すもので、Windows Server 2022 の構成バージョンは 10.0 です。Windows Server

2016のHyper-Vでは8.0、2019では9.0でしたから、構成データについてもバージョンアップされていることがわかります。

第2世代の仮想マシンで利用できるOS

OS名	対応バージョン
Windows Server	2012、2012 R2、2016、2019、2022
Windows	8、8.1、10、11（いずれも64ビット版のみ）
RedHat Enterprise Linux/CentOS	6.x、7.xシリーズ以降
Debian Linux	8.xシリーズ以降
Oracle Linux	7.xシリーズ以降
SUSE Linux Enterprise Server	12シリーズ以降
Ubuntu Linux	14.04以降

Windows Server 2022のHyper-Vでは仮想マシンの構成バージョンは10.0になった

　構成バージョンの違いは、Windows Server 2022で導入された新たなHyper-Vの機能を利用できるかどうかに影響します。過去のバージョンのHyper-Vで作成された構成データでは、Windows Server 2022での新機能は、当然ですが利用できません。ただし、過去のバージョンのHyper-VのデータをWindows Server 2022上へインポートする際には、構成データのバージョンアップを行うことができますから、このこと自体はそれほど心配する必要はないでしょう。逆に、Windows Server 2022で作成した仮想マシンをより古いバージョンのHyper-Vへインポートすることはできなくなりますので、注意してください。

コラム **仮想マシンの詳細設定画面について**

［仮想マシンの新規作成ウィザード］で設定される内容は、仮想マシンを動作させるために最低限必要な基本的な設定に限られています。より詳細な内容については、Hyper-V マネージャーの画面からでないと変更できません。ここではこの設定について説明します。

仮想マシンの詳細設定画面は、Hyper-V マネージャーの左側のペインで管理したいサーバーを選択し、中央のペインで仮想マシンを選択して、右側のペインから［設定］を選択すると表示できます。なお仮想マシンで設定できる項目は、第 1 世代と第 2 世代では内容が異なります。

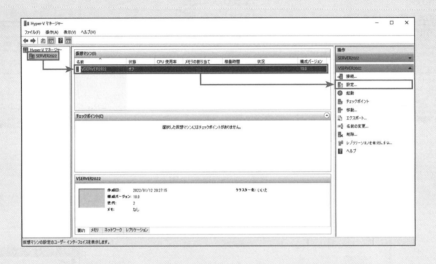

ハードウェアの追加

仮想マシンに新たなハードウェアを追加する際に選択します。SCSI コントローラー、ネットワークアダプター、ファイバーチャネルアダプターなどを追加できます。第 1 世代の仮想マシンと第 2 世代の仮想マシンで画面は共通ですが、世代によって追加できる仮想ハードウェアの種類と、個々の機能は異なります。

ネットワークアダプターには通常のネットワークアダプターとレガシネットワークアダプターがあり、それぞれ使える機能が違います。前者は、仮想スイッチに接続して仮想マシン間での通信など高度な機能が利用できる代わりに、ゲスト OS に専用ソフト「統合サービス」をインストールしなければ利用できません。

「統合サービス」とは、ゲスト OS にインストールされて仮想マシン上の OS とホスト OS 上の通信の仲立ちをするほか、仮想マシン上が効率的に動作できるよう数々のサービスを提供するソフトウェアです。Windows Server やクライアント向け Windows、一部の Linux や FreeBSD などの OS 向けにマイクロソフトによって提供されていますが、対応されていない OS も存在します。

仮想マシンが第 2 世代の場合、仮想マシンが動作中でもネットワークアダプターの追加が可能です。そのため第 2 世代では、ネットワークアダプターの追加に限り仮想マシン動作中でも選択できます。

通常のネットワークアダプターに対し、レガシネットワークアダプターは物理ハードウェアをそのままエミュレーションしているため、統合サービスが提供されていない OS でも利用できます（すべての OS での動作を保証しているわけではありません）。レガシネットワークアダプターは第 1 世代の仮想マシンでのみ利用可能です。

　SCSIコントローラーは第1世代と第2世代のどちらでも利用できますが、コンピューターの起動用に利用できるのは第2世代のみで、第1世代ではSCSIコントローラー上のハードドライブからコンピューターを起動することはできません。

　Windows Server 2019以前にあったRemoteFX 3Dビデオアダプターについては、Windows Server 2022においては完全に廃止となりました。

第1世代の仮想マシンの場合　　　　　　　　第2世代の仮想マシンの場合

BIOS/ファームウェア

　第1世代の仮想マシンでは、BIOS設定が可能です。第2世代の仮想マシンではBIOS設定の代わりに「ファームウェア」の設定が用意されています。変更可能なのはいずれも起動時のブートデバイスの順序付けのみです。使用できるブートデバイスの種類は第1世代と第2世代で異なっており、前者ではCD、IDE、レガシネットワークアダプター、フロッピーが選択できます。第2世代では、UEFIブートファイル（.efi）からのブートが可能になっています。

第1世代の仮想マシンの場合　　　　　　　　第2世代の仮想マシンの場合

セキュリティ

Windows Server 2019 および 2022 では、信頼されたホスト上でのみ仮想マシンを実行可能とする新たなセキュリティ機能である「シールドされた仮想マシン」機能が搭載されています。この機能は Windows Server 2019/2022 の Datacenter エディション限定の機能とはなりますが、他のセキュリティ機能については Standard エディションの Windows Server 2019/2022 でも使用できます。

第 1 世代の仮想マシンでは「キー記憶域ドライブ」と呼ばれる、セキュリティ用の暗号キーを記憶するだけの仮想的なドライブ機能が追加されました。このキーは、Windows Vista で新たに搭載された「BitLocker ドライブ暗号化」などで、暗号キーを保存するための記憶装置として使用できます。第 1 世代の仮想マシンでは USB はサポートしていないため、これまでは BitLocker ドライブ暗号化の際に必要となる USB キーが使えなかったのですが、「キー記憶域ドライブ」の導入のため、BitLocker によるドライブの暗号化と暗号化キーの安全な保存が可能となりました。

第 2 世代の仮想マシンにおいては、UEFI を使用した「セキュアブート」を使用するかどうかを、この画面から選択できます。また、セキュリティチップ「TPM（Trusted Platform Module）」を模した「仮想 TPM」が使用できます。TPM には通常、専用のハードウェアチップが必要ですが、Hyper-V の仮想 TPM では TPM チップの機能をソフトウェアにより実現しています。

TPM 2.0 とセキュアブート、CPU が持つ仮想化機能を組み合わせたセキュリティ強化は、Windows Server 2022 のセキュアコアサーバーや Windows 11 のセキュアコア PC の新機能です。仮想マシン内では、「セキュアブートを有効にする」と「トラステッドプラットフォームモジュールを有効にする」の双方にチェックを入れた状態で起動すれば、これらを有効にした状態で利用できます。

第1世代の仮想マシンの場合

第2世代の仮想マシンの場合

メモリ

仮想マシンが使用するメモリ量の詳細設定が行えます。[RAM] は、仮想マシン起動時に割り当てられるメモリ量で、[仮想マシンの新規作成ウィザード] で指定する [起動メモリ] と同じです。

画面は第 1 世代と第 2 世代で共通です。[動的メモリを有効にする] を選択すると、仮想マシンを起動した直後は [RAM] で指定した値が割り当てられますが、その後 OS が動作することにより、メモリを使わないときは自動的にメモリが解放され、メモリを必要とするときは自動的に追加でメモリが割り当てられます。[最

小RAM］／［最大RAM］はその割り当ての上限／下限を指定します。動的メモリが有効の状態では、仮想マシンが動作中や、一時停止中に［RAM］の設定値を変更することはできません。

　［動的メモリを有効にする］を選択していない状態では、メモリ容量は［RAM］欄で指定した容量が仮想マシンに対して固定的に割り当てられます。動的メモリを有効にした場合のように、仮想マシンのメモリ使用状況によってメモリの割り当て量が増減したりすることはありません。ただしWindows Server 2022のHyper-Vでは新機能として、仮想マシンの動作中にメモリの割り当て／削除が可能になっているため、この［RAM］の値を変更することができます。

　［メモリバッファー］は、OSがバッファーとして使用するメモリの割り当てを指定し、［メモリの重み］は複数の仮想マシンが動的メモリで動作している際に、どの仮想マシンに優先的にメモリを割り当てるかの重み付けに使用します。

第2世代の仮想マシンの場合
（第1世代でも画面は共通）

プロセッサ

　仮想マシンに割り当てる仮想プロセッサの数を指定します。画面は第1世代と第2世代で共通です。

　Windows Server 2012 R2までは、仮想マシンに割り当て可能な仮想プロセッサの数は仮想マシンあたり最大で64個でした。この数は、サーバーに搭載された論理プロセッサの個数を超えることができません（「論理プロセッサ」とは、コンピューターが実際に搭載しているプロセッサのコア数に、ハイパースレッディングで追加される仮想的なコアの増加を考慮したコア数を言います）。

　Windows Server 2016以降では、仮想プロセッサの最大数が変更されており、第2世代の仮想マシンで最大240まで、Windows Server 2022では1024までの割り当てが可能になりました。第1世代の仮想マシン

第2世代の仮想マシンの場合

NUMA構成を考慮した
メモリ割り当て方法を指定できる

では最大64までの割り当てが可能です。仮想プロセッサ数は、基本的には多くの数を割り当てるほど仮想マシンの性能が向上します。ただし割り当て自体は可能でも、実際に仮想マシンを起動する際にホストコンピューターに搭載された論理コア数を超えている場合には、仮想マシンの起動はできません。

複数のCPUソケットを持つコンピューターの場合、同じメインメモリ内でもアドレスによってアクセス速度が異なる場合があります（自前のソケットに接続されたメモリへのアクセスは高速ですが、異なるソケットに接続されたメモリはアクセス速度が遅くなります）。

こうした構成を「NUMA（Nun-Uniform Memory Architecture)」と呼びますが、プロセッサのオプション設定では、こうしたNUMA構成を考慮したメモリ割り当てを指定することもできます。

IDEコントローラー

仮想マシンが持つIDEコントローラーに接続される機器を追加できます。ハードドライブまたはDVDドライブを接続できます。ここで言うハードドライブには、仮想マシンからハードドライブとして認識される仮想ハードディスクファイル（VHD/VHDXファイル）か、（ホスト側コンピューターに取り付けられた）物理ハードディスクのいずれかが指定できます。

IDEコントローラーにはこのほか「キー記憶域ドライブ」も接続されますが、この追加については［セキュリティ］の項目から設定します。

なおIDEコントローラーの設定は第1世代の仮想マシンでのみ利用できます。

SCSIコントローラー

仮想マシンが持つSCSIコントローラーに接続される機器を変更します。画面は第1世代と第2世代で共通ですが、追加できるデバイスの種類は異なります。

第1世代では、ハードドライブと共有ドライブのみ追加できます。第2世代ではこれらに加えてDVDドライブも追加可能であり、DVDドライブからの起動もサポートします。どちらの世代でも1コントローラーあたり64台までのデバイスを接続できるため、仮想マシンに大量のディスクを接続したい場合に便利です。

第1世代の仮想マシンの場合

第2世代の仮想マシンの場合

ハードドライブ

　仮想マシンで使用するハードディスクドライブの種類や場所を指定します。画面は第1世代と第2世代で共通です。

　仮想ハードディスクは、ホストOS側では、VHDまたはVHDX拡張子を持つファイルとして扱われるデータで、仮想マシン側から見ると物理ハードディスクのように扱えるデータです。また、ホスト側で使用していない場合に限り、物理ハードディスクを直接仮想マシンに接続し、自分専用のハードディスクとして使用できます。［物理ハードディスク］の欄に接続を希望したいディスクが表示されない場合は、ホストOS側で対象のディスクが「オフライン」となっているかどうかを確認してください。

　共有ドライブは、ハードドライブと同じく仮想的なハードディスクですが、複数の仮想マシンで同じファイルを共有して使用することができ「フェールオーバークラスター」構成で使用できるのが特徴となる仮想的なハードディスクです。

第2世代の仮想マシンの場合

DVDドライブ

　仮想マシンで使用するDVD/CDドライブの種類や場所を指定します。DVD/CDドライブはホストコンピューターのドライブをそのまま仮想マシンで利用できるようにするほか、ISOファイルと呼ばれる、DVDやCDをファイル化したデータを使って、仮想マシンにそのDVDやCDをセットしたDVD/CDドライブが存在するかのように見せかけることが可能です。

　Windows Server 2022には、既存のDVD/CDを読み取りISOファイル化する機能は搭載しませんが、こうした機能を持つ市販ソフトやフリーソフトを使ってDVD/CDメディアをISOファイルとして保存しておけば、物理的にメディアを交換することなく、仮想マシン内で複数のメディアを使い分けることが可能となります。

　この画面は第1世代と第2世代で共通ですが、追加できる仮想ストレージコントローラーが異なります。第1世代の仮想マシンの場合にはIDEコントローラーに、第2世代の仮想マシンの場合にはSCSIコントローラーに追加できます。

第2世代の仮想マシンの場合

ネットワークアダプター

仮想マシン内のネットワークアダプターと仮想スイッチの対応はこの画面から変更できます。仮想スイッチはホストコンピューターのネットワークポートと1対1で対応していますから、ここで対応を切り替えることで、仮想マシンのネットワークが、物理コンピューターのどのネットワークポートに接続されるかを制御することが可能です。またネットワークの速度を制限する「帯域幅管理」もここから指定できます。

ネットワークアダプターの設定画面は、第1世代と第2世代の仮想マシンで共通です。ただし仮想マシン動作中のネットワークアダプターの追加と削除は第2世代の仮想マシンのみの機能であるため、この画面から行えるネットワークアダプターの削除は、仮想マシン動作中は第2世代の仮想マシンでのみ有効になります。

第2世代の仮想マシンの場合

ネットワークアダプターのオプション設定では、アダプターが持つハードウェアアクセラレーションを使用するかどうかを細かく設定できます。特に、通信プロトコルの一部の処理をハードウェアに操作させる「タスクオフロード」の機能や「シングルルート I/O 仮想化（SR-IOV）」機能の設定は、仮想マシンのネットワーク性能に大きく影響するため、仮想マシンのネットワークが不安定な場合や性能が思わしくない場合には、この設定を見直すことなどが必要となります。

COM ポート

仮想マシン内の COM ポート（RS-232C ポート）の使い方を指定します。Hyper-V の仕様では、仮想マシンの COM ポートは物理マシンの COM ポートへ直接接続できるわけではなく、ホスト OS の名前付きパイプに接続されます。このため仮想マシンの COM ポートを実際に物理マシンの COM ポートと同様に使うためには、ホスト OS 側に、名前付きパイプと物理 COM ポートとの間でデータを転送する何らかのプログラムが必要となります。

COM ポートは第1世代の仮想マシンでのみ設定できます。

第1世代の仮想マシンの場合

フロッピーディスクドライブ

　仮想マシン内のフロッピーディスクドライブと対応付けられる仮想フロッピーディスクファイルを指定します。Hyper-Vの仕様では、仮想マシンのフロッピーディスクを物理マシンのフロッピーディスクドライブへ直接接続することはできません。

　フロッピーディスクドライブは第1世代の仮想マシンでのみ設定できます。

第1世代の仮想マシンの場合

3 仮想マシンにWindows Server 2022をインストールするには

　仮想マシンの作成ができたら、その仮想マシン上にOSをインストールします。通常、OSはDVD-ROMやUSBフラッシュメモリ、あるいはネットワークからのダウンロードにより提供されますが、仮想マシンにOSをインストールする場合、こうしたインストールメディアを仮想マシンに「装着」することで、インストールを開始できるようになります。

　インストールメディアがDVDメディアの場合は、そのDVDをホストコンピューターのDVDドライブに装着し、仮想マシン側からは、そのDVDドライブを直接仮想マシンに接続します。オンライン購入やライセンス購入の場合は、インストールメディアをインターネットからダウンロードしますが、この場合は「ISOファイル形式」でダウンロードすることで、そのファイルを、仮想マシン中の「仮想DVDドライブ」で読み込むことができます。

　ここでは「ISOファイル」を使う方法により、仮想マシンにWindows Server 2022をインストールします。Windows Server 2022は第2世代の仮想マシンに対応していますから、仮想マシンは第2世代で作成しておきます。仮想マシンの設定は前節の手順で紹介した手順のままで、コラムで解説したCPUコア数の変更やトラステッドプラットフォームモジュールの使用の有無は変更していません。これらの設定値はそれぞれ「1」、「使用しない」になっています。

仮想マシンにOSをインストールする

❶ サーバーマネージャーの［ツール］－［Hyper-Vマネージャー］を選択する。

●前節で説明したように、Hyper-Vマネージャーをタスクバーに「ピン留め」しておくと便利。

❷ Hyper-Vマネージャーの左側のペインで［SERVER 2022］を選択し、中央のペインから前節で作成した仮想マシン［VSERVER2022］を選択する。

●前節の「仮想マシンを作成する」の手順のとおり実施した場合は、すでにWindows Server 2022のISOイメージファイルが指定されているので、次の手順❸〜❼は不要で、手順❽に進む。ここでは前節の手順でISOファイルを指定していなかった場合を説明している。

❸ 右側のペインから［設定］を選択する。

➡［SERVER2022上のVSERVER2022の設定］画面が表示される。

④ 左側に表示されているハードウェア一覧から[SCSI コントローラー]を選択し、右側の画面で[DVDド ライブ]を選択して[追加]をクリックする。

- ●第2世代の仮想マシンでは、仮想マシン作成時に ブート用のISOファイルを指定しなかった場合に は、DVDドライブは自動追加されない。そのため ここでSCSIコントローラー用のDVDドライブ を追加する。
- ●すでに[SCSIコントローラー]に[DVDドライ ブ]が存在する場合には、それを選択する。

⑤ [メディア]で[イメージファイル]を選択し、 Windows Server 2022のインストールディスク のイメージファイル（ISOファイル）のファイル名 を指定して[適用]をクリックする。

⑥ 左側の[ファームウェア]をクリックし、右側の [ブート順]で[DVDドライブ]を選択して[上へ 移動]をクリックし、[DVDドライブ]がリストの 中で一番上に来るようにする。

- ●手順⑤で[適用]をクリックして変更を反映して いないと、この変更は行えない。
- ●この手順は必ずしも必要というわけではないが、 標準の状態ではネットワークブートが第1順位な ので起動に時間がかかる。そのため、この操作で ブートの順序を変更する。

⑦ [OK]をクリックして画面を閉じる。

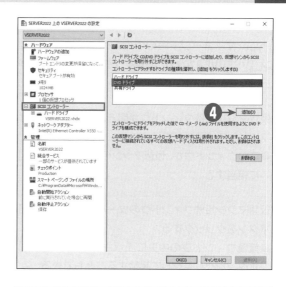

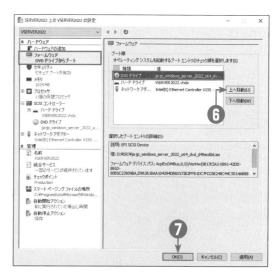

8

Hyper-Vマネージャーの中央のペインで仮想マシン [VSERVER2022] を選択して、右側のペインから [接続] をクリックする。

9

仮想マシン接続ウィンドウが開き、仮想マシンはオフになっている旨が表示される。

● このウィンドウが、仮想マシンの「ディスプレイ」に相当する。

10

仮想マシン接続ウィンドウのツールバーから [起動] ボタンをクリックする。

● 接続ウィンドウの中央に表示されている [起動] ボタンをクリックして起動することもできる。

● この操作が仮想マシンの「電源オン」に相当する。

11

「Press any key to boot from CD or DVD...」のメッセージが表示されている間に、キーボードから任意のキーを入力する。

● キー入力せずに放置すると、ブート順位が2番目以降のブート装置（ネットワークおよびハードディスク）などからブートしようとして最終的には右下のような失敗画面となる。

● 失敗画面が表示された場合は、仮想マシン接続ウィンドウのツールバーから [リセット] ボタン（左から7番目）をクリックすれば再び手順⑩の画面に戻る。

● 失敗画面の表示を待たずに、PXEブートを試行している最中に [リセット] ボタンをクリックしてもよい。

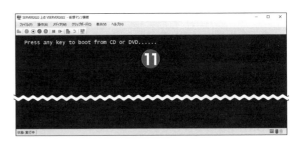

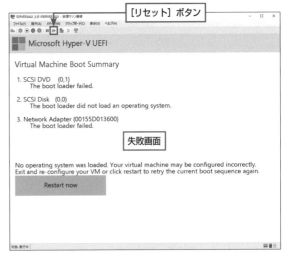

⑫
仮想マシンが起動して、DVDイメージファイルから
Windows Server 2022のセットアッププログラ
ムが起動する。これ以降は、USBフラッシュメモリ
から物理マシンにWindows Server 2022をセッ
トアップする手順とまったく同じになる。

参照

Windows Server 2022のセットアップ手順
→**第2章**

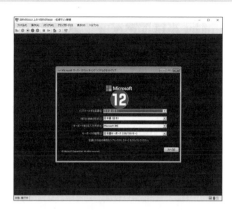

⑬
インストールが完了すると、仮想マシン接続ウィン
ドウはサインイン待ちの画面になる。Windows
Server 2022にサインインするには、ツールバーの
［Ctrl+Alt+Del］ボタンをクリックする。

● サインインにはCtrl＋Alt＋Delキーの入力が必要
だが、Hyper-Vの仮想マシン接続ウィンドウでこ
れを入力しても、ホストOSへの入力と見なされ
てしまう。ゲストOSにCtrl＋Alt＋Delキーを入力
する場合は、ツールバーのボタンを使用する。

● キーボードを使用したい場合は、Ctrl＋Alt＋End
キーを、Ctrl＋Alt＋Delキーの代わりとして使用で
きる。

⑭
Administratorのパスワードが求められるので、
セットアップ時に指定したパスワードを入力する。

⑮
サーバーマネージャーが起動し、Windows Server
2022が正常にインストールされたことがわかる。

● 以上で、仮想マシンにWindows Server 2022を
セットアップする作業は終了となる。

● 仮想マシン接続ウィンドウを右上隅の［×］（閉じ
るボタン）をクリックして閉じても、仮想マシン
はバックグラウンドで実行され続ける。

4 仮想マシン接続ウィンドウの拡張セッションモードを使用するには

　Hyper-Vで作成された仮想マシンを利用する際に最も手軽なツールが［仮想マシン接続］です。このツールを起動すると、ウィンドウ内には仮想マシンが出力するコンソールディスプレイの出力が映し出され、またこのウィンドウに対してキーを入力すると、仮想マシンへのキー入力となります。サーバーを遠隔監視する際に使用する「リモートデスクトップ接続」と同様の機能を、仮想マシンのコンソールに対して適用するツールと考えればよいでしょう。

　OSインストール後、仮想マシン接続ウィンドウは1024×768ピクセルのグラフィックディスプレイとして動作します。しかしこの解像度は、GUIを用いるWindows Server 2022に対してはやや狭すぎます。これを解消するため、［仮想マシン接続］ツールでは「拡張セッションモード」と呼ばれるモードで仮想マシンと通信し、必要に応じてグラフィック画面の解像度をより高い解像度で利用することができます。

　「拡張セッションモード」は、Hyper-Vの標準設定では利用できる状態になっていません。これを利用可能にするには、次の操作を行います。

仮想マシン接続ウィンドウの拡張セッションモードを使用する

❶ Hyper-Vマネージャーの右側のペインで、［SERVER2022］－［Hyper-Vの設定］をクリックして選択する。
- ●「SERVER2022」の部分は、現在使用しているサーバー名に置き換える。

❷ ［＜サーバー名＞のHyper-Vの設定］画面が開く。左側の項目一覧から［拡張セッションモードポリシー］をクリックして選択する。
- ●初期状態では「拡張セッションモード」を使用しない設定になっている。

❸ ［拡張セッションモードを許可する］にチェックを入れ、［OK］をクリックして画面を閉じる。
- ●この操作で「拡張セッションモード」が有効になる。

❹ 仮想マシン接続ウィンドウが開いている場合は、いったん閉じる。
- ●仮想マシン接続ウィンドウが開いていない場合は、そのまま次の手順へ進む。

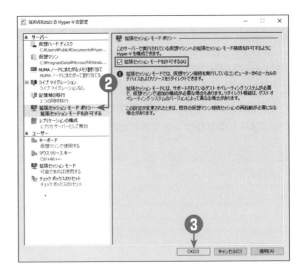

⑤　Hyper-Vマネージャーで仮想サーバー［VSERVER 2022］をダブルクリックする。

⑥　仮想マシン接続ウィンドウが開き、画面の解像度を問い合わせるダイアログが表示される。表示したい解像度をスライダーから選択し、［接続］をクリックする。

⑦　仮想マシン接続ウィンドウの解像度が前の手順で指定されたものに変わり、仮想マシンへのサインイン画面が表示される。

⑧　サインインすると、指定した解像度で仮想マシン接続ウィンドウの利用が開始される。

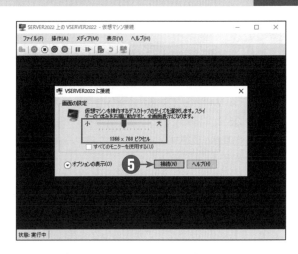

仮想マシンの管理と統合サービスについて

Hyper-V によって作成された仮想マシン内で動作する OS は、基本的には実ハードウェア上にインストールした OS とまったく同じ手法で管理することができます。仮想マシン内で動作する OS からすれば、実行されている環境が仮想マシンであるか、実ハードウェアであるかは区別することができないのですから、これはある意味当然と言えるでしょう。

ただし仮想マシンを管理する立場から見ると、仮想マシンならではの注意点もあります。その中でも最も重要なものが、ゲスト OS ではなく、ホスト OS をシャットダウンする際の作業です。ホスト OS がシャットダウンまたは再起動される場合、当然のことですが、仮想マシンも動作できなくなります。ゲスト OS から見ると、これは「ハードウェアが理由もなく突然停止する」のに近い状態と言えます。通常の停電とは異なり、ハードウェアが故障するわけではありませんから、次回に仮想マシンが起動する際には停止する直前の状態が復元されるのですが、たとえばファイル入出力や他のコンピューターとの通信がいきなり停止するわけですから、まったく問題が発生しないとも言い切れません。

こうした事態を防ぐのが、仮想マシンにインストールされる「統合サービス」です。

統合サービスは、仮想マシンの内部で、仮想ネットワークアダプターに代表される各種の仮想ハードウェアが正常に動作するよう手助けする動きをします。それと同時に、仮想 OS とホスト OS との通信を行いつつ、仮想 OS の状態をホスト OS に伝え、逆にホスト OS から仮想 OS へと通知を行う機能も持ちます。

ホスト OS をシャットダウンする際、Hyper-V は、仮想 OS に対して統合サービス経由でこれから OS がシャットダウンされることを通知します。この通知を受けた仮想 OS は、たとえばディスクキャッシュをフラッシュしたり、通信中であれば、必要に応じてその通信を切断したり、場合によっては、ホスト OS のシャットダウンに先駆けて、自らをシャットダウンしたりできます。

このほか統合サービスでは、ホスト OS 側でディスクのバックアップ操作が行われる場合に、仮想 OS 内でディスクのチェックポイント（旧称スナップショット）を取得することで、SQL Server などのデータベースの破損を防止し、より正確なバックアップを取得する役割なども果たします。

Windows Server 2022 における統合サービスではこのほか、Windows Server 2022 のライセンス認証機能などのサポートも行っています。ホスト側の物理 OSE がライセンス認証済みの Windows Server 2022 Datacenter エディションである場合には、ゲスト OS としてインストールされる Windows Server 2022（Standard/Datacenter）は、物理 OSE 側のライセンス認証を継承できるようになっていて、認証を行うことなく利用できます。また、Datacenter ならではのソフトウェア定義ネットワークや、Storage Space Direct のソフトウェア定義ストレージ機能なども利用できます。

このように、仮想 OS 側にインストールされる「統合サービス」は、仮想環境の運用にとって非常に大切な役割を果たします。Windows Server 2022 では、仮想 OS に対する統合サービスのインストールは従来のような仮想 CD-ROM からのインストールではなく、Windows Update 経由で行われます。また Hyper-V に対応した一部の Linux でも、統合サービス機能自体がカーネルに組み込まれるなどして、手動でのインストールは不要になってきています。

その結果として、管理者が統合サービスの存在を意識する機会は以前に比べて大幅に減少しています。しかしながら、Hyper-V 環境を正常に運用するために、統合サービスが重要な役割を果たしていることは意識しておいてください。

5 入れ子になったHyper-Vを使用するには

Hyper-Vで動作する仮想マシンにゲストOSEとしてWindows Server 2022をインストールした場合、ゲストであるWindows Serverでは通常、Hyper-Vのスーパーバイザー機能を動作させることはできません。Hyper-Vを動作させるには、プロセッサが持つ仮想環境支援命令が必要になるのですが、仮想マシンの中ではこの命令は使用できなくなるためです。ただしWindows Server 2016のHyper-Vからは、仮想マシン内部でさらにHyper-Vのハイパーバイザー機能を使用する「入れ子になったHyper-V（Nested Hyper-V）」が使用できるようになりました。つまり、「親→子→孫」の関係が実現できるわけです。Windows Server 2022では、それまでインテル製のプロセッサでしか使用できなかった、入れ子になった仮想マシン機能が、AMD製のプロセッサでも利用できるようになりました。

なお、仮想マシンを入れ子にしたからといって、ライセンスのカウント方法は変わりません。親となる物理OSEはもちろん、子となった仮想OSEも孫となった仮想OSEもいずれも仮想環境1ライセンス分と数えるため、ライセンス上で得になるようなメリットはありません。ですが、たとえば大規模クラウドサービスで顧客に対してHyper-Vの利用環境そのものをサービスとして提供する場合や、ソフトウェア開発などで、仮想環境そのもののテストを行うような場合には、実に便利な機能です。

なおハイパーバイザーを動作させる仮想マシンでは、Hyper-Vの機能のひとつである動的メモリや仮想マシンの動作中にメモリ量を変更する機能などは使用できません。仮想マシン作成の際は、メモリは固定割り当てとして、十分な量のメモリを割り当ててください。

入れ子になったHyper-Vを使う

❶

仮想環境のWindows Server 2022に管理者としてサインインする。

● 最初に、仮想環境のWindows ServerにはHyper-Vがセットアップできないことを確認する。

❷

この章の1節の「Hyper-Vをセットアップする」の手順❶〜❺を実行すると、エラーが表示される。

● 手順❹の［対象サーバーの選択］画面では、仮想環境なのでサーバー名は「VSERVER2022」となる。

● 通常の状態では、仮想マシンにHyper-Vをセットアップできない。

❸

仮想マシンをシャットダウンする。

● 入れ子になったHyper-Vの利用可能設定は、仮想マシンが停止中にしか行えない。

4

ホスト側OSで、Windows PowerShell（管理者）を起動する。

● 入れ子になったHyper-Vを利用可能にするには、PowerShellコマンドレットを使用する。

5

PowerShellから次のコマンドレットを入力する。

```
Set-VMProcessor -VMName VSERVER2022 -ExposeVirtualizationExtensions $true -Count 16

Get-VMNetworkAdapter -VMName VSERVER2022 | '
Set-VMNetworkAdapter -MacAddressSpoofing On
```

● 2行目の行末にある「'」は次の行に続くことを意味する。画面のように「'」を入力せず1行で入力してもよい。

● これらのコマンドレットを1つ入力するごとにPowerShellのプロンプトに戻る。

● 「VSERVER2022」の部分は、仮想マシンの名前を指定する（仮想OSEのコンピューター名ではない点に注意。ここでは仮想マシンの作成時に手順**5**で指定した仮想マシンの構成の名前を指定する）。

● 1行目の「-Count 16」は、仮想マシンVSERVER2022に割り当てる仮想プロセッサの数を指定している。ここでは16を指定しているが、使用しているハードウェアの環境によって変更すること。コンピューターに搭載されているコア数を超えると動作しないので注意する。

6

Hyper-VマネージャーからVSERVER2022の仮想マシン詳細設定画面を開き、［メモリ］を選択する。［動的メモリを有効にする］のチェックを外し、［RAM］の割り当てを変更して［OK］をクリックする。

● 入れ子になった仮想マシンを使うには、ホストサーバー側のメモリ設定は固定容量設定とする必要がある。本書の手順どおりだと固定割り当てされるメモリ容量は1024MBになるため、ここで割り当てを増やさないとメモリが不足する。

● メモリ割り当ては最低でも8192MBとする。画面では32768MBを指定している。

❼
仮想マシンを起動し、管理者でサインインする。

❽
仮想マシンにHyper-Vをセットアップする。
● 今度はセットアップが正常に終了する。

❾
VSERVER2022の仮想マシン接続ウィンドウ内で、さらに仮想マシンを新規作成して、Windows Server 2022をセットアップする。
● 画面はすこしわかりづらいが、仮想マシン接続ウィンドウ内で、さらに仮想マシン接続ウィンドウが表示されており、その中で入れ子になったWindows Server 2022が動作している。

ヒント

コマンドレットの実行内容

手順❺のコマンドレットは、次のことを実行しています。

・1行目
指定した仮想マシンVSERVER2022の設定を変更し、仮想マシンの内部で動作するOSに対して仮想化拡張機能の存在を公開するかどうかを指定します。$trueを指定すると、仮想化拡張機能を公開することを意味します。-Countは仮想マシンに割り当てる仮想プロセッサの数を指定します。ここでは16を割り当てています。

・2行目
仮想マシンVSERVER2022で使用しているネットワークアダプターを取得し、そのアダプターに対して、MACアドレスのなりすまし（spoofing）機能を有効にします。これはHyper-Vで仮想ネットワークアダプターを作成するのに必須の機能となります。

参照

コンピューターをシャットダウンするには

→第2章の12

仮想マシンを起動するには

→この章の3

Hyper-Vをセットアップするには

→この章の1

仮想マシンを作成するには

→この章の2

仮想マシンにWindows Server 2022をインストールするには

→この章の3

6 仮想TPMを使用するには

　セキュアブート、トラステッドプラットフォームモジュール2.0（TPM 2.0）、CPUの仮想化機能等を使用して、従来よりもセキュリティが強化された状態でOSを運用するのが、Windows Server 2022で新たに導入された「セキュアコアサーバー」の考え方です。

　実際にセキュリティが強化された状態であるかどうかについては、普通にOSを使用している分には実感できないのですが、Hyper-Vで仮想マシンを構築すれば、TPMの有無がWindows Server 2022の画面上でどのように認識されているのかを簡単に確認することができます。

仮想TPMを使用する

❶
ホストOS（SERVER2022）のHyper-Vマネージャーで、仮想マシン（VSERVER2022）の詳細設定画面の［セキュリティ］を選択して設定内容を確認する。確認したら［キャンセル］をクリックして画面を閉じる。
- この章の手順どおりであれば［セキュアブートを有効にする］は選択しているが、［トラステッドプラットフォームモジュールを有効にする］は選択していない。
- この状態は「セキュアコアサーバー」の要件を完全には満たしていない。

❷
仮想マシン（VSERVER2022）内で、［スタート］ボタンをクリックして［Windowsセキュリティ］を選択する。

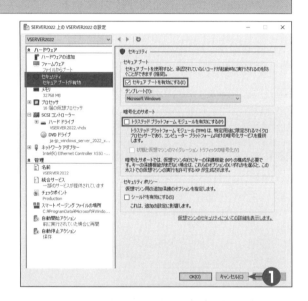

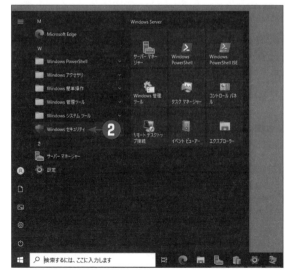

❸

[Windowsセキュリティ]の[セキュリティの概要]画面で、[デバイスセキュリティ]を選択する。

❹

[デバイスセキュリティ]画面では、セキュアブートの状態やTPMの状態などを確認できる。

● [コア分離]はプロセッサが持つ仮想化機能を使用してWindows Serverのコア部分のソフトウェアが保護されていることを示す。Windows Server 2022が動作するプロセッサであれば有効になっている。

● [セキュアブート]は手順❶で確認したとおり、有効になっている。

● 「標準ハードウェアセキュリティはサポートされていません」という表示は、何らかの条件が満足されておらず、セキュアコアサーバーが実現されていないことを示す。この例ではTPMが認識されていないためと考えられる。

❺

仮想マシン（VSERVER2022）をいったんシャットダウンし、Hyper-Vマネージャーで仮想マシン（VSERVER2022）の詳細設定画面の[セキュリティ]を開き、[トラステッドプラットフォームモジュールを有効にする]にチェックを入れ、[OK]をクリックする。

❻

仮想マシン（VSERVER2022）を再度起動して手順
❷～❹をもう一度実行し、デバイスセキュリティを
確認する。

● [セキュリティプロセッサ] の項目が新たに表示さ
れるようになり、TPMが正常に利用できているこ
とがわかる。ただしこれは、実際にはHyper-Vに
よりソフトウェア的に実現された仮想TPMであ
る。

●「お使いのデバイスは、標準ハードウェアセキュリ
ティの要件を満たしています」と表示され、必要
なセキュリティ機能はすべて動作していることが
わかる。

> **参照**
>
> 仮想マシンの詳細設定画面を開くには
>
> →この章のコラム
> 「仮想マシンの詳細設定画面について」

コンテナーとは

　Windows Server 2022 では、Hyper-V に加えて「コンテナー」と呼ばれる仮想化機能が搭載されています。
コンテナーとは、ある特定のアプリケーションやシステムを実現するために、ホストOS上の他のソフトとは
独立したOS実行環境を構成する機能のことを言います。Hyper-Vのようなハードウェアレベルの仮想化に対
して、「OSレベルの仮想化」とも呼ばれる機能です。

アプリケーションごとに独立した複数のコンピューターを作り上げるHyper-V

　Hyper-Vのようなハードウェアの仮想化では、既存のOS上に、ソフトウェアから見るとあたかも完全に独
立したコンピューターが存在するかのような環境を作り上げ、その中で、ホストOSとは別のOSやアプリ
ケーションを動作させます。仮想マシンの中で動作するソフトウェアにとっては、動作する環境が仮想マシン
の中なのか、それとも物理的に存在するコンピューターなのかを見分ける必要はなく、独立したハードウェア
向けに設計されたOSやアプリケーションがそのまま動作します。

　このような仮想化の仕組みは、過去のOSが特別な変更を加えることなくそのまま動作するという意味にお
いては理想的とも言える仕組みです。しかし一方で、コンピューターの処理能力やメモリ容量、ディスク容量
などの観点から見れば無駄の多い方法です。

　まず、ハードウェアレベルの仮想マシンは、この仕組みを実現するだけで強力なプロセッサの処理能力を必

要とします。最近のプロセッサは仮想化を実現するための専用機能が充実しており、仮想マシンを実現するための処理は少なくなる傾向にありますが、それでもなお、仮想マシン上で動作するソフトウェアは同じ性能を持つプロセッサ上でダイレクトに実行する場合と比べて数パーセント程度は性能低下すると言われています。

さらに仮想マシンでは、その内部でホストOSとは完全に独立した別のOSが動作することから、ホストOSの分とあわせてコンピューター2台分に相当するメモリやハードディスク容量を必要とします。

コンピューター内でソフトウェアが動作する際に必要となるメモリ容量や、ディスクの記憶容量などの資源のことを総称して「フットプリント」という呼び方をします。仮想化を使用せずに直接OSを実行する場合に必要となるフットプリントを1とすると、ホストOSをセットアップしてHyper-Vを動作させ、さらに仮想マシンの中でまたOSを実行するわけですから、実環境のおおよそ2倍のフットプリントが必要となります。

仮想マシンを2台3台と増やしていった場合、1台のコンピューターの中で必要とされるリソースは物理環境でOSを動作する場合に対して（仮想マシンの台数＋1）倍です。つまり、仮想環境を使っても、ハードウェアコストは結局のところサーバー数の分だけかかるのではないか、という意見もあながち外れとは言えません。

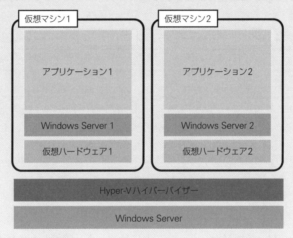

仮想マシンは独立した仮想的なコンピューターなので、その中にもOSが丸々必要になる

OSは共通化するがアプリケーションごとに複数の独立した「環境」を作るコンテナー

こうした、各種ハードウェアリソースを多く必要としがちなHyper-Vに対して、コンテナー方式では別のアプローチで仮想化機能を実現します。この方法では、Hyper-Vのような仮想的なハードウェアをソフトウェアで実現するようなことは行いません。にもかかわらず、あたかも独立したコンピューターが複数存在するかのような環境を提供します。

通常のOSでは、OSの上で動作する複数のアプリケーションに対して、アプリケーションごとに独立していない共通の環境を提供します。たとえばディスクであれば、どのアプリケーションからも同じディスクが見える、そういった環境がマルチタスクOSの各タスクに与えられるわけです。一方でコンテナー方式では、ベースとなるOSを用意するのは同じですが、その上で動作する複数のアプリケーションに対しては、共通ではなく、むしろアプリケーションごとにそれぞれ独立した環境を提供します。

コンテナー方式では、「名前空間の分離」という手法を使ってコンテナー内に含まれるアプリケーション同

士を論理的に分離します。あるコンテナー内で動作するプログラムは、他のコンテナーに含まれるプログラムのことを認識できません。ディスクや、ネットワークポートといったハードウェアリソースについても同様です。同じ OS の上で動作しながらそれぞれが相手のことを認識できない、そうした環境が、コンテナーによる仮想化環境です。

この状態では、アプリケーションは、自らが動作する OS 環境を「独占して使用している」ように見えます。しかしホスト OS から見るとまったく違っていて、ホスト OS からは、アプリケーションを内包した独立した OS 環境である「コンテナー」が複数動作しているように見えているだけです。これは通常のマルチタスクとほとんど変わりません。それにも関わらず、個々のアプリケーションはハードウェアの上で OS を占有して動作しているように見えるわけで、このような仮想化の方法を「OS レベルの仮想化」と呼びます。

コンテナー方式では、OS 本体は他のコンテナーと共用されます。このため、ハードウェアレベルの仮想化と違ってそれほど多くのリソースは消費しません。OS の設定や、通常であればプログラム間で共有される「共有ライブラリ」がコンテナーごとに複数になりはしますが、OS を複数動作させることに比べれば大きな問題ではありません。アプリケーションから見るとハードウェアレベルの仮想化と大差ない環境でも、より少ないハードウェアリソースで、手軽に仮想化を実現できる、新たな手法がコンテナー方式なのです。

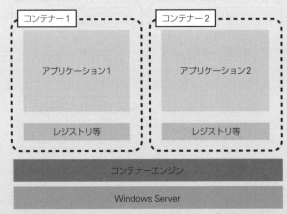

コンテナーは、アプリケーションごとに独立した「環境」を作り上げる。
互いに見えないだけで、アプリケーション同士は同じOSを共有する

コンテナーによる仮想化のメリット

すでに説明したように、コンテナー方式の最大のメリットは、ハードウェアの仮想化に比べて必要とされるハードウェアリソース少なく済む点にあります。また、仮想的なコンピューターを動作させる必要がないため、オーバーヘッドも小さく済むという利点もあります。

さらにコンテナー方式の場合、個々の仮想化インスタンスの起動が高速になるというメリットもあります。仮想マシンを用いた仮想化では、インスタンスを 1 つ起動する際には、まず仮想マシンを起動し、その中で OS をブートし、その OS 内でアプリケーションを起動するというステップを必要とします。ハードウェア性能にもよりますが、仮想マシン内での OS の起動は通常のハードウェア上で OS を起動するのと同等程度の時間がかかることも多く、手軽とは言いがたいところがあります。

対してコンテナー方式の仮想環境の場合、起動するにあたって、他のアプリケーションとはメモリやファイ

ルシステムなどで、他と独立した名前空間を持つ環境を用意してやるだけで、仮想OS環境が実現されます。すでに起動されているOS上で新たにアプリケーションを立ち上げるのに必要な時間と大きな差はなく、スピーディな利用が可能です。またコンテナーの使用を終了する場合も同様で、OSのシャットダウンの手間を踏まなければ終了できない仮想マシン方式と違い、単純にアプリケーションを終了させ、コンテナーとして確保した名前空間を解放するだけで済みます。

　コンテナー方式の仮想化は「デプロイ」が行いやすいのもメリットです。デプロイとは、OS本体やOSの設定、レジストリ設定、アプリケーション本体とその設定など「特定のアプリケーション実行環境」をひとかたまりにしたデータをそのまま他のコンピューターに転送し、転送先ではそのデプロイを展開するだけで、アプリケーションを実行できるようにする操作を言います。

　Hyper-Vのような仮想マシンでも、ソフトウェアのデプロイは可能です。Hyper-Vの仮想マシンの構成ファイルと、その仮想マシンで使われる仮想ハードディスクファイルを1セットとして、他のHyper-V環境へコピーすれば良いからです。Hyper-Vマネージャーの画面で、仮想マシンのエクスポートおよび仮想マシンのインポート機能が用意されているのは、こうした「デプロイ」作業を行うためのものです。

　Hyper-Vのように仮想マシンやOS本体を含むハードディスク全体をデプロイ方式と比較すると、コンテナー方式によるデプロイはずっと簡単です。コンテナーのデプロイは、デプロイされるファイルの中にOS本体を含める必要はなく、アプリケーション本体やレジストリ設定などOS本体の設定情報だけで済むからです。そのため、デプロイイメージのサイズはずっと小さく済みますし、OS本体をデプロイという形で移動する必要はありませんから、OSのライセンスの問題や、OSのライセンス認証にまつわる問題も回避できます。

　こうしたデプロイの行いやすさのため、コンテナーを使った仮想化では、すでに設定済みのデプロイイメージをインターネット上に蓄積して、利用者はそれをダウンロードして自分のサーバー上に展開する、という使い方をすることが可能になります。たとえばWindows Server 2022でWebサーバーを構築したい場合に、本書で説明した手順のように一からIIS 10.0をセットアップするのではなく、すでに設定済みのIISのデプロイイメージをダウンロードして、それを展開するだけ、という使い方です。この方法を使えば、わずか1分程度でWebサーバーを立ち上げる、といったことも可能になります。

コンテナーによる仮想化のデメリット

　一方、コンテナー方式には欠点もあります。ホストOSとは独立して、全く異なるOSを実行できる仮想マシン方式と違い、コンテナー方式ではホストOSを共用することから、ホストOSとは異なるOSを仮想OS環境として使用することはできません。Hyper-Vのように、Windowsホスト上でLinuxやバージョンの異なる他のWindowsを使用することはできません。それどころか、OSの詳細なバージョン（Windows Updateなどで更新されるパッチのレベルなど）も合わせる必要があり、仮想OSの動作に制約が加わることもありえます。

　ホストOSと仮想OS、あるいは仮想OS間の独立性が仮想マシン方式と比較すると高くないという欠点もあります。たとえばコンテナー方式では、ある特定のコンテナーが何らかの原因で異常をきたした際に、他のコンテナーにまで影響が及ぶ可能性が、仮想マシンに比べるとずっと高くなります。また原理的にはコンテナー同士の間は、データの盗用などは行えないということになってはいますが、システムの障害などで、あるコンテナー内のデータが他のコンテナーによって覗き見される事態や、あるコンテナーがソフトウェアのバグにより暴走してしまった場合などは、他のコンテナーのデータを破壊してしまう可能性も否定できません。

　このように、コンテナーによるOSレベルの仮想化は、メリットとデメリットをよく理解したうえで使用することが必要です。

Windows Server 2022のコンテナーに関する新機能

　コンテナー機能は、Windows Server 2016 から搭載された新機能ですが、Windows Server 2022 では 2019 に対していくつかの新機能が搭載されています。ここでは主なものを説明します。

コンテナーサイズの小型化

　コンテナー機能を使用する際、コンテナーのイメージサイズというのは非常に重要です。このあとの手順で説明しますが、コンテナー化されたアプリケーションはサイズが大きくなりがちです。しかしイメージサイズが大きな場合、ダウンロードやディスクからのローディングの際に時間がかかり、結果、システムの起動にも時間がかかってしまいます。

　Windows Server 2022 のコンテナー機能では、これまでに比べてコンテナーイメージのサイズは最大で 40% 減少しています。その結果、起動時間が 30% 削減され、性能が向上しています。

Windows コンテナーイメージのサポート期間の延長

　長期リリースチャネルの Windows Server（LTSC）ではこれまで、リリース後 5 年間のメインストリームサポートがあり、さらに追加で 5 年間の延長サポートという合計 10 年間のサポートが提供されてきました。Windows Server 2022 についても同様で、延長サポート期間も含めるとリリース後、合計 10 年間のサポートが行われます。

　一方、Windows Server をベースとした Windows コンテナーの場合、Windows Server 2016 や 2019（LTSC）ベースのものではリリース後 5 年間のみで延長サポートは提供されません。また半期リリースチャネル（SAC）をベースとしていた場合にはさらに短く、リリース後 18 か月でサポートが終了していました。

　Windows Server 2022 では、コンテナー化されたイメージにおいても延長サポートが提供されるようになり、通常の OS 本体と同様に、延長サポートも含めてリリース後 10 年間のサポートが行われます。これによ

り、Windows Server コンテナーを利用し続けた場合でも、ホスト OS よりも先にサポートが完了してしまうことがなくなり、より実用的な運用が行えるようになりました。

なお、このサポートサイクルは Windows Server 2022 が提供するすべてのコンテナーイメージ（Server Core、Nano Server、Datacenter コンテナー）に適用されます。

タイムゾーンの仮想化

Windows Server 2019 のコンテナー機能では、ホスト OS で設定されているタイムゾーンがそのままコンテナーにも適用され、独立したタイムゾーンでの運用を行うことができませんでした。Windows Server 2022 においてはこの点が改善され、ホスト OS とは異なるタイムゾーンを設定・利用することが可能となりました。

Active Directoryドメインへの参加

Windows Server 2019 において、コンテナー OS 内で Active Directory に参加するためには、コンテナーホスト OS 自体を Active Directory に参加させることが必須でした。Windows Server 2022 においては、グループ管理用のサービスアカウントの機能が強化され、コンテナーホストである Windows Server を Active Directory に参加させることなく、Windows Server コンテナー内で Active Directory の資格情報を利用可能となりました。

Windows Admin Centerによるコンテナー管理機能の強化

Windows Admin Center ではコンテナー機能のサポートとして、既存のサーバーから Web アプリケーションを抽出し、そのアプリケーションを簡単な操作でコンテナー化する機能が追加されました。また、コンテナーイメージの動作をローカルサーバー上で検証し、そのイメージをクラウドサービスの Azure Container Registry にプッシュ配置する機能が追加されています。

Windows ServerコンテナーとHyper-Vコンテナーとは

Windows Server 2022 でのコンテナーには、Windows Server コンテナーと Hyper-V コンテナー、2 つの方式が用意されています。ここでは、両者の違いについて説明します。

Windows Server コンテナーとは

そもそもコンテナーによる仮想化は、Windows Server ではなく Linux 上で開発された仮想化技術です。しかし、OS の名前空間やプロセス空間の分離だけでも仮想化が実現できるというコンテナーの仕組みはメリットも多いため、Windows Server 2016 から導入され、Windows Server 2022 でも使われています。

コンテナー技術を利用してホスト OS 上で仮想の OS を実現するためのソフトウェアを「コンテナーエンジン」と呼びます。Linux 上ではこうしたコンテナーエンジンにはいくつかのソフトウェアが存在しますが、その中でも広く使われているのが米国 Docker 社により開発された「Docker」と呼ばれるエンジンです。

Windows Server コンテナーは、この Linux の Docker で実現しているのとほぼ同じ仕組みを Windows Server に適用したものです。マイクロソフトと Docker 社の協力により開発されたもので、Windows 上でも Docker エンジンが動作します。ただしこれはあくまで「Windows 用の Docker」であって、Linux 用の Docker と互換性があるわけではありませんし、Windows 上で Linux の OS 本体や、Linux 用のアプリケーションが動作するというものではありません。

前のコラムで説明したように、コンテナーにより仮想 OS を実現する仕組みは、軽量というメリットはあるものの、Hyper-V のような仮想マシンを使用する方式とは違って仮想環境間の独立性が低い点が欠点とされます。たとえばクラウドサービスで仮想 OS のプラットフォームを顧客に提供する場合のように、仮想環境内で実行されるアプリケーションがホスト OS の管理者の管理下にないような場合には、この仮想化方式は向いていません。というのは、たとえばコンテナーによって実行される仮想 OS 内で、OS の脆弱性を悪用して管理者権限を奪取するタイプのアプリケーションを実行されると、最悪の場合は、他のコンテナーのデータを盗用されたり、ホスト OS の管理権限を盗用されたり、といった可能性が否定できません。

このように Windows Server コンテナーは、コンテナー間の分離レベルが比較的低くても問題ない環境で使用するのが安全です。分離レベルが低くても問題ない環境とは、すべてのコンテナーの管理者がホスト OS の管理者と共通の管理者である場合など、悪意を持つ利用者が存在しない環境と考えるとよいでしょう。

なお Windows Server コンテナーは、ホスト OS から見ると単にプロセスが増加しているだけにすぎません。そのため Windows Server コンテナーは、Windows Server 2022 のライセンスのうち仮想 OS 環境（OSE）のライセンス数にはカウントされません。Windows Server 2022 Standard で使用する場合でも、仮想マシンの個数が最大 2 つまでという制限には影響しません。

Hyper-V コンテナーとは

Windows Server 2022 におけるもう 1 つのコンテナー技術が、Hyper-V コンテナーと呼ばれる仕組みです。これは、ホスト OS とコンテナーやコンテナー同士、互いに独立性が低くセキュリティ上の問題を生じる可能性があるという欠点を解消するための仕組みで、Hyper-V によるハードウェアレベルの仮想化技術と、コンテナーによるソフトウェアデプロイの容易さを両立させることのできる仕組みです。

Hyper-V コンテナーでは、コンテナー同士の独立性を高めるために、Hyper-V を用いたハードウェアレベルの仮想化を使用します。コンテナー方式のメリットである、ホスト OS をすべてのコンテナーで共用するとい

う方式はとらず、それぞれのコンテナーは、Hyper-V によって作成された互いに独立した OS の上で動作します。これは実質的には Hyper-V によって仮想マシンを作成して、その上で個別のアプリケーションと動作されているのと同じことであり、極論すれば「ハードウェアレベルの仮想化」を行っているにすぎません。

　ただし通常の Hyper-V とは異なる点が 2 つあります。1 つは、個々の仮想マシンの上で Docker のコンテナーエンジンが動作していることから、Windows 用としてデプロイされたコンテナーをそのまま動作させることができる点です。Windows Server コンテナーと Hyper-V コンテナーとは、デプロイイメージは同じものが使用できるため、Docker を使って Windows Server 用コンテナーを容易にセットアップして使用できます。セキュリティを重視する場合はコンテナー同士の独立性が高い Hyper-V コンテナー、そうでない場合は Windows Server コンテナーという使い分けが行えます。

　もう 1 つの違いは、個々のコンテナー（仮想マシン）の中で動作する Windows Server に、Nano Server カーネルが使用できる点です。ハードウェアレベルの仮想化では、OS のフットプリントに相当するリソースを仮想マシンの数だけ必要とするのが欠点ですが、わずか 500MB 足らずで動作する Nano Server を使用することで、この欠点を緩和できるわけです。

　なお Hyper-V コンテナーを使用する場合、ホスト側 OS には Hyper-V を役割として追加することが必要です。また Hyper-V コンテナーは、Windows Server 2022 のライセンスにおける仮想 OS 環境（OSE）にカウントされます。このため、Windows Server 2022 Standard における仮想マシンの個数制限には Hyper-V コンテナーの数も含めなければならない点に注意してください。

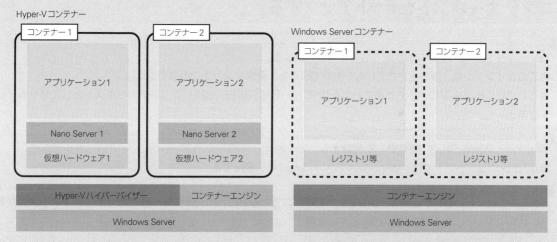

Hyper-Vコンテナーは、Hyper-Vによるハードウェアの仮想化で作成した個々の仮想マシン内でコンテナーエンジンを使用するため、コンテナーごとの独立性が高い

　Windows Server 2022 では、Hyper-V 機能において、仮想スイッチの性能向上などいくつかの機能強化が行われています。上に説明したように Hyper-V コンテナーは、Hyper-V の技術とコンテナー技術を組み合わせたものなので、Hyper-V でのネットワークの改善点はそのまま Hyper-V コンテナーにも適用されます。

7 コンテナーホストを セットアップするには

　コンテナーによるOSレベルの仮想化を使用するためには、コンテナーホストのセットアップを行う必要があります。コンテナーホストのセットアップでは、コンテナーエンジンである「Docker」をWindows Server 2022にセットアップする必要があります。ここでは、このDockerのセットアップについて説明します。Dockerのセットアップは、Windows Server 2022の機能追加のようにサーバーマネージャーから行うことはできず、Windows PowerShellからコマンドを実行する必要があります。

　なおWindows Serverコンテナーだけを使用する場合には、Windows Serverを通常どおりの手順でセットアップしておくだけで、Dockerを利用することが可能です。サーバーマネージャーは使用しないので、Windows Serverのセットアップで、デスクトップエクスペリエンスありでセットアップする必要はありません（デスクトップエクスペリエンスありでセットアップしてもかまいません）。

　Hyper-Vコンテナーを利用する場合には、Dockerのインストールとは別に、Hyper-Vをセットアップする必要があります。Hyper-Vのセットアップについては、この章の1節を参照してください。Hyper-Vを必要とする以外のDockerのセットアップ方法は、Windows ServerコンテナーでもHyper-Vコンテナーでも共通です。

　Dockerは仮想化機能を実現するコンテナーエンジンですが、プロセッサが持つ仮想化機能を使用するわけではないので、Docker自体は仮想マシンの上にも問題なくインストールできます。ただしHyper-Vコンテナーを使用する場合にはHyper-Vのセットアップが必須となるため、仮想マシン上にインストールするには「入れ子になったHyper-V」の利用を可能にしておく必要があります。

コンテナーホストをセットアップする

❶
Windows Server 2022に管理者としてサインインする。
- このサインインは、仮想化されていない物理OSでも、仮想マシン上の仮想OSでもよい。
- ここでは、Hyper-Vによって作成された仮想マシン「VSERVER2022」をコンテナーホストとしてセットアップする。

❷
Windows PowerShell（管理者）を起動する。
- Dockerのセットアップは、Windows PowerShellから実行する。

❸
Dockerをセットアップする前に「OneGet」と呼ばれるPowerShellのモジュールをセットアップする必要がある。次のコマンドレットを入力してEnterキーを押す。

```
Install-Module -Name DockerMsftProvider -Repository PSGallery -Force
```

- OneGetとは、Windows PowerShellにおける「パッケージマネージャー」の機能を果たすソフトウェアである。Windows PowerShellでは必要に応じてある機能を果たすパッケージを、ネットワークから自動的にインストールする機能を持っている。

4

コマンドを実行すると「NuGet」モジュールが必要というメッセージが表示されるので、そのまま Enter キーを押す。

● 本来は［はい（Y）］の入力が必要だが、既定値が［Y］なのでそのまま Enter キーを押すだけでよい。
● このコマンドが成功すると、特にメッセージが表示されずにそのままプロンプトに戻る。

5

続いて Docker パッケージをインストールする。次のコマンドレットを入力して Enter キーを押す。

```
Install-Package -Name docker -ProviderName DockerMsftProvider
```

6

信頼済みでないソースからの取得を許可するかどうかの質問がされるので、A キーを押す。

● この手順では既定値が［いいえ（N）］なので、明示的に［すべて続行（A）］または［はい（Y）］を入力する必要がある。
● このコマンドが成功すると、インストールされたパッケージ（Docker）が表示され、プロンプトに戻る。

7

Docker のセットアップ後は、OS の再起動が必要なので、ここでいったん再起動する。

8

再起動したら、再び Windows Power Shell（管理者）を起動し、最初に Docker サービスを起動する。コマンドラインから次のコマンドレットを入力して Enter キーを押す。

```
Start-Service docker
```

● このコマンドが成功すると、特にメッセージが表示されずにそのままプロンプトに戻る。

8 デプロイイメージを展開して使用するには

前節までの手順で、コンテナーの利用準備が整いました。ここからは実際にコンテナーを作成し、実行する手順に入ります。

コンテナーを使った仮想OSの構築には、何もセットアップされていない、素の状態のWindows Server 2022コンテナーに対していちから役割や機能をセットアップして構築していく方法と、すでに何らかの機能がインストールされ、すぐにその機能を実行可能な状態にあるWindows Serverイメージをコンテナー化して実行する方法があります。

前者の方法は、Windows Serverの機能であればどのような機能でも利用できますが、操作は複雑であるため、本書においては、すでに機能構築済みのイメージをダウンロードして実行する（デプロイする）方法について解説します。利用する機能は、Webサーバー（IIS）です。

デプロイイメージを展開して使用する

❶

前節でDockerサービスを起動した手順に続いて、IISをセットアップ済みのWindows Server 2022のイメージをダウンロードする。Windows PowerShell（管理者）のウィンドウで次のコマンドを1行で入力して[Enter]キーを押す。

```
docker pull mcr.microsoft.com/windows/servercore/iis:windowsservercore-⊙
ltsc2022
```

- ●この画面は、前節の手順の続きである。
- ●上記のコマンドは紙面の都合で改行されているが、実際には1行で入力する。
- ●ここでダウンロードしているコンテナーイメージは、Windows Server 2022のServer Coreイメージに、IIS 10.0をインストール済みのイメージである。このイメージを使えば、手動でIISをインストールしなくてもWebサーバー（IIS）を使用できる。
- ●この手順ではおおよそ3.1GBのイメージをダウンロードする。使用しているネットワークの速度にもよるが完了まで10分程度かかる。

❷

ダウンロードしたIIS付きServer Coreイメージを実行する。次のコマンドを入力して Enter キーを押す。

```
docker run -d -p 80:80 mcr.microsoft.com/windows/servercore/iis
```

- このコマンドにより、ダウンロード済みのIIS付きServer Coreイメージからコンテナーが作成され、実行される。
- オプション「-d」は、コンテナーがバックグラウンド実行されることを指定する。
- オプション「-p 80:80」は、コンテナーの通信ポート80をホストOS側の通信ポート80に接続することを示す。この指定により、コンテナー内で動作するIISの通信ポート（80番）が、そのままホストOS側で公開される。

❸

IIS入りのWindows Serverコンテナーの起動は、1分もかからずに完了する。終了すると自動的にIISが起動し、Webサーバーとして利用できるようになるので、クライアントPCでWebブラウザーを起動し、URL「http://VSERVER2022/」を開く。

▶ IIS 10.0のトップ画面が表示される。

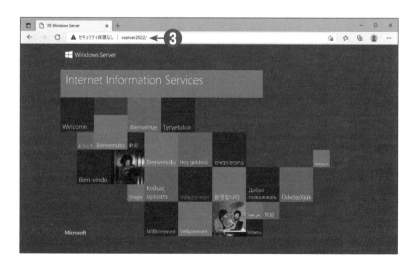

- この手順は、クライアントPCであるWindows 11上で実行している。
- 本書の手順では仮想サーバー「VSERVER2022」にはIISをセットアップしていないため、この画面は確実に、コンテナー内のIISが表示していることがわかる。

❹

現在実行されているコンテナーの一覧を取得するために、次のコマンドを実行する。

```
docker ps
```

- 現在はコンテナーを1つしか実行していないため、実行結果の表示も1行しかない。
- 表示された行の中で最初の項目（画面では bba898288c43）が、コンテナーを区別するための ID になる。
- このコンテナー ID は、実行環境により変化するので必ずしも本書の例と同じ ID になるとは限らない。

❺

Webサーバー上で、自前のホームページを表示できるよう、コンテナーに対してファイルをコピーする。次のコマンドを実行する。

```
docker cp .¥documents¥default.htm b:C:¥inetpub¥wwwroot
```

- このコマンドを実行すると、「.¥documents」フォルダーにある「default.htm」ファイルが、コンテナー内の「C:¥inetpub¥wwwroot」フォルダーにコピーされる。
- 「b:C:」の部分はドライブ指定の間違いではない。最初の「b:」はコピー先のコンテナー ID が「b」であることを示す。続く「C:」はコンテナー内のドライブが「C:」であることを示す。
- コピー先コンテナーを示す「b」の部分は、手順❺で表示された、コンテナー ID を指定する。コンテナー ID は、他のコンテナー ID と重複しない範囲で、後ろの文字を省略できる。省略せずに「bba898288c43:」と指定してもよい。

❻

コピーができたら、クライアント PC から再度「http://VSERVER2022/」を開く。表示内容が変化していることがわかる。

- IIS 10.0 では、C:¥inetpub¥wwwroot¥default.htm ファイルは iisstart.htm ファイルよりも優先するため、先ほどコピーされたファイルが優先されて使用される。

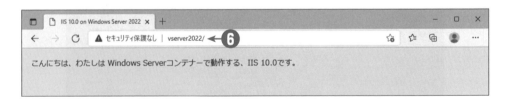

ヒント

IIS を含まない Server Core イメージをダウンロードするには

次のコマンドレットを実行すると、IIS を含まない Server Core イメージをダウンロードすることができます。

```
docker pull mcr.microsoft.com/windows/servercore/iis:windowsservercore-ltsc2022
```

9 コンテナーをコマンド操作するには

前節の手順で、IISが動作するコンテナーをダウンロードして展開し、起動するところまでは確認できました。また**docker cp**コマンドを使えば、ホストコンピューターとコンテナー内の仮想OSとの間でファイルコピーも行えることも確認しました。

しかし、より詳細にコンテナーを操作するには、コンテナー内でコマンドプロンプトやWindows PowerShellを操作する必要が生じます。ここでは、コンテナー内で動作しているWindows Server 2022をホストコンピューター側からコマンド操作する方法について説明します。

コンテナーをコマンド操作する

❶

ホストOSの管理者としてサインインし、Windows PowerShell（管理者）を起動する。次のコマンドを実行して、コンテナーIDを取得する。

```
docker ps
```

- このコマンドにより、コンテナーIDは「bba898288c43」であることがわかる。
- コンテナーIDはコンテナーを再作成しない限り変化しないため、一度コンテナーIDがわかれば、それ以降はずっと同じ数字を使い続けることができる。

❷

コンテナー「b」に接続するため、次のコマンドを実行して、コンテナー「b」内でWindows PowerShellを起動する。

```
docker exec –it b powershell
```

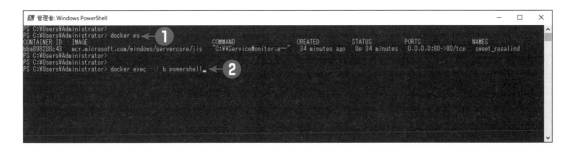

- このコマンドは、コンテナーIDが「b」のコンテナー内でPowerShellを起動することを指定している。
- 現時点ではコンテナーは1つしか作成していないので、「b」を指定するだけでよい。
- 「b」の部分は実行している環境によって異なるので、手順❶の実行結果に合わせてこの部分を変更する。
- オプション「-it」は、起動したコマンドを現在の（ホスト側の）ウィンドウで対話的に操作することを指定する。このオプションを指定しないと、PowerShellが起動してもこのウィンドウから操作できない。

❸

コンテナー側の Windows PowerShell が起動し、コマンドの入力が可能になる。

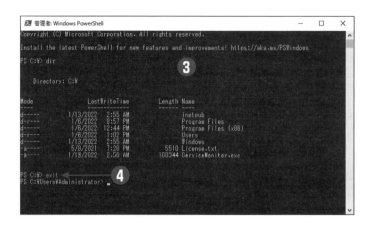

- 画面の変化が少なくてわかりづらいが、この画面は、コンテナー内の仮想OSのPowerShellプロンプトである。
- この状態で、**Install-WindowsFeature** コマンドレットなどを実行して、コンテナー内のOSに対して役割と機能を追加するなどの設定が行える。ただし本書では、この先の設定については解説していない。

❹

コンテナー側のPowerShellを終了するには、**exit**コマンドを実行する。これにより、ホストOS側のPowerShellのプロンプトに戻る。

- この画面では、コンテナー側で**dir**コマンドを実行したあと、**exit**コマンドでホスト側に戻っている。**dir**コマンドの結果の日付表示が英語版である点やプロンプトが異なる点に注目すると、他のコンピューター上でのコマンド実行であることがわかる。

10 コンテナーの停止と削除を行うには

　本書では、前節までの説明で、Windows Server 2022におけるコンテナー機能の説明を終了します。コンテナー内のOSに対して新たに機能を追加したり、より実用的に運用を行ったりするには、Windows PowerShellによってOSの設定を行う方法を説明する書籍等を参考にしてください。

　ここでは、前節までに作成したコンテナーの停止および削除の方法について解説します。コンテナーの削除は、ホストOSから見れば単にプロセスを終了している操作にすぎません。このため、通常のOS停止操作のようにシャットダウンを行う必要もありませんし、ホストOSを停止すれば、コンテナーの動作も自動的に停止します。ただし作成したコンテナーは、ファイルの状態でコンピューター内に残っていますから、これを削除する操作についても説明します。

コンテナーの停止と削除を行う

❶

Windows PowerShellから、次のコマンドを実行すると、コンテナーの実行が停止される。

```
docker stop b
```

● この節の画面は次ページにある。
● 「b」の部分はコンテナーIDを指定する。コンテナーIDを知る方法は前節の手順❶を参照。

❷

コンテナーを停止すると、そのコンテナーは**docker ps**コマンドでは表示されなくなる。停止したあとでコンテナーIDがわからなくなった場合には、次のコマンドを実行する。

```
docker ps --all
```

● 「--all」は「-a」のように省略できる。
● 停止しているコンテナーを起動するには、**docker start ＜コンテナーID＞**のように指定する。

❸

コンテナーを削除するには、次のコマンドを実行する。

```
docker rm b
```

● このコマンドによりコンテナーを削除すると、復活はできないので注意する。

❹

コンテナーが削除されると、**docker ps --all**コマンドでも表示されなくなる。

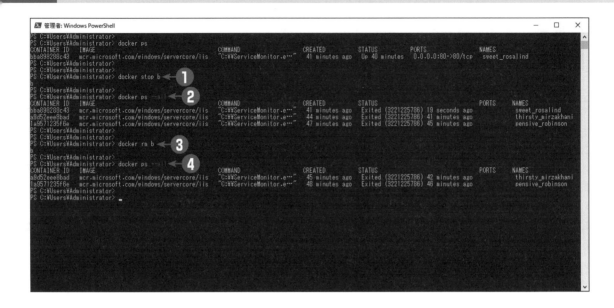

その他の
サーバー機能の利用

本書では Windows Server 2022 について、サーバーとして運用するのに最低限必要となる機能について、できる限り網羅しつつ、基本的な設定方法について紹介しています。しかしながら Windows Server 2022 には、本書に紹介した以外にも数多くの役割や機能が用意されており、さまざまな用途に利用できるようになっています。

この章では、それら基本的な役割以外に、追加的な役割として動作させると便利な機能について紹介することにします。紹介するのは第2章の Windows Server のセットアップで紹介した、ネットワークインストール用に使用する「Windows 展開サービス」の構築についてです。Windows Server 2022 による新サーバーの立ち上げはもちろん、ネットワーク内でクライアント PC の OS を展開する際にも便利な機能です。

Windows展開サービスとは

Windows 展開サービス（WDS：Windows Deployment Services）とは、Windows 系の OS を使用したネットワークを構築する際に、OS インストール用のセットアップディスクのイメージをネットワーク経由で展開する機能を持つサービスです。このサービスを利用すると、本書の第 2 章で紹介したような OS の新規インストールをネットワーク経由で行うことが可能になります。

最近のクライアントコンピューターでは、DVD-ROM ドライブなど、OS をセットアップするのに必要となるメディア読み取り装置を搭載していない例も多く、また本書の第 2 章で紹介した USB フラッシュメモリを使用する方法もインストール用のフラッシュメモリを構築するなどの手間がかかるため、ネットワーク経由でOS を新規インストールできる Windows 展開サービスの機能は非常に便利といえるでしょう。

Windows Server 2019 までの Windows 展開サービスでは、このほか「boot.wim」を用いて Windows をカスタマイズしつつセットアップする機能もサポートされていましたが、Windows 11 や Windows Server 2022 においてはこれらのインストール機能は削除されました。それらの機能は、Microsoft Endpoint Configuration Manager などの別のアプリケーションへと置き換えられましたが、本書で解説する PXE ブートを用いた機能は従来と変わらず利用することができます。

PXE ブートを用いた Windows セットアップを使用する際、クライアント PC 側に要求される機能は、有線で接続可能な NIC（ネットワークインターフェイスカード）と、その NIC に搭載される「PXE ブート」機能だけです。最近の NIC では PXE ブートはほぼ確実にサポートされていますし、ネットワークで使用する PC のハードウェアが非常に新しいものか特殊なもので、OS をインストールする際に追加のドライバーが必要となる場合にも、そのドライバーを Windows 展開サービスで配布することで、OS のインストールを滞りなく進めるといったことも可能です。

PXE ブートによる OS の新規インストールでは、インストール対象となる PC（あるいはサーバー機）にはOS はまだインストールされておらず、OS の設定はもちろんのこと、IP アドレスなどもまだ設定されていません。そのため、ネットワークには IP アドレスを対象 PC に自動的に設定できる機能「DHCP サーバー」や、必要に応じて「DNS サーバー」等の機能も必要になります。ただし Windows Server は DHCP サーバーや DNS サーバーとしての役割を果たすこともできるため、必要であればこれらも一度にインストールすることが可能です。

Windows展開サービスを使うとPXEブートにより
ネットワークからインストーラーを起動できる

Windows展開サービスをセットアップする前に

　ここではWindows展開サービスをセットアップし運用を開始する前に、必要となる準備について確認します。
　Windows展開サービスでは、Windows系のOSのうち、サーバー系のOSであればWindows Server 2008以降、クライアントOSであればWindows XP以降のOSについてネットワークインストールを構成することが可能です。セットアップ対象となるOSはこれらのOSの中から複数の種類を選択することができ、どの種類、どのバージョンのOSをインストールするかは、インストール対象となるPCの側でインストール時に選択することができます。Windows Server 2016以降のサーバーOSであれば、StandardとDatacenterエディションの違いやデスクトップエクスペリエンスの有無、クライアント系のOSであれば32ビット版と64ビット版の区別なども存在しますが、それらすべてのバリエーションのインストールイメージを展開サービス上に用意し、インストール時に選択させるよう、サービスを構成することも可能です。
　これらを設定するため、Windows展開サービスをセットアップする前に次の内容を決定しておいてください。

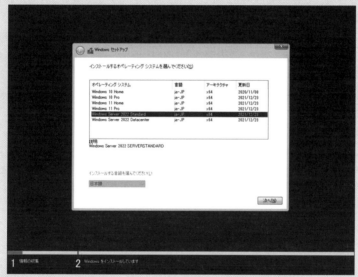

Windows展開サービスからのインストールではさまざまなOSを選択してインストールできる

●**DHCPサーバーの有無**

　PXEブート機能を使用するには、インストール対象となるPCが使用するIPアドレスを決定することが必要です。インストール対象PCにはOSはまだインストールされていないため、通常、対象PCにIPアドレスを自動割り当てする機能である「DHCP」を用いますが、Windows展開サービスでは、このDHCPサーバー機能を構築することもできます。

　ただし、使用するネットワークによっては、すでにDHCPサーバーが稼働していることも少なくないでしょう。なぜならIPアドレスをネットワーク内の機器に適切に割り当て、重複がないようにすることはTCP/IPでネットワークを構築する際の基本であり、すべての機器をあらかじめ決められた静的なIPアドレスで運用でもしない限りは、DHCPサーバーは、ネットワークにとって必須の存在と言えるためです。

　基本的に、同一のネットワーク内において2台以上のDHCPサーバーを立ち上げることはお勧めできませ

ん。このため、既存のネットワーク内に Windows 展開サービスを新規にセットアップする場合には、DHCP サーバーが存在するかどうかをあらかじめ調べておいてください。多くの場合、既存の DHCP サーバーを利用することになると思われますが、そのサーバーが Windows Server でサービスされるものか、あるいはルーターなど他の機器でサービスされるものであるかにかかわらず Windows 展開サービスを問題なく利用することができます。

本書では、既存の DHCP サーバー機能を使用することを前提として説明します。

●DNS サーバーの有無

ネットワーク内で使用する機器のネットワーク名、ドメイン名などを記憶し、クライアントからの問い合わせにより IP アドレスから名称を通知する、または逆に名称から IP アドレスを通知するのが DNS サーバーです。既存のネットワークの場合、DNS サーバーはすでにネットワーク内で稼働しているか、または、インターネットプロバイダーから通知された DNS サーバーを使用しているはずです。

Windows 展開サービス自体は、DNS サーバーが存在していなくても動作は可能です。このため、仮に DNS サーバーが存在しない場合でも、Windows のインストールメディアを展開する目的だけであれば必ずしも DNS サーバーを用意する必要はありません。ただし Windows Server セットアップ後のライセンス認証や Windows Update によるドライバーのインストールなどで、DNS サーバーはすぐにでも必要になります。このため、Windows 展開サービスのセットアップと同時に DHCP サーバーもインストールする場合で、かつ利用可能な DNS サーバーが存在しない環境の場合には、DNS サーバーを同時にインストールすると便利でしょう。

Windows Server には DHCP サーバーと同様、DNS サーバー機能も搭載されているため、Windows 展開サービスのセットアップと同時に DNS サーバーもセットアップすることは可能です。ただし本書では、DNS サーバーを新規に構築することは行わず、既存の DNS サーバーを利用することを前提とします。

なお使用するネットワークで Active Directory を利用する場合、DNS サーバーについては Windows Server 上で運用される DNS サーバーが必要となります。通常は Active Directory のセットアップと同時に DNS サーバーもセットアップすることになるため、本書においては第 13 章でその手順を説明します。

●インストール対象となる OS のセットアップディスク

Windows 展開サービスでは、インストール対象となる OS のインストールイメージをあらかじめシステムに取り込み、クライアント PC からの要求に応じてこれらインストールイメージを配布します。そのため、Windows 展開サービスで配布したい OS のインストール DVD（または CD）をあらかじめ用意しておいてください。複数種類の OS を配布対象とする場合には、OS の種類ごとに用意します。64 ビット版と 32 ビット版の区別や、エディションの違いごとにインストール DVD が異なる場合には、インストールしたい種類ごとにすべての DVD を用意します。

セットアップディスクの内容は、Windows 展開サービスに取り込む際、DVD ディスクとほぼ同じ容量をハードディスクの中にコピーします。そのため、ハードディスクには用意したインストール DVD のすべての容量の合計程度の空き容量を用意しておいてください。

以上の条件または情報が揃えば、Windows 展開サービスをセットアップして運用開始することができます。

第 12 章

1 Windows展開サービスをセットアップするには

　Windows展開サービスは、他の役割などと同様、サーバーマネージャーの［役割と機能の追加］からセットアップします。Active Directoryを使用している場合と使用していない場合、いずれの環境でも利用することができますが、この章ではActive Directoryを使用していない環境で利用した場合について解説します。

　なお本書の執筆時点で、Windows展開サービスのセットアップ手順は、一部が英語版のままで未翻訳となっています。そのためこの節に限り、Windows Sever 2022の操作画面とWindows Server 2019の操作画面を合わせて掲載します。

Windows展開サービスをセットアップする

❶ 管理者でサインインし、サーバーマネージャーのトップ画面から［② 役割と機能の追加］をクリックする。

❷ ［役割と機能の追加ウィザード］が開く。［次へ］をクリックする。

③

[インストールの種類の選択]画面では、[役割ベースまたは機能ベースのインストール]を選択して[次へ]をクリックする。

④

[対象サーバーの選択]画面では、自サーバーの名前（SERVER2022）を選択して[次へ]をクリックする。

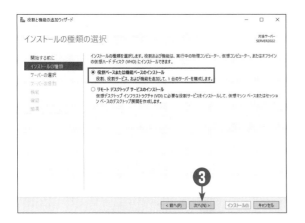

⑤

[サーバーの役割の選択]画面では、インストール可能な役割の一覧から[Windows Deployment Services]にチェックを入れる。

● このチェックボックスは、Windows Server 2019までは「Windows展開サービス」と表記されていた。Windows Server 2022でも今後日本語化される可能性があるため、「Windows展開サービス」と表記されている場合にはそれを選択する。

● 画面内の説明文も本書の執筆時点では未翻訳だったが、今後日本語化される可能性もある。

● 参考のため、Windows Server 2019における同画面も掲載する（以降も同様）。

● DHCPサーバーやDNSサーバーをあわせてインストールする場合は、この画面でそれぞれのサーバーにもチェックを入れる。

6

前の手順で［Windows Deployment Services］にチェックを入れると、同サービスを動作させるのに必要な他の機能も必要となるため確認画面が表示される。そのまま［機能の追加］をクリックする。

● ［管理ツールを含める（存在する場合）］チェックボックスは、選択状態のままでよい。

7

元の画面に戻るので、［次へ］をクリックする。

8

［機能の選択］画面では、そのまま［次へ］をクリックする。

9

これより先は、Windows展開サービスの設定となる。説明を確認したらそのまま［次へ］をクリックする。

⑩

[役割サービスの選択] 画面では、[Deployment Server] と [Transport Server] の双方にチェックを入れて [次へ] をクリックする。

- ●Transport Server（トランスポートサーバー）は、Windows展開サービスが使用する中核的なネットワーク機能のみをサポートする。

⑪

[インストールオプションの確認] 画面では、[必要に応じて対象サーバーを自動的に再起動する] にチェックを入れて [インストール] をクリックする。

- ●インストールするのが [Windows展開サービス] だけである場合、再起動はされないため、このチェックは入れなくても問題ない。

⑫

インストールが完了したら、[閉じる] をクリックする。

- ●[Windows展開サービス] のインストール自体はこれで完了する。
- ●ただしこのあと、各種設定を行わなければWindows展開サービスは使用可能にならない。次項の手順に進む。

Windows展開サービスを構成する

❶

管理者でサインインし、サーバーマネージャーの
［ツール］メニューから［Windows展開サービス］
を選択する。

❷

［Windows展開サービス］の管理ウィンドウが開
く。

❸

左側のペインで［サーバー］－［SERVER2022］の順
にクリックして展開する。

●この時点でWindows展開サービスは未構成であ
るため、警告の意味の［！］アイコンが表示され
ている。

❹

［操作］メニューから［サーバーの構成］を選択す
る。

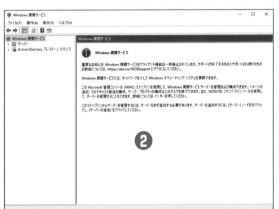

⑤
[Windows展開サービスの構成ウィザード]が開く。説明を読んだら[次へ]をクリックする。

- この画面の説明文では、Active Directoryへの参加が必須であるように読み取れるが、Active Directoryに参加しない「スタンドアロンモード」でもWindows展開サービスのサーバーは動作できる。

- 他にDHCPサーバーおよびDNSサーバーが必要であるように読み取れるが、必ずしもWindows Serverで提供されるものでなくてもかまわない。他のOSやルーター機器などで提供されていればそれらを利用できる。

⑥
[インストールオプション]画面では、[スタンドアロンサーバー]を選択して[次へ]をクリックする。

- Active Directory環境上で利用する場合は、[Active Directoryと統合する]を選択する。

⑦
[リモートインストールフォルダーの場所]画面では、インストールイメージを格納するフォルダーを[パス]に指定して[次へ]をクリックする。

- このフォルダーには、展開するOSのインストールディスクすべてをコピーできる容量が必要である。

- ここでは標準の「C:¥RemoteInstall」のままにしている。

⑧
手順⑦でC:ドライブのフォルダーを指定した場合は、他のボリュームを選択するよう推奨されるが、そのまま[はい]を選択する。

- ネットワークが大規模で、リモートインストールの頻度が非常に高い場合を除けば、C:のままでも問題ない。

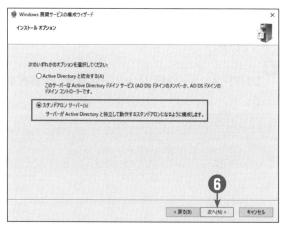

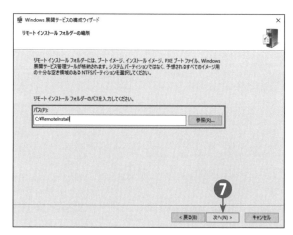

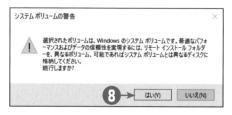

⑨

[PXEサーバーの初期設定] 画面では、[すべて（既知および不明）のクライアントコンピューターに応答する] を選択して［次へ］をクリックする。

●他の選択肢は、新しいコンピューターに対してネットワークインストールサーバーを構成する場合には適さない。

●[不明なコンピューターについては管理者の承認を要求する] にはチェックを入れない。

⑩

Windows展開サービスの構成が開始される。

⑪

構成が完了すると自動的に画面が変化する。［完了］をクリックする。

●[今すぐイメージをサーバーに追加する] にはチェックを入れたままにする。

●このチェックボックスを選択した状態で［完了］をクリックすると、次節の手順❸から作業を継続できる。

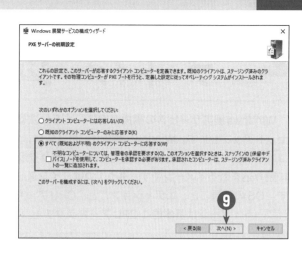

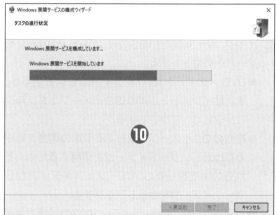

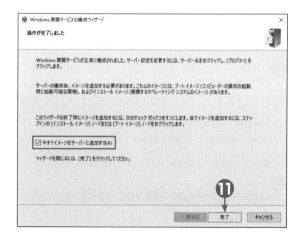

2 Windows展開サービスにブートイメージをセットアップするには

　Windows展開サービスの構成が完了したら、次はブートイメージをWindows展開サービスのサーバー上にセットアップします。Windows展開サービスには、2種類のイメージをセットアップする必要があります。1つは「ブートイメージ」と呼ばれるもので、これはクライアント側がネットワークに接続され、起動した際に最初に読み込まれるイメージです。もう1つは「インストールイメージ」で、これはいわゆるOS本体のイメージです。OSの種類ごと、エディションごと、CPUアーキテクチャごとに用意します。
　ブートイメージは基本的にCPUアーキテクチャ（32ビット版や64ビット版など）ごとに用意します。

Windows展開サービスにブートイメージをセットアップする

❶ インストールしたいOSのインストールDVDをサーバーにセットする。

● DVDメディアをDVDドライブにセットするか、またはインストール用のISOイメージをダブルクリックして、マウントする。

● 複数のOSイメージを配布する予定の場合、できるだけ新しいブートイメージを使用するため、それらの中で最も新しいバージョンメディアからブートイメージをセットアップする。

● 本書では、Windows Server 2022のISOファイルをマウントしている。

● ISOイメージのマウントができない場合は、このあとのコラムを参照。

❷ Windows展開サービスの管理ウィンドウの左側のペインで［サーバー］−［SERVER2022］の順に展開し、［ブートイメージ］を右クリックして［ブートイメージの追加］を選択する。

▶ ［イメージの追加ウィザード］が開く。

❸ ［イメージファイル］画面では、［参照］ボタンをクリックして、インストールメディアをセットしたドライブの「¥sources¥boot.wim」ファイルを選択する。［次へ］をクリックする。

● 本書の例では、ISOファイルがE:ドライブにマウントされているものとする。

● ISOファイルがどのドライブにマウントされているかは、環境によって異なる。

4

[イメージのメタデータ]画面では、[イメージの名前]と[イメージの説明]が自動的に設定されている。このまま[次へ]をクリックする。
● 通常、これらの名前は変更する必要はない。

5

[要約]画面では、設定内容の要約が表示される。このまま[次へ]をクリックする。

6

ブートイメージが読み込まれ、システムに追加される。操作が完了したら[完了]をクリックする。

7

Windows展開サービスの管理ウィンドウの[ブートイメージ]に、いま追加したイメージが表示される。
● ブートイメージは通常、プロセッサアーキテクチャごとに1つ追加する。32ビット版のOSも配布したい場合は、32ビット版のインストールメディアを使ってこの手順をもう一度行う。

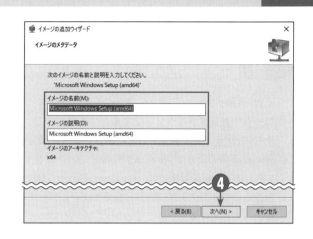

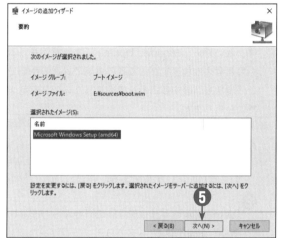

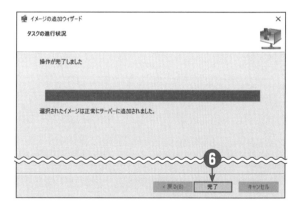

ISOファイルのマウントができない場合

Windows Server 2022 には、CD や DVD の内容をファイル化した「ISO イメージファイル」をエクスプローラーからダブルクリックすると、仮想的な DVD ドライブを自動的に作成して、あたかも指定された CD や DVD メディアが装着されているかのように扱える「仮想 DVD ドライブ」機能があります。これは Windows Server 系の OS では Windows Server 2016 からサポートされている機能ですが、本書の執筆時点（2022 年 1 月）で、筆者の環境では、Windows Server 2022 においてこの機能を使用するとマウントにきわめて長い時間がかかり、エクスプローラーの操作が行えなくなる障害が発生しました。Windows Server 2016 や 2019 では同様の現象は発生しないこと、および、Windows 11 のフィードバックハブにこの現象と同様の問題が報告されていることから、Windows 11 および Windows Server 2022 における問題ではないかと筆者は考えています。

この現象は、筆者の環境ではファイルサイズが小さな ISO ファイルの場合には発生しなかったことから、ISO イメージファイルのサイズに依存するものと思われます。これが Windows OS における問題である場合は、近い将来、Windows Update により解消されるものと考えられますが、筆者の環境では次の手順でこの現象を回避することができましたので、参考までに記載します。

❶
[スタート] ボタンをクリックして [Windows セキュリティ] を選択する。

❷
[Windows セキュリティ] の [セキュリティの概要] 画面が開く。[アプリとブラウザーコントロール] をクリックする。

❸
[アプリとブラウザーコントロール]画面が開く。
[評価ベースの保護設定]をクリックする。

❹
[評価ベースの保護]画面が開く。[アプリとファ
イルの確認]のスイッチを[オフ]に切り替え
る。

❺
警告メッセージの[無視]をクリックする。

❻
右上隅の[×]（閉じるボタン）をクリックして
画面を閉じる。

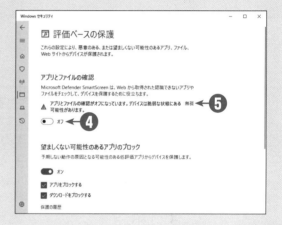

❼
任意のISOファイルをダブルクリックし、ISO
イメージが正常にマウントされることを確認す
る。
● インターネットからダウンロードされたファ
　イルの場合はセキュリティ警告が表示される
　ので、[開く]をクリックする。

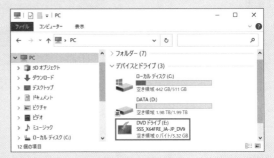

　なおこの設定は、Windows Server 2022 のセキュリティ設定を弱体化させます。そのため、この現象が発
生していない場合には設定を行わないでください。また、この設定を行ったあとに、Windows Update によっ
てこの現象が発生しなくなった場合は、手順❹でオフにしたスイッチを元に戻しておいてください。

3 Windows展開サービスにインストールイメージをセットアップするには

　ブートイメージのセットアップが終わったら、次はいよいよOSインストール用のインストールイメージをWindows展開サービスのサーバー上にセットアップします。セットアップ可能なOSは、Windows Server系であればWindows Server 2008 R2以降、クライアント系のWindowsであればWindows XP以降となりますが、すでにサポートが完了しているOSをこれから新規インストールする必要はないでしょうから、実質的にはWindows Server 2012以降、Windows 8.1以降となります。

　Windows Serverの場合、DatacenterとStandardという2つのエディションが用意されています。またインストールオプションとして、デスクトップエクスペリエンスありとなしの2つのパターンがあります。これらは通常、1つのインストールメディアからインストール時に選択することになりますが、Windows展開サービスの場合、これらのうち、どれをサービスで配布するかはイメージのセットアップ時に選択できます。複数のイメージを用意しておいて、インストール時に選択させることも可能です。

Windows展開サービスにインストールイメージをセットアップする

❶ インストールしたいOSのインストールDVDをサーバーにセットする。

● 前節の続きの場合は、すでにISOファイルがマウントされているためそのまま継続できる。

❷ Windows展開サービスの管理ウィンドウの左側のペインで［サーバー］－［SERVER2022］の順に展開し、［インストールイメージ］を右クリックして［インストールイメージの追加］を選択する。

➡ ［イメージの追加ウィザード］が開く。

❸ ［イメージグループ］画面では、イメージグループの選択画面が表示される。ブートイメージと違い、インストールイメージは複数のイメージをグループ化して管理できる。ここではそのまま［次へ］をクリックする。

● イメージグループは最低1つ作成する必要がある。ここでは「ImageGroup1」という名前で作成されているが、この名前は特に変更する必要はない。

④

[イメージファイル] 画面では、[参照] ボタンをクリックして、インストールメディアをセットしたドライブの「¥sources¥install.wim」ファイルを選択する。[次へ] をクリックする。

● 本書の例では、ISOファイルがE: ドライブにマウントされているものとする。

● ISOファイルがどのドライブにマウントされているかは、環境によって異なる。

⑤

[使用可能なイメージ] 画面では、指定されたインストールイメージからセットアップ可能なインストールオプションの一覧が表示される。ここでは実際に使用する可能性のあるオプションだけを選択する。

● Windows Server 2022のメディアではSTANDARDとDATACENTERについて、それぞれServer Coreインストールとデスクトップエクスペリエンスありのインストールを選ぶことができる。

● 将来にわたり使用しないインストールオプションについては、選択する必要はない。

● ここではSTANDARDとSTANDARDCOREのみを選択している。

⑥

[選択した各イメージについて既定の名前と説明を使用する] のチェックを外し、[次へ] をクリックする。

● このチェックを外さない場合、画面に表示されている [名前] が、ネットワークブートの際にOSの選択肢として表示される。

● 既定の名前だとわかりづらいので、チェックを外したうえで、次の画面で名前を変更する。

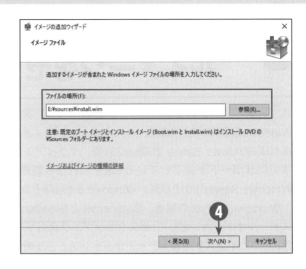

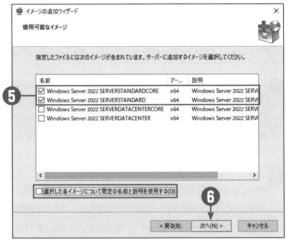

❼

[イメージのメタデータ] 画面で、[イメージの名前] と [イメージの説明] の変更を行う。変更したら [次へ] をクリックする。

- よりわかりやすい名前にするため、ここでは画面のように名前を変更している。
- インストール時、OS一覧には [イメージの名前] が表示される。[イメージの説明] は、OS一覧から、インストール対象を選択した場合に表示される。どちらも同じ内容にしておくとよい。
- この画面は、手順❺で選択したインストールオプションの数だけ表示される。

❽

[要約] 画面では、設定内容の要約が表示される。このまま [次へ] をクリックする。

❾

ブートイメージが読み込まれ、システムに追加される。すべて追加されたら［完了］をクリックする。

❿

Windows展開サービスの管理ウィンドウの［インストールイメージ］に、いま追加したイメージが表示される。

⓫

以上の作業を、インストールしたいOSの種類ごとに繰り返す。

● 本書の執筆時点では、Windows 11 のインストールディスクでこの作業を行うと、インストールイメージの名前が「Windows 10」になった。誤りの可能性もあるが、このような場合には、手順❼のようにイメージの名前を手動で編集して、わかりやすくしておくとよい。

● Windows展開サービスのセットアップはここで完了である。

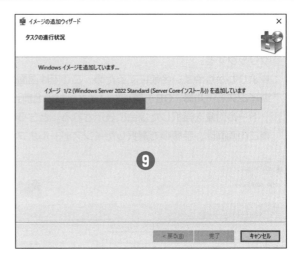

4 Windows展開サービスから OSをインストールするには

　前節までの手順が完了したら、そのサーバーが接続されているネットワーク内では、PXEブートによりネットワークからOSをインストールできるようになっています。ネットワークブートによるWindows Serverのインストールはすでに第2章で解説していますが、Windows展開サービスがWindows Server 2022のものであった場合には画面等が若干異なるため、ここでは途中までの手順を紹介します。

PXEブートによりWindows Server 2022をインストールする

❶
SERVER2022が接続されているのと同じネットワークに別のPCを接続し、電源をオンにする。
- ●UEFI BIOSなどで、ネットワークブートをあらかじめ有効にしておく。

❷
PXEブートの画面が表示されたら、Enter キーを押す。
- ●この画面の構成と操作は、NICの種類やUEFI BIOSの種類ごとに異なる。
- ●テスト環境の差異のため、画面に表示されるIPアドレス等は本書で使用しているネットワーク環境とは異なる。

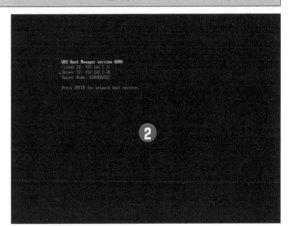

❸
Windows Server 2022のWindows展開サービスの場合、一部廃止機能がある旨の警告が表示される。そのまま［次へ］をクリックする。

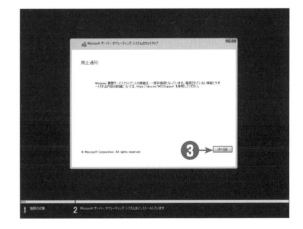

④

Windows展開サービスの初期画面が表示される。
そのまま［次へ］をクリックする。

⑤

インストールするOSのイメージを選択して［次へ］
をクリックする。

● 前節で登録したとおりのイメージ名で、OSの選
択が行えることがわかる。

● イメージを選択すると、［説明］欄に選択したイ
メージの説明が表示される。

⑥

これ以降は、第2章のインストール手順のとおりと
なる。

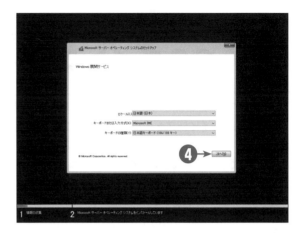

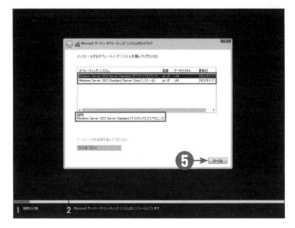

Active Directory のセットアップ

スタンドアロンのコンピューターでは、サインインに必要となるユーザー ID やパスワードをコンピューターごとに記憶しています。しかしこうした管理方法では複数のコンピューターがあり、誰がどのコンピューターを使うかわからない場合には管理が煩雑になってしまいます。

こうした問題を解決するには、ユーザー ID、パスワード、プリンターやディスクといった共有資源など、さまざまな情報をネットワーク内で一括管理できる仕組みが必要です。Windows ネットワークの世界で、こうした情報管理を行うのが「Active Directory」です。この章では、Windows Server 2022 が持つ強力なネットワークベースの ID 管理機能である、Active Directory の導入方法について説明します。

ネットワーク単位の情報管理の必要性

コンピューターやネットワークを運用管理するには、ソフトウェア、ハードウェア、ネットワーク、OS などさまざまな分野に関する深い知識が必要です。そういった知識を習得し続けることも大切な仕事ですが、管理者にはもうひとつ重要な仕事があります。いったん導入したコンピューターを常に正常に運用し続けるという「維持管理」の作業です。

企業や学校など、管理しなければならないネットワークの規模が大きくなってくると、知識だけではどうしようもない、大きな壁に当たることがあります。知識の高度さという「質」の問題ではない「量」の問題、言い換えれば、管理対象となるコンピューターの数の問題です。

たとえばネットワーク内に 100 台のコンピューターがあり、それらの設定を 1 人で変更することを考えてみます。管理者がすべてのコンピューターをひとつひとつ操作して設定変更するのは非常に大変な作業ですし、間違いも多くなりがちです。ネットワーク経由で遠隔のコンピューターを設定できたとしても、きちんと管理しなければ未設定か設定済みかさえもわからなくなってしまいます。ひとつひとつの設定は簡単でも、台数が増えれば難易度は一気に上がります。100 台程度なら可能だったとしても、より多くの数を管理しなければならないとしたら、いつかは、1 人の力では管理できなくなってしまいます。

管理者を増やして対策するという方法もあるでしょう。ですが、それはあくまで場当たり的な対策です。そうした方法を取らなくとも、すべてのコンピューターの設定を自動的に変更できる、あるいはすべてのコンピューターを設定しなくても済むなどの仕組みがあれば、管理者の負荷は大幅に下がります。

こうした、ネットワーク全体の情報管理作業を効率化するために考えられたのが「Active Directory」と呼ばれる、ネットワークベースの情報管理システムです。Active Directory は、ユーザー ID、パスワード、コンピューターの設定などを、ネットワーク全体で一括して使用できる情報管理システムです。サーバー上にデータを登録するだけで、ネットワーク全体で使用できるユーザー ID、パスワードを作ることができ、また共有ディスクやプリンターといった資源の管理も、個々のコンピューターを操作するのではなく、すべて中央のサーバーを操作するだけで行えます。管理下にある個々のコンピューターの設定変更、アプリケーション管理、セキュリティ管理などといったことも、サーバー側から一括で行えます。

Active Directory の機能は非常に多岐にわたるため、それらをすべて説明するのは、本書のボリュームでは困難です。そのため本書では、Active Directory 機能のセットアップとほんの一部の機能を紹介するにとどめます。Active Directory の機能の詳細については、専門の参考書等を参考にしてください。

Active Directoryの機能

Active Directory は、Windows Server 2000 において新たに取り入れられたネットワーク情報管理システムです。それ以前の Windows Server では「NT ドメイン」と呼ばれるシステムが使われていましたが、TCP/IP をはじめとしたインターネットで広く使われる技術を積極的に取り入れることでより汎用性を高め、機能面でもさまざまな点で強化されています。

Active Directory の基本的な機能は、コンピューター名、コンピューターのアドレス、ユーザー ID、パスワードとネットワーク内で使用するさまざまな ID を、サーバー上で登録するだけで一括管理できる、情報管理機能です。これまで本書で説明したようなさまざまなネットワーク機能は、利用する際に、クライアント側とサーバー側の双方で設定作業を行うことが必要でした。たとえばファイル共有の際のユーザー名やパスワードも、クライアント側 / サーバー側にそれぞれ同じものを登録することを前提としていました。

ですが「どのコンピューターにも同じ ID とパスワードを登録する」という作業は、コンピューターの台数が多いネットワークでは非現実的です。多くのコンピューターがそれぞれ相互にアクセスし合う場合、すべてのコンピューターに同じユーザー ID やパスワードを登録する必要が発生しますが、これを 1 人の管理者が行い、ずっと運用を続けていくのは不可能と言ってもよいでしょう。

Active Directory の機能を使えば、サーバー側でアカウントを登録しさえすれば、そのアカウントはネットワーク内のすべてのコンピューターで有効になります。「Directory」という言葉を日本語に訳すと、「人名簿」や「住所録」、あるいは「電話帳」という意味になりますが、ネットワーク内における「名簿」機能が、Active Directory によって実現されるわけです。

Active Directory では、ネットワーク内で情報が管理されるコンピューターの範囲を「ドメイン」と呼びます。コンピューターは、ただ単にネットワークに接続しさえすればドメインに組み込まれるというわけではなく、必ず、そのドメインに「参加する」という手続きが必要になります。ドメイン内で情報を集中管理するサーバーのことを「ドメインコントローラー」と呼びます。Active Directory のドメインコントローラーになれるのは、Windows 2000 Server 以降のサーバー系の Windows でなければなりません。

Active Directory の中核機能となるディレクトリサービス機能は、Windows Server 2016 以降、ほぼ変化していません。特に Windows Server 2019 と 2022 では、機能的にまったく差異がありません。このためドメインサーバーとして使用するのであれば Windows Server 2016 でも十分ではあります。ただ機能的には変化していなくとも、ベースとなる Windows Server のサポート期限が終了するという、より身近な問題もあります。運用を開始したらできるだけ長期にわたって運用を続けた方がコストメリットは高くなりますし、機能的に大きな変更が加わっていないということは、それだけ、機能的には安定していると考えることもできます。これから新規にドメインを構築するのであれば、できるだけサポート期限が長い Windows Server 2022 をサーバーとするのが有利でしょう。

Active Directoryが提供する5つの機能

Active Directory では、大きく分けて 5 つの機能が提供されます。これらの 5 つの機能は、過去数世代にわたって Windows Server で提供されていた多くの機能を統合、整理してわかりやすくグループ分けしたもので、必要な機能に応じて個別にセットアップ、使用することが可能です。

●**Active Directory Rights Management サービス（AD RMS）**

　ワープロソフト、電子メールソフト、業務アプリケーションなどの Rights Management 対応アプリケーションに対し、情報保護に用いる権利情報の提供、承認、管理などを行うサービスです。特定のデータファイルに対して暗号化を施しておき、それらに対してアクセス可 / 不可といったユーザー権利情報をネットワーク内で集中管理することで、特定の部署 / グループのみにアクセスできる情報を作成する、といったことが行えます。

●**Active Directory ドメインサービス（AD DS）**

　Windows ネットワーク内において、ユーザーアカウントや共有資源といったネットワーク上で使用されるすべてのオブジェクトデータベースの参照と管理を行います。Active Directory における最も基本的なディレクトリサービスを提供します。

●**Active Directory フェデレーションサービス（AD FS）**

　ネットワーク内で複数の認証システムが使用されており、それぞれ異なるユーザー ID を持つような環境に対して、それらを統合的に管理し、単一の ID に統合する「シングルサインオン」サービスを提供します。この AD FS は別のコラムで説明する、機器登録サービスでも使われます。

●**Active Directory ライトウェイトディレクトリサービス（AD LDS）**

　AD DS と同じくネットワーク内の基本的なディレクトリサービスを提供します。ただしスタンドアロンとして動作可能であり、動作にあたっては、Active Directory のドメイン構築を必要としません。Active Directory に対応したアプリケーションに対してディレクトリ情報を提供する「アプリケーションベース」のディレクトリサーバーとなります。他のサービスと違い、ドメインコントローラー上以外でも動作できます。

●**Active Directory 証明書サービス（AD CS）**

　証明機関（CA）により発行されるデジタル証明書を使用する各種アプリケーションやサービスに対して、ネットワークベースでの証明書発行や管理を行います。ネットワーク内で使われる証明書対応アプリケーション（Web サーバーや電子メールソフト、スマートカードなど）に対して、ネットワークベース内で統一された証明書発行が可能になります。

コラム

Active Directoryをセットアップする前に

　Active Directory を動作させるには、必要なコンピューターの台数を確認します。

　Active Directory には「ドメインコントローラー」と呼ばれる、すべての情報を管理するコンピューターが最低 1 台必要です。1 つのドメインにふたつ以上のドメインコントローラーを置くこともできます。2 台以上の場合、2 台目以降のコントローラーを「追加ドメインコントローラー」と呼びます。

　追加ドメインコントローラーであっても、すべての問い合わせに対応できる点では、1 台目のコントローラーと何ら変わりはありません。追加ドメインコントローラーがあれば、問い合わせに対して複数のドメインコントローラーで対応できるので、1 台当たりのコントローラーの負荷が減少するというメリットがありま

す。バックアップとしての機能も果たしますので、最低2台のドメインコントローラーを用意してください。

DNSサーバーのセットアップは必須

　Active Directory が動作するには、ドメインコントローラーのほかに DNS サーバーと呼ばれるネットワーク上の「名前解決サーバー」が必要です。ドメインコントローラーは、ネットワーク内のさまざまなオブジェクトの利用の可否はコントロールできますが、Active Directory の設定情報を記憶するための「データベース」としての機能は持っていません。

　DNS サーバーはこの情報を保管する「データベース」としての役割を果たします。ドメインコントローラーは、Active Directory の設定情報を DNS サーバーから読み出し、また変更された情報は DNS サーバーへ書き込みます。このため DNS が動作していなければ、Active Directory も動作できません。

　DNS サーバーの役割は、Windows Server 2022 にもセットアップできます。Active Directory のドメインコントローラーの役割と、DNS サーバーの役割は、同一のコンピューター上で動作させても、別々のコンピューターで動作させてもかまいません。Linux など、Windows Server 以外の OS でも DNS サーバー機能を持つ OS は数多くありますが、Active Directory が必要とする機能をサポートさえしていれば、DNS サーバーが動作するマシンの OS は問いません。

　ただし Active Directory は、DNS サーバーが持つ機能のうち、DDNS（Dynamic DNS）という拡張された DNS の使い方をするため、この機能を利用できる DNS サーバーを用いることが必要です。DNS サーバーは同一ネットワーク内に複数動作することもできますから、安定した動作を行うためには、これまで使用していた DNS サーバーを無理に利用する必要はなく、Windows Server 2022 で新たに動作させるようにするのが安全です。

事前準備は綿密に

　Active Directory は非常に大きなシステムで、セットアップにも時間がかかりますし、また、セットアップが終了したあとで大幅に設定を変更することは困難です。そのため、Active Directory をセットアップする際には、Active Directory をどのように利用するかという事前計画を綿密に立てておく必要があります。

　Active Directory のドメインコントローラーを作成するには、はじめに Windows Server 2022 を、他の役割や機能をインストールしない「クリーンインストール」の状態で用意します。すでに Active Directory がセットアップされており、いずれかのドメインに参加しているようなサーバーを再利用することは避けるべきです。また、Windows Server 2022 であっても、Web サーバーや Hyper-V サーバーなど、他の役割や機能をセットアップし、利用しているようなコンピューターに対して新たに Active Directory 機能を追加することは避けてください。ネットワークを構築するのであれば、できるだけ OS から再インストールすることをお勧めします。

　Active Directory のサーバーは、いったん運用を始めてしまうと、おいそれと停止したりテスト用にさまざまな設定を試したりといったことができなくなります。安定した運用のためには、ドメインコントローラーを実 PC で動作させるか、Hyper-V を用いた仮想サーバーの上で動作させるかも検討の必要があります。実 PC の場合、ハードウェアの故障が発生すると、数日単位でコンピューターを停止せざるを得ない状態になりますが、仮想サーバーであれば、バックアップさえとってあれば、別のハードウェア上ですぐにでも動作を継続することができるからです。

　Windows Server 2008 R2 以前は、Active Directory のドメインコントローラーは仮想 PC 上での動作はできませんでしたが、Windows Server 2012 以降の Active Directory では仮想マシン上での運用についての対策も行われています。

Windows Server 2022でのActive Directory

Active Directory 機能は、Windows 2000 Server で初めて搭載されて以来、Windows Server のバージョンアップとともに機能強化が行われてきました。しかし Active Directory の中核機能であるディレクトリサービス「AD DS」については、Windows Server 2016 以降、ほぼ変更はありません。このコラムで説明する Azure AD との統合など、Active Directory というくくりで見ると強化されている部分もあるのですが、本書で説明する AD DS 部分については Windows Server 2016/2019/2022 はすべて同じ機能と考えてよいでしょう。事実、Active Directory のドメイン内でどのような機能が使用できるかという「機能レベル」は、Windows Server 2022 が登場した現在でも「Windows Server 2016」にとどまっています。

以下にここ数世代の Active Directory における機能を紹介しますが、これらの機能解説については Windows Server 2022 固有のものではなく、2016 以降の追加機能となります。

Azure ADとの統合

社内に専用のサーバーを配置する「オンプレミスサーバー」に対して、インターネット上に配置されたサーバーを用いる「クラウドサーバー」の利用はここ数年のトレンドです。Windows Server においても、そうしたクラウドサーバーのホストとしての役割を重視しつつあるのは本書でもすでに解説したとおりですが、そうしたクラウドサーバーの利用は、Active Directory サービスの分野にまで及びつつあります。

Active Directory サービスは、オンプレミスサーバーにおける広範なディレクトリサービスをサポートするための機能ですが、マイクロソフトではこのオンプレミスの Active Directory サービスとは別に、クラウド上でのディレクトリサービスとして、Azure Active Directory（Azure AD）を用意しています。この Azure AD サービスは、クラウドサービスである Microsoft 365（旧称 Office 365）や、Salesforce、Dropbox、Concur などを容易に使用できるシングルサインオン機能、多要素認証によるユーザー認証、パスワード管理、デバイス管理、アクセス権の管理などを統合して利用できる機能を提供します。

Windows Server 2016 以降の Active Directory サービスでは、Azure AD サービスとの連携を行うことができます。この機能を使用すると、オンプレミスの Active Directory の ID と、Azure AD で管理される ID を連携することが可能となり、社内で使用する ID をそのままクラウドサービスで利用することや、Azure AD のユーザー認証基盤を用いて、社内のサーバーにリモートアクセスするといったことが行えるようになります。

他のユーザー認証システムのユーザーIDサポート

従来の Active Directory フェデレーションサービス（AD FS）において、システムを利用するユーザーを確認する「ユーザー認証」は、Active Directory を用いて認証するものに限られていました。一方、Windows Server 2016 以降においては、Active Directory による認証はもとより、それ以外の他の認証システム、具体

的には LDAP（Light Weight Directory Access Protocol）や、SQL Server に格納された ID などを用いたユーザー認証が可能となります。これにより、他システムとの ID の共通化が可能となり、利便性が向上します。

OAuth 2.0、OpenID Connectのサポート

Active Directory フェデレーションサービス（AD FS）において、ユーザー ID 連携のプロトコルとして、従来の WS-Federation 標準および SAML 標準に加えて、新たにインターネット上で広く使用されている OAuth 2.0 および OpenID Connect を新たにサポートします。この機能により、インターネット上のサービスと、社内 Active Directory との間のシングルサインオン（SSO）や、OAuth 2.0/OpenID Connect をサポートする社内の他システムと Active Directory との SSO が可能になるなど、各種サービス間の連携が向上します。

特権アクセス管理

従来の Active Directory サービスでは、ユーザーに与えられる権利、特に管理者権限は永続的なもので、特定ユーザーやグループに付与された特権は、管理者が手動で特権を変更しない限りはずっと使い続けることが可能な設定となっていました。これは、悪意を持ったユーザーがいったん特権を付与されたアカウントを得てしまうと、それ以降は、そのアカウントが無効化されてしまうまでは、悪意ユーザーが特権を得たままとなることを意味します。

Windows Server 2016 以降の Active Directory においては、マイクロソフトが提供する Microsoft Identity Manager（MIM）と組み合わせて使用することで、ユーザーに与える特権を、ユーザー要求に応じて必要な時にのみ与え、さらにその特権に対しては時限管理を行えるようになりました。

この機能を使うと、ユーザーは、ある特定の特権が必要なときにシステムに対して要求することで特権をアクティブ化することができます。その特権には使用可能期間を設定することができ、期間が経過すれば自動的に特権は無効となります。これにより、より安全にネットワーク内での特権管理を行うことができます。

デバイス登録サービスのGUI化

Active Directory では、ネットワークに参加して Active Directory の機能を使用するためには、クライアント機器をドメインに「参加」させることが必要です。しかし最近では、スマートフォンやタブレット機器といった個人所有の情報機器の性能が向上したことで業務への利用も十分に可能となりました。こうした機器に対して、ドメインへの参加ではなく、Active Directory フェデレーションサービス（AD FS）の機能を用いて、機器を登録して一時的にネットワークを利用可能とする機能が「ワークプレースジョイン」です。この機能は、Windows Server 2012 R2 から新たに搭載されたものです。

Windows Server 2016 以降においては、この機器登録を行うための機器登録サービスを、AD FS の GUI から設定できるようになりました。それまで Windows PowerShell のコマンドレットを操作しなければ設定できなかった機能ですが、GUI で行えるようになったことで、より容易に機器登録作業が行えます。

第 13 章

1 Active Directory ドメインサービスをセットアップするには

Active Directory には大きく5つのサービスが存在することは先ほどのコラムで解説しましたが、本書ではこれらの機能のうち最も基本的な機能である Active Directory ドメインサービス（AD DS）についてのみセットアップします。

AD DS は、Active Directory サービスの中でも最も基本となるサービスで、主にユーザーアカウントや共有資源といったネットワーク上で使用されるすべてのオブジェクトデータベースの参照と管理を行います。AD DS を使用するためには DNS サーバーの設定も必要ですが、この章では、この DNS サーバーについても同じサーバー上で動作させることを前提とします。これまでの章で使用していた設定とは異なる設定となるため、注意してください。

この章において、Active Directory サービスをセットアップするサーバー、すなわちドメインコントローラーとなるサーバーは2台とし、それぞれ SERVER2022、SERVER2022B とします。ドメインコントローラーにはならない、ドメインメンバーとなるサーバーについては用意しません。ドメインのメンバーとなるクライアントコンピューターについては、Windows 11 で動作するコンピューター（WINDOWS11）を1台用意します。

SERVER2022 と SERVER2022B については、これまでの章でさまざまな役割や機能を設定していますが、この章においてはそれらをまったく使用しない、OS をクリーンインストールしただけの「まっさら」な状態から始めるものとします。ただし、登録済みのローカルユーザーがドメインユーザーへと引き継がれることを説明するため、SERVER2022 には、ローカルユーザーとして「shohei」と「haruna」を登録した状態から始めます。

Active Directory ドメインサービスをセットアップする

❶
管理者でサインインし、サーバーマネージャーのトップ画面から［② 役割と機能の追加］をクリックする。

② [役割と機能の追加ウィザード]が開く。[次へ]を
クリックする。

③ [インストールの種類の選択]画面では、[役割ベー
スまたは機能ベースのインストール]を選択して[次
へ]をクリックする。

④ [対象サーバーの選択]画面では、自サーバーの名前
（SERVER2022）を選択して[次へ]をクリックす
る。

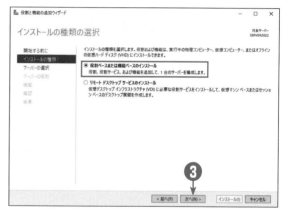

⑤

[サーバーの役割の選択]画面では、インストール可
能な役割の一覧から[Active Directory ドメイン
サービス]にチェックを入れる。

⑥

[Active Directory ドメインサービス]にチェック
を入れると、このサービスを動作させるのに必要な
他の機能も必要となるため、確認画面が表示される。
そのまま[機能の追加]をクリックする。
● [管理ツールを含める(存在する場合)]にはチェッ
クが入ったままにする。

⑦

元の画面に戻るので、[次へ]をクリックする。

⑧

[機能の選択]画面では、そのまま[次へ]をクリッ
クする。

⑨ Active Directoryドメインサービスについての説明と注意が表示される。内容を確認したら［次へ］をクリックする。

⑩ インストールされる役割と機能の一覧が表示されるので、確認したら［インストール］をクリックする。

●今回の内容をセットアップするだけであれば、再起動は行われないので［必要に応じて対象サーバーを自動的に再起動する］にチェックを入れる必要はない。

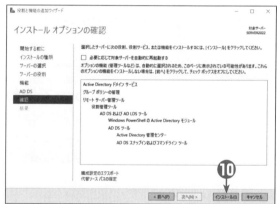

⑪ インストールが開始される。

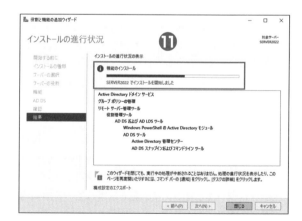

⓬

インストールが終了したら、[閉じる] をクリックする。

● Active Directory サービスのインストール自体
はこれで完了となる。

● ただしこのあと、ドメインコントローラーをセッ
トアップしなければActive Directory ドメイン
サービスは使用できない。

● セットアップ結果内の [このサーバーをドメイン
コントローラーに昇格する] をクリックすると、
引き続きドメインコントローラーのセットアップ
が行える（次節で解説する）。

● ここで [閉じる] を選択しても、あとからドメイ
ンコントローラーのセットアップは行える。

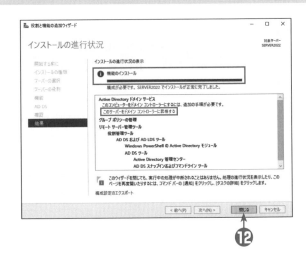

⓬

Active Directoryで使われる用語について

Active Directory では、ネットワークやネットワークに参加するコンピューターの集合について、いくつか
の特殊な用語を使います。ここではそれらの用語について簡単に説明します。

● ドメイン

Active Directory のうち 1 台以上のドメインコントローラーによって管理されるネットワークの範囲のこと
を「ドメイン」と呼びます。この範囲（ドメイン）に属するコンピューターすべては、そのドメインを管理す
るドメインコントローラーが持つデータベースを共有します。たとえば同じドメインに属するコンピューター
同士は、ドメインコントローラーが持つ「ユーザー名データベース」を共有するため、どのコンピューターか
らでも同じユーザー名を参照することができます。

「ドメイン」という言葉はインターネットにおいても、組織の名称やサイトの名称を意味する単語として使
われています。インターネットドメイン名は「mycompany.co.jp」などのようにドット（.）で区切って階層構
造を表しますが、Active Directory においても「sales_div.mycompany.co.jp」などのように、階層構造をドッ
トで区切って表示します。これは、Active Directory がインターネットのドメイン名と同様、DNS（Domain
Name System）によってデータを保持しているためです。

インターネットドメイン名を取得している組織内で Active Directory を使用する場合、インターネットのド
メイン名とイントラネットで使用する Active Directory のドメイン名とを同じものにして運用することも可能
ですが、異なるドメイン名で運用することももちろん可能です。また両者を無理に合わせる必要もありません。

● 信頼関係

あるドメインに対して、別の独立したドメインを指定して、そのドメインが持つデータベースの内容を互い
に信頼し利用できるようにすることを、他のドメインを「信頼する」もしくは「信頼関係を持つ」と呼びま
す。信頼関係を持つドメイン同士では、一方で登録した情報を、他方のドメインに登録しなくてもそのまま利
用できるようになります。ただし本書ではこうした信頼関係の構築については解説しません。

●ドメインツリー

　Active Directory では、あるドメインに対して、そのデータベースを継承したより下位のドメインである「サブドメイン」と呼ばれるドメインを作成できます。下位のドメインと上位のドメインとは信頼関係により結合され、下方向に向かって枝分かれするツリー状の構造を構築できます。こうしたドメイン同士の関係のことを「ドメインツリー」と呼びます。

　ドメインツリーにおける下位のドメインでは、そのドメイン名についても上位のドメインの名前を継承したものとなります。たとえば上位のドメイン名が「mycompany.co.jp」であるとき、この下位のドメインは「sales_div.mycompany.co.jp」「market_div.mycompany.co.jp」といった名前になります。

　ただしドメインの名前が階層構造になっているからといって、常にドメインツリーになっているとは限りません。ドメインツリーは、新たにドメインを作成する場合に、すでに存在する他のドメインを指定して、ドメイン名をそのドメインの「サブドメイン」となるよう作成することで作られます（このとき、この信頼関係による情報の継承が行われます）。この操作を行わず、単にドメインにドット（.）を含めた名前を付けたからといって、自動的にドメインツリーとなるわけではありません。

●フォレスト

　ドメインツリーを形成しない2つの独立したドメインツリーのルートドメイン同士が信頼関係を結んでいる場合に、両者のドメインツリーに属するコンピューター間ではデータベースの共有が行えます。このとき、同じデータベースを共有するドメインツリーの集合のことを「フォレスト」と呼びます。たとえば「mycompany.co.jp」と「othercompany.co.jp」とは上下関係のないドメイン同士なのでドメインツリーではありませんが、両者が信頼関係を結んだ場合には、これらは同一の「フォレスト」となります。

　新規にドメインを作成する場合には、そのドメインは新規ドメイン、新規ツリー、新規フォレストとして作成されます。ただしドメイン作成時に既存のフォレスト名を指定し、そのフォレストに参加する形でドメインを作成する（このとき、フォレストのルートドメインとの信頼関係が作られる）ことで、フォレスト内の別ツリーとしてドメインが作成されます。すでに作られたドメイン同士を統合して1つのフォレストにする、といった操作は行えません。

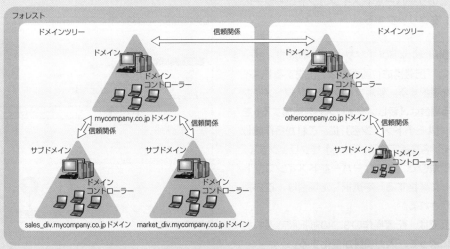

ドメイン、ドメインツリー、フォレストのイメージ図

2 ドメインコントローラーを構成するには

Active Directoryドメインサーバーのセットアップが終わったら、次にドメインコントローラーを構成します。本書ではActive Directoryの構成として、ドメインは新規に作成し、サブドメインはなしという最も単純な構成のドメインを構成します。

ドメインコントローラーの構成は、前節の手順⓬の画面で［このサーバーをドメインコントローラーに昇格する］をクリックすると始めることができます。またこの画面を閉じてしまっても、サーバーマネージャーの画面から［Active Directoryドメインサービス構成ウィザード］を起動すれば、同じ作業が行えます。

ドメインコントローラーを構成する

❶ 管理者でサインインし、サーバーマネージャーの左側のペインで［AD DS］をクリックする。

● AD DSはActive Directory Domain Servicesの略。

● 前節の手順⓬で［このサーバーをドメインコントローラーに昇格する］を選択した場合は、この節の手順❹から始める。

❷ ［サーバー］欄に「SERVER2022でActive Directoryドメインサービスの構成が必要です」という情報バーが表示されているので、このバーの右端の［その他］をクリックする。

❸ ［すべてのサーバータスクの詳細］ウィンドウが表示される。［このサーバーをドメインコントローラーに昇格する］をクリックする。

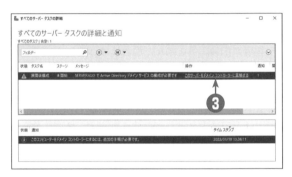

❹ ［Active Directoryドメインサービス構成ウィザード］が開く。［配置構成］画面では、作成するドメインの種類を選択する。新規フォレスト/新規ドメインを作成する場合は、［新しいフォレストを追加する］を選択する。［ルートドメイン名］に、これから作成したいドメイン名を指定する。［次へ］をクリックする。

● 前節の手順⓬で［このサーバーをドメインコントローラーに昇格する］を選択した場合は、この画面が表示される。

● この画面では、配置操作の3つの選択肢でどれを選ぶかによって、入力項目が変化する。

● ここでは、ドメイン名を「mynetwork.mycompany.local」と指定している。

5
[ドメインコントローラーオプション] 画面では、初めにフォレストとドメインの機能レベルを指定する。

● 機能レベルとは、これから作成するActive Directoryドメインが、Windows Server 2008/2008R2/2012/2012 R2/2016のうち、どのバージョンの機能レベルをサポートするかに該当する。

● Windows Server 2019/2022のAD DSでは新たな機能レベルは追加されていない。そのため、この画面の選択肢に「Windows Server 2022」はない。Windows Server 2016が最も高い機能レベルとなる。

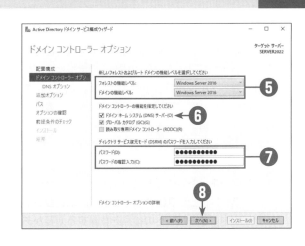

● この画面では、手順❹で指定したドメイン名でActive Directoryが動作していないかを確認したあとに、画面入力が可能になる。そのため、画面の設定が行えるようになるまでに数十秒程度の時間がかかる。

● 機能レベルは、同じフォレストや同じドメインに属するすべてのドメインコントローラーの中で最も低い機能のコントローラーに合わせる必要がある。ネットワーク内でWindows Server 2012 R2以前のドメインコントローラーを使う必要がある場合には、その機能レベルに合わせる。

● 今回は過去のバージョンのWindows Serverをドメインコントローラーにはしないので、[Windows Server 2016] の機能レベルを選択する。

● クライアントPCで使用するOSのバージョンは、この選択には影響しない。

6
続いてドメインコントローラーの機能として、[ドメインネームシステム（DNS）サーバー] を選択する。

● 今回はこのサーバーにDNSサーバーの役割もさせるので、[ドメインネームシステム（DNS）サーバー] を選択する。

● [グローバルカタログ（GC）] は最初のドメインコントローラーでは必須となるため、チェックを外すことはできない。

● [読み取り専用ドメインコントローラー（RODC）] は、既存のコントローラーからドメイン情報を複製するタイプのコントローラーであるため、最初のドメインコントローラーでは選択できない。

7
ディレクトリサービス復元モード（DSRM）のパスワードを指定する。このパスワードは、コンピューターのAdministratorパスワードとは別に指定する。

● ディレクトリサービス復元モード（DSRM）のパスワードとは、Active Directoryドメインサービスが停止状態にあるときにドメインコントローラーにサインインできるパスワードのことである。

● このパスワードは、悪用するとディレクトリサービスのデータを破壊できる非常に重要なパスワードなので、十分に複雑なものを入力しないと拒絶される。

● 英大文字、小文字、数字、記号などを組み合わせた上で、一定以上の長さを備えたものを指定する。

8
これらをすべて指定したら [次へ] をクリックする。

⑨ ［DNSオプション］画面では、DNSの上位委任を行うかどうかを指定する。現在のDNSの構成検査が行われ、親ドメインが見つからないか、WindowsのDNSサーバーで運営されていない場合には委任が作成できない旨の警告メッセージが表示される。ここでは上位委任を行わないものとして、そのまま［次へ］をクリックする。

● インターネット経由でも名前解決できるようにしたい場合は、上位のDNSサーバーに、現在セットアップ中のサーバーへの参照を登録する必要がある。インターネットに直結されていないサーバーでは名前解決は行わないので、無視して［次へ］を選択する。

⑩ ［追加オプション］画面では、ドメインのNetBIOS名を必要に応じて変更できるが、ここでは特に変更せず［次へ］をクリックする。

⑪ ［パス］画面では、データベースを保管するフォルダーなどを設定する。通常は変更する必要がないので、そのまま［次へ］をクリックする。

⑫ ［オプションの確認］画面では、これまで指定したActive Directoryの設定パラメーターが表示される。確認したら［次へ］をクリックする。

⑬

[前提条件のチェック] 画面では、指定したパラメーターでActive Directoryを設定することが可能かどうかの検証が行われる。この操作には数分かかる。「すべての前提条件のチェックに合格しました」と表示されれば設定に問題はないので、[インストール] をクリックする。

● 管理者が注意を要する項目については、設定に問題がない場合でも、黄色い三角の［！］アイコンが表示される。

⑭

現在のサーバーをドメインコントローラーへと昇格する作業が開始される。

● コンピューターの性能にもよるが、5 〜 10分程度はかかる。

⑮

ドメインコントローラーへの昇格作業が終了すると、自動的にサーバーが再起動される。サインイン画面が表示されたら、管理者アカウントでサインインする。

● 再起動後も昇格作業の残りが実行されるため、次回サインインまでには多少時間がかかる。

● ドメインコントローラーでは、これまでのローカル管理者のアカウント（Administrator）は使えなくなり「ドメイン名¥Administrator」（画面の例では「MYNETWORK¥Administrator」）となる。

● Administratorのパスワードは、ドメインコントローラーに昇格する前のローカル管理者のパスワードがそのまま使える。

● コンピューターのコンソールや仮想マシン接続からサインインする場合は標準で「ドメイン名¥Administrator」が選択されているが、リモートデスクトップでサインインする場合は、リモートデスクトップが前回のローカルユーザーのサインイン名を覚えてしまっている場合がある。この場合は、いったん [他のユーザー] を選択してから、[ユーザー名]に「ドメイン名¥Administrator」を手入力する。

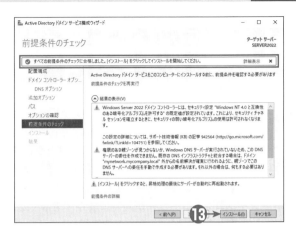

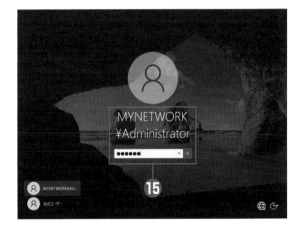

3 追加ドメインコントローラーを構成するには

Active Directoryの最初のドメインコントローラーの構成が終わったら、次に、追加のドメインコントローラーをセットアップします。Active Directoryでドメインネットワークを構成する際には、最初のドメインコントローラーと1台以上の追加のドメインコントローラーを構成し、最低でも2台のドメインコントローラーで運用するようにします。Windows Server 2022ではドメインコントローラーをHyper-Vによる仮想マシン上に構築することもできます。ただし仮想マシン上にドメインコントローラーを構築する場合は、コンピューターの故障時に2つのドメインコントローラーが同時に使用できなくなることを防ぐため、できるだけ最初のドメインコントローラーとは異なるコンピューター上の仮想マシンとしてください。

追加ドメインコントローラーの構築では、まずこの章の1節での手順と同じ手順で最初にAD DSのセットアップを行います。セットアップが終了したら、この章の2節と同様の手順でドメインサーバーを構成しますが、その前に準備作業が必要となりますので、その作業をここで解説します。1節の手順でAD DSのセットアップが終わったら、そのまま2節の手順へと進まず、この節の手順❶から実行してください。本書の例では、最初のドメインコントローラーはDNSサーバーも兼ねていますから、DNSサーバーのIPアドレスには、最初のドメインコントローラーのIPアドレスを設定します。

追加ドメインコントローラーを構成する

❶ この節の操作は、追加ドメインコントローラー用のコンピューター（SERVER2012B）上で行う。管理者権限を持つユーザーでサインインする。

❷ サーバーマネージャーの［ローカルサーバー］画面で、現在使用しているネットワーク接続のIPアドレス部分をクリックする。

● この作業の前に、この章の1節のAD DSのセットアップ手順を必ず行っておく。

❸ ［ネットワーク接続］画面が開くので、現在接続しているネットワークアダプターのアイコンを右クリックして［プロパティ］を選択する。

● この画面では、追加ドメインコントローラーを仮想マシン上に構築しているため、ネットワークアダプターは「Microsoft Hyper-V Network Adapter」となる。

❹

ネットワークアダプターのプロパティ画面が開くの
で、[インターネットプロトコルバージョン4（TCP/
IPv4）にチェックを入れて［プロパティ］ボタンを
クリックする。

❺

［インターネットプロトコルバージョン4(TCP/IPv4)
のプロパティ］画面が開くので、［優先DNSサー
バー］欄に、作成した最初のドメインコントローラー
（SERVER2022）のIPアドレスを入力する。

- 本書の例ではSERVER2022のアドレスは
  192.168.0.1だが、使用するネットワークによっ
  て設定すべき値は異なる。

❻

［詳細設定］をクリックする。

❼

［TCP/IP詳細設定］画面が開くので、［DNS］タブ
を選択して［この接続のアドレスをDNSに登録す
る］にチェックが入っていることを確認する。

- 標準の状態ではチェックが入っている。これまで
  の設定でチェックを外していた場合には、チェッ
  クを入れなおす。

❽

ここまで設定できたら、手順❹の画面に戻るまで、
［OK］をクリックして画面を閉じる。

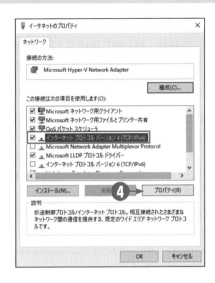

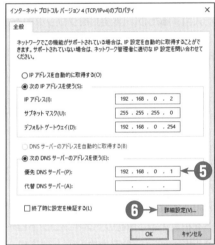

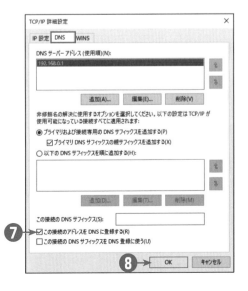

⑨
この章の2節の手順❶〜❸と同じ手順で、［Active Directory ドメインサービス構成ウィザード］の画面を開く。

⑩
［配置構成］画面で、作成するドメインの種類を選択する。追加ドメインコントローラーの場合は、［既存のドメインにドメインコントローラーを追加する］を選択する。［ドメイン］には、これから作成したいドメイン名を指定する。

●この画面では、配置操作の3つの選択肢でどれを選ぶかによって、入力項目が変化する。

●本書の例では、「mynetwork.mycompany.local」と指定している。

⑪
資格情報を入力するため、［変更］をクリックする。

⑫
［配置操作の資格情報］画面で、この操作を行うための資格情報を入力する。ユーザー名として「mynetwork.mycompany.local¥Administrator」を入力し、パスワードとして、最初のドメインコントローラーのAdministratorのパスワードを入力する。［OK］をクリックする。

●この画面ではユーザー名の部分がすべて見えていないことに注意する。

●ここで入力する資格情報は、ドメイン管理者のアカウントを指定する。最初のドメインコントローラーのAdministratorのアカウントとパスワードであれば、その条件を満たしている。

⑬
手順⑩の画面に戻るので、［次へ］をクリックする。

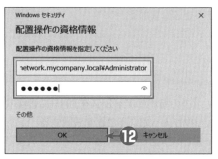

⑭

[ドメインコントローラーオプション] 画面では、初めにこのドメインコントローラーで実行する機能を選択する。2台目のドメインコントローラーの場合は特に選択を変更する必要はない。

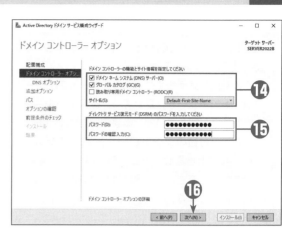

- [ドメインネームシステム（DNS）サーバー] はネットワーク中に少なくとも2台は必要である。今回は2台目のサーバーであるため、選択状態のままにする。
- [グローバルカタログ（GC）] は基本的にすべてのドメインコントローラーで動作させるのがよい。
- [読み取り専用ドメインコントローラー（RODC）] は、既存のコントローラーからドメイン情報を複製するだけのコントローラーとなるが、2台目のコントローラーは最初のコントローラーが停止したときのバックアップも兼ねているので、選択してはいけない。
- サイト名は最初のドメインコントローラーと合わせなければいけないので、既定のままにする。

⑮

続いて、ディレクトリサービス復元モード（DSRM）のパスワードを指定する。このパスワードは、コンピューターのAdministratorパスワードとは別に指定する。

- ディレクトリサービス復元モード（DSRM）のパスワードとは、Active Directoryドメインサービスが停止状態にあるときにドメインコントローラーにサインインできるパスワードのことである。
- 最初のドメインコントローラーのDSRMパスワードと同じでよいが、同一である必要もない。
- このパスワードは、悪用するとディレクトリサービスのデータを破壊できる非常に重要なパスワードなので、十分に複雑なものを入力しないと拒絶されてしまう。
- 英大文字、小文字、数字、記号などを組み合わせた上で、一定以上の長さを備えたものを指定する。

⑯

これらをすべて指定したら [次へ] をクリックする。

⑰

[DNSオプション] 画面では、DNSの上位委任を行うかどうかを指定する。現在のDNSの構成検査が行われ、親ドメインが見つからないか、WindowsのDNSサーバーで運営されていない場合には委任が作成できない旨の警告メッセージが表示される。ここでは上位委任を行わないものとして、そのまま [次へ] をクリックする。

⑱

[追加オプション]画面では、特に変更せずそのまま
[次へ]をクリックする。

●この画面ではデータベースのコピー元のドメイン
コントローラーを指定できる。複数ある場合はど
れを指定してもよいが、本書の例ではネットワー
ク内で2台目のコントローラーであるため、コ
ピー元にできるコントローラーは1台しかない。
いずれにしてもコピー元は最初のドメインコント
ローラーとなる。

⑲

[パス]画面では、データベースを保管するフォル
ダーなどを設定する。通常は変更する必要がないの
で、そのまま[次へ]をクリックする。

⑳

[オプションの確認]画面では、これまで指定した
Active Directoryの設定パラメーターが表示され
る。確認したら[次へ]をクリックする。

㉑
[前提条件のチェック]画面では、指定したパラメーターでActive Directoryを設定することが可能かどうかの検証が行われる。この操作には数分かかる。「すべての前提条件のチェックに合格しました」と表示されれば設定に問題はないので、[インストール]をクリックする。

●管理者が注意を要する項目については、設定に問題がない場合でも、黄色い三角の［！］アイコンが表示される。

㉒
現在のサーバーをドメインコントローラーへと昇格する作業が開始される。

●コンピューターの性能にもよるが、5分程度かかる。

㉓
ドメインコントローラーへの昇格作業が終了すると、自動的にサーバーが再起動される。

●再起動後も昇格作業の残りが実行されるため、次回サインインまでには多少時間がかかる。

●ドメインコントローラーでは、これまでのローカル管理者のアカウント（Administrator）は使えなくなり、サインインできるのはドメイン内に登録されているユーザーだけになる。

●ドメイン管理者としてサインインする場合は「ドメイン名¥Administrator」（画面の例では「MYNETWORK¥Administrator」）を使用する。パスワードも同様で、ドメイン管理者のパスワードを使う。リモートデスクトップでサインインする場合は、リモートデスクトップが前回のローカルユーザーのサインイン名を覚えてしまっている場合があるので、いったん［他のユーザー］を選択してから、［ユーザー名］に「ドメイン名¥Administrator」を手入力する。

4 ドメインユーザーを登録するには

ドメインコントローラーの構成が完了したら、次はドメインユーザーの登録に入ります。これまで、サーバー上でのユーザーの追加は［コンピューターの管理］の［ローカルユーザーとグループ］で行っていましたが、「ローカル」という言葉からもわかるように、このユーザー登録はコンピューター内でのみ有効でした。Active Directoryのドメインコントローラーになった状態では、もうローカルユーザーの登録は行えなくなり、［コンピューターの管理］画面には、この選択項目は表示されなくなります。

Active Directoryにおけるユーザー登録は、［Active Directoryユーザーとコンピューター］ツールから行います。このツールは、Active Directoryをセットアップした際、［スタート］メニューに登録されていますので、［スタート］メニューから［Windows管理ツール］－［Active Directoryユーザーとコンピューター］の順に選択するか、サーバーマネージャーの［ツール］メニューから呼び出します。

［Active Directoryユーザーとコンピューター］から登録されるユーザーは、サーバー上だけでなく、ドメインに参加するすべてのコンピューター上で有効になります。最初のドメインコントローラーをセットアップしたサーバーにActive Directoryのセットアップより前に登録されていたローカルユーザーは、Active Directoryがセットアップされた時点で、自動的にドメインユーザーに「昇格」しています。このため新たに登録しなおす必要はありません。

またドメインユーザーの登録は「最初のドメインコントローラー」と「追加のドメインコントローラー」のどちらで行ってもかまいません。

ドメインユーザーを登録する

❶

［SERVER2022］上のサーバーマネージャーの［ツール］メニューから［Active Directoryユーザーとコンピューター］を選択する。

- この操作画面は最初のドメインコントローラーである［SERVER2022］上で行っているが、追加したドメインコントローラーである［SERVER2022B］上で実行してもよい。
- 同じドメイン内に複数のドメインコントローラーがある場合、ディレクトリサービスに対する操作は、どのドメインコントローラーからでも行える。
- ［スタート］メニューから［Windows管理ツール］－［Active Directoryユーザーとコンピューター］を選択してもよい。

❷

[Active Directoryユーザーとコンピューター] が起動する。左側のペインで [Active Directory ユーザーとコンピューター] － [mynetwork. mycompany.local]（自分のドメイン名）の順に展開して [Users] をクリックする。

●ローカルコンピューターの時点で作成していた「shohei」や「haruna」などは、すでにドメインユーザーとして存在していることがわかる。

❸

[操作] メニューから [新規作成] － [ユーザー] を選択する。

❹

[新しいオブジェクト－ユーザー] ダイアログボックスが表示される。[ユーザーログオン名] に作成するユーザーIDを入力し、[姓] [名] [イニシャル] [フルネーム] には必要に応じてデータを入力する。[次へ] をクリックする。

●[ユーザーログオン名] ボックスが2つあるのは、Windows 2000以降のActive Directoryベースのログオンユーザー名（ユーザー名＠ドメイン名）と、Windows 2000より前のNTドメインのログオンユーザー名（ドメイン名¥ユーザー名）とを別々に指定できるためである。通常は2つとも同じものを入力する。

●[姓] [名] [イニシャル] [フルネーム] は直接サインインIDとしては使われないので、日本語文字を入力してもよい。

●日本風に「姓 名」で表記するのがよければ、[姓] [名] 欄にそれぞれ入力し、英語名風に「名 姓」で表記するのがよければ、[姓] [名] 欄は使わず [フルネーム] 欄だけに入力するとよい。

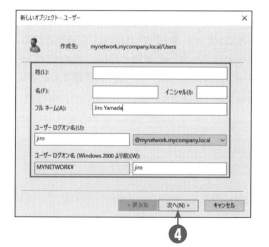

❺

パスワードを指定して、［次へ］をクリックする。

- ●パスワードの指定方法やオプションは、ローカル
  ユーザーを新規作成する場合と同様である。
- ●ただしパスワードは、ローカルユーザー登録の場
  合よりも複雑なものが必要となる。
- ●［ユーザーは次回ログオン時にパスワード変更が
  必要］のみチェックを入れ、他はチェックを外し
  た状態（これが既定の状態）にすることを推奨す
  る。

❻

以上でドメインユーザーの登録が終了する。［完了］
をクリックするとユーザーが作成される。

❼

手順❺で指定したパスワードの複雑さが不足する場
合は、ここでエラーが表示される。この場合は［OK］
をクリックしてから［戻る］をクリックして手順❺
の画面まで戻り、パスワードをより複雑なものに指
定しなおしてから改めて手順❻を行う。

- ●「複雑さ」を増すには、パスワードの文字数を長く
  し、また大文字/小文字/数字/記号等を混在させ
  る。

❽

作成されたユーザーは、［Active Directoryユー
ザーとコンピューター］の［Users］に表示される。

- ●ローカルユーザーの登録と違い、ドメインユー
  ザーの登録画面はユーザーを1人登録するごとに
  閉じるようになっている。

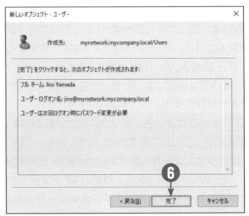

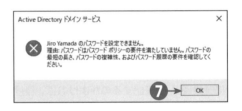

5 ドメインにコンピューターを 登録するには

ドメインにユーザー名を登録したら、次はドメインに対してコンピューターを登録します。これにより、登録したユーザーがドメイン内でどのコンピューターを使ってネットワークを操作できるのかが決まります。ドメインに登録されたユーザーは、ドメインに登録されたコンピューターであれば、基本的にはどのコンピューターからもサインインが可能となります。

ドメインにコンピューターを登録する手順はユーザー登録の手順とほとんど違いはなく、先ほどと同様の画面である［Active Directoryユーザーとコンピューター］から行います。

ドメインにコンピューターを登録する

①
前節の手順❶と同様の手順で［Active Directory ユーザーとコンピューター］を起動する。

②
［Active Directoryユーザーとコンピューター］が 起動したら、左側のペインで［Active Directory ユーザーとコンピューター］－［mynetwork.my company.local］（自分のドメイン名）の順に展開 して［Computers］をクリックする。

●ドメインを作成したばかりの状態では、コン ピューターは1台も登録されていない。

③
［操作］メニューから［新規作成］－［コンピューター］ を選択する。

④

[新しいオブジェクト−コンピューター] ダイアログ
ボックスが表示される。[コンピューター名] にドメ
インに登録するコンピューター名を入力する。

- ここではコンピューター名として 「WINDOWS
  11」 を指定している。
- [コンピューター名（Windows 2000より前）] に
  はWindows NTドメインで認識できる古い名前
  を指定するが、通常は [コンピューター名] の値
  と同じでよい（自動的に入力される）。

⑤

[ユーザーまたはグループ] には、ドメインにコン
ピューターを参加させる権限を持つユーザー名また
はグループ名を入力する。

- ここでは、クライアントコンピューターのユー
  ザー自身が参加操作をすることを想定して
  「shohei」を指定している。ドメインの管理者自
  身が参加操作をする場合にはここでユーザーを登
  録する必要はない。
- ここで管理者以外のユーザーやグループを指定し
  た場合、本来はネットワークに参加してはいけない
  コンピューターを勝手にネットワークに参加させ
  ることが可能になってしまう。必ず信頼のおける管
  理者または管理者グループを指定すること。
- 指定するユーザー名やグループ名は、サーバー上
  に登録済みでなければならない。クライアントコ
  ンピューターに登録されたユーザー名やグループ
  名ではない点に注意する。

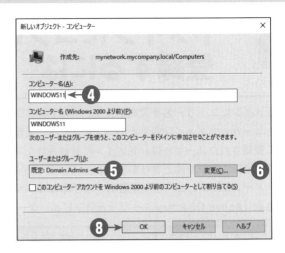

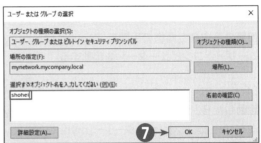

⑥

参加権限を与えるユーザー名を変更するには [変更] をクリックする。

⑦

[ユーザーまたはグループの選択] ダイアログボックスが表示されたら、ユーザーまたはグループを選択して [OK]
をクリックする。

- この画面の使い方は、[ローカルユーザーとグループ] 画面でのユーザー検索画面と同じ。

⑧

手順⑤の画面に戻るので、[OK] をクリックする。

- [このコンピューターアカウントをWindows2000より前のコンピューターとして割り当てる] にはチェック
  を入れないままにする。

⑨

[Active Directoryユーザーとコンピューター] の [Computers] の一覧に、いま作成したコンピューターが登
録される。これにより、このコンピューターをドメインに参加させることが可能になる。

- ネットワーク内に他にもドメインに参加させたいコンピューターがある場合には、手順❸〜❽の操作を繰り返す。

6 コンピューターをドメインに参加させるには

　ドメインにコンピューター名が登録できたら、次はコンピューターをドメインに「参加」させます。これにより指定したコンピューターがドメインコントローラーから認識され、そのコンピューターからは、この章の4節で登録したユーザーがサインインすることが可能になります。

　ドメイン内でコンピューターを使えるようにするには、前節で行った「ドメインコントローラーへの登録」と、対象コンピューターを直接操作しての「ドメインへの参加」の2つの作業が必要です。ドメインコントローラーへの登録は、ドメインの管理者権限を持つユーザーが実行する必要がありますし、ドメインへの参加はドメインの管理権限を持つ者が直接行うか、またはその管理者が指定したユーザーが操作します。

　なぜこのような二度手間が必要かと言うと、管理者によって認識されていないクライアントコンピューターが、勝手にドメインに参加してしまうことを防止するためです。前節の手順からわかるように、ドメインへのコンピューターの登録は、コンピューター名だけを登録します。仮にこの手順だけでドメインが利用可能になってしまうとすれば、悪意を持った利用者は自分のPCのコンピューター名を変えるだけで、ドメインが利用可能になってしまいます。これを防ぐため、①ドメインコントローラーにコンピューター名を登録する、②そのコンピューターを管理者または管理者が信頼したユーザーが操作する、これら2つの操作を組み合わせることで、初めてドメインに参加できるようになるわけです。

　クライアントコンピューターを操作してドメインに参加させる操作は、初期状態ではドメイン内で「Domain Admins」グループに登録されているユーザーだけが行えます。ドメインコントローラーの管理者であるAdministratorは標準でこの操作を行うことができます。一方、社内利用の場合のように、クライアントコンピューターを利用するユーザーを全面的に信頼する場合は、それらのユーザーをDomain Adminsに登録することで管理者が個々のコンピューターを操作してドメインに参加させるという手順を省くことができます。1人に1台のコンピューターが割り当てられていてコンピューター名とそれを利用するユーザー名が1対1で結び付く場合には、前節の手順❼で行ったように、ドメインに参加できるユーザー名をピンポイントで指定してもよいでしょう。

　一方、人の出入りの多い職場や無線LANを使用している環境など、外部の人がネットワークに比較的アクセスしやすい職場などでは危険性が高まる可能性もあります。この場合、安易な設定は避けてください。

　ドメインに参加するには、クライアント側のコンピューターからDNSによってサーバーのIPアドレスが参照できる必要があります。本書の例のように、ドメインコントローラーにDNSサーバー機能も実行させている場合には、クライアントコンピューター側のネットワーク設定で、DNSサーバーのIPアドレス設定をドメインコントローラーのIPアドレスに指定しなおしておく必要があります。

コンピューターをドメインに参加させる

❶

この項の操作はクライアントコンピューター上で行う。クライアントコンピューターには、クライアントコンピューター側の（ローカルの）管理者権限を持つユーザーでサインインしておく。

● この項の画面はクライアントコンピューター（前節で登録したWINDOWS11）で、ユーザー「shohei」でサインインしている。

● ユーザー「shohei」は、クライアントコンピューター［WINDOWS11］の管理者である必要があります。

❷

エクスプローラーを開き、［ネットワーク］を右クリックして［プロパティ］を選択する。

❸

［ネットワークと共有センター］画面が開くので、［アダプターの設定の変更］をクリックする。

❹

［ネットワーク接続］画面が開くので、［イーサネット］を右クリックして［プロパティ］を選択する。

● ［イーサネット］は Windows 11 がネットワークに対して付けた名前で、使用している環境によって異なる。

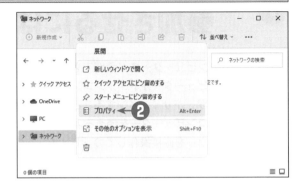

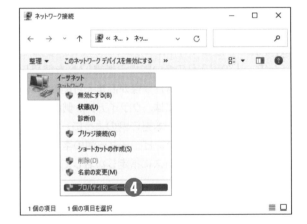

⑤

[イーサネットのプロパティ]画面が開く。[インターネットプロトコルバージョン6（TCP/IPv6）]にチェックが入っている場合はこのチェックを外し、[インターネットプロトコルバージョン4（TCP/IPv4）]にはチェックを入れる。[インターネットプロトコルバージョン4（TCP/IPv4）]を選択した状態で[プロパティ]ボタンをクリックする。

● [イーサネットのプロパティ]画面の「イーサネット」の部分は、使用している環境によって異なる。

● 本書では組織内ネットワークをIPv4で構築しているため、この設定を行う。IPv6で運用するネットワークでは、チェックを入れたままにする。

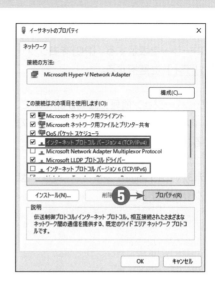

⑥

[インターネットプロトコルバージョン4（TCP/IPv4）のプロパティ]画面が開く。[次のDNSサーバーのアドレスを使う]を選択し、[優先DNSサーバー]にSERVER2022のIPアドレス、[代替DNSサーバー]にSERVER2022BのIPアドレスをそれぞれ設定する。

● 本書の例では、「192.168.0.1」と「192.168.0.2」をそれぞれ設定している。この設定は、使用しているネットワークの設定に合わせる。

● [IPアドレスを自動的に取得する]と[次のIPアドレスを使う]については、設定を変更する必要はない。すでに設定されている内容をそのまま使用する。

⑦

[詳細設定]をクリックする。

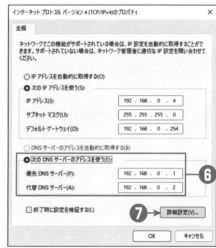

⑧

[TCP/IP詳細設定]画面が開く。[DNS]タブを選択して[この接続のアドレスをDNSに登録する]にチェックが入っていることを確認する。

● 標準の状態では選択されている。これまでの設定でチェックを外していた場合には、チェックを入れなおす。

⑨

ここまで設定できたら、開いた画面を[OK]をクリックしてすべて閉じる。

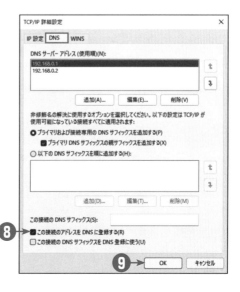

⓪ 再度エクスプローラーを表示する。[PC]を右クリックして［プロパティ］を選択する。

⑪ ［システム］の［バージョン情報］画面が開くので、［関連リンク］の［ドメインまたはワークグループ］をクリックする。

⑫ ［システムのプロパティ］画面が表示されるので、［変更］ボタンをクリックする。

⑬ [コンピューター名/ドメインの変更] 画面が表示されるので、[所属するグループ] で [ドメイン] を選択してドメイン名を入力し、[OK] をクリックする。
● ここでは、ドメイン名として「MYNETWORK」と入力する（大文字/小文字は区別されない）。

⑭ ドメインまたはワークグループへの参加権限があるかどうかを確認するための画面が表示される。ここでは前節の手順❺で表示されているグループに属するユーザーか、前節の手順❼で指定したユーザーのユーザー名とパスワードを入力して [OK] をクリックする。
● 本書では前節の手順❼でユーザー shohei をこの操作が可能なユーザーとして指定しているため、ユーザー名「shohei」とそのパスワードを入力する。前節の手順❼でユーザーを指定していない場合は、ユーザー名としてAdministratorとそのパスワードを入力する。いずれも、パスワードはサーバー側（ドメインコントローラー側）に登録されたものを使用する。
● クライアントコンピューター側のパスワードを入力しても、サーバー側と同じパスワードでない限りは、ドメインへの参加はできない。

⑮ ドメインへの参加が成功すると、「MYNETWORKドメインへようこそ」とメッセージが表示されるので、[OK] をクリックする。

⑯ 再起動が必要である旨のメッセージが表示されるので、[OK] をクリックする。

⑰ [システムのプロパティ] 画面も閉じると、再起動するかどうかの確認が行われるので [今すぐ再起動する] を選ぶと、再起動が開始される。

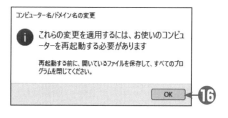

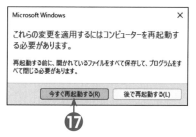

⑱
再起動後、クライアントコンピューターにサインインする。手順❶でサインインしたクライアントコンピューターの管理者ではなく、ドメインに登録したユーザーIDでサインインするため、画面左下に表示されている［他のユーザー］をクリックして、ドメインに登録済みのユーザーIDを使ってサインインする。

●コンピューターをドメインに参加させたあとでも、コンピューターにローカルユーザーのユーザーIDでサインインすることはできてしまうため、ここでは必ず［他のユーザー］を選択する。

●ローカル側とドメイン側で同じユーザー名が登録されている状態だと、どちらでサインインしたのかわかりづらくなる。可能であれば、ドメイン側にしか存在しないユーザーでサインインするとよい。

●ここでは、この章の4節で登録したドメインユーザー「jiro」でサインインしている。

⑲
この章の4節でドメインユーザー登録を行った際、［ユーザーは次回ログイン時にパスワード変更が必要］にチェックを入れたため、ここでパスワードの変更が促される。［OK］をクリックする。

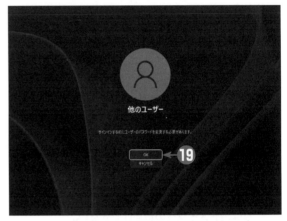

⑳
新しいパスワードを2回入力して Enter キーを押す。

㉑ パスワードが変更されたら、[OK] をクリックする。

㉒ ドメインユーザーが初回サインインする場合、数分程度時間がかかる。

㉓ ユーザー「jiro」でサインインが完了した。

●ドメインに参加する前、クライアントコンピューターであるWINDOWS11にはユーザー「jiro」は登録されていなかったが、ドメインに参加したコンピューターであればこのようにサインインできる。

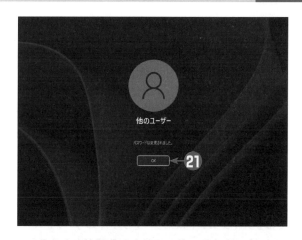

7 ドメインでフォルダーを共有するには

　Active Directoryが導入できたら、共有フォルダーや共有プリンターもActive Directoryによって管理できるようになります。Active Directoryでの共有の管理は、ネットワーク内で公開されるすべての共有をドメインコントローラーで管理できるようになり、また「共有を公開する側」と「利用する側」でアカウントをそれぞれ登録する必要がなくなるなど、従来のワークグループ内での共有と比べてもメリットが多く、便利になっています。ここでは、サーバー上の「D:¥COMMON」フォルダーをネットワーク内に共有する方法について説明します。

　なお本書では説明の都合上、ドメインコントローラーでファイル共有を公開しています。ですが、実際の運用ではドメインコントローラーをファイルサーバーとして使用せずに、他のサーバーを使用してください。これはドメインコントローラーに過大な負荷がかかることを避けるためです。

ドメインでフォルダーを共有する

❶
共有を公開するサーバー上で、サーバーマネージャーから[ファイルサービスと記憶域サービス]－[共有]を選択する。

● [ファイルサービスと記憶域サービス]の[共有]は、ファイルサーバーリソースマネージャーをインストールすると表示されるようになる。

● ただしドメインコントローラーでは、ファイルサーバーリソースマネージャーをインストールしなくても表示される。

参照

ファイルサーバーリソースマネージャーを
インストールするには

→第8章

❷
[共有]欄の右上にある[タスク]をクリックして[新しい共有]を選択する。

● すでに[NETLOGON]と[SYSVOL]という2つの共有が存在しているが、これはドメインコントローラーが使う管理用の共有である。ドメインコントローラーではない通常のサーバー(ドメインンメンバー)には存在しない。

❸
[新しい共有ウィザード]が開く。[この共有のプロファイルを選択]画面では、[ファイル共有プロファイル]で[SMB共有−簡易]を選択して[次へ]をクリックする。

● [SMB共有−高度]を選択した場合はクォータ設定なども行える。[簡易]を選択した場合でも、あとから[高度]相当の設定が追加できるので、最初は[簡易]を選んでおいてもよい。

● [SMB共有−高度]は、ドメインコントローラーであってもファイルサーバーリソースマネージャーをインストールしなければ選択できない。

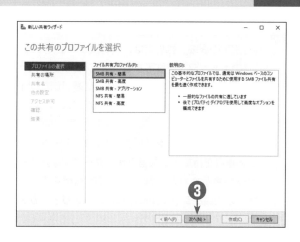

❹
[この共有のサーバーとパスの選択]画面では、共有フォルダーを選択する。[ボリュームで選択]または[カスタムパスを入力してください]のいずれかが選択できる。ここでは[カスタムパスを入力してください]を選択し、「D:¥COMMON」をパスとして入力する。[次へ]をクリックする。

● フォルダー[D:¥COMMON]は、あらかじめ作成しておく。

● [ボリュームで選択]の場合は、指定したボリュームのルート直下に[¥Shares]フォルダーが作成され、そこが共有される。

❺
[共有名の指定]画面では、共有名の入力を行う。変更の必要がなければそのまま[次へ]を選択する。

⑥ [共有設定の構成] 画面では、共有設定を変更する。[共有のキャッシュを許可する] のみチェックが入っているが、ここでは [アクセス許可に基づいた列挙を有効にする] にもチェックを入れて、[次へ] を選択する。

- [アクセス許可〜] を選択すると、ユーザーがアクセス許可を持たない共有フォルダーはフォルダー自体が表示されなくなる。共有を利用するユーザーの画面がシンプルになるというメリットがある。

- [アクセス許可〜] を選択しないと、従来の共有と同様、アクセス許可のないフォルダーも表示される。この場合はそのフォルダーを開こうとすると「アクセス許可がない」というエラーが表示される。

- [共有のキャッシュ〜] を選択しておくと、クライアントがネットワークから切り離されている場合でも、共有したフォルダーやファイルの内容がオフライン用にキャッシュされ、アクセス可能になる。これらは、オンラインになった際に自動的に回復される。

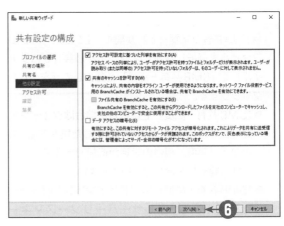

⑦ [アクセスを制御するアクセス許可の指定] 画面では、共有のアクセス許可を設定する。共有対象としたフォルダーのアクセス許可などから自動的に設定されるので、通常は設定を変更する必要はない。そのまま [次へ] をクリックする。

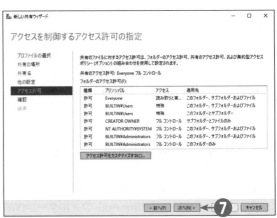

⑧ [選択内容の確認] 画面では、内容を確認して [作成] をクリックする。

❾

[結果の表示] 画面では、共有が作成されたら [閉じる] をクリックしてウィザードを閉じる。

❿

ここからは、クライアントコンピューター上で操作する。WINDOWS11にユーザー「jiro」でサインインする。エクスプローラーを起動し、[ネットワーク] から [SERVER2022] を選択する。共有 [common] がアクセス可能になっていることがわかる。

● ドメインに参加している場合は、特にパスワードなどを指定しなくても共有が利用可能になる。

● [netlogon] と [sysvol] はドメインコントローラーの管理用共有で自動的に作成されている。ドメインコントローラーの場合は必ず表示される（ただし通常ユーザーはこれらにアクセスできない）。

● ドメインコントローラーではない通常のサーバー（ドメインメンバー）で共有を公開した場合には [netlogon] や [sysvol] は表示されない。

● ドメインコントローラー上で共有フォルダーを公開することは推奨できない。

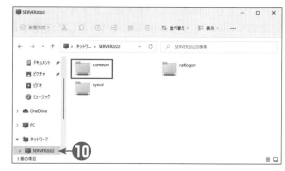

8 ドメインでプリンターを共有するには

　Active Directoryでは、プリンターの共有も行えます。Active Directory環境下でプリンター共有を行うには、Windows Server 2022の［役割と機能の追加］で［印刷とドキュメントサービス］をインストールする必要があります。最近のプリンターは、多くがネットワークサーバー機能を持っていて、Windows Serverを用いて共有しなくてもネットワーク内で共有利用が可能ですが、Windows Severによる共有を使用すれば、誰がどの程度印刷を行ったかなどを記録することが可能になるほか、アクセス許可の管理も行えるなど、より高度な管理が可能となります。

　なお、ファイル共有と同じく、本書の例ではドメインコントローラーである［SERVER2022］をプリンターサーバーとして使用していますが、ドメインコントローラーの負荷を上げないためにも、実際の運用では独立した他のサーバーをプリンターサーバーとして使用することをお勧めします。

ドメインでプリンターを共有する

❶ サーバーマネージャーから［役割と機能の追加］を選択して［役割と機能の追加ウィザード］を起動する。これまでの手順と同様に［サーバーの役割の選択］画面まで進める。

❷ ［役割］の一覧から［印刷とドキュメントサービス］にチェックを入れる。

❸ ［印刷とドキュメントサービス］にチェックを入れると必要な機能も自動的に選択されるので、そのまま［機能の追加］をクリックする。

❹ 元の画面に戻るので、［次へ］をクリックする。

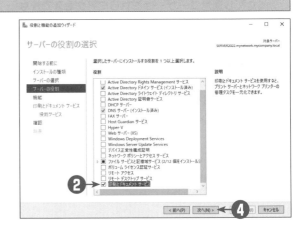

⑤

[機能の選択] 画面では、何も変更せずそのまま [次へ] をクリックする。

⑥

[印刷とドキュメントサービス] 画面の [注意事項] が表示される。読んだら [次へ] をクリックする。

● [印刷とドキュメントサービス] でのプリンタードライバーは「タイプ4」が推奨されている。

● ただしドライバーが「タイプ3」か「タイプ4」かは、プリンター機種により異なる。

● 「タイプ3」は「タイプ4」に比べて機能上の制約が加わる場合もある。その詳細については画面に表示される内容を参照。

⑦

[役割サービスの選択] 画面では、何も変更せずそのまま [次へ] をクリックする。

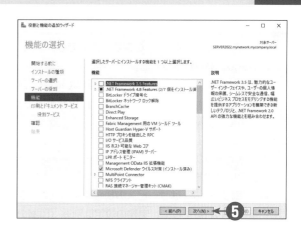

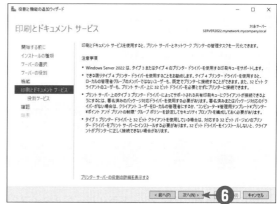

8

[インストールオプションの確認] 画面では、[インストール] をクリックする。

●このインストールでは再起動は必要ないので [必要に応じて対象サーバーを自動的に再起動する] にチェックを入れる必要はない。

9

インストールが完了すると、サーバーマネージャーの画面に [印刷サービス] が追加される。

●[印刷サービス] はサービスの状態やイベントの表示が行われるだけで、実際の設定は別途 [印刷の管理] プログラムから行う。

10

共有を行うには、サーバーマネージャーから [ツール] － [印刷の管理] を選択する。

11

[印刷の管理] 画面が開く。左側のペインから [印刷の管理] － [プリントサーバー] － [SERVER2022] － [プリンター] の順に選択すると、中央のペインにプリンターの一覧が表示される。共有したいプリンターを右クリックして、メニューから [共有の管理] を選択する。

●この一覧で、プリンタードライバーが「タイプ3」か「タイプ4」かが判別できる。

●ここに表示されているプリンターは、このサーバーをドメインコントローラーにアップグレードする前からインストールされていたものである。

●プリンターのインストールを行っていない場合は、あらかじめインストールしておく。

参照

プリンターをインストールするには

→第6章の2

⓬
プリンターのプロパティ画面が表示されるので、[このプリンターを共有する]にチェックを入れる。また[ディレクトリに表示する]にもチェックを入れる。[OK]をクリックして画面を閉じる。

● タイプ3のプリンターで、ネットワーク内に32ビットOSのクライアントが存在する場合には、「追加ドライバー」として32ビットドライバーもインストールしておく。

● タイプ4のプリンターでは、「追加ドライバー」は必要ない。

● [ディレクトリに表示する]にチェックを入れると、クライアントからプリンターを検索できるようになる。

参照

追加ドライバーをインストールするには
　　　　　　　　　　　　　　→第6章の3

⓭
ここからは、クライアントコンピューター上で操作する。WINDOWS11にユーザー「jiro」でサインインする。[設定]を起動し、[Bluetoothとデバイス]から[プリンターとスキャナー]をクリックする。

⓮
[プリンターとスキャナー]画面が開く。[デバイスの追加]をクリックする。

⑮

SERVER2022上で公開しているプリンターが表示
されているのがわかる。「SERVER2022上」と表示
されているほうのプリンターの[デバイスの追加]
ボタンをクリックする。

● 今回使用したプリンターはネットワークプリン
ターのため、Windows 11自身もローカルコン
ピューターにインストール可能なプリンターとし
て検出する。そのため、同じ名前のプリンターが
2つ検出されている。

● SERVER2022上のプリンターを追加することに
注意。

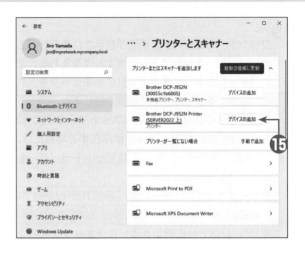

⑯

インストールが実行される。

⑰

インストールが完了すると、手順⑫で公開したプリ
ンターが使える状態になっている。

● ユーザー「jiro」はWINDOWS11上では管理者権
限を持っていないが、ドメインユーザーなので、
SERVER2022が公開しているプリンターであれ
ば、このようにセットアップして利用できる。

●著者紹介

天野 司（あまの つかさ）

Windows環境における各種ソフトウェア、ハードウェアに関する入門書を多数執筆。著書に『Windowsはなぜ動くのか』『ひとり情シスに贈るWindows Server 2008/2008 R2からのサーバー移行ガイド』（以上、日経BP）など。

●本書についての最新情報、訂正情報、重要なお知らせについては、下記Webページを開き、書名もしくはISBNで検索してください。ISBNで検索する際はハイフン (-) を抜いて入力してください。

    https://bookplus.nikkei.com/catalog/

●本書に掲載した内容についてのお問い合わせは、下記Webページのお問い合わせフォームからお送りください。郵便、電話およびファクシミリによるご質問には一切応じておりません。なお、本書の範囲を超えるご質問にはお答えできませんので、あらかじめご了承ください。ご質問の内容によっては、回答に日数を要する場合があります。

    https://nkbp.jp/booksQA

●ソフトウェアの機能や操作方法に関するご質問は、製品パッケージに同梱の資料をご確認のうえ、日本マイクロソフト株式会社またはソフトウェア発売元の製品サポート窓口へお問い合わせください。

ひと目でわかるWindows Server 2022

2022年 4月18日　初版第1刷発行
2023年 8月21日　初版第2刷発行

著　　　者	天野 司	
発 行 者	中川 ヒロミ	
編　　　集	生田目 千恵	
発　　　行	日経BP	
	東京都港区虎ノ門4-3-12　〒105-8308	
発　　　売	日経BPマーケティング	
	東京都港区虎ノ門4-3-12　〒105-8308	
装　　　丁	コミュニケーションアーツ株式会社	
DTP制作	株式会社シンクス	
印刷・製本	図書印刷株式会社	